装备科技译著出版基金

可靠性分析的计数过程

——冲击和可修系统

Point Processes for Reliability Analysis:
Shocks and Repairable Systems

[韩] 金焕查　[俄] 马克西姆·芬克尔斯坦　著
李军亮　张 勇　译
陈跃良　　　　校

国防工业出版社

·北京·

著作权合同登记 图字：01-2022-3198号

图书在版编目（CIP）数据

可靠性分析的计数过程：冲击和可修系统／（韩）金焕查，（俄罗斯）马克西姆·芬克尔斯坦著；李军亮，张勇译. —北京：国防工业出版社，2022.8
书名原文：Point Processes for Reliability Analysis：Shocks and Repairable Systems
ISBN 978-7-118-12561-0

Ⅰ. ①可… Ⅱ. ①金… ②马… ③李… ④张…
Ⅲ. ①系统可靠性-研究 Ⅳ. ①N945.17

中国版本图书馆CIP数据核字（2022）第145545号

First published in English under the title
Point Processes for Reliability Analysis：Shocks and Repairable Systems
by Ji Hwan Cha and Maxim Finkelstein
Copyright © Springer International Publishing AG，2018
This edition has been translated and published under licence from Springer Nature Switzerland AG.

※

国防工业出版社出版发行
（北京市海淀区紫竹院南路23号　邮政编码100048）
三河市腾飞印务有限公司印刷
新华书店经售

开本710×1000　1/16　印张20　字数356千字
2022年8月第1版第1次印刷　印数1—1500册　定价169.00元

（本书如有印装错误，我社负责调换）

国防书店：（010）88540777　　书店传真：（010）88540776
发行业务：（010）88540717　　发行传真：（010）88540762

前　　言

　　本书主要介绍计数过程及其在可靠性和风险中分析的应用与发展。全书分为两大部分：第一部分对计数过程基本概念和基本属性进行总体介绍；第二部分对其在相关领域的应用进行分析。在应用部分，作者重点总结了近10年来相关领域理论研究的成果及其在工程实践中的应用。当采用计数过程模型模拟环境中随机冲击对系统的影响时，可以根据不同系统的故障/维修时间分布形式构建多种计数过程模型。

　　本书系统总结了基于泊松和更新过程的各种随机过程模型及推广。例如，描述系统的一系列瞬时完全维修的更新过程被推广到不完全维修的情况，从而形成不完全（一般）维修的计数过程。研究一般维修策略对分析长期运行的可修系统的可靠性特征是非常重要的。最小维修是指当系统修复到故障前统计状态时的一种维修策略，是一般维修的特定情况。众所周知，瞬时最小修复过程的特点是非齐次泊松过程（NHPP）。泊松过程在可靠性工程领域有着广泛的应用。NHPP在理论上有严格的定义，其一般假设系统在间隔时间内具有独立增量特性，但许多实际问题中的随机现象不能满足这一假设。针对该问题，作者放宽了这一假设要求，将广义波利亚过程（GPP）引入可靠性领域，假设系统具有非独立增量，并且随机事件在无穷小的时间间隔内发生的概率与之前发生的事件数相关。该观点在数学理论上可行，在工程实践中更容易应用。因此，书中对单变量和多变量GPP模型及应用进行了重点阐述。

　　作者认为，所有真实物体都在变化（随机）的环境中运行。分析这种环境影响的方法之一是通过一些随机过程模拟发生的外部冲击机理和行为。作者从非常广泛的意义上理解"冲击"，即一些瞬时和潜在的有害事件（如巨大的电脉冲、生物体的超载、金融保险索赔、地震等）。冲击模型广泛应用于可靠性工程实践、可靠性理论以及其他学科的实践与理论中。以往的研究和文献中构建了多种"冲击"模型。但冲击模型在可靠性领域主要用于描述受到外部随机冲击的生存特性。因此，根据不同的假设，本书考虑了多种冲击过程（更新、NHPP、GPP）对系统可靠性建模的影响。

　　作者希望本书能有助于可靠性领域及应用概率专业的专家学者和研究生。同时，书中还包含许多应用数学家和统计学家关注的随机模型。

　　作者Ji Hwan Cha的工作得到了韩国国家研究基金会（NRF）的资助，该基金会由韩国政府（MSIP）资助（编号：2016R1A2B2014211）。也向Ewha Womans University（韩国首尔）和李承信（Coco Daram）的帮助和支持致以谢意。

作者 Maxim Finkelstein 的研究获得了 University of the Free State（南非布隆方丹）、国家研究基金会（南非）和 ITMO 大学（俄罗斯圣彼得堡）的支持。

作者一并感谢为本书付出的其他同事，尤其是金智焕博士和他的学生。他们为本书的研究做出了很大贡献。最后，我们感谢 Dhanaganapathy Madhavan、Anthony Doyle 和 Springer 员工的编辑工作。

金焕查，布隆方丹
马克西姆·芬克尔斯坦
2017 年 11 月

目 录

第1章 引言 ... 1
1.1 本书的研究目标和论域 ... 1
1.2 章节概述 ... 3
参考文献 ... 6

第2章 预备知识：可靠性和计数过程 ... 7
2.1 分布函数和故障率 ... 7
2.2 平均剩余寿命 ... 11
2.3 故障率和MRL函数的单调性 ... 13
2.4 随机序列 ... 16
2.5 计数过程及其表征 ... 18
2.6 完全维修和最小维修 ... 22
2.7 冲击和极端冲击模型 ... 24
参考文献 ... 26

第3章 更新过程及应用 ... 28
3.1 定义及主要属性 ... 28
3.2 极限属性 ... 32
3.3 交替更新和更新奖励过程 ... 35
3.4 更新理论的应用 ... 38
    3.4.1 持续产出的更新奖励过程 ... 38
    3.4.2 逐步维修的交替更新过程 ... 39
    3.4.3 经典最优替换问题及其推广 ... 43
    3.4.4 更新方程在冲击建模中的应用 ... 47
    3.4.5 技术系统/组织和种群的更新 ... 50
参考文献 ... 53

第4章 泊松过程 ... 54
4.1 齐次泊松过程 ... 54
4.2 非齐次泊松过程 ... 56
4.3 最小维修及其在最优维护中的应用 ... 64
4.4 简单泊松冲击模型 ... 68
    4.4.1 "经典"极端冲击模型 ... 69

V

  4.4.2 对故障率的直接影响 ······ 70
 4.5 一般复合泊松过程和散粒噪声过程 ······ 72
 4.6 混合泊松过程 ······ 77
 参考文献 ······ 80

第5章 高级泊松冲击模型 ······ 82
 5.1 具有独立磨损增量的终止冲击过程 ······ 82
  5.1.1 一般假设 ······ 82
  5.1.2 指数分布的边界 ······ 84
  5.1.3 确定性边界 ······ 86
 5.2 依赖历史的截止概率 ······ 88
 5.3 散粒噪声过程的故障率 ······ 93
  5.3.1 无致命冲击的散粒噪声过程 ······ 93
  5.3.2 具有致命冲击和劣化的散粒噪声过程 ······ 94
 5.4 延迟终止的极端冲击模型 ······ 102
 5.5 具有初始磨损的累积冲击过程模型 ······ 104
 5.6 "可修复"的冲击过程 ······ 107
 5.7 具有延迟和可治愈的应力强度模型 ······ 110
 5.8 受两种类型的外部攻击的受保护系统的存活率 ······ 112
 5.9 基于信息的冲击过程细化 ······ 117
  5.9.1 一般假设 ······ 117
  5.9.2 基于信息的细化过程形式化描述 ······ 119
  5.9.3 应力强度类型的分类模型 ······ 120
 参考文献 ······ 123

第6章 泊松冲击模型及其在预防性维护中的应用 ······ 125
 6.1 条件特征和说明 ······ 125
  6.1.1 条件特征 ······ 125
  6.1.2 具体案例 ······ 129
  6.1.3 条件分布的动力学动态条件分布 ······ 131
 6.2 单变量预防性维护策略 ······ 135
  6.2.1 失效模型和修正 ······ 135
  6.2.2 冲击系统的PM模型 ······ 138
 6.3 双变量预防性维护策略 ······ 140
 6.4 最小维修的双变量预防性维修策略 ······ 147
 参考文献 ······ 155

第7章 更新过程的推广 ······ 156
 7.1 虚拟年龄 ······ 156

7.2 G-更新过程 ··· 160
7.3 一般维修过程 ··· 162
7.4 平稳虚拟年龄 ··· 164
7.5 老化和极限性能 ··· 167
7.6 应用：最佳修复水平 ··· 170
7.7 更新方程 ··· 173
7.8 故障率回退模型 ··· 175
7.9 几何过程与几何类型的计数过程 ······························· 177
参考文献 ·· 181

第8章 广义Polya过程 ·· 183
8.1 简介和基本性质 ··· 183
8.2 到达时间的条件分布 ··· 193
8.3 复合GPP ··· 197
8.4 可靠性应用 ··· 200
8.5 混合泊松过程子类的特征 ····································· 203
参考文献 ·· 205

第9章 GPP的应用 ·· 206
9.1 极端冲击模式 ··· 206
   9.1.1 随机模型及主要结果 ·································· 206
   9.1.2 基于计数过程的随机分析和解释 ························ 211
9.2 散粒噪声过程和诱导生存模型 ································· 217
   9.2.1 散粒噪声过程的特性 ·································· 217
   9.2.2 随机故障模型 ·· 221
   9.2.3 考虑历史信息的剩余寿命 ······························ 226
9.3 服从GPP维修过程的二元更换策略 ······························ 230
9.4 预防性维护模型和优化 ······································· 232
   9.4.1 模型参数释义 ·· 232
   9.4.2 两种周期性预防性维护策略 ···························· 234
   9.4.3 预防性维修模型的优化 ································ 239
参考文献 ·· 241

第10章 多元GPP ·· 243
10.1 定义和基本性质：二元情况 ·································· 243
10.2 特征和其他特性 ·· 250
10.3 多元过程的推广 ·· 257
参考文献 ·· 260

第 11 章　混合泊松过程的应用 ·········· 261
　11.1　更换策略的应用 ·········· 261
　　11.1.1　异构的更换策略与动机 ·········· 261
　　11.1.2　最佳更换政策 ·········· 268
　11.2　老练应用 ·········· 270
　　11.2.1　基于信息的老练程序 ·········· 270
　　11.2.2　最佳老练参数 ·········· 276
　11.3　保修应用 ·········· 279
　　11.3.1　基于信息的保修政策 ·········· 279
　　11.3.2　通用保修政策模型 ·········· 287
　参考文献 ·········· 289

第 12 章　基于离散尺度的冲击 ·········· 290
　12.1　不考虑时间约束的建模 ·········· 290
　　12.1.1　延迟冲击 ·········· 291
　　12.1.2　离散散粒噪声 ·········· 292
　12.2　冲击和签名 ·········· 295
　12.3　受冲击影响的系统的最佳任务持续时间 ·········· 298
　　12.3.1　有主要和次要故障的系统最佳任务持续时间 ·········· 298
　　12.3.2　不可修复系统的最优任务持续时间 ·········· 304
　参考文献 ·········· 311

第 1 章 引　　言

1.1 本书的研究目标和论域

近年来，由时间或空间点事件构成的随机过程在许多领域得到了广泛的应用和深入的研究。该领域的综合理论可以在 Daley 和 Vere-Jones 的著作中找到（2003）。如果 $N(t)$ 代表 t 时间事件发生的总数，则随机过程 $\{N(t), t \geq 0\}$ 被视作一个计数过程。计数过程出现在大量的工程应用中。例如，到达火车站或某个服务中心的客户、放射源排放物、地震、超过阈值的电压峰值、车辆通过道路上的参考点，还有许多其他例子。这些都是计数过程的例子，相应的计数过程将在本书中予以分析。

在本章中，我们对"主要"的计数过程进行一般性的介绍，并讨论它们的特性。正如标题所示，我们关注可靠性领域的计数过程，特别是描述可修系统的故障和修复过程的冲击过程与计数过程。这个持续受关注的论题已成为我们和其他研究人员研究的焦点，反映在我们的出版物上。值得注意的是，虽然可靠性领域的文献中涵盖了计数过程建模的不同方面，但迄今为止只有一本书专门讨论这一主题（汤普森，1988）。

我们将"冲击"一词理解为一种非常广义的瞬时、潜在的有害事件（如巨大的电脉冲、生物体的过载、金融保险索赔等）。冲击模型在可靠性实践、可靠性理论以及其他学科中都有着广泛的应用。最流行的冲击模型假设是每次冲击都能"杀死"一个系统，或者在不影响系统未来性能的情况下使其成功地存活下来。与前者相应的模型通常称为极端冲击模型，而后者通常用累积冲击模型描述（Finkelstein 和 Cha，2013）。在后一种情况下，当冲击的累积效应达到某一确定或随机水平时发生故障，因此，该假设对于退化（磨损）过程的建模是有帮助的。

上述内容的描述是关于系统在多次冲击下的生存问题，但如何构建对应的到达冲击的随机模型呢？基于计数过程描述冲击的定义，显然不可能以合理的形式得出系统在某一时间间隔内存活的概率，因此应进行合理的简化。

不同于更新过程的基本定义，在工程实践中很难利用更新过程获得系统的可靠度。另一方面，众所周知，泊松过程（齐次和非齐次）是应用最广泛的计数过程。研究表明，当冲击到达时间服从非齐次泊松过程（Nonhomogeneous Poisson Process，NHPP）时（显然，同样适用于齐次泊松过程（HPP）），许多由冲击驱动的可靠性问题都可以有一个封闭的解析解，利于深入分析。全书对 NHPP 冲击过程和 NHPP 最新的应用问题进行了介绍。此外，由于 NHPP 假设系统具有独立的增量，在实际应用中经常是受限制的。针对该问题，本书详细介绍和分析了一种新的计数过程，相应的过程称为广义 Polya 过程（Generalized Polya Process, GPP），它具有相关的增量，并且在无穷小的单位时间间隔内发生事件的概率依赖于以前发生的事件的数量。在许多实际情况下，这种假设要实用得多。本书将安排部分章节讨论单变量和多变量 GPP 的理论与应用。

当维修时间可忽略不计时，更新过程和 NHPP 是描述可修系统运行的主要过程，这是非常有意义的。例如，当系统每次故障时采取完全修复或替换（与新的一样好）时，其运行周期显然构成一个更新过程。另一方面，当每次故障都是瞬间进行最小维修时，故障/修复的点过程就是 NHPP。所谓最小维修，是指修复将一个系统返回到它在故障之前的统计状态。然而，在现实中，修复既不是完美的，也不是最小的，而且常常返回处于某种中间状态。这导致了各种不完美（一般）修复模型，这是我们书中反复出现的主题。如果在每个故障时进行不完全修复，则定义与其对应的过程为不完全（一般）故障/修复计数过程。其中一些过程是基于虚拟年龄概念（Kijima，1989；Finkelstein，2007）的假设。在我们的书中，它们称为广义更新过程。本书也研究了与该类过程对应的相关特性。

描述工程系统在随机冲击环境下运行可靠性的主要特征参数是相应的生存函数和故障率。众所周知，故障率函数可以解释为系统运行时在无穷小的单位时间间隔内发生故障的条件概率（风险）。由于这种解释和其特性，它在可靠性、生存分析、风险分析等学科中至关重要。例如，一个系统不断增加的故障率表明了它的某种退化或老化，这在各种应用中是一个重要的特性。许多工程（特别是机械）系统的特点是"磨损"的过程，它们的寿命是用不断增加的故障率描述的。因此，故障率的形状参数在受计数过程冲击的系统可靠性分析中起着重要的作用。

在本书中，我们考虑一个重要的经典概念是故障率 $\lambda(t)$ 的推广——随机故障率。工程系统和生物体通常在随机环境中工作。这种随机环境可以用一个随机过程 $\{Z_t, t \geq 0\}$（如冲击的计数过程）描述，或者用其特例随机变量 Z 表述。因此，对应于一个寿命为 T 的系统的故障率，也可以视为随机过程 $\lambda(t, Z_t)$ 或一个随机变量 $\lambda(t, Z)$，而上述这些函数则分别有条件地依赖于 $\lambda(t|z_u, 0 < u \leq t)$ 和 $\lambda(t|Z=z)$。

另一个相关的概念，也是我们书中反复出现的一个主题，即随机强度（强度过程）$\{\lambda_t, t \geq 0\}$，适用于有序（排除多种随机因素）的计数过程。众所周知，NHPP 的随机强度为其故障率，因此，对于任何更新过程中，它被定义为

$$\lambda_t = \lambda(t - T_{N(t-)}) > 0$$

式中：$N(t-)$ 为在时间间隔内 $(0,t)$ 中更新的数目；$T_{N(t-)}$ 为截止 t 时刻之前最后一次更新的时间；$\lambda(t)$ 为更新过程中与其对应的时间间隔内的失效率。因此，在

$[t, t+\mathrm{d}t)$ 阶段内故障的概率为 $\lambda(t - T_{N(t-)})\mathrm{d}t$。即在 T 之前发生 $N(t-)$ 次故障的前提下。在本书中，用随机强度这一概念表述有序计数过程的故障率。

本书的研究结合了其他作者的经典著作和近期的研究成果以及作者近年来的研究成果。后者构成本书的主要部分。本书侧重于使用必要的工具和方法来讨论这个主题，而不打算提供一个有着丰富内容的计数过程和可靠性理论的教科书。选题的内容是由作者的研究兴趣决定的。这本书主要面向研究人员、应用数学家和定量工程师。其中，第一章可以被本科生用作可靠性基础课程的补充。这意味着读者应当熟悉可靠性理论的基础。其他部分可以为概率、统计和工程学专业的研究生提供关于计数过程与冲击模型学习的基础。

注意：本书中第一次使用符号或缩写时都给出了相应的定义，所有必要的缩略语和命名规则都在文中一致。为了方便起见，在适当的情况下，这些解释也经常在文中重复。确保每个部分在符号都有对应的解释。

1.2 章节概述

第 2 章致力于介绍可靠性的基本概念和工程上广泛使用的一些基本知识和结论，这些术语和知识会在其他章节中反复出现。我们比较关注失效（故障）率和剩余寿命函数的概念，它们对可靠性分析至关重要。失效率和平均剩余寿命函数的形状参数尤其重要，因为它们描述了系统最简单的老化特性，特别是在随机环境中运行的冲击过程。另一方面，专门讨论随机计数过程基本性质的章节有助于对本书的其余部分中进行介绍。我们还简要讨论了最小维修的重要概念，这是一个"反复出现的主题"。最后定义了一些基本随机序列，并对其进行了简要讨论。注意：在这一章中，我们主要考虑的是那些需要进一步表述的必要的事实、定义和性质，而不是对可靠性理论的一般性介绍。

第 3 章为更新过程及应用，第 2 章导言中已经给出了其定义。在本节中，为了保持一致性，我们首先定义并详细讨论这个过程，然后考虑它的主要属性。特别强调的是我们所关注的主函数的渐近关系对本书的介绍很重要。因为在后续章节中，我们将考虑多种依赖于关键更新回报定理的最优维修问题及其应用。接着举例说明了更新原理和推理在不同可靠性问题中的应用。具体地，我们说明了如何使用更新型方程获得在泊松冲击过程下运行的系统的生存概率。显然，我们并不是要对更新理论进行系统的描述，而是要提出一些基本的案例，以便在下面的内容中使用。对于更新理论的全面介绍，读者可以参考 Feller（1968）、Cox 和 Isham（1980）以及 Daley 和 Vere Jones（2003）。

第 4 章详细定义了泊松过程的基本性质，便于本书的其余部分使用。NHPP 的定义及其具体内容（HPP）已在第 2 章通过确定性随机强度（强度过程）给出。在本章中，我们首先用一个更复杂的概念定义这些过程，然后详细讨论随机强度的定义。值得注意的是，HPP 是 NHPP 的特殊情况，同时，它可以看作特定情况下的更新过程，适用于所有的随机独立同分布变量（指数分布）。我们用一致的、系统的方法描述 NHPP 的特性，重点是在后面使用的相应的边缘分布、联合分布和条件分布。我们对 NHPP 性质的介绍基于随机强度（强度过程）的概念而提出。我们也详细讨论 NHPP、复合和混合泊松过程。本章的研究可为下两章介绍更高级的泊松过程驱动的可靠性模型提供基础和补充。

第 5 章研究了性质更复杂的高级泊松冲击模型。由此放松对传统模型的一些假设，除了将潜在冲击过程定义为 NHPP 模型。本章的大部分内容以我们近期工作为依据，包括我们认为从理论和实践角度都有意义的各种案例。本章内容的技术性很强，但结果的表述相当简单，并通过有意义的例子加以说明。假设冲击为 NHPP，许多证明过程采用了第 4 章中推导的 NHPP 的主要性质。部分相应的推导被合理地删减了，而其他的证明则被完整地表述。在极端冲击模型中，通常只考虑当前可能致命的冲击的影响，而在累积冲击模型中，前面冲击的影响也会累积。在本章中，我们将极端冲击模型与特定的累积冲击模型相结合，并推导出对应的概率模型，如在"任务时间"期间过程不会终止的概率。我们还考虑了一些有意义的解释和例子。我们放弃使用截止概率不依赖于过程历史的假设，虽然这会使模型更复杂，但该模型适用性更强。

第 6 章详细研究了描述随机环境影响的泊松冲击模型。第 4 章简要强调了这一点。这个模型在数学上是可处理的，并且可对所关注的特征进行显式表达。我们在这里的重点是推导相应的新的条件分布和联合分布，这对于考虑实际应用中的几个重要的预防性维护（PM）模型是至关重要的。相应的推导比较烦琐，推导过程要严格。与第 4 章相似，我们首先讨论了随机环境对系统可靠性特性影响的一般建模方法，然后通过泊松冲击过程构建了环境模型。

第 7 章讨论了更新过程及推理在可靠性方面的一些应用。如前所述，更新过程对应于瞬时完全（理想）维修过程，而第 2 章和第 4 章中详细讨论的最小维修过程则由 NHPP 描述。在实践中，维修通常既不是完美的，也不是最小的，可以考虑一些讨论介于二者中间情况的模型。本章的主要内容介绍虚拟年龄模型，因此，我们从不可修复系统虚拟年龄的定义、解释及意义开始。完美修复将系统已失效的寿命降为 0（修复如新），最小维修则保留了这个年龄（修复如旧），一般维修通常把它降低到某个中间值，这样一个系统就获得了它的虚拟年龄。本章的最后一部分讨论几何过程以及相关的计数过程。每一个持续周期之中的几何过程的分布（除了第一个基准周期之外）是通过前一个周期的线性尺度折算（每个周期具有相同的常数尺度因子）定义的。本章的介绍部分与 Finkelstein（2008）的第 5 章（修订版）一致。

第 8 章致力于介绍新的计数过程：最近 Cha（2014）描述和研究的"广义 POLA 过程（GPP）"。GPP 可以看作是 NHPP 的进一步推广，并允许各增量相关和具有非平稳特性，这是非常有吸引力和重要的，特别是在各种实际应用中。但目前的文献中仅研究了在区间 $(0,t]$ 上的事件数的边缘分布。在本章中，基于

Cha（2014）的研究进一步深入分析 GPP，得到了许多重要的特性，这些特征在很多应用中都是有用的。本书首次系统地对 GPP 过程进行了研究和分析。尽管 GPP 的增量既不是独立的，也不是固定的，但可以证明 GPP 具有数学上可处理的特性，允许在各种应用中产生显式的、封闭的结果。此外，在 GPP 的基础上，我们定义了一个"新的修理类型"和相应的"新的失效过程"，我们认为这是对可靠性理论的一个重要贡献。这最终有助于研究构建各种新的维修模型和相关的可靠性领域的内容。GPP 是通过它的随机强度定义所考虑到的历史事件数量，这样就创建了一个相当简单但有效的模型，该模型依赖于历史。GPP 具有正相关性质，这意味着事件发生在无穷小时间间隔内的事件数量会随着前一时间间隔内事件数量的增加而增加。

第9章。众所周知，NHPP 在可靠性应用中被广泛应用于可修系统的相应故障/维修过程建模，以及外部冲击的到达过程建模。在本章中，我们使用前面一章介绍和描述的 GPP 模型作为"替代品"取代 NHPP。这使得我们可以考虑更一般和具有实际意义的问题，而不受独立增量假设的限制。在第一部分中，我们考虑了一些受 GPP 控制外部冲击的基本冲击模型，详细讨论了相应的经典极限冲击模型和散粒噪声冲击模型。在第二部分中，我们考虑了一个基于 GPP 的先进的维修优化模型。结合前面的章节，我们的介绍提供了完整的单变量 GPP 理论及其主要的应用概况。

第10章。在前几章中，介绍了几种单变量计数过程，并讨论了它们的性质。然而，随机相关的多元事件序列在许多场合和应用中都会出现。Cha 和 Girogio (2016) 提出了一簇新的多元计数过程，称为"多元广义 Polya 过程（Multivariate Generalized Polya Process，MVGPP）"。MVGPP 将前几章中考虑的单变量广义多元过程（GPP）扩展到多元情况。Cha 和 Giorgio (2016) 已经证明，该过程具有优良的特性，允许在各种应用中进行数学处理。在本章中，我们将介绍 MVGPP 并讨论其特性。首先，我们定义和研究了二元广义 Polya 过程，并简要讨论相应的可靠性应用。根据该过程的基本性质和具备的固有特征，可用一种有效的方法简要描述二元广义 Polya 过程。具体地说，证明了 MVGPP 对应的边缘过程是前面讨论的单变量 GPP。此外，将二元广义多变量过程推广到了多变量情形。我们定义了一个新的多变量计数过程及相关概念，并在此基础上分析了 MVGPP 的相关结构。

第11章研究了混合泊松过程在可靠性工程领域的应用，即在异构总体假设下的最小维修过程（基于信息的最小修复）。虽然，对于每个同质亚群，其维修过程均为最小维修过程，但由于在实践中大多数总体是异构的，当来自异构总体的某个个体系统采取最小维修时，混合泊松过程适用于该类可靠性问题。具体来说，当观察到故障和修复历史时，它会更新相应系统因变量信息，从而更准确地预测其未来的故障，这也可以解释为贝叶斯更新。在本章中，举例说明了混合泊松过程在各种可靠性问题上的应用，如最佳更换策略、最佳老练策略和担保策略。

第 12 章研究了可靠性分析中最常见的尺度是顺序时间尺度。对于在由冲击过程描述的随机环境中运行的系统，还有另一种选择。在本章中，冲击形成了可靠性分析的"自然"尺度，形如自然数的离散尺度。本章主要研究基于离散尺度冲击过程影响的系统的生存概率和其他相关特性。结果表明，与传统的时间尺度相比，在新尺度下，与之相关的许多概率的关系变得更加简单。此外，不必考虑冲击计数过程的类型。我们首先讨论了不依赖于时间的可靠性建模的一般方法，然后考虑了几种特定的应用，如具有延迟的冲击过程和类似的散粒噪声过程。前几章考虑了一些最佳预防性维修问题，其中系统所经历的冲击数是相应 PM（预防性维护）行为的决策参数。因此，我们后续讨论了 PM 双变量决策问题，即要么在预定时间 T 时执行 PM，要么在第 m 次冲击发生时执行 PM，以先到者为准。然而，在这种情况下，我们有两个尺度（时间和冲击次数），因此，对冲击的 NHPP 进行了额外假设，以实现数学可处理性。在本章中，该方法得到了进一步的发展，并作为一个实际应用，考虑了与最优任务持续时间（其中冲击次数也成为决策参数）有关的一些问题。

参考文献

Cha JH (2014) Characterization of the generalized Polya process and its applications. Adv Appl Probab 46:1148–1171

Cha JH, Giorgio M (2016) On a class of multivariate counting processes. Adv Appl Probab 48:443–462

Cox DR, Isham V (1980) Point processes. University Press, Cambridge

Daley DJ, Vere-Jones D (2003) An introduction to the theory of stochastic processes, vol 1, 2nd edn. Springer, New York

Feller W (1968) An introduction to probability theory and its applications, vol 1, 3rd edn. Wiley, New York

Finkelstein M (2007) On statistical and information-based virtual age of degrading systems. Reliab Eng Syst Saf 92:676–682

Finkelstein M (2008) Failure rate modelling for reliability and risk. Springer, London

Finkelstein M, Cha JH (2013) Stochastic modelling for reliability: shocks, burn-in and heterogeneous populations. Springer, London

Kijima M (1989) Some results for repairable systems with general repair. J Appl Probab 26:89–102

Thompson WA (1988) Point process models with applications to safety and reliability. Chapman and Hall, London

第2章 预备知识：可靠性和计数过程

在这一章引言中，我们介绍了一些基本的概念和知识，这些入门知识将对本书其余部分的阅读和理解有所帮助。因为我们将经常在本书后面的部分提到这一章。虽然本书致力于可靠性中的计数过程（主要是各种冲击模型），但本书的介绍主要依赖于故障率、平均剩余寿命、随机序列等概念和基本性质等。因此，除了对计数过程的一些基本概念进行描述之外，本章还将讨论上述术语。注意：我们的目的是讨论相关的入门知识，而不是像传统的可靠性教科书那样系统地介绍可靠性理论的基础。

2.1 分布函数和故障率

在本书中，为了明确起见，我们将使用术语"故障率（失效率）"而不是"危险率"。后者在文献中也有应用。在生物学应用中，将其称为死亡率，用来强调特定的自然属性。这个概念对可靠性分析至关重要。故障率定义了一个运行系统在下一个足够小的单位时间间隔内发生故障的概率，因此，在可靠性工程、生存分析以及寿命随机变量（正（非负））研究的学科中发挥着特殊作用。作为一个随机变量，系统寿命可以用其分布函数表征。寿命的实现通常可表现为失效、死亡或其他"终结事件"。因此，在可靠性分析中，有关下一个（通常足够小）单位时间间隔内某一运行系统失效概率的信息是非常重要的。如果系统故障率函数递增，则可理解为，该系统为劣化系统。例如，众所周知，成年人类的故障（死亡）率随时间呈指数级增长，而许多机械磨损设备的故障率往往随着功率函数而增加（威布尔定律）。因此，了解和分析故障率的形状是可靠性与生存性分析的重要组成部分。

设 $T \geq 0$ 为连续寿命随机变量，累积分布函数（CDF）记为

$$F(t) = \begin{cases} P(T \leq t), & t \geq 0 \\ 0, & t < 0 \end{cases}$$

故障累积分布函数 $F(t)$ 的自变量 t 通常在 $[0, \infty)$，有时也会使用 $\mathscr{R}^+ = [0, \infty)$ 等其他区间。可以把 T 看作技术系统（有机体）失效（死亡）时间，也可以采用其他的解释和参数，如故障事件到达时间的序列或者或机械设备故障时单调累积的损伤量。

记 m 为寿命变量 $E(T)$ 的期望值，并假设它是有界的，即 $m < \infty$。若 $F(t)$ 是绝对连续的，则其概率密度函数（PDF）$f(t) = F'(t)$ 处处可导。根据 $E(T)$ 的

定义，进行分部积分，即

$$m = \lim_{t \to \infty} \int_0^t x f(x) \mathrm{d}x$$

$$= \lim_{t \to \infty} \left[-t\overline{F}(t) + \int_0^t \overline{F}(x) \mathrm{d}x \right]$$

可得

$$\overline{F}(t) = 1 - F(t) = P(T > t)$$

为对应的可靠性函数。

如果 $m = \int_0^\infty x f(x) \mathrm{d}x < \infty$，有 $0 \leq \lim_{t \to \infty} t\overline{F}(t) = \lim_{t \to \infty} t \int_t^\infty f(x) \mathrm{d}x \leq \lim_{t \to \infty} \int_t^\infty x f(x) \mathrm{d}x = 0$，则

$$m = \int_0^\infty \overline{F}(x) \mathrm{d}x \tag{2.1}$$

为寿命分布的基本模型。因此，T 的均值可定义为生存曲线下的面积。

假设系统寿命随机变量 T 的分布函数 $F(t)$，从 $t = 0$ 开始运行，并在 $t = x$ 时系统正常运行（活动）。剩余寿命对可靠性和生存分析具有重要意义，记 T_x 为对应的随机变量，CDF $F_x(t)$ 为剩余使用寿命条件概率，表示系统在 $t = x$ 处可靠的条件下，剩余时间的可靠度，即

$$F_x(t) = P(T_x \leq t) = P(T \leq x + t \mid T > x) = \frac{P(x < T \leq x + t)}{P(T > x)}$$

$$= \frac{F(x + t) - F(x)}{\overline{F}(x)} \tag{2.2}$$

因此，相应的条件生存概率为

$$\overline{F}_x(x) = P(T_x > t) = \frac{\overline{F}(x + t)}{\overline{F}(x)} \tag{2.3}$$

我们现在已经为定义故障率做好准备，这对于可靠性分析和其他寿命变量的定义是至关重要的。考虑时间间隔 $(t, t + \Delta t]$，我们关注的是这个区间内的失效率，即假设在之前 $[0, t]$ 中没有发生过故障（或某些其他有害事件）。在时间 $(t, t + \Delta t]$ 发生故障的条件故障概率为

$$P(t < T \leq t + \Delta t \mid T > t) = \frac{P(t < T \leq t + \Delta t)}{P(T > t)}$$

$$= \frac{F(t + \Delta t) - F(t)}{\overline{F}(t)}$$

由于概率密度函数 $f(t)$ 存在，故障率定义为

$$\lambda(t) = \lim_{\Delta t \to \infty} \frac{P(t < T \leq t + \Delta t \mid T > t)}{\Delta t}$$

$$= \lim_{\Delta t \to \infty} \frac{F(t + \Delta t) - F\Delta t(t)}{\overline{F}(t)} = \frac{f(t)}{\overline{F}(t)} \tag{2.4}$$

因此，当 Δt 足够小时，有

$$P(t < T \leq t + \Delta t \mid T > t) \approx \lambda(t)\Delta t \tag{2.5}$$

由此给出了 $\lambda(t)\Delta t$ 一个比较经典和重要的解释，作为一个近似条件概率，即在 $(t, t + \Delta t]$ 内失效的概率。注意：密度函数的相似乘积 $f(t)\Delta t$ 定义了 $(t, t + \Delta t]$ 中近似的非条件失效概率。根据这种解释，故障率在可靠性分析、生存分析等领域发挥着举足轻重的作用。在精算和人口统计学学科中，它通常称为死亡力或死亡率。

定义 2.1 记 $\lambda(t)$ 为绝对连续系数 $F(t)$ 的故障率，由式（2.4）定义，即在 $[0, t]$ 内没有发生故障的条件下，故障率近似等于极小单位时间 $(t, t + \Delta t]$ 发生故障的概率。

当 $f(t) = F'(t)$ 时，我们可以将式（2.4）看作一阶微分方程（对于初始条件 $F(0) = 0$ 的 $F(t)$ 而言）。该方程的积分结果是可靠性和生存分析的主要指数公式（见 Hoyland 和 Rausand (1994)），即

$$F(t) = 1 - \exp\left(-\int_0^t \lambda(u)\,\mathrm{d}u\right)$$

和

$$\overline{F}(t) = \exp\left(-\int_0^t \lambda(u)\,\mathrm{d}u\right) \tag{2.6}$$

显而易见，当 $t \to \infty$ 时，$F(t) \equiv 1$，即

$$\lim_{t \to \infty} \int_0^t \lambda(u)\,\mathrm{d}u = \infty$$

这是判断任意正函数是否作为某种分布的失效率的充分必要条件。上述方程中的极限分布对应于将在第 5 章中讨论的可修复模型的逆分布（参见 5.6 节的相关定义）。

式（2.6）非常重要，因为它通过故障率给出了 $F(t)$ 的简单特征。因此，除了 $F(t)$ 和 $f(t)$ 以外，失效率 $\lambda(t)$ 唯一地描述了一个寿命 T。然而，在许多情况下，特别是在寿命期间，这种描述更为方便，因为式（2.5）和式（2.6）有效地解释了 $\lambda(t)\Delta t$ 的概率意义。当故障率为常数时，式（2.6）退化为可靠度工程实践中广泛使用的指数分布，即

$$F(t) = 1 - \exp(-\lambda t)$$

注意：当系统为由 n 个独立分量的串联系统，并且其部件的分布函数为 $F_i(t)$，故障率为 $\lambda_i(t)$，$i = 1, 2, \cdots, n$，则系统生存函数 $\overline{F}_s(t)$ 可以写成各分量生存函数的乘积。根据式（2.6）可知

$$\overline{F}_s(t) = \prod_{i=1}^n \overline{F}_i(t) = \exp\left\{-\int_0^t \sum_{i=1}^n \lambda_i(u)\,\mathrm{d}u\right\} \tag{2.7}$$

而串联系统 $\lambda_s(t)$ 的故障率就变成了各部件故障率的和，即

$$\lambda_s(t) = \sum_{i=1}^{n} \lambda_i(t) \tag{2.8}$$

同样，故障率也可以定义为离散分布。在区间 $N^+ = \{1,2,\cdots\}$ 上定义一个离散随机变量 T。那么，连续分布的密度类似于以下概率，即

$$f(k) = P(T = k), \quad k = 1,2,\cdots$$

对应的生存函数为

$$\bar{F}(k) = P(T > k) = \sum_{i=k+1}^{\infty} f(i), k = 1,2,\cdots$$

与式（2.4）相似，离散故障率定义为

$$\lambda(k) = \frac{f(k)}{\bar{F}(k-1)} = \frac{\bar{F}(k-1) - \bar{F}(k)}{\bar{F}(k-1)} \tag{2.9}$$

这是时间 k 时失效的（确切）条件概率，因为之前没有发生失效。因此，与 $\lambda(t)$ 相比，离散分布的失效率小于或等于 1。另一方面，与 $\lambda(t)$ 相似，序列 $\lambda(k), k \geq 1$ 是故障率的充要条件为

$$\sum_{i=1}^{\infty} \lambda(i) = \infty$$

离散故障率的各种性质可以在 Lai 和 Xie（2006）等文献中找到。

根据式（2.8），并利用式（2.5）给出的故障率为

$$\Pr(t < T_s \leq t + \Delta t \mid T_s > t) \approx \Delta t \sum_{i=1}^{\infty} \lambda(t) \tag{2.10}$$

式中：T_s 为该系统的寿命。注意：在连续的情况下，故障率不具有概率的含义，而乘以 Δt，则具有概率的含义。等式（2.10）中的近似值来自 $\Delta t \to 0$ 这样一个事实。因此，当 Δt 很小时，一个串联系统在之前没有失效的条件下，在 $(t, t+\Delta t]$ 中失效的概率为 $\Delta t \sum_{1}^{n} \lambda_i(t)$。但这不是离散分布的情况，在离散分布中 Δt 的模拟值总是 1。这就是为什么串联系统中故障率的相加性质在这种情况下不成立。

例如，考虑几何分布，这是最简单的离散分布，即

$$f(k) = pq^{k-1}, k = 1,2,\cdots$$

$$\bar{F}(k) = \sum_{i=k+1}^{\infty} f(i) = 1 - q^k$$

其中 $p > 0, q > 0, p + q = 1$，从式（2.9）得到

$$\lambda(k) = \frac{f(k)}{1 - F(k-1)} = p$$

因此，几何分布可以粗略地看作是连续随机变量的指数分布。在这种情况下，具有 n 个相同分量 $\bar{F}s(k)$ 的串联系统的生存函数为

$$\bar{F}_s(k) = q^{nk}$$

相应的故障率为

$$\lambda_s(k) = \frac{q^{n(k-1)} - q^{nk}}{q^{n(k-1)}} = 1 - q^n \neq np$$

2.2 平均剩余寿命

除故障率外，平均剩余寿命也是描述可靠性主要特征的参数。与式（2.6）相似，平均剩余寿命函数也唯一定义了相应的累积分布函数。一件年龄为 t 的物品还能存活多久？这个问题对于可靠性分析、生存分析、精算应用和其他学科至关重要。剩余寿命分布函数可由式（2.2）定义，其中为了便于表示，变量 x 与变量 t 可互换。

假设 $m \equiv E[T] < \infty$，用 $m(t) \equiv E[T_t], m(0) = m$ 表示平均剩余寿命函数（MRL）。它定义了系统年龄为 t 的平均剩余寿命，在可靠性分析、生存分析、人口学等学科中起着至关重要的作用。例如，在人口统计学中，这一重要的人口特征称为"预期寿命为时间 t"，在风险分析中，经常使用"平均剩余寿命"一词。

不同于故障率函数提供在 t 时刻之后的小区间内随机变量 T 的信息，MRL 函数则考虑关于整个剩余区间 (t, ∞) 的信息（Guess 和 Proschan，1988）。因此，这两个特性是相辅相成的，工程系统的可靠性分析通常是围绕这两个特性进行的。本节将说明，与故障率相似，MRL 函数也唯一定义了 T 的 CDF，对应的指数表示也是有效的。根据式（2.1）和式（2.3）可得

$$m(t) = E[T_t] = E[T - t \mid T > t]$$
$$= \int_0^\infty \overline{F}_t(u) \mathrm{d}u$$
$$= \frac{\int_t^\infty \overline{F}_t(u) \mathrm{d}u}{\overline{F}(t)} \tag{2.11}$$

定义 2.2 MRL 函数 $m(t) = E[T_t], m(0) \equiv m < \infty$ 由式（2.11）定义，剩余寿命的生存函数 T_t 可通过积分得到。

根据式（2.3）和指数表示式（2.6），T_t 的生存函数可以写成

$$\overline{F}_t(x) = P(T_t > x) = \exp\left\{-\int_t^{t+x} \lambda(u) \mathrm{d}u\right\} = \exp\left\{-\int_0^x \lambda(t+u) \mathrm{d}u\right\} \tag{2.12}$$

这也意味着，对应于分布 $F_t(x)$ 的故障率为

$$\lambda_t(x) = \lambda(t + x) \tag{2.13}$$

通过观察式（2.12）可知，如果失效率在 $[0, \infty)$ 中增加（减少），那么（对于每个固定 $x > 0$），函数 $\overline{F}_t(x)$ 随 t 减少（增加）。因此，MRL 函数 $m(t) =$

$\int_0^\infty \overline{F}_t(x)\mathrm{d}x$ 是递减（递增）的。反之则不然，即 $m(t)$ 递减，不一定会导致 $\lambda(t)$ 增加。

在 MRL 和故障率倒数之间可以得到一个有意义的关系式（Banevitch, 2009），即

$$m(t) = \int_0^\infty \overline{F}_t(u)\mathrm{d}u$$

$$= \int_0^\infty \frac{\lambda(t+u)\overline{F}(t+u)}{\lambda(t+u)\overline{F}(t)}\mathrm{d}u$$

$$= \int_t^\infty \frac{1}{\lambda(u)}\frac{f(u)}{\overline{F}(t)}\mathrm{d}u$$

$$= E\left[\frac{1}{\lambda(T)} \mid T > t\right]$$

特别对于 $t = 0$，有

$$m(0) = E\left[\frac{1}{\lambda(T)}\right]$$

这意味着，平均失效时间是故障率倒数的期望值（从定义的角度考虑）。对于失效率 λ 为常数的指数分布，显然，$m = 1/\lambda$。因此，上述 $m(t)$ 的关系表明了这一等式产生的起源。

对式（2.11）中 $m(t)$ 进行求导可得

$$m'(t) = \frac{\lambda(t)\int_t^\infty \overline{F}(u)\mathrm{d}u - \overline{F}(t)}{\overline{F}(t)}$$

$$= \lambda(t)m(t) - 1 \tag{2.14}$$

根据等式（2.14），可得故障率与 MRL 函数之间的关系为

$$\lambda(t) = \frac{m'(t) + 1}{m(t)}$$

该方程在分析 MRL 的形状和失效率函数中起着重要作用。对 $\lambda(t)$ 积分，可得

$$\int_0^t \lambda(u)\mathrm{d}u = \int_0^t \frac{m'(u)}{m(u)} + \frac{1}{m(u)}\mathrm{d}u = \ln(m(t)) - \ln(m(0)) + \int_0^t \frac{1}{m(u)}\mathrm{d}u$$

然后，可以通过将 MRL 函数与式（2.6）相比，获得 $\overline{F}(t)$ 的指数表示，该函数描述了失效率函数与 MRL 倒数之间的关系（Meiligson, 1972），即

$$\overline{F}(t) = \exp\left\{-\int_0^t \lambda(u)\mathrm{d}u\right\} = \frac{m}{m(t)}\exp\left\{-\int_0^t \frac{1}{m(u)}\mathrm{d}u\right\} \tag{2.15}$$

当指定 $m(t)$ 时，式（2.15）可用于"构造"分布函数。Zahedi（1991）指出，在这种情况下，可微函数 $m(t)$ 应满足以下条件。

(1) $m(t) > 0, t \in [0, \infty)$。

(2) $m(t) < \infty$。
(3) $m'(t) > -1, t \in (0, \infty)$。
(4) $\int_0^\infty \frac{1}{m(u)} du = \infty$。

满足第一个条件是显而易见的；第二个条件的意思是我们考虑的是有界一阶矩的分布；第三个条件是由式（2.14）得出的，只是表示当 $t>0$ 时，$\lambda(t)m(t)$ 为正数。注意：当 $m(0)\lambda(0)=0$ 时，$\lambda(0)=0$。最后一个条件表明，在本例中，$F(t)$ 为 $\lim_{t\to\infty}\overline{F}(t)=0$ 时的分布。

2.3　故障率和 MRL 函数的单调性

在不同的应用中，故障率和 MRL 函数的单调性是很重要的。在这本书中，我们在许多情况下使用递增或递减分布的失效率。在第 6 章中，致力于研究随机冲击环境中运行的系统的维护模型，系统存在最佳更换时间的最关键假设就是其故障率递增。

故障率函数定义了在 $(t, t+dt)$ 区间中失效的条件概率，所以这个函数的形状可以描述相应分布的老化特性，这对于很多情况下的建模是很重要的。例如，在第 9 章中，讨论了广义泊松过程（GPP）的应用，可知在某些假设下，受 GPP 冲击过程影响的有机体具有指数级增长的故障率（死亡率）。由此，我们严格证明了人类死亡的主要规律——冈伯茨定律（Cha 和 Finkelstein，2016）。

通常情况下，生存和故障率可根据故障数据的单调性构造，如上例所述。但是在有些情况下这种假设是不适当的，如在疾病发展的过程中，死亡率在一定时间间隔后达到峰值然后下降（Gupta，2001）。在这种情况下，故障率是一个倒置的浴盆（UBT）形状，数据分析应借助对数正态分布或反高斯分布。另一方面，许多工程系统都有一段"婴儿死亡率"时期，即故障率在初始时间间隔内下降，达到最小，然后上升。在这种情况下，故障率具有浴缸（BT）的形状，可以通过混合分布建模（Finkelstein，2008）。

如果 $\lambda(t)$ 随时间增加（减少），则对应的分布属于增加（减少）故障率（IFR（DFR））类。这些是最简单的非参数类老化分布。除非特别说明，本书所指的增加（减少），可理解为不减少（不增加）。另一方面，如前所述，失效率的增加（减少）导致了 MRL 函数（DMRL 和 IMRL 类）的减少（增加）。

众所周知，对数正态分布和反高斯分布具有 UBT 故障率。同样，许多混合分布模型具有递增的基准故障率，导致了混合形状的 UBT 故障率。例如，由一簇递增的失效率（幂函数）可混合（威布尔定律）"产生" UBT 形状的失效率。从这个角度来看，BT 的形状是"非自然产生"的，并且常常是为不同的时间间隔定义的不同标准分布的组合。例如，$[0,t_0]$ 中的婴儿死亡率通常由这段时间内的某个 DFR 分布描述，而 (t_0,∞) 中的老化则由 IFR 分布建模。然而，特定分布的混合也会导致 BT 型的故障率，如 Navarro 和 Hernandez（2004，2008）。所得结果对于研究失效率 $\lambda(t) = f(t)/\bar{F}(t)$ 的形状估计非常有帮助，即

$$g(t) = -\frac{f'(t)}{f(t)} \qquad (2.16)$$

这个函数包含关于 $\lambda(t)$ 的可用信息，而且简单得多，因为它不涉及 $\bar{F}(t)$。特别是 $g(t)$ 的形状常常定义 $\lambda(t)$ 的形状（Gupta，2001）。

当 $\lim_{t\to\infty} f(t) = 0$ 时，这种说法的基本原理就很明显了。用洛必达法则可得

$$\lim_{t\to\infty}\lambda(t) = \lim_{t\to\infty} f(t)/\bar{F}(t) = \lim_{t\to\infty} -f'(t)/f(t)$$

下面这个定理是格雷泽（Glazer，1980）著名结论的"更现代的"变形。

定理 2.1 （Marshall 和 Olkin，2007）假设寿命随机变量的密度 $f(t)$ 在 $(0,\infty)$ 上为正且严格可微，若 $\lim_{t\to\infty} f(t) = 0$，则

（1）如果 $g(t)$ 递增，那么失效率 $\lambda(t)$ 也递增；

（2）如果 $g(t)$ 递减，那么 $\lambda(t)$ 也递减；

（3）如果存在 t_1，其中 $g(t)$ 在 $t \leq t_1$ 中递减，在 $t \geq t_1$ 中递增，则存在 t_2（$0 \leq t_2 \leq t_1$），使得 $\lambda(t)$ 在 $t \leq t_2$ 是递减，在 $t \geq t_2$ 是递增。

（4）如果存在 t_1，其中 $g(t)$ 在 $t \leq t_1$ 时递增，在 $t \geq t_1$（$0 \leq t_2 \leq t_1$）时递减，然后存在 t_2（$0 \leq t_2 \leq t_1$），使得 $\lambda(t)$ 在 $t \leq t_2$ 时递增，在 $t \geq t_2$ 时递减。

这一重要定理指出，$\lambda(t)$ 单调性的属性是由 $g(t)$ 定义的，因为 $g(t)$ 往往比 $\lambda(t)$ 更为简单且便于分析。最简单且有意义的例子是标准正态分布。虽然它不是一个寿命分布，但定理 2.1 在这种情况下的应用令人印象深刻。事实上，正态分布的失效率没有显式表达式，而函数 $g(t)$ 可以很容易验证，即

$$g(t) = (t-\mu)/\sigma^2$$

式中：μ 和 σ 分别为对应的均值和标准差。因此，随着 $g(t)$ 增大，故障率也随之增大，这是正态分布的一个众所周知的事实。注意：Gupta 和 Warren（2001）将 Glaser 定理（Glaser，1980）推广到 $\lambda(t)$ 有两个或多个转折点的情况。

例 2.1 对数正态分布的失效率。

如果 $Y = \ln T$ 为正态分布，则随机变量 $T \geq 0$ 服从对数正态分布。因此，假设 Y 是 $N(\alpha, \sigma^2)$，其中 α 和 σ^2 分别是 Y 的均值和方差。本例中的 CDF 为

$$F(t) = \Phi\left\{\frac{\ln t - \alpha}{\sigma}\right\}, t \geq 0$$

式中：$\Phi(\cdot)$ 为标准正态分布函数的 CDF。

PDF 为

$$f(t) = \frac{\exp\left\{-\frac{(\ln t - \alpha)^2}{2\sigma^2}\right\}}{(t\sqrt{2\pi}\sigma)}$$

根据文献（Lai 和 Xie，2006）可以得到故障率为

$$\lambda(t) = \frac{1}{t\sqrt{2\pi}\sigma} \frac{\exp\left\{-\frac{(\ln at)^2}{2\sigma^2}\right\}}{1 - \Phi\left\{\frac{\ln at}{\sigma}\right\}}, a \equiv \exp\{-\alpha\}$$

对数正态分布的 $g(t)$ 函数为

$$g(t) = -\frac{f'(t)}{f(t)} = \frac{1}{\sigma^2 t}(\sigma^2 + \ln t - \alpha)$$

它可以表明，$g(t) \in \text{UBT}$（Lai 和 Xie，2006）考虑

$$\lim_{t \to 0}\lambda(t) = 0, \lim_{t \to \infty}\lambda(t) = 0$$

可以得出结论 $\lambda(t) \in \text{UBT}$。

Glaser 方法（Glaser，1980）由 Block（2003）等推广，通过考虑两个函数的比值 $G(t) = N(t)/D(t)$，其中右边的函数是连续可微的，$D(t)$ 为正且严格单调。与式（2.16）相似，我们将函数 $g(t)$ 定义为

$$g(t) = \frac{N'(t)}{D'(t)}$$

这些作者证明了 $G(t)$ 的单调性与 $g(t)$ 的单调性很相似。例如，考虑 MRL 函数

$$m(t) = \frac{\int_0^\infty \overline{F}(u)\,\mathrm{d}u}{\overline{F}(t)}$$

可以用它作为 $G(t)$。值得注意的是，在这种情况下，$g(t)$ 只是失效率的倒数，即

$$g(t) = \frac{\overline{F}(t)}{f(t)} = \frac{1}{\lambda(t)}$$

因此，函数 $m(t)$ 和 $1/\lambda(t)$ 在某种合适的意义上可以很接近，正如前面所述。

Glaser 定理（Glaser，1980）定义了失效率 BT（UBT）形状的充分条件。下一个定理（证明见 Finkelstein，2008）建立了 $\lambda(t)$ 和 $m(t)$ 形状之间的重要关系。前者是显而易见的，事实上，之前已经提到过。

定理 2.2 如果 $\lambda(t)$ 增加，则 $m(t)$ 减小。

因此，单调的故障率总是对应于单调的 MRL 函数。反之，只有在附加条件下才成立（Gupta 和 Akman，1995）。

定理 2.3 假设函数 $m(t)$ 的 MRL 是二阶可微，并且在 $(0,\infty)$ 中的失效率 $\lambda(t)$ 是可微的。如果 $m(t)$ 是递减（递增）的，并且是凸（凹）函数，那么 $\lambda(t)$ 是递增（递减）的。

定理 2.3 给出了失效率函数单调性随 $m(t)$ 的单调性变化的充分条件。下面的定理将上述结果推广到一个非单调的情况（Gupta 和 Akman，1995；Mi，1995；Finkelstein，2008）。说明在一定假设下，BT（UBT）故障率可以对应于单

调的 MRL 函数（与定理 2.3 相比，定理 2.4 给出了一个更简单的对应规则）。

定理 2.4 设 $\lambda(t)$ 为 $[0,\infty)$ 上是可微 BT 故障率。

（1）如果 $m'(0) = \lambda(0)m(0) - 1 \leq 0$，那么 $m(t)$ 减少。

（2）如果 $m'(0) > 0$，那么 $m(t) \in $ UBT，则 $\lambda(t)$ 为 $[0,\infty)$ 中可微 UBT 故障率。

（3）如果 $m'(0) \geq 0$，那么 $m(t)$ 增加。

（4）如果 $m'(0) < 0$，那么 $m(t) \in $ BT。

推论 2.1 假设 $\lambda(0) = 0$，如果 $\lambda(t)$ 是一个可微分的 UBT 失效率，则 $m(t)$ 为浴盆形状。

例 2.2 （Gupta 和 Akman，1995）考虑 $\lambda(t) \in $ BT, $t \in [0,\infty)$ 的寿命分布，具体形式为

$$\lambda(t) = \frac{(1 + 2.3t^2) - 4.6t}{1 + 2.3t^2}$$

可以很容易得到相应的 MRL 为

$$m(t) = \frac{1}{1 + 2.3t^2}$$

这是一个递减函数。显然，满足条件 $\lambda(0) \leq 1/m(0)$。

2.4 随机序列

在整本书中，将对所关注的随机变量进行简单的随机排序，并将在本章对其进行定义。对于随机序列的综合理论，读者应该参考 Shaked 和 Shantikumar（2007），而这里我们只讨论可靠性应用中几个最重要的随机序列。

令 $F(t)$ 和 $G(t)$ 分别为非负随机变量 X 和 Y 的寿命分布函数，并假设其相应的均值是有界的。最简单也是最弱的随机顺序是对应均值的顺序。因此，在这个意义上可以说，若 X 大于 Y，则

$$X \geq_\mu Y$$

需满足

$$E[X] \geq E[Y] \quad (2.17)$$

一阶矩具有良好的特征，但通常需要更多的信息来更好地描述随机变量。因此，如果随机变量 X 随机大于随机变量 Y，记为 （Ross，1996）

$$X \geq_{st} Y$$

需满足 $F(t) \leq G(t), \forall t \geq 0$，或者不等式

$$\bar{F}(t) \geq \bar{G}(t), \forall t \geq 0 \quad (2.18)$$

文献中最常用的排序术语（式 (2.18)）是"一般随机排序"或"随机优势"。显然，式 (2.17) 由式 (2.18) 得出，根据式 (2.1) 可得

$$E[X] = \int_0^\infty \overline{F}(u)\mathrm{d}u \geqslant \int_0^\infty \overline{G}(u)\mathrm{d}u = E[Y]$$

下一种排序类型是通过相应的故障率定义的。故障率是可靠性和生存分析的一个重要特征,因此,这种类型的排序经常使用。假设存在故障率 $\lambda_X(t)$ 和 $\lambda_Y(t)$,在危险(故障)率排序的意义上,$X > Y$,如果下列不等式成立,即

$$\lambda_X(t) \leqslant \lambda_Y(t), \forall t \geqslant 0 \qquad (2.19)$$

则记为

$$X \geqslant_{hr} Y$$

或

$$X \geqslant_{fr} Y$$

显然,由不等式(2.18)可得到不等式(2.19),即

$$\overline{F}(t) = \exp\left\{-\int_0^t \lambda_X(u)\mathrm{d}u\right\} \geqslant \exp\left\{-\int_0^t \lambda_Y(u)\mathrm{d}u\right\} = \overline{G}(t)$$

因此,故障率排序明显强于通常的随机排序。

分别用 $f(t)$ 和 $g(t)$ 表示对应于 $F(t)$ 和 $G(t)$ 的概率密度函数。我们说,X 在似然比排序的意义上大于 Y,即

$$X \geqslant_{lr} Y$$

则需

$$\frac{f(x)}{g(x)} \leqslant \frac{f(y)}{g(y)}, x \leqslant y \qquad (2.20)$$

这意味着密度 $f(x)/g(x)$ 的比值随 x 递增(或 $g(x)/f(x)$ 递减)。很容易看出,式(2.19)由式(2.20)得到。事实上,使用式(2.20),可得

$$\lambda_X(t) = \frac{f(t)}{\overline{F}(t)}$$
$$= \frac{f(t)}{\int_t^\infty f(x)\mathrm{d}x} \leqslant \frac{f(t)}{\int_t^\infty \frac{g(x)f(t)}{g(t)}\mathrm{d}x}$$
$$= \frac{g(t)}{\int_t^\infty g(x)\mathrm{d}x} = \frac{g(t)}{\overline{G}(t)} = \lambda_Y(t)$$

因此,对于所考虑的随机序的"相对强度",有以下众所周知的"链",即

$$lr \Rightarrow hr \Rightarrow st \Rightarrow \mu \qquad (2.21)$$

通常情况下,随机排序是可靠性中最普遍和最自然的排序。这意味着,对应的生存函数在 $[0, \infty)$ 中有序,且不交叉。另一方面,较弱的均值排序方法允许这种交叉。在本书中,我们将考虑描述异构系统的模型,即用一些随机参数表征相应的故障率,如描述生产过程中的不稳定性。结果表明,故障率排序是异构环境下的自然排序(Finkelstein 和 Cha,2013)。

有时需要对不同随机变量的不同变化形式进行比较,假设 $E[X] = E[Y]$,

当 $h(x)$ 为凸函数时，有

$$E[h(X)] \geqslant E[h(Y)] \tag{2.22}$$

可知，变量 X 比变量 Y 大。特别地，当 $h(x) = x^2$ 时，$\mathrm{Var}(X) \geqslant \mathrm{Var}(Y)$。

可以证明式（2.22）等价于下列不等式，即

$$\int_t^\infty \overline{F}(u)\mathrm{d}u \geqslant \int_t^\infty \overline{G}(u)\mathrm{d}u, \forall t \geqslant 0$$

在某种意义上，式（2.11）中平均值的随机顺序也定义平均剩余命函数的顺序。令 $m_X(t)$ 和 $m_Y(t)$ 分别表示生命周期 X 与 Y 的 MRL。当 $X > Y$ 时，意味着在平均剩余寿命排序的意义上，有

$$X \geqslant_{mrl} Y$$

则有

$$m_X(t) \geqslant m_Y(t), \forall t \geqslant 0 \tag{2.23}$$

当 $t = 0$ 时，式（2.23）退化到式（2.17）的顺序。

需要注意的是，$hr \Rightarrow mrl$。在没有附加假设的情况下，$\geqslant_{mrl}$ 和 $\geqslant_{st}$ 序列都不包含另一个。反例可以在文献中找到（Shaked 和 Shantikumar, 2007）。

我们要讨论的最后一个顺序是所谓的随机优先顺序（Boland 等, 2004）。若寿命 X 比寿命 Y 大，按优先顺序写成

$$X \geqslant_{spro} Y$$

则需

$$\Pr(X \geqslant Y) \geqslant 0.5 \tag{2.24}$$

可以很容易地证明，$st \Rightarrow spro$，意味着这个顺序比通常的随机顺序弱。注意：式（2.24）对于许多可靠性应用程序来说是很自然的，如构建应力强度模型时，X 为强度，Y 为结构应力（Finkelstein, 2013）。在这种情况下，优先顺序对于相应的随机描述肯定是更可取的。

2.5 计数过程及其表征

本书的主要主题是特定的计数过程以及其在可靠性理论不同领域中的应用。本书的其余部分将详细讨论更新过程和泊松过程及其推广和变化（重点是泊松驱动模型）。在这一部分的介绍中，我们将简要地讨论一些基本概念和原始模型，重点是对进一步研究奠定基础。

随机发生的时间点（瞬时事件）可通过在状态空间 $\{0,1,2,\cdots\}$ 上的随机计数（点）过程 $\{N(t), t \geqslant 0\}$ 描述。其中 $N(t)$ 定义为 $(0,t]$ 中的点（事件）总数，有时也会采用等效的符号 $\{N_t, t \geqslant 0\}$。对于所有 $s, t \geqslant 0$ 且 $s < t$，增量为

$$N(t) - N(s), N(0) = 0$$

表示区间 $(s,t]$ 中出现的点数，且当 $s \leqslant t$，$N(s) \leqslant N(t)$。在本书中，t 通常指时间，因此，相应的计数过程将视为"进化的"。

如果不相交间隔中的事件（计数）数是独立的随机变量，则过程具有独立的增量。另一方面，对于 $t_1 < t_2$，
$$N(t_2) - N(t_1) \text{ 和 } N(t_2 + \tau) - N(t_1 + \tau), \forall \tau > 0$$
具有相同的分布，则点过程具有平稳增量。

如果计数过程 $\{N(t), t \geq 0\}$ 具有稳态增量，则称为平稳计数过程。

假设我们的过程是有序的（或有规律的），这意味着在长度为 Δt 的小区间内没有多个事件发生，也就是说，多个事件发生的概率为 $O(\Delta t)$，其中 $O(h)$ 代表满足下式的任何函数，即
$$\lim_{h \to 0} \frac{f(h)}{h} = 0$$

这个假设将贯穿本书。假设其极限存在，则该过程的故障率（或强度函数）$\lambda_r(t)$ 定义为
$$\lambda_r(t) = \lim_{\Delta t \to 0} \frac{P(N(t + \Delta t) - N(t) = 1)}{\Delta t}$$
$$= \lim_{\Delta t \to 0} \frac{E[N(t + \Delta t)] - E[N(t)]}{\Delta t} = \frac{\mathrm{d}E[N(t)]}{\mathrm{d}t} \quad (2.25)$$

这里我们使用下标 r，代表"故障率"，以避免与 $\lambda(t)$ 项的"固有"失效率符号混淆。但是，在后续章节中，为了不导致混淆，将相应的符号记为 $\lambda(t)$ 或 $v(t)$，以使用条件为准。因此，$\lambda_r(t)\mathrm{d}t$ 可以解释为事件发生在 $[t + \mathrm{d}t]$ 中的近似概率或该间隔中事件的近似预期数量。根据式（2.25），$(0, t)$ 中事件的期望数由累积速率给出，即
$$E[N(t)] \equiv \Lambda_r(t) = \int_0^t \lambda_r(u) \mathrm{d}u$$

速率 $\lambda_r(t)$ 不能完全定义计数过程，因此，应使用更详细的描述表征。计数过程可以有不同的定义方法。最常用的是以下两种。

（1）通过连续事件之间时间的联合分布（区间特征）。

（2）通过事件的联合分布，在所有有界的不相交区间上的事件的数目（计数特征）。

然而，本书中另外一种重要特征将在下面定义，该特征具有很高的应用价值。

对应随机过程的启发式定义基于下面的强度过程（随机强度），这将在我们的研究中大量使用（有关数学细节可参见 Aven 和 Jensen（1999），安德森等（1993））。

定义2.3 有序计数过程的强度过程（随机强度）$\lambda_r, t \geq 0 \{N(t), t \geq 0\}$ 由以下极限定义，即
$$\lambda_t = \lim_{\Delta t \to 0} \frac{P(N(t, t + \Delta t) = 1 \mid H_{t-})}{\Delta t}$$
$$= \lim_{\Delta t \to 0} \frac{E[N(t, t + \Delta t \mid H_{t-})]}{\Delta t} \quad (2.26)$$

式中：$N(t,t+\Delta t)$ 为 $[t,t+\Delta t)$ 中发生的事件数；$H_{t-} = \{N(s):0 \leq s \leq t\}$ 为 $[0,t)$ 中点过程的内部过滤（历史），即 $[0,t)$ 中所有点事件的集合。

随机强度 λ_t 可以通过以下条件期望获得一个确切的形式，即

$$\lambda_t dt = E[dN(t) \mid H_{t-}] \tag{2.27}$$

由式（2.26）可知，将确定性速率 $\lambda_r(t)$ 转变为相应的随机过程。更精确地说：有序点过程 $\lambda_r(t)$ 的速率可以看作强度过程 $\lambda_t, t \geq 0$ 在整个可能的历史空间上的期望，即 $\lambda_r(t) = E[\lambda_t]$。注意：$\lambda_t$ 在有的文献也称为完全强度函数（Cox 和 Isham,1980）。

强度过程完全可以定义相应的计数过程，式（2.27）也可以写成

$$E[dN(t) - \lambda_t dt \mid H_{t-}] = 0 \tag{2.28}$$

因此，如果定义过程

$$M(t) \equiv N(t) - \int_0^t \lambda_s ds$$

式（2.28）可改写为

$$E[dM(t) \mid H_{t-}] = 0$$

定义了鞅（Aalen 等，2008）。因此，强度过程式（2.27）的直观定义相当于说明计数过程减掉了式（2.28）的累积强度过程，即

$$\Lambda_t = \int_0^t \lambda_s ds$$

为一个鞅。

有序计数过程的随机发生时间序列可记为

$$0 \equiv T_0 < T_1 < T_2 < \cdots$$

对应的观测值记为 $t_i, i \geq 1$。进一步，令 $\{X_i\}_{i \geq 1}$ 为到达时间序列：$X_i = T_i - T_{i-1}$，$i = 1,2,\cdots$，则

$$T_0 \equiv 0, T_n = \sum_1^n X_i, n = 1,2,\cdots$$

且 $N(t)$ 可以表示为

$$N(t) = \sup\{n:T_n \leq t\} = \sum_{n=1}^{\infty} I(T_n \leq t)$$

通常情况下，如果 $T_n \leq t$，指示器（示性函数）$I(T_n \leq t)$ 等于 1，否则等于 0。

第 3 章将详细研究计数过程的一个经典例子——更新过程，它定义为独立同分布到达间隔时间 $\{X_i\}_{i \geq 1}$ 的集合。由于更新被假定为瞬时完成，在这种情况下到达时间与更新时间一致。因此，当一个系统开始运行并且出现故障时，立即被新的相同单元替换，如此循环，从而产生更新过程。注意：这个过程有一个简单的定义，并且在各种应用中有一个清晰的工程解释，一般来说，它既不是平稳的

增量，也不是独立的增量。我们将在第3章看到，它的数学描述一点也不简单。原因在于它的历史，虽然很简单，但应该正确理解其中的概率相关性。

截至 t 时刻之前的更新的连续次数显然是随机的，因此，根据（Ross，1996）传统，用符号 $T_{N(t)}$ 表示 t 时刻之前的最后一次更新点，而 t 时刻之后的下一次更新点用 $T_{N(t)+1}$ 表示。注意：$t - T_{N(t)}$ 表示在 $T_{N(t)}$ 处更新的系统的年龄（另一术语：向后递归时间），而 $T_{N(t)+1} - t$ 表示 x 为式（2.2）所定义的剩余寿命（向前的递归时间），其值等于 $t - T_{N(t)}$。因此，相应的分布具有更复杂的性质，我们将在第3章简要讨论。

设更新过程中系统的故障率为 $\lambda(t)$。然后，根据一般定义，更新过程的强度过程则可由一个非常吸引人的简单公式定义。

定义 2.4 更新过程是一个有序的计数过程，其为具有以下特征的强度过程，即

$$\lambda_t = \lambda(t - T_{N(t-)}), t > 0 \tag{2.29}$$

式中：$N(t-)$ 为在 $(0,t)$ 内更新的数量。

当 t 时刻运行的系统在 $t_{N(t)} = t_{n(t)}$ 更新时，其中 $t_{n(t)}$ 是 t 之前最后一个更新点的对应时间，t 时刻的故障率为 $\lambda(t - t_{n(t)})$。

本书的大部分将致力于泊松过程及其总结和应用。这里，作为强度过程的另一个例子，我们将非齐次泊松过程定义为具有确定性随机强度的有序（规则）计数过程，其强度等于 $\lambda_r(t)$。传统的定义及其与下列定义的"联系"将在第4章中详细讨论。此外，第4章的介绍将是系统的，而在这里，与更新过程类似，我们希望再次强调基于强度过程的推理的实用性，并介绍一些特性。因此，将NHPP和其特定情况HPP定义如下。

定义 2.5 NHPP是一个有序计数过程，其特征是确定性随机强度函数与其速率相等，即

$$\lambda_t = \lambda_r(t) \tag{2.30}$$

HPP和泊松过程均为具有恒定速率的NHPP的特殊情况，即 $\lambda_t = \lambda_r$。

注意：在第4章中，将表明NHPP的传统定义是通过在无穷小的时间间隔内发生事件的概率表示的，见式（2.30）。很明显，HPP是一个平稳的过程，而NHPP显然是非平稳的。随机强度不依赖于历史，它们都具有独立增量的性质。

任意长度区间 $(x, x+d)$，$x > 0, d > 0$ 的事件数为

$$\Pr[N(x+d) - N(x) = n] = \exp\{-\Lambda_r(x,d)\} \frac{(\Lambda_r(x,d))^n}{n!} \tag{2.31}$$

其中

$$\Lambda_r(x,d) \equiv \int_x^{x+d} \lambda_r(u) \mathrm{d}u, x \geq 0, d > 0$$

是 $(x, x+d]$ 中的累积速率。定义 $\Lambda_r(d) \equiv \Lambda_r(0,d)$，它可从式（2.31）和泊松分布的性质得出，$(x, x+d]$ 中事件的平均数为

$$E[N(x+d) - N(x)] = \int_x^{x+d} \lambda_r(u)\,du$$

根据式（2.12）和独立增量的性质，从 $t = x$ 时刻到下一个事件的时间分布为

$$F(t \mid x) = 1 - \exp\left\{-\int_x^{x+t} \lambda_r(u)\,du\right\} \tag{2.32}$$

因此，从 $t = 0$ 开始的泊松过程第一个事件发生的时间可用失效率为 $\lambda_r(t)$ 的分布函数描述。

考虑时间转换后的 NHPP 过程的到达时间为

$$\tilde{T}_0 = 0,\; \tilde{T}_i = \Lambda_r(T_i) \equiv \int_0^{T_i} \lambda_r(u)\,du$$

可以看出（Ross，1996），$\tilde{T}_i$ 定义的过程是一个齐次泊松过程，速率为 1，即 $\tilde{\lambda}_r(t) = 1$。下面的定理说明了这个事实。

定理 2.5 设 $\Lambda_r(t),t \geq 0$ 时为正值、连续、非递减函数。当且仅当 $\Lambda_r(T_i)$ 是速率为 1 的齐次泊松过程时，随机变量 $T_i, i = 1,2,\cdots,T_0 = 0$ 是累积速率为 $\Lambda_r(t)$ 的非齐次泊松过程对应的到达时间。

在可靠性实践中，最常用的非齐次泊松过程为"威布尔过程"，其速率由幂函数定义为

$$\lambda_r(t) = \alpha\theta t^{\theta-1}, \alpha > 0, \theta > 0 \tag{2.33}$$

显然，这个过程中第一个事件发生的时间由 Weibull 分布描述，它是可靠性退化建模应用中的主要分布之一（$\theta > 1$）。本例中对应的故障率形式与式（2.33）相同，由式（2.32）可知，如果事件发生在 x 点，则下一个事件发生的时间的特征可以用故障率 $\lambda_r(x + t)$ 表示。我们稍后将在可修复系统的最小维修中讨论这个特性。

最后，我们将简要描述泊松过程的细化过程，第 4 章将深入研究其一般情况。假设函数 $\lambda_r(t)$ 以齐次泊松过程的速率为界，即 $\lambda_r(t) \leq \lambda_r < \infty$，并假设过程中每个事件的速率为 $\lambda_r(t)$，记为 $\lambda_r(t)/\lambda$，则产生的细化过程的可数事件是速率为 $\lambda_r(t)$ 的非齐次泊松过程（罗斯，1996）。可以将这种操作推广到以下情况：当初始非齐次泊松过程的速率为 $\lambda_r(t)$ 且以概率 $p(t)$ 细化时，可得到速率为 $p(t)\lambda_r(t)$ 的细化过程（见定理 4.6）。

2.6 完全维修和最小维修

本书中另一个经常出现的主题是"最小维修"。从不同的角度看，这一概念对现代可靠性理论至关重要。首先，这确实是在实践中经常发生的事情（参见后面的相关解释）。其次，真正重要的是，可以在许多情况下明确进行最小维修模

型的概率分析，从而进一步进行有意义的分析。最后，这是与其他更一般维修类型进行比较的合理基点。关于最小修复概念的概括可见 Aven 和 Jensen（2000）以及 Finkelstein 和 Cha（2013）。

在 2.5 节中的更新点（见式（2.29））是通过更新过程的随机强度来定义的，其意味着系统采取瞬时完全维修。因此，利用更新理论可以得到其所有相关特性（如给定时间间隔内的平均修复次数）。

然而，在现实中，修复往往是不完全的，因此，研究提出了不同的不完全修复模型。第一个不完全的修复模型（至今仍是应用中研究最多的）是最小修复模型。它是应用最简单和最容易理解的不完全维修类型。Barlow 和 Hunter（1960）介绍了最小维修，在后来许多不同的系统维修和维护建模的出版物中进行了研究和应用。它也被独立地用于生物统计学研究（Vaupel 和 Yashin，1987）。

"最小修复"这个术语是有意义的，与大修（完全维修）相反，它通常描述一个小的维护或修理行为。相应的数学定义如下，对应的可修系统，其特征可由分布函数 $F(t)$ 和故障率 $\lambda(t)$ 表征。

定义 2.6 若一件物品在 x 时刻发生故障并立即进行了最小程度的修复，则其生存函数为

$$\frac{\overline{F}(x+t)}{\overline{F}(x)} = \exp\left\{-\int_x^{x+t} \lambda(u)\,\mathrm{d}u\right\} \tag{2.34}$$

对比式（2.34）和式（2.3），可以看出，这正是初始年龄为 x 的产品的剩余寿命，因此，最小修复后的失效率为 $\lambda(x)$，即其与维修前一样。这意味着，最小维修不会改变系统未来的随机行为，就好像没有发生故障一样。通常，将其描述为将系统返回到故障前状态的修复。有时这种状态称为"坏的和旧的一样"。"状态"一词应予澄清，事实上，在这里，状态只反应依赖于时间的故障率，而不包含任何附加信息。因此，这类修复有时称为统计或黑盒最小修复（Bergman，1985；芬克尔斯坦，2008）。但是，为了符合传统，我们将使用术语最小维修定义 2.6 中描述的维修行为（不添加"统计"）。

将式（2.34）与式（2.32）进行比较，可以得出将在第 4 章更正式地讨论的重要结论：

最小维修过程是一个速率为 $\lambda_r(t) = \lambda(t)$ 的非齐次泊松过程。

因此，根据式（2.30），强度过程 $\lambda_t, t \geq 0$ 描述的是"对一个失效率为 $\lambda(t)$ 的系统"进行最小维修的过程，且可以确定 $\lambda_t = \lambda(t)$。

关于最小维修有两种大众的解释。第一个被引入来模拟一个由许多组件组成的大型系统，当其中一个组件被完全修复（替换）时的行为。很明显，在这种情况下，所执行的修复操作可以近似地限定为最小修复。

第二种解释描述了这样一种情况，一个失效的系统被一个统计上相同的系统

所取代，这个系统在相同的环境中运行，但没有失效。因此，被替换系统的剩余生命周期具有与式（2.2）中定义的相同的分布，就像"什么都没有发生"一样。这也证明了"最小修复"一词的合理性。

2.7 冲击和极端冲击模型

在可靠性方面，本书中考虑的许多计数过程模型可以用冲击来解释或直接定义。因此，冲击过程通常被理解为计数过程的同义词，但通常被用来表述受冲击的系统可靠性特征。

我们对"冲击"一词的理解非常广泛，它指的是一些瞬时（点）的、潜在的有害事件（如巨大的电脉冲、生物物体对能源的需求、金融保险索赔等）。冲击模型在可靠性实践和理论以及其他学科中得到了广泛的应用。同样，它可以构建出一个研究老化特性分布的有效框架（Barlow 和 Proschan，1975；Beichelt 和 Fatti，2002）。重要的是，分析冲击对一个系统（对象）的影响，具有两种作用。即在某些假设下，在受到冲击时系统可以被"杀死"或在不影响其未来性能的情况下成功存活。相应的模型通常称为极端冲击模型，而每次冲击对系统造成附加损伤（磨损）时的情况通常用累积冲击模型描述（Gut，1990；Gut 和 Husler，2005；Kahle 和 Wendt，2004）。在后一种情况下，当冲击的累积效应达到某种确定性或随机性水平时，就会发生故障，因此，这种情况对于退化（磨损）过程的建模是有用的。文献中也考虑了这两种基本模型的结合（Gut 和 Husler，2005；Cha 和 Finkelstein，2009、2011；Finkelstein 和 Cha，2013）。在接下来的部分中，我们将简要描述在可靠性应用中最流行的极端冲击模型。

假设冲击按照更新过程或非齐次泊松过程发生。每一次独立于先前历史的冲击都会以概率 p 导致系统发生故障，并以互补概率 $q=1-p$ 使系统存活下来，并且假设冲击是失效的唯一原因。假设系统不存在累积损伤，致命的"伤害"可能是一次冲击的结果。该模型可以解释可靠性、风险和安全性分析中的许多问题。这种情况通常称为极端冲击模型（Gut 和 Husler，2005；芬克尔斯坦，2008）。本章其余部分中，主要关注的内容是在极端冲击模型框架中描述的不同假设和应用背景。我们将在本书的其余部分使用这些结果和推理。

首先考虑一个一般的有序计数（冲击）过程，通常由它的到达时间序列 $\{T_n\}, n \geq 1; T_0 \equiv 0, T_{n+1} > T_n$ 定义，令 T_n 的 CDF 为 $F_n(t)$。因此，$F_n(t) - F_{n+1}(t)$ 是 $(0, t]$ 中恰好有 n 个事件发生的概率，$F_0(t) \equiv 1$。设 G 是参数为 p（独立于 $\{T_n\}, n \geq 1$）的几何变量，用 T 表示系统随机寿命，其生存函数为

$$P(t) = \sum_{n=0}^{\infty} q^n (F_n(t) - F_{n+1}(t)) \tag{2.35}$$

因此，$P(t)$ 为所述极端冲击模型下系统的生存概率。相对而言，在该计数过

程中可以用 $1 - P(t)$ 表示其在 $(0,t]$ 内终止的概率。

获取概率 $P(t)$ 是可靠性和安全性评估的多种应用中的一个重要问题。显然，式（2.35）所示的通用形式并不具备在工程实践中直接应用的条件，因此，如上所述，我们应该考虑两个主要用于可靠性应用的特定计数过程，即泊松过程和更新过程。对于速率为 λ 的齐次泊松过程，对应的推导很简单，$\exp\{-\lambda t\}(\lambda t)^n/n!$ 是 $(0,t]$ 中发生 n 个事件的概率，而 q^n 是经历所有事件存活的概率。然后，利用泰勒级数的展开式，有

$$P(t) = \sum_{n=0}^{\infty} q^n \exp\{-\lambda t\} \frac{(\lambda t)^n}{n!} = \exp\{-p\lambda t\} \qquad (2.36)$$

由式（2.36）可知，描述系统寿命 T 的相应故障率为常数，由一个简单而有意义的关系式给出，即

$$\lambda_s = p\lambda \qquad (2.37)$$

因此，使得基础泊松过程的速率 λ 降低了因子 p，$p \leqslant 1$。

其结果可以推广到具有速率 $\lambda(t)$ 和时间相关概率 $p(t)$ 的 NHPP 过程。在第 4 章中，我们将详细讨论该结论。基于该假设，根据式（2.36）和式（2.37）可以导出

$$P(t) = \exp\left\{-\int_0^t p(u)\lambda(u)\mathrm{d}u\right\}$$

对应的故障率为

$$\lambda_s(t) = p(t)\lambda(t)$$

虽然这种理解比较直观，但仍然需要得到准确的证明。

尽管其相对简单，但更新冲击过程并不满足这种显式关系。然而，可以得到一些简单的渐近结果，证明与齐次泊松过程的情况相似（Kalashnikov, 1999）。因此，当 $p \rightarrow 0$ 时，其分布收敛于

$$P(t) \rightarrow \exp\left\{-\frac{pt}{\mu}\right\}, \forall t \in (0, \infty) \qquad (2.38)$$

式中：μ 为对应于主分布函数 $F(t)$ 的均值。因此，式（2.38）构成了一个非常简单的渐近指数解。然而，在实践中，参数 p 通常不够小，不能有效地使用这种近似，因此，使用 $P(t)$ 的界比较可行。

在实践中，最简单适宜的生存函数界可以通过以下等式得到，即

$$E[q^{N(t)}] = \sum_{n=0}^{\infty} q^n (F_n(t) - F_{n+1}(t))$$

最后，使用简森的不等式（Finkelstein, 2008），可得

$$P(t) = E[q^{N(t)}] \geqslant q^{E[N(t)]} = q^{h(t)}$$

式中：$h(t) = E[N(t)]$ 为更新密度函数，是更新理论研究的主要对象（见第 3 章）。

参考文献

Aalen OO, Borgan O, Gjessing HK (2008) Survival and event history analysis. Springer, Berlin
Anderson PK, Borgan O, Gill RD, Keiding N (1993) Statistical models based on counting processes. Springer, New York
Aven T, Jensen U (1999) Stochastic models in reliability. Springer, New York
Aven T, Jensen U (2000) A general minimal repair model. J Appl Probab 37:187–197
Banevich D (2009) Remaining useful life in theory and practice. Metrika 69:337–349
Barlow RE, Hunter LC (1960) Optimal preventive maintenance policies. Oper Res 8:90–100
Barlow RE, Proschan F (1975) Statistical theory of reliability and life testing. Holt, Renerhart & Winston, New York
Beichelt FE, Fatti LP (2002) Stochastic processes and their applications. Taylor and Francis, London
Bergman B (1985) Reliability theory and its applications. Scand J Stat 12:1–41
Block HW, Savits TH, Wondmagegnehu ET (2003) Mixtures of distributions with increasing linear failure rates. J Appl Probab 40:485–504
Boland PJ, Singh H, Cukic B (2004) The stochastic precedence ordering with applications in sampling and testing. J Appl Probab 41:73–82
Cha JH, Finkelstein M (2009) On a terminating shock process with independent wear increments. J Appl Probab 46:353–362
Cha JH, Finkelstein M (2011) On new classes of extreme shock models and some generalizations. J Appl Probab 48:258–270
Cha JH, Finkelstein M (2016) Justifying the Gompertz curve of mortality via the generalized Polya process of shocks. J Theor Popul Biol 109:54–62
Cinlar E (1975) Introduction to stochastic processes. Prentice Hall, Englewood Cliffs, NJ
Cox DR, Isham V (1980) Point processes. University Press, Cambridge
Finkelstein M (2008) Failure rate modelling for reliability and risk. Springer, London
Finkelstein M (2013) On some comparisons of lifetimes for reliability analysis. Reliab Eng Syst Saf 119:300–304
Finkelstein M, Cha JH (2013) Stochastic modelling for reliability: shocks, burn-in and heterogeneous populations. Springer, London
Glaser RE (1980) Bathtub and related failure rate characterizations. J Am Stat Assoc 75:667–672
Guess F, Proschan F (1988) Mean residual life: theory and applications. In: Krishnaiah PR, Rao CR (eds) Handbook of Statistics, vol 9. Elsevier, Amsterdam, pp 215–224
Gupta RC (2001) Nonmonotonic failure rates and mean residual life functions. In: Hayakawa Y, Irony T, Xie M (eds) System and Bayesian reliability: essays in Honour of Professor R.E. Barlow. Series on quality, reliability and engineering statistics. World Scientific Press, Singapore, pp 147–163
Gupta RC, Akman HO (1995) Mean residual life functions for certain types of nonmonotonic aging. Commun Stat-Stoch Models 11:219–225
Gupta RC, Warren R (2001) Determination of change points of nonmonotonic failure rates. Commun Stat-Theor Methods 30:1903–1920
Gut A (1990) Cumulated shock models. Adv Appl Probab 22:504–507
Gut A, Husler J (2005) Realistic variation of shock models. Stat Probab Lett 74:187–204
Høyland A, Rausand M (1994) System reliability theory: models and statistical methods. Wiley, New York
Kahle W, Wendt H (2004) On accumulative damage process and resulting first passage times. Appl Stoch Models Bus Ind 20:17–27
Kalashnikov V (1997) Geometric sums: bounds for rare events with applications. Kluwer Academic Publishers, Dordrecht

Lai CD, Xie M (2006) Stochastic ageing and dependence for reliability. Springer, Berlin
Marshall AW, Olkin I (2007) Life distributions. Springer, London
Mi J (1995) Bathtub failure rate and upside-down bathtub mean residual life. IEEE Trans Reliab 44:388–391
Meilijson I (1972) Limiting properties of the mean residual lifetime function. Ann Math Stat 43:354–357
Navarro J, Hernandez PJ (2004) How to obtain bathtub-shaped failure rate models from normal mixtures. Probab Eng Inf Sci 18:511–531
Navarro J, Hernandez PJ (2008) Mean residual life functions of finite mixtures, order statistics and coherent systems. Metrika 67:277–298
Ross SM (1996) Stochastic processes, 2nd edn. Wiley, New York
Shaked M, Shanthikumar J (2007) Stochastic orders. Springer, New York
Vaupel JW, Yashin AI (1987) Repeated resuscitation: how life saving alters life tables. Demography 4:123–135
Zahedi H (1991) Proportional mean remaining life model. J Stat Plann Infer 29:221–228

第 3 章 更新过程及应用

在第 2 章的介绍中,已经给出并讨论了更新过程的定义。在本节中,为了保持连贯,我们将更详细地定义和讨论此过程,然后考虑其主要属性。特别强调的是,对那些主函数的渐进关系的介绍是本书必不可少的内容。例如,在后面的章节中,我们将考虑各种最优维护问题,这些问题将依赖于本章将要讨论的重要更新奖励定理。然后,我们提出了几个重要的应用,用以说明更新原则和推理如何应用于不同的可靠性问题。显然,我们的目的不是系统地描述更新理论,而是提出一些基本的事实,以供全文使用。第 7 章将对普通更新过程的一般情况进行总结。

3.1 定义及主要属性

更新理论有一个工业起源,描述的是在可修复系统运行时执行的替换次数。因此,假设一个系统在每次故障时都被一个新的(相同的)物体替换,这方面的经典问题是预估技术系统长期运行所需的平均备件数量,或评估有限任务时间内的备件充足率。之后,在随机计数过程的背景下(Feller,1968;Cox 和 Miller,1965;Cox 和 Isham,1980),它被发展为一般理论。虽然更新过程的一些基本概念在第 2 章中已给出,为了一致性和方便阅读本章,我们在这里重复一些基本的概念。

记 $\{X_i\}_{i \geq 1}$ 为一个独立同分布的寿命随机变量序列,具有共同的分布函数 CDF $F(t)$,因此,$X_i, i \geq 1$ 是一般随机变量 X 的下标,相应的到达时间序列为

$$T_0 = 0, T_n = \sum_{i=1}^{n} X_i, n = 1, 2, \cdots$$

式中:X_i 也可以解释为到达间隔或周期,即连续更新之间的时间。显然,此种情况对应于顺时完全修复。将相应的计数过程定义为

$$N(t) = \sup\{n : T_n \leq t\} = \sum_{n=1}^{\infty} I(T_n \leq 1)$$

在第 2 章,定义示性函数 I,如果 $T_n \leq t$ 其值等于 1,$T_n \leq t$ 则其值等于 0。

计数过程是一种随机过程,其过程由许多时间或空间上的事件组成。通常,为了描述事件(计数)在一段时间内的发生情况,计数过程依赖于 $(0, \infty)$ 上的顺序到达点。计数过程则根据在一段时间间隔内观察到的事件数量描述事件的随机发生情况。为了方便起见,下面将交替使用"点过程"和"计数过程"。因

此，根据描述的方式，更新过程可以通过 $N(t)$ 或到达点 $\{T_n, n=0,1,2,\cdots\}$ 定义如下所示。

定义 3.1 所述计数过程 $\{N(t), t \geq 0\}$ 和点过程 $\{T_n, n=0,1,2,\cdots\}$ 都称为更新过程。或者，更新过程的特征是收集独立同分布随机变量 $\{X_i | i \geq 1\}$。

因此，更新过程可以用 $N(t)$ 或到达时间（到达间隔）描述。在本书中主要使用随机强度（强度过程）的概念，在第 2 章已讲述过其特征。回忆一下，根据定义 2.3，一般有序（无多次出现）点过程的随机强度为

$$\lambda t = \lim_{\Delta t \to 0} \frac{P(N(t, t+\Delta t) = 1 \mid H_{t-})}{\Delta t}$$

$$= \lim_{\Delta t \to 0} \frac{E(N(t, t+\Delta t) = 1 \mid H_{t-})}{\Delta t} \tag{3.1}$$

式中：$N(t, t+\Delta t)$ 为在 $[t, t+\Delta t)$ 中发生的事件数；$H_{t-} = \{N(s): 0 \leq s \leq t\}$ 为 $[0, t)$ 中计数过程的内部过滤（历史），即 $[0, t)$ 中所有点事件的集合。

根据式（3.1），更新过程的故障率可化简为

$$\lambda t = \lambda(t - T_{N(t-)}), t \geq 0 \tag{3.2}$$

式中：$\lambda(t)$ 为对应于分布函数 $F(t)$ 的故障率；$T_{N(t-)}$ 为时间间隔 $(0, t)$ 内最后一次更新（带有随机数）的符号。因此，假设密度 $f(t) = F'(t)$ 存在，则式（3.2）可以写成更详细的形式

$$\lambda_t = \sum_{n \geq 0} \lambda(t - t_n) I(t_n < t \leq t_{n+1}), t \geq 0$$

式中：t_n 为到达时间的实现（观测值）$T_n, n=0,1,2,\cdots$。

因此，更新过程具有最简单的历史特征，即不用考虑更新之前的历史。这意味着前一个（上一个）更新不影响未来更新的时间。尽管有这种理论上的"简单性"，在初次使用概率描述（和属性）时并不简单，应该谨慎的使用。

从简单的推论可得出

$$N(t) \geq n \Leftrightarrow T_n \leq t$$

因此，$(0, t]$ 中恰好有 n 个事件的概率为

$$P(N(t)) = n) = P(N(t) \geq n) - P(N(t) \geq n+1)$$

$$= P(T_n \leq t) - P(T_n + 1 \leq t) = F_n(t) - F_n + 1(t) \tag{3.3}$$

式中：$F_n(t)$ 为 $F(t)$ 与自身的 n 倍卷积，根据定义，$F_0(t) \equiv 1, F_1(t) \equiv F(t)$。这是因为 I.I.D 随机变量和的分布可以通过相应的卷积定义。例如，两 I.I.D 随机变量数之和的密度可通过卷积的下列运算定义，即

$$f_n(t) = \int_0^t f(x) f_{n-1}(t-x) \mathrm{d}x$$

式中：$f_n(t)$ 为 $F_n(t)$ 对应的 PDF。

在 $(0, t]$ 中定义平均更新次数的函数是更新理论的主要研究对象。

定义 3.2 更新函数可由以下期望定义

$$H(t) = E[N(t)] \quad (3.4)$$

这个函数在不同的应用中也有着重要的作用，如它可以定义 $(0,t]$ 中设备维修或大修的平均数量。具体来说，当 $F(t) = 1 - \exp\{-\lambda t\}$ 是指数寿命分布时，T_n 服从 Erlang 分布（带有正整数形状参数的 Gamma 分布），则式（3.3）变为

$$P(N(t) = n) = \exp\{-\lambda t\}\frac{(\lambda t)^n}{n!}, n = 0,1,2,\cdots$$

该式定义了泊松分布。

由式（3.3）和式（3.4）可知，$H(t)$ 可以表示为卷积的无穷和，即

$$H(t) = E[N(t)] = \sum_{n=1}^{\infty} nP(N(t) = n) = \sum_{n=1}^{\infty} F_n(t) \quad (3.5)$$

事实上，从式（3.3）可知

$$E[N(t)] = \sum_{n=1}^{\infty} n(F_N(t) - F_{N+1}(t)) = \sum_{n=1}^{\infty} F_n(t)$$

如前所述，假设 $F(t)$ 是绝对连续的，则其存在密度函数 $f(t)$，且 $H(t)$ 和 $f(t)$ 的拉普拉斯变换分别由下式表示，即

$$H^*(s) = \int_0^{\infty} \exp\{-st\}H(t)\mathrm{d}t$$

$$f^*(s) = \int_0^{\infty} \exp\{-st\}f(t)\mathrm{d}t$$

如第 2 章所定义，有序计数过程的速率由以下极限给出

$$\lim_{\Delta t \to 0}\frac{P(N(t, t+\Delta t) - N(t) = 1)}{\Delta t} = \lim_{\Delta t \to 0}\frac{E[N(t, t+\Delta t) - N(t)]}{\Delta t} = \frac{\mathrm{d}E[N(t)]}{\mathrm{d}t} = H'(t)$$
$$(3.6)$$

在更新过程的特定情况下，此速率称为更新密度函数，通过 $h(t)$ 表示。因此，$h(t) = H'(t)$，并且

$$H(t) = \int_0^t h(u)\mathrm{d}u$$

此外，$h(t)$ 可以解释为发生在 $(t, t+\mathrm{d}t]$ 内更新的概率（并需要为第一次）。该解释非常重要，我们将在接下来的文章中经常用到。对式（3.5）两边求导得

$$h(t) = \sum_{n=1}^{\infty} f_n(t) \quad (3.7)$$

式中：$f_n(t) = \mathrm{d}F_n(t)/\mathrm{d}t$。将式（3.7）两边同时做拉普拉斯变换，利用两个函数卷积的完成拉普拉斯变换，得到

$$h^*(s) = \sum_{k=1}^{\infty}(f^*(s))^k = \frac{f^*(s)}{(1-f^*(s))} \quad (3.8)$$

然而，根据拉普拉斯变换

$$h(s) = sH(s) - H(0) = sH(s)$$

可以导出 $H^*(s)$ 的表达式为

$$H^*(s) = \frac{f^*(s)}{s(1-f^*(s))} = \frac{F^*(s)}{(1-f^*(s))} \quad (3.9)$$

由于拉普拉斯变换唯一地定义了对应的分布，式（3.9）意味着更新函数的密度函数可通过基础分布 $F(t)$ 的密度函数通过拉普拉斯变换唯一确定。

特别地，当 $F(t) = 1 - \exp\{-\lambda t\}$ 是一个指数寿命分布时，根据泊松分布的性质可以得出

$$H(t) = \lambda t, h(t) = \lambda$$

因此，对于这种特殊的泊松过程情况，更新函数和更新密度函数是明确的。然而，对于任意的冲击到达间隔分布，情况并非如此，整个更新理论是为解释这一点而发展的。

显然，更新过程不具有马尔可夫性，因为它的历史信息对未来故障时间的到达有影响。因此，它的增量不是独立的。然而，在更新过程中也存在着马尔可夫点，也就是过程重新启动后的更新点。这一事实有助于采用更新类型推理分析描述主要更新指标。具体来说，由于更新点的存在，我们可以将函数 $H(t)$ 和 $h(t)$ 写成以下积分方程，即

$$H(t) = F(t) + \int_0^t H(t-x)f(x)\mathrm{d}x \quad (3.10)$$

$$h(t) = f(t) + \int_0^t h(t-x)f(x)\mathrm{d}x \quad (3.11)$$

加以限定的在第一个更新周期内证明式（3.10），即

$$H(t) = \int_0^\infty E[N(t) \mid X_1 = x]f(x)\mathrm{d}x$$

$$= \int_0^t E[N(t) \mid X_1 = x]f(x)\mathrm{d}x$$

$$= \int_0^t [1 + H(t-x)]f(x)\mathrm{d}x$$

$$= F(t) + \int_0^t H(t-x)f(x)\mathrm{d}x$$

如果第一次更新在 $x \leq t$ 时刻发生，则更新开始，并且第一次更新之后的间隔 $(x,t]$ 中预期更新次数为 $H(t-x)$。注意：例如，式（3.9）也可以通过对式（3.10）两边进行拉普拉斯变换得到。因此，可以通过拉普拉斯变换找到方程的解，即进行拉普拉斯变换后进行反演（解析方法或数值方法）。

以类似的方法两个互斥事件，第一个事件在 t 时刻发生或在 t 时刻之前发生，基于后一事件发生的前提下可以得到式（3.11）。也就是说，根据定义，$h(t)\mathrm{d}t$ 是 $(t, t+\mathrm{d}t]$ 内发生更新的概率。因此，式（3.11）的右侧，利用全概率定律，

"收集"相应事件的概率。首先，第一个事件发生在 $(t, t+dt]$ 的概率是 $f(t)dt$。当第一个事件发生在 $(x, x+dx]$ 中概率为 $f(x)dx$，则所有发生在 $(t, t+dt]$ 中事件的概率为 $h(t-x)dt$，其结果将导致过程重新开始。最后，积分项和第一个事件发生的时间相关。在本章后面的内容中，我们将广泛使用类似的更新类型推理。例如，我们可以使用所描述的启发式方法推导 $T_{N(t)}$ 之前最后一次到达时间分布，因此，对于 $x < t$，有

$$P(T_{N(t)} \leq x) = \overline{F}(t) + \int_0^x h(y)\overline{F}(t-y)dy \qquad (3.12)$$

右边的第一项是在 t 之前没有冲击到达，$T_0 = 0$ 时刻的事件除外。被积函数表示 t 之前的最后一个事件发生在 $(y, y+dy]$ 中，$h(y)dy$ 为这个区间内发生某个事件的概率，而 $\overline{F}(t-y)$ 是此后不会发生其他事件的概率。积分项说明当式 $T_{N(t)} \leq x$ 成立时，在 $(0, x]$ 中至少有一次更新。

可以看到，在有限区间内得到更新函数和更新密度函数涉及相应方程的求解，在许多情况下，即使采用拉普拉斯变换，也需要用数值方法求解。然而，在实践中，我们比较关注 t 增大时的渐进解。下面的部分将简要介绍更新过程的一些渐近性质。本节后续内容中经常用到的最有效的结果是关键更新定理。关于极限结果的全面讨论可见 Ross（1996）以及 Daley 和 Vere-Jones（2003），在此，主要介绍有关定理和有关概率推理的表述。

3.2　极限属性

记 μ 为基准到达时间 X 的平均值，其分布为 $F(t)$，并假设它是有界的，即 $\mu \equiv E[X] = \int_0^\infty \overline{F}(u)du < \infty$。并假设 X 是连续的，因此不包含奇点。除非另有明确说明，否则，此假设一直成立。下一个结果结合了以下两个渐近性质（Ross，1996）。

定理 3.1

(1) 当 $t \to \infty$ 时，$N(t)/t$ 以概率 1 收敛于 $1/u$；　　　　　　(3.13)

(2) 当 $t \to \infty$ 时，$H(t)/t \to 1/\mu$。　　　　　　　　　　　　(3.14)

关系式（3.14）通常称为基本更新定理，其直观意义十分明显：根据强大数定律，当 $t \to \infty$ 时更新周期的均值约为 $(0, t]$ 中更新周期的总数除以 t。近似解是最后一个未完成周期之前的结果，它的持续时间与前一个周期不同。当到达时间呈指数分布时，$H(t) = \lambda t$，从而证明式（3.14）是正确的。下面的定理给出了式（3.14）另一个渐进解。它的证明将通过相应的拉普拉斯变换给出（Lam，2007）。

定理 3.2　假设 $E[X] = \mu, \mathrm{Var}(X) = \sigma^2$，当 $t \to \infty$ 时，则下面的渐近关系成立

$$H(t) = \frac{t}{\mu} + \frac{\sigma^2 - \mu^2}{2\mu^2} + o(1) \tag{3.15}$$

证明：密度函数 $f(x)$ 的拉普拉斯变换可以通过相应泰勒级数展开得到

$$f(s) = E[\exp\{-sX\}] = E\left[1 - sX + \frac{1}{2}(sX)^2 - \cdots\right]$$

$$= 1 - s\mu + \frac{s^2}{2}(\sigma^2 + \mu^2) + o(s^3) \tag{3.16}$$

用式 (3.9) 中更新函数的拉普拉斯变换代入表达式，当 $s \to 0$，得到代数变换后的表达式为

$$H^*(s) = \frac{1}{\mu s^2} + \frac{\sigma^2 - \mu^2}{2\mu^2 s} + o(1) \tag{3.17}$$

当 $t \to \infty$ 时，方程的反演结果为

$$H(t) = \frac{t}{\mu} + \frac{\sigma^2 - \mu^2}{2\mu^2} + \vartheta(t) \tag{3.18}$$

式中：$\vartheta(t)$ 为"剩余"项。记 $\vartheta^*(t)$ 为 $\vartheta(t)$ 的拉普拉斯变换。然后，将 Tauberian 类型定理（Lam, 2007）应用于

$$\lim_{t \to \infty} \vartheta(t) = \lim_{s \to 0} s\vartheta^*(s)$$

可获得下列极限结果

$$\lim_{t \to \infty} s\left[H^*(s) - \frac{1}{\mu s^2} - \frac{\sigma^2 - \mu^2}{2\mu^2 s}\right] = 0$$

因此，式 (3.15) 成立。

当 $t \to \infty$ 的渐近式 (3.14) 和式 (3.15) 可以更方便地写成

$$H(t) = \frac{t}{\mu}(1 + o(1)) \tag{3.19}$$

$$H(t) = \frac{t}{\mu} + \frac{\sigma^2 - \mu^2}{2\mu^2}[1 + o(1)] \tag{3.20}$$

其中式 (3.19) 定义了渐近展开的第一项，式 (3.20) 定义了该式展开的前两项。

定义 3.3 假设 $A(t) = t - T_{N(t)}$ 和 $B(t) = T_{N(t)+1} - t$ 分别为按照更新过程运行的系统的随机寿命和剩余（超额）寿命（t 一致）。

因此，$A(t)$ 定义自上次更新以来的时间，而 $B(t)$ 定义下一次更新的时间。下面这个重要的极限定理指定了相应的分布，并且证明了这些分布是近似的，且当 $t \to \infty$ 时是相等的（Ross, 1996）。

定理 3.3 设 X 为具有有界均值的连续随机变量，$\mu \equiv E[X] < \infty$，则

$$\lim_{t \to \infty} P(A(t) \leq x) = \lim_{t \to \infty} P(B(t) \leq x) = \frac{\int_0^x \overline{F}(u)\mathrm{d}u}{\mu} \tag{3.21}$$

这是一个非常有意义的结果。首先，建立了寿命分布和剩余寿命分布的渐近

等式。其次，定义了均匀分布

$$F_{eq}(x) = \frac{\int_0^x \overline{F}(u)\,du}{\mu} \tag{3.22}$$

它在不同的领域中得到了广泛的应用，本章稍后将对此进行说明。最重要的是，它允许从不同的角度研究定理 3.1 中的渐近性质。注意：均匀分布的拉普拉斯变换为

$$F_{eq}^*(x) = \frac{1 - f^*(s)}{\mu s} \tag{3.23}$$

下面，考虑延迟更新过程（除第一个周期外的所有周期都是独立同分布，而第一个周期独立于其他周期，具有不同的分布），第一个周期的分布由均匀分布 $Feq(x)$ 给出。这种特殊的延迟过程通常称为均匀更新过程，记 $H_D(t)$ 为延迟过程的更新函数，可得以下定理。

定理 3.4 对于均匀更新过程，以下等式成立

$$H_D(t) = \frac{t}{\mu} \tag{3.24}$$

也就是说，一般更新过程式（3.14）可转化为均匀更新方程。

证明： 类似于式（3.9），很容易看出对于均匀更新过程，对应更新函数的拉普拉斯变换为

$$H_D^*(s) = \frac{F_{eq}^*(s)}{(1 - f^*(s))} \tag{3.25}$$

然后，从式（3.23）和式（3.25）推出

$$H_D^*(s) = \frac{1}{\mu s} \tag{3.26}$$

反演 $1/\mu s$ 并考虑到变换的唯一性，得出精确的关系式（3.24）。

同样，可以证明（Ross，1996）均匀过程具有平稳增量，因此是一个平稳过程。定理 3.4 的结果是很有意义的，因为它可以简单地描述相应的更新和更新密度函数，而不是一般更新过程中的积分方程或无穷和。等式背后的直观推理如下。考虑从 $t = -\infty$ 开始的普通更新过程在 $t = 0$ 时刻更新。因此，当 $t \geq 0$ 时，在 $t = 0$ 开始的延迟更新过程第一个周期的分布如式（3.22）中所示，可由式（3.24）中的均匀分布描述其特征。换句话说，当它是平稳过程时，在一个普通的更新过程中，$t = 0$ 时刻的值等价于无穷大处。

为了推导下一个极限结果，我们需要定义以下条件，这些条件是 $\theta(t)$ 为黎曼可积函数的充分条件：

(1) $\theta(t) \geq 0, t \geq 0$；

(2) $\theta(t)$ 是非增的；

(3) $\int_0^\infty \theta(u)\,du < \infty$。

下一个定理称为关键更新定理，它在更新理论和其应用中至关重要。我们将在本章和本书其余部分的几个实例中说明它的用法。

定理 3.5 设 $F(x)$ 为一般更新过程中连续到达时间 X 的分布，且 $\theta(t)$ 是黎曼可积的，则

$$\lim_{t\to\infty}\int_0^t \theta(t-u)\mathrm{d}H(u) = \lim_{t\to\infty}\int_0^t h(u)\theta(t-u)\mathrm{d}u$$
$$= \frac{1}{\mu}\int_0^\infty \theta(u)\mathrm{d}u$$

式中：$\mu = \int_0^\infty \overline{F}(u)\mathrm{d}u < \infty$ 为普通更新过程周期均值，根据式（3.5）和式（3.7）可得

$$H(t) = \sum_{n=1}^\infty F_n(t), h(t) = \sum_{n=1}^\infty f_n(t)$$

这个定理的严格证明可见 Fellev（1968）。

首先，应当注意定理 3.5 是当 $t \to \infty$ 时的极限结果。其次，它可以在不同条件假设下推导出可修系统的简单形式。事实上，复杂系统的更新密度函数随着 $t \to \infty$ 而趋于消失，只能得到周期持续时间的平均值和函数 $\theta(t)$ 的积分。这个定理在应用中的强大之处在于 $\theta(t)$ 函数在不同环境下设置是不同的，因此，可以考虑各种各样的模型。我们将在 3.3 节和本章的后面展示这个定理是如何应用的。

3.3 交替更新和更新奖励过程

普通更新过程假设失效产品的更换是瞬时完成的。在实践中通常不是这样，尽管在许多情况下，平均失效时间比平均修复时间大得多，瞬时修复的假设可以作为一个可信的模型采用。然而，这种假设在实践和更新过程中并不经常满足非瞬时维修的需求。在实践中解决这种非瞬时维修过程最简单的方法是交替更新过程。这些过程仍然采用完全维修策略，在维修后是达到"像新的一样好"的结果。

将一个系统的连续运行时间记为 $\{X_i\}, i \geq 1$（其分布函数为 $F(x)$、概率密度为 $f(x)$），对应的修复时间为 $\{Y_i\}, i \geq 1$（分布 $G(x)$ 和密度 $g(x)$）。假设这些序列是独立的，相应的随机变量是连续的。因此，过程 $\{X_i + Y_i \equiv Z_i\}$，$i \geq 1$ 是一个普通的更新过程，其基本的分布函数 $C(x)$ 是 $F(x)$ 和 $G(x)$ 的卷积，即

$$C(x) = P(Z_i \leq x) = \int_0^x F(x-u)g(u)\mathrm{d}u = \int_0^\infty G(x-u)f(u)\mathrm{d}u$$

用 μ_X、μ_Y、μ_Z 表示相应分布的均值，并假设系统的状态变量为两种状态：如果某个项在时间 t 运行，则记为 $\Omega(t) = 1$；如果该项处于故障（维修）状态，

则记为 $\Omega(t) = 0$。

定义3.4 所述过程为交替更新过程。

在可靠性工程领域，根据交替更新过程运行和维修的系统首要特性是可用性，即系统在 t 时刻运行的概率

$$A(t) = P(\Omega(t) = 1) = E[\Omega(t)] \tag{3.27}$$

具体来说，稳态（极限）可用度主要有以下应用，即

$$A = \lim_{t \to \infty} A(t)$$

下面的定理是可用度 A 最直观的表达式，瞬时可用度 $A(t)$ 的推导过程也包含在其中。该证明的一个重要特征是：通过这个证明，我们阐明了更新原理和关键更新定理的应用。本章后面（应用程序部分）将展示类似的推理可应用的各种背景。

定理3.6 对于按照所述交替更新过程运行的系统，稳态可用度可表示为

$$A = \lim_{t \to \infty} A(t) = \frac{\mu_X}{\mu_X + \mu_Y} \tag{3.28}$$

证明：根据全概率定律，将在 t 时刻运行状态的相应事件（及其概率）累加可得为

$$A(t) = \overline{F}(t) + \int_0^t h_Z(u) \overline{F}(t-u) \mathrm{d}u \tag{3.29}$$

式中：$\overline{F}(t)$ 为一个系统运行到 t 时刻尚未失效的概率，积分部分定义了普通更新过程 $\{Z_i\}$，$i \geq 1$ 在 $(u, u+\mathrm{d}u)$ 内更新且上次更新发生在 $[0,t]$ 内的概率密度为 $h_Z(u)$ 与生存概率 $\overline{F}(t-u)$ 的乘积。因此，式（3.29）定义了瞬时可用度，至少可以通过相应的拉普拉斯变换得到。

为了得到稳态可用度，应用关键更新定理得到式（3.28）。实际上，式（3.29）右边的第一项在 $t \to \infty$ 时可以忽略。更新密度函数 $h_Z(t)$ 是平均周期为 $\mu_X + \mu_Y$ 的普通更新过程。函数 $\overline{F}(x)$ 黎曼可积：$\int_0^\infty \overline{F}(u) \mathrm{d}u = \mu_X < \infty$，因此，可以应用这个定理得到式（3.28）。

式（3.29）定义了随时间变化的可用度，通常应在实践中通过数值计算得到。然而，对于最简单的情况，其存在解析解。例如，当两个分布都是指数分布时，即

$$F(t) = 1 - \exp\{-\lambda_X t\}, \lambda_X = 1/\mu_X; G(t) = 1 - \exp\{-\lambda_Y t\}, \lambda_Y = 1/\mu_Y$$

应用拉普拉斯变换（Hoyland 和 Rausand，1994），可以得到一个著名的瞬时可用度表达式，即

$$A(t) = \frac{\mu_X}{\mu_X + \mu_Y} + \frac{\mu_Y}{\mu_X + \mu_Y} \exp\{-(\lambda_X + \lambda_Y)t\}$$

当 $t \to \infty$ 这种情况下，值得一提的是，可用性与对应的两态马尔可夫链处于"联通状态"的概率相同（Ross，1996）。

在讨论更新奖励过程之前,我们必须引入随机变量序列的停止时间的概念用于证明重要 Wlad 方程。

定义 3.5 给定一个随机变量序列 $\{X_n\}$,一个整数值随机变量 N 称为 $\{X_n\}, n \geq 1$ 的停止时间,如果对于所有 $n = 1, 2, \cdots$,事件 $\{N = n\}$ 独立于 X_{n+1}, $X_{n+2}, \cdots$。

现在假设 N 是一个更新过程的停止时间,则可以按顺序观察这个过程,令 N 为停止前观察到的事件数。如果 $N = n$,则观察到 $X_1, X_2, \cdots, X_n$ 后停止,观察 $X_{n+1}, X_{n+2}, \cdots$。显然,事件 $\{N \leq n\}$ 和 $\{N > n\}$ 将仅由 $X_1, X_2, \cdots, X_n$ 确定。然后我们得到以下定理。

定理 3.7(瓦尔德方程) 如果 N 是有界均值随机变量的更新序列一个停止时间($E[N] < \infty$),则

$$E\left[\sum_{n=1}^{N} X_n\right] = E[N]E[X] \tag{3.30}$$

证明(Lam,2007):如果 $N \geq n$,则 $I_n = 1$;如果 $N < n$,则 $I_n = 0$,即

$$E\left[\sum_{n=1}^{N} X_n\right] = E\left[\sum_{n=1}^{\infty} I_n X_n\right] = \sum_{n=1}^{\infty} E[I_n X_n]$$

$$= E[X] \sum_{n=1}^{\infty} E[I_n] = E[X] \sum_{n=1}^{\infty} P(N \geq n) = E[N]E[X]$$

其中第三个等式是因为 N 是一个截止时间,因此,事件 $\{N \geq n\}$ 由 $X_1, X_2, \cdots, X_{n-1}$ 决定而与 X_n 无关。

假设每次在普通更新过程 $\{N(t), t \geq 0\}$ 中发生更新(平均到达时间 μ),都会分配一个随机奖励。记 $R_n, n \geq 1$ 为第 n 个周期后的奖励。假设这些随机变量是独立同分布的且 $R \equiv E[R_n], n \geq 1$,并且其对偶函数 $(X_n, R_n), n \geq 1$ 是独立的。因此,$(0, t]$ 中的总报酬由随机奖励过程定义,即

$$R(t) = \sum_{n=1}^{N(t)} R_n$$

且下面的极限定理成立。

定理 3.8(更新奖励定理) 在给定假设下,有

$$\lim_{t \to \infty} \frac{E[R(t)]}{t} = \frac{E[R]}{\mu} \tag{3.31}$$

证明:对 $R(t) = \sum_{n=1}^{N(t)} R_n$ 方程的两边求数学期望,并使用 Wald 方程可得

$$E[R(t)] = H(t)E[R] \tag{3.32}$$

当 $t \to \infty$ 时,将式(3.32)的两边除以 t,并使用基本更新定理(式(3.14)),得出式(3.31)(见 Ross(1996),获得此结果的严格证明)。

注意:$E[R]/\mu$ 为长期运行的回报率(单位时间奖励),奖励可以是负的,在第 n 次更新时的平均成本,则式(3.31)可以理解为长期成本率,即在一个周期

内期望更新周期持续时间的平均成本。例如，正如书中研究的各种最优维护问题所示，传统的假设是成本为正，而在这种情况下回报为负。

在 3.4 节中，我们将介绍几个有意义的实例，说明更新理论在可靠性方面的应用。

3.4 更新理论的应用

3.4.1 持续产出的更新奖励过程

3.3 节中，在更新点分配了奖励。然而，它也可以持续获得。为了处理这种情况，用 $Q(t) > 0$, $t \geq 0$ 表示系统在单位时间间隔内的输出，并假设它是一个连续的、递减（非递增）的确定性函数，以某种聚合的形式描述系统性能随时间的恶化。因此，$Q(t)$ 可以被认为是由于系统退化而随时间递减的质量特征。

假设系统在每次故障时都能立即完全（完美地）修复，这也意味着它的输出恢复到初始水平 $Q(0) = Q_0$。因此，系统的连续寿命构成了一个具有到达时间分布 $F(t)$ 的更新过程。假设相应的均值是有界的，也就是说，$\mu < \infty$。

用 $\int_0^t Q(x)\,dx$ 表示 $Q(t)$ 在 $(0, t]$ 的累计输出，则对应的过程可视为更新奖励过程，而 $Q(t)$ 具有一定速率的含义（如发电机组单位时间的输出功率）。我们首先关注的是可修系统在 t 时刻的期望输出水平，用 $\Phi_E(t)$ 表示。应用与推导式 (3.29) 相似的推理，即

$$\Phi_E(t) = \overline{F}(t) Q(t) + \int_0^t h(x) \overline{F}(t-x) Q(t-x)\,dx \qquad (3.33)$$

式中：$h(x)$ 为对应的更新密度函数；第一项表示，如果在 t 时刻之前没有发生系统故障时 t 时刻的输出水平；被积函数代表如果最后失效发生在间隔 $(x, x+dx]$ 内 t 时刻的输出水平，$x < t$ 为在间隔 $(x, t]$ 没有进一步故障。当 $Q(t)$ 从 Q_0 递减到 $u = \int_0^\infty \overline{F}(x)\,dx < \infty$ 时，有

$$\int_0^\infty \overline{F}(x) Q(x)\,dx < \infty$$

我们可以把关键更新定理（定理 3.5）应用于式 (3.33) 中的积分。因此，稳态输出值为

$$\Phi_E = \lim_{t \to \infty} \Phi_E(t) = \frac{1}{\mu} \int_0^\infty \overline{F}(x) Q(x)\,dx \qquad (3.34)$$

式 (3.34) 也可以直接从更新奖励定理中推导出来。实际上，改变积分顺序可得

$$\Phi_E = \frac{\text{每单位周期的平均奖励值}}{\text{每单位周期的平均长度}} = \frac{\int_0^\infty \left(\int_0^x Q(u)\,du \right) f(x)\,dx}{\mu}$$

$$= \frac{1}{\mu}\int_0^\infty \overline{F}(x)Q(x)\mathrm{d}x$$

另一个让人关注的系统性能的重要特性是固定的输出水平将超过某种预先设定的水平 M 的概率。它可以使用上述类似的推理证明，如果 $Q(t)$ 单调递减且 $Q_0 > M > Q(\infty) \geqslant 0$，则这个稳态概率为

$$P_s(M) \equiv \lim_{t\to\infty} P(\Phi(t) \geqslant M) = \frac{1}{\mu}\int_0^{t_M} \overline{F}(x)\mathrm{d}x \tag{3.35}$$

式中：$\Phi(t)$ 是 t 时刻可修复系统输出的随机水平；t_M 是由方程式 $Q(t_M) = M$ 唯一确定的。

应用以下推理以另一种方式获得式（3.35）：由于 $Q(t)$ 是一个单调递减的确定性函数，仅有自上次更新时间间隔用 $(t - T_{N(t)})$ 小于 t_M 时，t 时刻的输出值将超过 M，$T_N(t)$ 是最后更新的时间。可以看出，$t - T_{N(t)} \equiv A(t)$ 是对应更新过程的年龄（后续周期），因此，根据式（3.21），有

$$\lim_{t\to\infty} P(A(t) \leqslant x) = \frac{\int_0^x \overline{F}(y)\mathrm{d}y}{\mu} \tag{3.36}$$

应用式（3.36），可得

$$\lim_{t\to\infty} P(\Phi(t) \geqslant M) = \lim_{t\to\infty} P(t - S_{N(t)} \leqslant t_M)$$
$$= \lim_{t\to\infty} P(A(t) \leqslant t_M)$$
$$= \frac{1}{\mu}\int_0^{t_M} \overline{F}(x)\mathrm{d}x$$

3.4.2 逐步维修的交替更新过程

现在，我们将上一节的结果推广到非瞬时维修的情况。我们的讨论将主要围绕 Finkelstein 和 Ludick（2014）的研究展开。如前所述，系统运行时输出由质量函数（输出率 $Q(t)$）描述，维修行为可使系统的输出从 0 单调增加到初始水平 Q_0。实践中经常会发生这种情况，例如，在某些类型的发电机中，维修可能会限制发电机的输出能力。又如，在测量系统（如导航系统）的精度逐渐恢复到需继续工作水平时的校准过程。

假设，当系统达到 Q_0 时，维修阶段结束，下一个运行阶段（新的更新周期）开始。在此主要研究系统输出的自身特征，这也将决定修复时间的分布。因此，用一个递增的随机过程模拟输出。该过程中首次恢复到 Q_0 的时刻决定相应的修复时间。

记 $\{\xi(\tau), \tau \geqslant 0\}$，$\xi(0) = 0$ 为一个非负的、单调递增的单变量随机过程中，当 $q > 0$（对于每个 $\tau \geqslant 0$）时，PDF 为 $\theta_\tau(q)$ 且对应的 CDF 为 $\Theta_\tau(q)$。在该模型中，该过程反映了维修期间系统从 $\tau = 0$ 时刻的输出不断增加。事实证明，由于我们的目标是获得预期的长期（渐近）系统的输出水平，所以只定义 $\{\xi(\tau)$,

$\tau \geq 0\}$ 的单变量的特点就足够了。

由于系统假定输出达到初始水平 $Q_0 = Q(0)$ 时立刻回到工作状态，我们可以把 Q_0 定义为修复过程的吸收状态 $\xi(\tau)$。此外，在维修期间，我们考虑的是系统在 τ 时刻的输出水平，由于 $\{\xi(\tau),\tau \geq 0\}$ 的单调性，我们只考虑的那些没有达到 Q_0 时间 τ 的吸收水平 $\xi(\tau)$，即

$$P(q < \xi(\tau) \leq q + \mathrm{d}q, \xi(\tau) \leq Q_0) = \begin{cases} \theta_\tau(q)\mathrm{d}q, & 0 \leq q \leq Q_0 \\ 0, & q > Q_0 \end{cases} \quad (3.37)$$

让我们把这些实现称为"幸存者"，记为 $\hat{\xi}(\tau)$，推导它的均值，开展进一步研究，即

$$E[\hat{\xi}(\tau)] = \int_0^\infty qP(q < \xi(\tau) \leq q + \mathrm{d}q, \xi(\tau) < Q_0) = \int_0^{Q_0} qP(q < \xi(\tau) \leq q + \mathrm{d}q)$$

$$= \int_0^{Q_0} q\theta_\tau(q)\mathrm{d}q \quad (3.38)$$

观察到

$$\int_0^{Q_0} \theta_\tau(q)\mathrm{d}q = P(\xi(\tau) < Q_0) = P(T_R > \tau) = 1 - Z(\tau) \quad (3.39)$$

式中：T_R 为修复时间；$Z(\tau)$ 为修复时间随 τ 的分布。由式（3.38）可知

$$\lim_{\tau \to \infty} E[\hat{\xi}(\tau)] = 0 \quad (3.40)$$

当 $\tau \to \infty$ 时，生存的概率趋于 0。

值得一提的是，生存过程也可以看作截断的初始过程，即

$$\hat{\xi}(\tau) = \xi(\tau)I(Q_0 - \xi(\tau)) \quad (3.41)$$

其中，指示符函数为 1 表示正值，0 表示负值。

考虑到式（3.37），$\hat{\xi}(\tau)$ 超过某一水平 $M < Q_0$ 的概率为

$$P(\hat{\xi}(\tau) \geq M) = \int_M^{Q_0} \theta_\tau(q)\mathrm{d}q \quad (3.42)$$

现在可以获得逐步修复的系统的预期输出。如前所述，用 $\Phi_E(t)$ 表示系统在任何（按时间顺序）时间 $t \geq 0$ 时的预期输出水平。系统既可以处于运行状态，也可以处于维修状态，在 t 时获得预期输出水平时，我们必须考虑这两种可能性。因此，归纳式（3.33），可得

$$\Phi_E(t) = \overline{F}(t)Q(t) + \int_0^t h(x)\overline{F}(t-x)Q(t-x)\mathrm{d}x + \int_0^t f(x)E[\hat{\xi}(t-x)]\mathrm{d}x$$

$$+ \int_0^t h(x)\int_0^{t-x} f(y)E[\hat{\xi}(t-x-y)]\mathrm{d}y\mathrm{d}x \quad (3.43)$$

式（3.43）第一项表示系统之前没有发生故障时 t 时刻的输出水平；第二项表示最后一次更新发生在 $(x,x + \mathrm{d}x], x < t$ 期间并在后续时间不发生故障的情况下 t 时刻的输出水平；第三项表示系统故障发生在间隔 $(x,x + \mathrm{d}x], x < t$ 且尚未修复时在 t 时刻的输出水平；第四项表示在时间间隔 $(x,x + \mathrm{d}x], x < t$ 内更新，在后

续时间内 $(y, y+\mathrm{d}y]$ 失效,其中 $x<y<t$,直至 t 时系统还没有被修复的情况下的输出水平。

由此可以得到当 $t\to\infty$ 时 $\Phi_E(t)$ 的极限,应用 key renewal 定理(式(3.43)中的第一项和第三项在 $t\to\infty$ 时趋于零)得到系统的长期期望输出

$$\Phi_E = \lim_{t\to\infty}\Phi_E(t) = \frac{1}{\mu+\mu_R}\int_0^\infty \overline{F}(x)Q(x)\mathrm{d}x + \frac{1}{\mu+\mu_R}\int_0^\infty E[\hat{\xi}(x)]\mathrm{d}x \quad (3.44)$$

第一项满足关键更新定理,而第二项按以下方式导出(通过使用关键更新定理并改变积分的顺序),即

$$\lim_{t\to\infty}\int_0^t h(x)\int_0^{t-x} f(y)E[\hat{\xi}(t-x-y)]\mathrm{d}y\mathrm{d}x = \frac{1}{\mu+\mu_R}\int_0^\infty\int_0^x f(y)E[\hat{\xi}(x-y)]\mathrm{d}y\mathrm{d}x$$

$$= \frac{1}{\mu+\mu_R}\int_0^\infty f(y)\int_y^\infty E[\hat{\xi}(x-y)]\mathrm{d}x\mathrm{d}y = \frac{1}{\mu+\mu_R}\int_0^\infty E[\hat{\xi}(x)]\mathrm{d}x$$

考虑到式(3.39), $\mu_R = \int_0^\infty \overline{Z}(x)\mathrm{d}x$ 是平均修复时间;正如前面所示,u 是平均失效时间,而 $\mu+\mu_R$ 是预期的更新周期的长度。

值得注意的是,系统在 t 时刻的平稳输出也可以表示为运行和维修周期的长期平均输出的加权和,即

$$\Phi_E = \frac{\mu}{\mu+\mu_R}\frac{1}{\mu}\int_0^\infty \overline{F}(x)Q(x)\mathrm{d}x + \frac{\mu_R}{\mu+\mu_R}\frac{1}{\mu_R}\int_0^\infty E[\hat{\xi}(x)]\mathrm{d}x \quad (3.45)$$

权重定义了两种状态(运行和修复)在每个周期中所花费的总长期平均时间的比例。换句话说,该过程是两个独立的更新奖励过程的加权组合,这是有意义的。

当 $t\to\infty$ 时,超过 $M<Q_0$ 水平的概率可以用类似的方法得到。考虑到式(3.35),有

$$P_s(M) = \frac{\mu}{\mu+\mu_R}\frac{1}{\mu}\int_0^{t_M}\overline{F}(x)\mathrm{d}x + \frac{\mu_R}{\mu+\mu_R}\frac{1}{\mu_R}\int_0^\infty P(\hat{\xi}(x)>M)\mathrm{d}x \quad (3.46)$$

假设采用的不是由确定性函数 $Q(t)$ 和 Cdf $F(x)$ 所描述的失效过程,而是一个运行期间输出状态为 $\{\gamma(t),t\geq 0\}$ 的单调递减的(从 Q_0 开始)随机过程。当过程达到 0 时发生故障,然后开始逐步修复。因此,现在可以通过随机退化过程直接得到失效时间的 CDF。与修复状态相似,使用 $\{\hat{\gamma}(t),t\geq 0\}$ 表示处于运行状态的幸存者的对应过程。显然,式(3.45)可以修改为

$$\Phi_E = \frac{\mu}{\mu+\mu_R}\frac{1}{\mu}\int_0^\infty E[\hat{\gamma}(x)]\mathrm{d}x + \frac{\mu_R}{\mu+\mu_R}\frac{1}{\mu_R}\int_0^\infty E[\hat{\xi}(x)]\mathrm{d}x \quad (3.47)$$

我们将考虑几个有意义的例子说明线性或"接近线性"情况下渐进修复的概念和模型。这些例子证明了所设计的方法是合理的,这种方法显然不适用于线性情况。

例 3.1 在本例中,假设修复状态下的输出可以用线性递增的随机过程 $\xi(\tau)=$

$B\tau,\tau\geqslant 0$ 表示,其中 B 为正随机变量,在每个修复状态开始时实现。用 $G(b)$ 表示 B 的 CDF,用 $g(b)$ 表示其 PDF。如前所述,现在由 $\{\xi(\tau),\tau\geqslant 0\}$ 表示生存的过程,即这些样本在 t 时刻不超过 Q_0。因为这个过程 $\xi(\tau)$ 是单调递增,按照式(3.41),有

$$\hat{\xi}(\tau) = B\tau I(Q_0 - B\tau)$$

因此,有

$$E[\hat{\xi}(\tau)] = \int_0^\infty b\tau I(Q_0 - b\tau)g(b)\mathrm{d}b \tag{3.48}$$

将式(3.48)代入式(3.45),得到

$$\Phi_E = \frac{\mu}{\mu+\mu_R}\frac{1}{\mu}\int_0^\infty \overline{F}(x)Q(x)\mathrm{d}x + \frac{\mu_R}{\mu+\mu_R}\frac{1}{\mu_R}\int_0^\infty\int_0^\infty bxI(Q_0-bx)g(b)\mathrm{d}b\mathrm{d}x \tag{3.49}$$

在式(3.49)的第二项中,改变积分顺序可得

$$\int_0^\infty\int_0^\infty bxI(Q_0-bx)g(b)\mathrm{d}b\mathrm{d}x = \int_0^\infty b\int_0^{Q_0/b}x\mathrm{d}xg(b)\mathrm{d}b = \frac{Q_0}{2}\int_0^\infty \frac{Q_0}{b}g(b)\mathrm{d}b$$

因此,有

$$\Phi_E = \frac{\mu}{\mu+\mu_R}\frac{1}{\mu}\int_0^\infty \overline{F}(x)Q(x)\mathrm{d}x + \frac{\mu_R}{\mu+\mu_R}\frac{1}{\mu_R}\frac{Q_0}{2}E\left[\frac{Q_0}{B}\right] \tag{3.50}$$

对其进行线性变化易得

$$E\left[\frac{Q_0}{B}\right] = \mu_R$$

为了便于解释,我们主要关注修复过程,假设系统在恒定输出状态即 $Q(x) = Q = 1$ 下运行,则式(3.50)化简为

$$\Phi_E = \frac{\mu}{\mu+\mu_R} + \frac{1}{2}\frac{\mu_R}{\mu+\mu_R} \tag{3.51}$$

这是一个简单的表达方式,具有直观的意义。假设运行状态下的输出水平以 $Q_0 - At, t\geqslant 0$ 线性递减,其中 A 是一个与 B 类似的正随机变量。在 0 时刻发生故障,根据式(3.47)可进一步简化式(3.51)为 $\Phi_E = 1/2$。

在相同的方式,除了线性输出,指数递增的函数如 $\xi(\tau) = \exp\{B\tau\} - 1$ 也可以考虑,当然,我们不会像式(3.51)那样得到 1/2 的乘数。然而,线性输出的情况在方法论上是重要的。

例 3.2   假设系统在维修状态下的输出按照平稳的 gamma 过程递增,$\{\xi(\tau) = R_\tau, \tau\geqslant 0\}$(van Noortwijk 等,2007、2009):

$$R_\tau \sim \Gamma(k(\tau),\theta),\ k(\tau) = r^2\tau/\sigma^2,\ \theta = r/\sigma^2,\ r>0,\ \sigma>0$$

$$E[R_\tau] = \frac{k(\tau)}{\theta} = r\tau,\ Var[R_\tau] = \frac{k(\tau)}{\theta^2} = \sigma^2\tau \tag{3.52}$$

式中:$k(\tau)$ 为形状参数;θ 为尺度参数。R_s 的单变量 PDF 由下式给出:

$$\theta_\tau(q) = \frac{\theta^{k(\tau)}}{\Gamma(k(\tau))} q^{k(\tau)-1} \mathrm{e}^{-\theta q}, \ q \geqslant 0 \tag{3.53}$$

根据伽马过程的单调性，现在我们可以使用式（3.41）定义生存过程为 $\xi(\tau) = R_\tau I(Q_0 - R_\tau)$ 和式（3.38）中的 $E[\hat{\xi}(\tau)]$。注意：相应的首次通过时间的生存函数 $\overline{Z}(\tau)$ 定义为（van Noortwijk，2009）：

$$\overline{Z}(\tau) = P(T_R > \tau) = 1 - P(R_t > Q_0) = 1 - \int_{Q_0}^{\infty} \theta_\tau(q) \mathrm{d}q = 1 - \frac{\Gamma(k(\tau), Q_0\theta)}{\Gamma(k(\tau))}$$

$$= \frac{\Gamma(k(\tau)) - \Gamma(k(\tau), Q_0\theta)}{\Gamma(k(\tau))} \tag{3.54}$$

式中：当 $x > 0$ 且 $a > 0$ 时，$\Gamma(a,x) = \int_x^\infty z^{a-1}\mathrm{e}^{-z}\mathrm{d}z$ 是不完全伽马函数。因此，利用式（3.38），我们得到 $E[\hat{\xi}(\tau)]$ 的表达式，便于与线性情况下的乘数 $\frac{k(\tau)}{\theta} = r\tau$ 进行比较，即

$$E[\hat{\xi}(\tau)] = \frac{k(\tau)}{\theta} \int_0^{Q_0} \frac{\theta^{(k(\tau)+1)}}{\Gamma(k(\tau)+1)} q^{(k(\tau)+1)-1} \mathrm{e}^{-\theta q} \mathrm{d}q \tag{3.55}$$

将类似的推理应用于式（3.54）中的积分部分，并使用符号 $k(\tau) = r^2\tau/\sigma^2$，最后

$$E[\hat{\xi}(\tau)] = \frac{k(\tau)}{\theta} \left(\frac{\Gamma(k(\tau)+1) - \Gamma(k(\tau)+1, Q_0\theta)}{\Gamma(k(\tau)+1)} \right)$$

$$= r\tau \left(\frac{\Gamma\left(\frac{r^2\tau}{\sigma^2}+1\right) - \Gamma\left(\frac{r^2\tau}{\sigma^2}+1, \frac{Q_0 r}{\sigma^2}\right)}{\Gamma\left(\frac{r^2\tau}{\sigma^2}+1\right)} \right) \tag{3.56}$$

现在我们有了 $E[\hat{\xi}(t)]$ 的表达式，并代入式（3.44），为了简便期间，假设 $Q(x) = Q_0 = 1$，有

$$\Phi_E = \frac{\mu}{\mu + \mu_R} + \frac{\mu_R}{\mu + \mu_R} \frac{1}{\mu_R} \int_0^\infty rx \left(\frac{\Gamma\left(\frac{r^2 x}{\sigma^2}+1\right) - \Gamma\left(\frac{r^2 x}{\sigma^2}+1, \frac{r}{\sigma^2}\right)}{\Gamma\left(\frac{r^2 x}{\sigma^2}+1\right)} \right) \mathrm{d}x \tag{3.57}$$

Φ_E 的"精确"值可以通过数值计算得到，但是，根据我们的推理，在许多实际情况下，1/2 可以被认为是式（3.57）中对应项的合理近似。该方法可推广到任意增加 $k(\tau)$ 的非平稳伽马过程（如幂函数）。然而，在这种情况下，$\frac{1}{\mu_R} \int_0^\infty E[\hat{\xi}(x)] \mathrm{d}x$ 并不一定接近 0.5。

3.4.3 经典最优替换问题及其推广

本书会反复讨论各种预防性维修（PM）模型。不同的模型的应用背景不同，

但对应每一个模型都有其应用过程和相应的随机分析。他们中的大多数可以通过使用更新报酬定理（定理3.8）获得预期的长期成本率，如替换时间的函数。给出该函数最小值定义了替换时间的最优解。因此，更新过程将是优化 PM 建模的核心要素。

我们考虑在无限时间区间内单位时间期望成本最小化的问题。假设一个可修复系统的寿命由分布函数为 $F(t)$，概率密度为 $f(t)$，故障率为 $\lambda(t)$，其在最后一次更新或者故障时的固定 T 时刻被替换（以先到者为准）。假设维修是瞬时的，更新时间 T 是 PM 文献中经常使用的符号。系统的寿命用 T_l 表示，因此，对应的更新周期定义为 $\min\{T, T_l\}$，其平均长度为

$$\mu_{T_l} = \int_0^T \overline{F}(x) \mathrm{d}x \tag{3.58}$$

假设 C_f 为故障维修成本，包括更换成本和故障引起的其他成本。因此，$C_f > C_r$，其中 C_r 只是达到 T 年龄时进行的更换成本。更新周期的预期成本为

$$C_r \overline{F}(T) + C_f F(T) \tag{3.59}$$

将 $c[0,t]$ 定义为区间 $[0,t]$ 内的总预期成本，该类情况下的单位时间的长期预期成本（成本率）由下式给出：

$$C(T) \equiv \lim_{t \to \infty} \frac{c[0,t]}{t} = \frac{C_r \overline{F}(T) + C_f F(T)}{\mu_{T_l}} \tag{3.60}$$

将一个周期内产生的成本作为报酬，应用更新报酬定理（定理3.8）可以得到其值，则最优 T^* 即使 $C(T)$ 最小化可通过下式得到

$$C(T^*) = \min_{T>0} C(T) \tag{3.61}$$

由此，我们得到了 Barlow 和 Hunter（1960）首次考虑的经典最优替换（PM）问题。通过简单的分析可知，如果 $\lambda(t)$ 严格单调递增，则

$$\lim_{t \to \infty} \lambda(t) = \infty \tag{3.62}$$

的唯一最优解总是存在。式（3.62）或其更一般的形式反映出故障率递增的性质，对于最优 PM 建模是至关重要的，因为它描述了系统的随机老化。显然，如果系统没有劣化，就没有必要执行 PM，如对于不断递减的故障率或恒定不变故障率。

在现代可靠性理论和应用中，PM 建模是一个非常流行和重要的课题。关于维修优化的不同方面，已经有数百篇论文和大量书籍发表（Cha，2008、2011；王和范，2006；芬克尔斯坦，2008；Finkelstein 和 Cha，2013）。在本小节中，我们将考虑将经典 PM 模型推广到运行系统可以用一些输出（奖励函数）描述的情况。下面的讨论主要围绕 Finkelstein 等（2016）展开。

与前面相似，假设在 t 时段运行的系统没有发生故障或替换，其负累计成本（奖励）记为 $-\int_0^t Q(x) \mathrm{d}x$，$Q(x)$ 为递减（非递增）函数（之前它称为"输

出")。因此，输出函数 $Q(x)$ 被赋予单位间隔时间奖励的意义。假设奖励以检测单位表示（与成本相同），我们必须找到 T，使 $C(T)$ 在无限时间区间内单位时间的期望成本（成本率）最小化。因此，根据更新报酬定理，所述情况单位时间的长期预期成本为

$$C(T) = \frac{\overline{F}(T)(C_r - \int_0^T Q(u)\mathrm{d}u) + \int_0^T (C_f - \int_0^u Q(x)\mathrm{d}x)f(u)\mathrm{d}u}{\mu_T}$$

$$= \frac{C_r\overline{F}(T) + C_f F(T)}{\mu_T} - \frac{\overline{F}(T)\int_0^T Q(u)\mathrm{d}u + \int_0^T \int_0^u Q(x)\mathrm{d}x f(u)\mathrm{d}u}{\mu_T} \quad (3.63)$$

可将式（3.63）中的成本划分为故障更换的成本以及对应的收益，不然分析过程将会复杂得多，记式（3.63）中右边的第一项为 $C_{1,2}(T)$，第二项为 $R(T)$，即

$$C(T) = C_{1,2}(T) - R(T)$$

当 $Q(t) = Q$ 时，我们得到 $R(T) = Q$，与对应的初始时刻 $C(T)$ 在向下移动 Q 单位。显然，在这个极小的边缘分布下，没有新的优化问题。我们还发现，$C_{1,2}(T)$ 与式（3.60）中给出的经典 PM 模型相同。

假设对应于 $F(t)$ 的故障率 $\lambda(t)$ 是递增的，很明显，$C_{1,2}(0) = \lim_{T\to 0}C_{1,2}(T) = \infty$，$C_{1,2}(\infty) = \lim_{T\to\infty}C_{1,2}(T) = C_1/\mu$。因此，当 $R(T) = 0$ 时，式（3.60）中的函数 $C(T)$ 既不在 $[0,\infty)$ 中递减（无代换），也不会在有限 T^* 内有一个最小值，根据洛必达法则可以得

$$R(0) = \lim_{T\to 0}R(T) = \lim_{T\to 0}\frac{\overline{F}(T)Q(T)}{\overline{F}(T)} = Q(0) \equiv Q_0$$

另一方面

$$R(\infty) = \lim_{T\to\infty}R(T) = \frac{\int_0^\infty \int_0^u Q(x)\mathrm{d}x f(u)\mathrm{d}u}{\mu} < Q_0$$

由于上式的分子是更新周期预期利润的极限，$Q(t)$ 为递减函数，u 是这个周期的预期持续时间的极限，即 $\lim_{T\to\infty}\mu_T \equiv \mu$。接着，假设

$$\lim_{T\to\infty}\overline{F}(T)\int_0^T Q(u)\mathrm{d}u = 0$$

事实上，当 $Q(t)$ 递减时，不考虑限制条件。

其中，$R'(T)$ 由以下函数定义为

$$Q(T)\mu_T - \left(\overline{F}(T)\int_0^T Q(u)\mathrm{d}u + \int_0^T\int_0^u Q(x)\mathrm{d}x f(u)\mathrm{d}u\right)$$

这是负的，且

$$\overline{F}(T)\int_0^T Q(u)\mathrm{d}u + \int_0^T\int_0^u Q(x)\mathrm{d}xf(u)\mathrm{d}u$$

为更新周期期间的平均奖励,而 $Q(T)\mu_T$ 为当 $Q(x) = Q(T)$ 时,每个周期中的平均回报。因此,成本函数 $-R(T)$ 是负的,并且从 $-c_pQ_0$ 到 $-R(\infty)$ 开始递增。由式(3.63)可知

$$C(0) = \lim_{T\to 0}C(T) = \infty$$

$$C(\infty) = \lim_{T\to\infty}C(T) = \frac{C_f}{\mu} - R(\infty) > \frac{C_f}{\mu} - R(0)$$

因此,至少存在一个有界或非有限个最优 T^{**} 使得式(3.63)中的 $C(T)$ 最小化。回想一下,T^* 可得使 $C_{1,2}(T)$ 第一项的最小化,并假定它是有界的,即 $T^* < \infty$,则明显可得

$$C'(T^*) = C'_{1,2}(T^*) - R'(T^*) = -R'(T^*) > 0$$

这意味着,存在有界 T^{**},且 $T^{**} < T^*$。更准确地说,我们必须求解 $C'(T) = 0$,经过简单的代数运算可以得到

$$(\lambda(T)\mu_T - F(T)) - \frac{Q(T)\mu_T - \left(\overline{F}(T)\int_0^T Q(u)\mathrm{d}u + \int_0^T\int_0^u Q(x)\mathrm{d}xf(u)\mathrm{d}u\right)}{C_f - C_r}$$

$$= \frac{C_f}{C_f - C_r} \tag{3.64}$$

通过对式求导可得 $T > 0$ 时方程左边是递增的,并且

$$(C_f - C_r)\lambda'(T) - Q'(T) > 0 \tag{3.65}$$

满足上述假设,为了获得直线 $y = C_r/(C_r - C_2)$ 的截距,保证存在至少一个有界 T^{**},则该分布函数(在 $T = 0$ 处等于0)应满足以下条件:

$$\lambda(\infty) - \frac{Q(\infty)}{C_f - C_r\mu} > \frac{C_f}{(C_f - C_r)\mu} \tag{3.66}$$

重要的是,要注意当 $Q(\infty) = 0$ 时,式(3.66)退化到著名的 Barlow 和 Hunte(1960)的假设。如前所述,式(3.62)意味着在这种情况下总是存在一个有限解。

不等式(3.65)和式(3.66)提示我们,与经典情况不同,我们并非得在"劣化条件" $\lambda'(T) > 0$ 下获得最优替换时间,因为可用递减的 $Q(T)$ 表示一个额外的劣化因素。例如,当 $\lambda(T) = \lambda$ 是一个常数,在考虑没有输出函数的经典设置时,显然不需要年龄替换。然而,式(3.65)在该情况下成立,存在一个有限的最优 T^{**}。

则需

$$\lambda > \frac{C_f + \mu Q(\infty)}{\mu(C_f - C_r)}$$

因此,一切都取决于所涉及的参数。

当 T^{**} 是有界时，使用式（3.64）可以很容易地得出相应的成本率：
$$C(T^{**}) = \lambda(T^{**})(C_f - C_r) - Q(TT^{**}) \tag{3.67}$$
这是一个非常简单的关系，当 $Q(x) \equiv 0$ 时可以归结为经典情况下：
$$C(T^*) = \lambda(T^*)(C_f - C_r)$$

与年龄替代策略相似，$Q(t)$ 驱动的推理可应用于周期性替代策略。简而言之，假设在 $t = T, 2T, 3T, \cdots$ 时刻进行周期更换，而在此期间发生的所有故障都可以进行瞬时最小维修。我们在第 2 章简要讨论并定义了最小修复，基于最小维修的可靠性模型的重要性不言而喻。在可修系统可靠性建模中最重要的特征就是最小维修过程是 NHPP。回想一下，最小修复不会改变系统的故障率和剩余生命的分布。最小维修模型在可靠性文献中得到了广泛的研究。

在最小修复的假设中，系统在经过维修后输出函数 $Q(t)$ 也不会更改。因此，无论是从传统的随机过程理论还是从本书提出的方法来看，该维修模型为最小维修。

由于本例中的更新周期为一个具有持续时间 T 的固定周期，因此，与式（3.63）相比很容易推导出长期运行的系统的单位时间成本：

$$C(T) = \frac{C_m M(T) + C_r - \int_0^T Q(u)\mathrm{d}u}{T} \tag{3.68}$$

记 $M(T) = \int_0^T \lambda(u)\mathrm{d}u$ 为 $[0, T)$ 内的最小维修次数均值（最小维修是相应的 NHPP 的过程）。如上所述，C_r 是更换的成本，而 C_m 为最小维修成本，$C_m < C_r$。当 $Q(t) \equiv 0$，式（3.68）归结为"经典"周期情况（Barlow 和 Hunter，1960）：

$$C(T) = \frac{C_m M(T) + C_r}{T}$$

寻找最优的 T^{**} 使得式（3.68）中的 $C(T)$ 函数最小化。显而易见，$\lim_{T \to 0} = +\infty$，使用洛必达法则可得

$$\lim_{T \to \infty} C(T) = \lim_{T \to \infty}(C_m \lambda(T) - Q(T))$$

因此，根据参数（如当 $\lim_{T \to \infty} \lambda(T) = \infty$）可以判断其存在对应的最小值。分析 $C(T)$ 的导数，如果函数

$$\varphi(T) = \left(\lambda(t) - \frac{Q(T)}{C_m}\right)T - M(T) + \frac{1}{C_m}\int_0^T Q(u)\mathrm{d}u \tag{3.69}$$

满足不平等 $\varphi(\infty) > C_r/C_m$，那么，方程存在唯一的最优解 T^{**}，且 $C(T)$ 在区间上 (T^{**}, ∞) 递增，在区间上 $[0, T^{**})$ 递减（Finkelstein 等，2016）。很明显，当 $\lim_{T \to \infty} \lambda(T) = \infty$，最优解是有限的，与式（3.67）相似，$T^{**}$ 为

$$C(T^{**}) = C_m \lambda(T^{**}) - Q(T^{**})$$

3.4.4 更新方程在冲击建模中的应用

最简单的不可修系统的极端冲击模型已在 2.7 节中进行过简要分析。在该模

型中，每个冲击来自泊松冲击的事件速率为 λ，导致系统故障的概率为 p（终止），否则，以概率 $q = 1 - p$ 生存下来。为方便起见，我们在这里重述生存概率 $P(t)$ 的表达式，即

$$P(t) = \sum_0^\infty q^k \exp\{-\lambda t\} \frac{(\lambda t)^k}{k!} = \exp\{-p\lambda t\} \tag{3.70}$$

我们对本节的关注不在于极端冲击模型本身，而在于更新方法的实施（如更新类型方程）。因此，出于方法上的原因，我们从式（3.70）的更新类型推导开始。我们在本节的讨论主要与 Finkelstein 和 Marais（2010）文献中所述内容一致。由于泊松过程中第一个事件发生的时间服从失效率为 λ 的指数分布，很容易看出以下关于 $P(t)$ 的积分方程成立：

$$P(t) = e^{-\lambda t} + \int_0^t \lambda e^{-\lambda x} q P(t-x) dx \tag{3.71}$$

式（3.71）右边的第一项是在 $(0,t]$ 中没有冲击的概率，被积函数定义了第一次冲击发生在 $(x, x+dx]$ 的概率，如果系统在 $(x,t]$ 未失效则表示系统是可靠的。根据齐次泊松过程的性质（x 显然是一个更新/重启点），与其对应的事件的概率为 $P(t-x)$。

关于未知函数 $P(t)$，可用一个简单的积分（卷积型）方程表示，对式（3.71）两边作拉普拉斯变换，可得

$$\tilde{P}(s) = \frac{1}{s+\lambda} + \frac{\lambda q}{s+\lambda} \tilde{P}(s) \Rightarrow \tilde{P}(s) = \frac{1}{s+\lambda p}$$

式中：$\tilde{P}(s)$ 表示 $P(t)$ 的拉普拉斯变换。进行反演可得到 $\exp\{-p\lambda t\}$。

考虑可修系统（采取瞬时完全维修策略），系统在 $t = 0$ 开始运行。其寿命变量分布为 $F(t)$，更新密度函数为 $h(t)$ 的更新过程的主分布。如前所述，假设系统的性能特征由一些确定性性能函数 $Q(t)$ 表征，称为质量函数。它通常是时间的递减函数，其符合退化系统的自然属性。当采取完全维修时，质量函数恢复到其初始值 $Q(0)$。本章前面也使用了类似的描述。很明显，我们系统在 t 时刻的质量函数现在是随机的，等于 $Q(t - T_{N(t)})$，其中 $t - T_{N(t)}$ 是自上次（t 之前）修复以来的随机时间。

系统受速率为 λ 的泊松过程冲击影响。如前所述，假设每次冲击都有可能终止可修复系统的运行，我们关注与其对应的生存概率 $P(t)$。注意：故障修复后的系统不会终止系统运转，只有冲击才可终止运行。现在假设在受冲击影响下的可靠概率取决于冲击时系统的质量。这是一个合理的假设，即质量值越大，终止的可能性越小。假设首次冲击发生在系统第一次故障之前。用 $p^*(Q(t))$ 表示本例中 t 时刻终止的互补概率。更精确地说，$p^*(Q(t))$ 是第一个冲击发生 t 时刻且终止系统运行的条件概率，即假设系统在 t 时刻之前可靠运行。

此时，可以获得概率 $p(t) -$，即系统在 t 时刻之前完好冲击发生在 t 时刻且终止系统运行的概率。使用标准的"renewal-type 推理"（芬克尔斯坦和 Marais，

2010），可由以下关系式推导出

$$p(t) = p^*(Q(t))\bar{F}(t) + \int_0^t h(x)\bar{F}(t-x)p^*(Q(t-x))\mathrm{d}x \quad (3.72)$$

式（3.72）右边第一项给出了更新过程在第一个周期结束的概率，而 $h(x)\bar{F}(t-x)\mathrm{d}x$ 为系统在 $t \in (x, x+\mathrm{d}x]$ 内失效的概率（更新）（$h(x)\mathrm{d}x$ 为在 $(x, x+\mathrm{d}x]$ 之间发生失效的概率，$\bar{F}(t-x)$ 为系统在 $[x+\mathrm{d}x, t]$ 没有故障发生的概率）。因此，对应的在 t 处终止的概率等于 $p^*(Q(t-x))$。

因此，得到了第一次冲击下的终止概率 $p(t)$，是与时间有关的。假设幸存冲击可以解释为系统的在瞬间完美的修复（"修复后的冲击"幸存，"未修复"影响）。因此，在此假设下，幸存冲击的瞬间也可视为系统的更新点。在此基础上，我们现在可以继续求解生存概率 $p(t)$。使用与推导式（3.71）类似的推理：

$$P(t) = \mathrm{e}^{-\lambda t} + \int_0^t \lambda \mathrm{e}^{-\lambda x} q(x) P(t-x) \mathrm{d}x \quad (3.73)$$

式中：$q(t) \equiv 1 - p(t)$ 且 $p(t)$ 由式（3.72）定义。

将拉普拉斯变换应用于等式（3.73），可得

$$\tilde{P}(s) = \frac{1}{s+\lambda} + \lambda \tilde{q}(s+\lambda)\tilde{P}(s)$$

$$\Rightarrow \tilde{P}(s) = \frac{1}{(s+\lambda)(1-\lambda \tilde{q}(s+\lambda))} \quad (3.74)$$

给定函数 $F(t)$ 和 $p^*(Q(t))$，式（3.72）和式（3.74）可以用数值求解，当基础分布为指数分布时仍然可对其进行拉普拉斯变换，即 $F(t) = 1 - \exp\{-ht\}$。在这种情况下，$h(x) = h$ 且等式（3.72）的拉普拉斯变换为（Finkelstein 和 Marais，2010）

$$\tilde{p}(s) = \tilde{p}^*(s+h)\left(1+\frac{h}{s}\right) \quad (3.75)$$

式中：$\tilde{p}^*(s) = \int_0^\infty \mathrm{e}^{-sx}p^*(Q(x))\mathrm{d}x$ 表示函数 $p^*(Q(t))$ 的拉普拉斯变换，将式（3.75）代入式（3.74）并考虑到 $\tilde{q}(s) = (1/s) - \tilde{p}(s)$，可得

$$\tilde{p}(s) = \frac{1}{s+\lambda \tilde{p}^*(s+h+\lambda)(s+h+\lambda)} \quad (3.76)$$

为了对其进一步进行反演，必须对函数 $p^*(Q(t))$ 的形式做一些假设。假设 $p^*(Q(t)) = 1 - \exp\{-\alpha t\}, \alpha \geq 0$。这是一个合理的假设（当 $Q(t)$ 随 t 的递减时终止概率递增），它允许相应的拉普拉斯变换有一个简单的形式，即

$$\tilde{p}(s) = \frac{s+h+\lambda+\alpha}{s^2+s(\lambda+h+\alpha)+\alpha\lambda}$$

反演可得

$$P(t) = \frac{s_1 + \lambda + \alpha}{s_1 - s_2}\exp\{s_1 t\} - \frac{s_2 + \lambda + \alpha}{s_1 - s_2}\exp\{s_2 t\}$$

其中

$$s_1, s_2 = \frac{-(h + \lambda + \alpha) \pm \sqrt{(h + \lambda + \alpha)^2 - 4\lambda\alpha}}{2}$$

一个重要的特殊情况是，当系统是绝对可靠的（$h = 0$），且其特征可用质量函数 $Q(t)$ 表征，则 $s_1 = -\lambda, s_2 = -\alpha; \alpha \neq \lambda$，即

$$P(t) = \frac{\lambda}{\lambda - \alpha}\exp\{-\alpha t\} - \frac{\alpha}{\lambda - \alpha}\exp\{-\lambda t\} \tag{3.77}$$

例如，如果 $p^*(Q(t)) = 1$，这意味着 $\alpha \to \infty$，则 $P(t) = \exp\{-\lambda t\}$，即在 $(0, t]$ 中没有发生冲击的概率。相反，如果 $\alpha = 0$，则 $p^*(Q(t)) = 0$，生存概率等于1。另外一种情况是，概率值由速率 λ 的值定义。如果 $\lambda = 0$，则 $P(t) = 1$。另一方面，从式（3.77）可以看出，当 $\lambda \to \infty$ 时，有

$$P(t) \to \exp\{-\alpha t\} \tag{3.78}$$

这个结果貌似有些疑惑，因为人们期望当冲击过程的速率趋于无穷大时，$(0, t]$ 中的生存概率应趋向于0，但事实并非如此，当 t 极小时，函数 $p^*(Q(t)) = 1 - \exp\{-\alpha t\}$ 趋近于0，并且每次冲击均是系统的更新点。因此，随着冲击次数的增加，根据指数分布的特征式（3.78）成立。

3.4.5 技术系统/组织和种群的更新

单一技术产品的更新可推广到系统或生物种群情况。虽然两者存在差异，然而，也可以观察到许多相似之处。在本节中，我们将描述更新型人口统计学中使用的主要方法。为此，需要首先介绍一些基本概念和描述。

考虑同质大系统在常规时间序列 t 上运行。用 $N(x, t)$ 表示 t 时刻的特定年龄人口规模，即常规时间序列 t 上的 x 年龄项目数量（Keiding, 1990; Arthur 和 Vaupel, 1984）。

让 X_t 表示一个产品在 t 时间的随机年龄，该产品是从一个 $\int_0^\infty N(u, t)\mathrm{d}u$ 大小的群体中随机选取的（机会相等）。因此，我们将 X_t 解释为群体中的一个随机年龄，并定义它的 PDF，也将其称为人口构成中的年龄组成：

$$\pi_t(x) = \frac{N(x, t)}{\int_0^\infty N(u, t)\mathrm{d}u} \tag{3.79}$$

如前所述，用 T 表示产品的寿命，用 $F(y), y \geq 0$ 表示系统的 CDF，用 $\overline{F}(y) = 1 - F(y)$ 表示系统的生存函数，用 $\lambda(y)$ 表示系统的失效率。记 $B(t)$ 为基于时间的生产（出生）率，即最小单位时间间隔制造（出生）物品的数量，则 $\pi_t(x)$ 可定义为（Cha 和 Finkelstein, 2016）

$$\pi_t(x) = \frac{B(t-x)\overline{F}(x)}{\int_0^t B(t-u)\overline{F}(u)\mathrm{d}u} \cdot I, 0 \leqslant x \leqslant t \tag{3.80}$$

式中：$I(0 \leqslant x \leqslant u)$ 是示性函数，它定义了对 $\pi_t(x)$ 的自变量区间。这可以很容易地看出，$B(t-x)\overline{F}(x)$ 定义了种群在 t 时刻存活的数量且其年龄分布在 $[x, x+\mathrm{d}x)$ 内，而分母是 t 时刻的人口规模。注意：生产只从 $t=0$ 时刻开始（理论上可以在任何比率水平 $B(0)$），因此，$t=0$ 处的人口规模可视为 0。这是与人口学研究方法的重要区别，其中 $B(0)$ 取决于 $t=0$ 处的生物种群大小，且原始数目不能等于 0。

设 $B(t) \equiv B$ 为常数且 $t \to \infty$，这意味着我们"很久以前"就开始观察总体了。然后，我们直接得出一个稳态人群的年龄构成（Keyfitz 和 Casewell 2005；普雷斯顿等，2001；Finkelstein 和 Vaupel，2015），在更新理论中也可以以均匀分布的形式出现（参见式 (3.21)）：

$$\pi_S(x) = \frac{\overline{F}(x)}{\int_0^\infty \overline{F}(u)\mathrm{d}u}, 0 \leqslant x < \infty \tag{3.81}$$

根据剩余寿命的定义，从稳态种群中随机采集的生物体剩余寿命的 PDF 由下式给出（Finkelstein 和 Vaupel，2015；Cha 和 Finkelstein，2016）：

$$r_S(x) = \int_0^\infty \frac{f(x+u)}{\overline{F}(u)} \pi_S(u)\mathrm{d}u = \frac{\overline{F}(x)}{\int_0^\infty \overline{F}(u)\mathrm{d}u} \tag{3.82}$$

因此，对于所考虑的情况，随机年龄和剩余寿命的分布是相等的，即

$$\pi_S(x) = r_S(x) \tag{3.83}$$

根据 Vaupel（2009）的假设，可以将该属性描述为"生命等同于剩余寿命"，也称为 Carey 的等式（Goldstein，2009）。因此，可得其具有与经典更新过程定义的固定寿命和剩余寿命相同的性质（见式 (3.21)）。

更新过程可以用人口研究的方法简要解释。假设一个"有机体"死亡后会立即出生另一个，以此类推。在生物体的真实种群中，更新（出生）是由生物体完成的。在这种情况下，我们也希望获得出生（生产）率 $B(t)$ 的 renewal-type 方程。这将按照现有的理论（Lotka，1956）以合适的方式进行讨论和比较。要做到这一点，我们需要将生物体的生存能力和其生产能力联系起来。对于更新案例，这一联系比较微弱，因为死亡对生育的影响不大。对于生物体来说，这一联系比较复杂，可通过相应的出生（生育）函数 $b(x)$ 来实现，即 $b(x)\mathrm{d}x$ 为一个有机体其存活到 x 岁的概率，假设其在 $(x, x+\mathrm{d}x]$ 中出生（为了简单起见，我们这里讨论的是单性种群）。因此，我们可以看到一个清晰的、具有更新密度函数 $h(x)\mathrm{d}x$ 的概念，即某个时间间隔的出生（更新）概率。无论如何，同一物种不可能像更新模型一样只有一次生产，而且很明显，在整个生命周期内的预期生产数量为

$$\int_0^\infty \overline{F}(u)b(u)\mathrm{d}u$$

此时通过之前时刻的出生率表达当前时刻的出生率,其通过以下更新类型方程来实现:

$$B(t) = \int_0^t B(t-x)\overline{F}(x)b(x)\mathrm{d}x \tag{3.84}$$

事实上,$B(t-x)\overline{F}(x)$ 给出了年龄 $(x,x+\mathrm{d}x]$ 中的生物体数量。然后,每个生物体都以 $b(x)\mathrm{d}x$ 的概率生育。假定每个母体的生育区域为 $[\alpha,\beta]$,$0<\alpha<\beta<\infty$,函数 $b(x)$ 在该区域内不等于 0。由于同样的原因,初始种群在 $t>\beta$ 后不能生育,因此,对于 $t>\beta$ 式(3.84)可以写成

$$B(t) = \int_\alpha^\beta B(t-x)g(x)\mathrm{d}x \tag{3.85}$$

式中:$g(x)=\overline{F}(x)b(x)$,有时称为净生育函数。

这是一个关于 $B(t)$ 的积分方程,它类似于经典的更新方程。式(3.10)和式(3.11)可以通过拉普拉斯变换求解,但它没有"自由项",因此可以认为是齐次的。通过替换可以很容易地看出,其通解的形式如下:

$$B(t) = Ae^{rt}, r \geq 0, A > 0 \tag{3.86}$$

将该式代入式(3.85)可得著名的 Lotka-Euler 方程(Lotka,1956)重要组成部分,即定义了相关参数和函数的重要约束:

$$\int_\alpha^\beta e^{-rx}g(x)\mathrm{d}x = 1 \tag{3.87}$$

众所周知(Lotka,1956),对于"任意"生存和生育函数,从这个方程可以得到唯一的解 r。然而,如果我们对式(3.86)中 $B(t)$ 进行预先设置(例如,$B(t)=B$,这意味着 $r=0$),生存功能和生育函数当如式(3.87)所示。

由于 $g(x)$ 函数在生育区域之外为 0,我们可以以更传统的形式定义式(3.85)和式(3.87):

$$B(t) = \int_0^\infty B(t-x)g(x)\mathrm{d}x, \int_0^\infty e^{-rx}g(x)\mathrm{d}x = 1 \tag{3.88}$$

例如,假设生育函数在 $t \in [\alpha,\beta]$ 是恒定的常数,即 $b(x)=b$ 和 $r=0$,则

$$\frac{1}{b} = \int_\alpha^\beta \overline{F}(x)\mathrm{d}x \tag{3.89}$$

我们在本节中的讨论产生了重要的信息:

一方面,在使用人口研究方法描述制造业产品的可靠性特征时,我们可以考虑任意的生产率和寿命分布函数。另一方面,生物种群的这些特征不是任意的,必须服从式(3.88)。因此,在使用人口方法研究可靠性问题时,我们可以灵活地考虑更一般的情况。如果不能获得类似于式(3.85)的更新方程时,我们可以设置任意形式的 $B(t)$ 和 $F(x)$,然后进行随机分析,与"自我生产"的生物体相比,这创造了更多的可能性。

参考文献

Arthur WB, Vaupel JW (1984) Some general relationships in population dynamics. Population Index 50:214–226
Barlow RE, Hunter RC (1960) Optimum preventive maintenance policies. Oper Res 8:90–100
Cha JH, Finkelstein M (2016) On stochastic comparisons for population age and remaining lifetime. Stat Pap. https://doi.org/10.1007/s00362-016-0759-6
Cox DR, Miller HD (1965) The theory of stochastic processes. Methuen & Co Ltd, London
Cox DR, Isham V (1980) Point processes. University Press, Cambridge
Daley DJ, Vere-Jone D (2003) An introduction to the theory of point processes, vol 1: elementary theory and methods, 2nd edn. Springer, Berlin
Feller W (1968) An introduction to probability theory and its applications, vol 1, 3rd edn. Wiley, New York
Finkelstein M (2008) Failure rate modelling for reliability and risk. Springer, London
Finkelstein M, Marais F (2010) On terminating Poisson processes in some shock models. Reliab Eng Syst Saf 95:874–879
Finkelstein M, Cha JH (2013) Stochastic modelling for reliability: shocks, burn-in and heterogeneous populations. Springer, London
Finkelstein M, Ludick Z (2014) On some steady-state characteristics of systems with gradual repair. Reliab Eng Syst Saf 128:17–23
Finkelstein M, Shafiee M, Kotchap AN (2016) Classical optimal replacement strategies revisited. IEEE Trans Reliab 65:540–546
Finkelstein M, Vaupel JW (2015) On random age and remaining lifetime for population of items. Appl Stoch Models Bus Ind 31:681–689
Goldstein JR (2009) Life lived equals life left in stationary populations. Demographic Res 20:3–6
Høyland A, Rausand M (1994) System reliability theory: models and statistical methods. Wiley, New York
Keiding N (1990) Statistical inference in the Lexis diagram. Philos Trans R Soc Lond A 332:487–509
Keyfitz N, Casewell N (2005) Applied mathematical demography. Springer, New York
Lam Y (2007) The geometric process and its applications. Word Scientific, Singapore
Lotka AJ (1956) Elements of mathematical biology. Dover Publications, New York
Nakagawa T (2008) Advanced reliability models and maintenance policies. Springer, London
Nakagawa T (2011) Stochastic processes with applications to reliability theory. Springer, London
Preston SH, Heuveline P, Guillot M (2001) Demography: measuring and modeling population processes. Blackwell, New York
Ross SM (1996) Stochastic processes, 2nd edn. Wiley, New York
van Noortwijk JM (2009) A survey of the application of gamma processes in maintenance. Reliab Eng Syst Saf 94:2–21
van Noortwijk JM, van der Weide JAM, Kallen MJ, Pandey MD (2007) Gamma process and peaks-over-threshold distributions for time-dependent reliability. Reliab Eng Syst Saf 92:1651–1658
Vaupel JW (2009) Life lived and left: Carey's equality. Demographic Res 20:7–10
Wang HZ, Pham H (2006) Reliability and optimal maintenance. Springer, London

第4章 泊松过程

本章主要讨论泊松过程的一些基本性质，这些性质将在本书的其余部分中得到广泛的应用。第2章通过确定性随机强度（强度过程）给出了非齐次泊松过程（NHPP）的定义及其特定情形（齐次泊松过程（HPP））。本章，首先以更传统的形式定义这些过程，然后更详细地讨论随机强度定义。值得注意的是，HPP 是 NHPP 的特定情况。当更新过程两个连续更新时间为独立同分布的指数变量时，其也为 HPP（见第3章）。我们以一致的方式描述了 NHPP 的性质，重点是在下面使用相应的边缘分布、联合分布和条件分布。我们对 NHPP 的性质介绍是基于随机强度（强度过程）的一般概念。我们还将详细讨论 NHPP、复合和混合泊松过程的细化过程。本章资料可作为后两章重点介绍的泊松过程驱动的可靠性模型先进理论的补充。

4.1 齐次泊松过程

HPP 的第一个正式定义如下：

定义 4.1 计数过程 $\{N(t), t \geq 0\}$ 称为具有速率（强度函数）是 $\lambda(\lambda > 0)$ 的齐次泊松过程，如果：

(1) $N(0) = 0$；

(2) 计数过程 $\{N(t), t \geq 0\}$ 有独立的增量；

(3) 任意长度为 t 的区间中事件数的分布为泊松分布且具有均值 λt。对于所有 $s, t \geq 0$ 时，有

$$P(N(t+s) - N(s) = n) = \frac{(\lambda t)^n}{n!}\exp\{-\lambda t\}, \quad n = 0, 1, 2, \cdots$$

由定义 4.1 的 (3) 可知，HPP 具有平稳增量。此外，根据泊松分布的性质，可知

$$E[N(t)] = \text{Var}[N(t)] = \lambda t \tag{4.1}$$

根据式 (2.25) 和式 (4.1) 可得 HPP 的速率为

$$\lambda_r(t) = \lim_{\Delta t \to 0} \frac{E[N(t, t+\Delta t)]}{\Delta t} = \frac{dE[N(t)]}{dt} = \lambda$$

注意：在整本书中，我们将交替使用术语"速率"和"强度函数"。HPP 的另一种定义（Ross，1996）可以表述如下。

定义 4.2 计数过程 $\{N(t), t \geq 0\}$ 称为速率是 $\lambda(\lambda > 0)$ 的齐次泊松过

程,则

(1) $N(0) = 0$;
(2) 过程 $\{N(t), t \geq 0\}$ 具有稳态且独立的增量;
(3) $P(N(h) = 1) = \lambda h + o(h)$;
(4) $P(N(h) \geq 2) = o(h)$。

式中:$o(h)$ 代表任意函数 f 满足

$$\lim_{h \to 0} \frac{f(h)}{h} = 0$$

可以证明,定义 4.1 和定义 4.2 是等价的(Ross,1996)。

上述两个定义均可表明到达间隔时间 $X_i, i = 1, 2, \cdots$ 是独立的具有均值 $1/\lambda$ 的同分布指数随机变量(Ross,1996)。这个属性通常被认为是 HPP 的第三个定义。

我们现在将讨论在可靠性应用中 HPP 的另外两个有用的基本特性。第一个是第 n 个事件到达时间的分布 $T_n (0 \equiv T_0 < T_1 < T_2 < \cdots)$。在以下定理中分别得到了 T_n 的 CDF 和 PDF(分别用 $F_{T_n}(t)$ 和 $f_{T_n}(t)$ 表示)。

定理 4.1 T_n 的 CDF 和 PDF 分别为

$$F_{T_n}(t) = \sum_{i=n}^{\infty} \frac{(\lambda t)^i}{i!} \exp\{-\lambda t\}$$

和

$$f_{T_n}(t) = \lambda \frac{(\lambda t)^{n-1}}{(n-1)!} \exp\{-\lambda t\}$$

证明:观察可知

$$T_n \leq t \iff N(t) \geq n$$

并且

$$F_{T_n}(t) = P(T_n \leq t) = P(N(t) \geq n) = \sum_{i=n}^{\infty} \frac{(\lambda t)^i}{i!} \exp\{-\lambda t\}$$

通过求导可得

$$f_{T_n}(t) = \frac{\mathrm{d} F_{T_n}(t)}{\mathrm{d} t} = \sum_{i=n}^{\infty} \lambda \frac{(\lambda t)^{i-1}}{(i-1)!} \exp\{-\lambda t\} - \sum_{i=n}^{\infty} \lambda \frac{(\lambda t)^i}{i!} \exp\{-\lambda t\}$$

$$= \lambda \frac{(\lambda t)^{n-1}}{(n-1)!} \exp\{-\lambda t\} n$$

除了 T_n 的分布外,到达时间的联合条件分布(条件为 $N(t) = n$)在各种应用中也很有用。下面的结果给出了 $(T_1, T_2, \cdots, T_n \mid N(t) = n)$ 的分布,为了方便,对应的联合条件 PDF 用 $f(T_1, T_2, \cdots, T_n \mid N(t))(t_1, t_2, \cdots, t_n \mid n)$ 表示。

定理 4.2 条件联合 PDF $f(T_1, T_2, \cdots, T_n \mid N(t))(t_1, t_2, \cdots, t_n \mid n)$ 为

$$f_{(T_1, T_2, \cdots, T_n \mid N(t))}(t_1, t_2, \cdots, t_n \mid n) = \frac{n!}{t^n}, \quad 0 < t_1 < t_2 < \cdots < t_n < t$$

证明：假设 $0 \equiv t_0 < t_1 < t_2 < \cdots < t_n < t_{n+1} \equiv t$ 且 $\Delta t_0 = 0$，$\Delta t_i \approx 0$ 所以 $t_i + \Delta t_i < t_{i+1}, i = 1,2,\cdots,n$，则

$$P(t_i \leq T_i \leq t_i + \Delta t_i, i = 1,2,\cdots,n \mid N(t) = n)$$

$$= \frac{P(\{没有事件在(t_{i-1} + \Delta t_{i-1}, t_i)发生,[t_i, t_i + \Delta t_i]\}, i = 1,2,\cdots,n,没有事件在(t_n + \Delta t_n, t))发生, 仅一个事件在 P(N(t) = n) 发生}{仅一个事件在 P(N(t) = n) 发生}$$

$$= \frac{1}{P(N(t) = n)}[\exp\{-\lambda t_1\}\lambda\Delta t_1\exp\{-\lambda\Delta t_1\}\exp\{-\lambda(t_2 - (t_1 + \Delta t_1))\}\lambda\Delta t_2\exp\{-\lambda\Delta t_2\}\times\cdots\times$$

$$\exp\{-\lambda(t_n - (t_{n-1} + \Delta t_{n-1}))\}\lambda\Delta t_n\exp\{-\lambda\Delta t_n\}\exp\{-\lambda(t - (t_n + \Delta t_n))\}]$$

$$= \frac{(\prod_{i=1}^{n}\lambda\Delta t_i)\exp\{-\lambda t\}}{P(N(t) = n)} = \frac{n!(\prod_{i=1}^{n}\Delta t_i)}{t^n}$$

其中，在第二个等式中，使用了定义 4.1 中的性质（iii）和 HPP 的独立增量性质。因此，有

$$f_{(T_1,T_2,\cdots,T_n\mid N(t))}(t_1,t_2,\cdots,t_n \mid n)$$

$$= \lim_{\Delta t_i \to 0, i = 1,2,\cdots,n} \frac{P(t_i \leq T_i \leq t_i + \Delta t_i, i = 1,2,\cdots,n \mid N(t) = n)}{(\prod_{i=1}^{n}\Delta t_i)}$$

$$= \frac{n!}{t^n}, 0 < t_1 < t_2 < \cdots < t_n < t$$

证毕。

定理 4.2 表明，给定 $N(t) = n$，n 个到达时间 $(T_1, T_2, \cdots, T_n)$ 有相同的分布，其与 n 个在区间 $(0,t)$ 具有同分布的有序独立随机变量统计特征相同。

在下一节中，我们将讨论如何以更直观、更有效的方式获得这些结果。

4.2 非齐次泊松过程

HPP 被广泛应用于（工程、生物学等）各种领域，主要是因为它的简单性以及能够模拟各种真实现象的显著特性。如 4.1 节所述，这是一个恒定速率的稳态过程。然而，在现实中，点事件的发生并不一定是平稳的，NHPP 可描述该情况。此外，正如 2.6 节所述，在可修系统的可靠性分析中，NHPP 是非常重要的。在本章中将对此属性进行更详细的分析。我们首先对其进行正式定义（与定义 4.2 相比），然后对相关属性深入研究。

定义 4.3 计数过程 $\{N(t), t \geq 0\}$ 被认为是非齐次泊松过程，其速率为 $\lambda(t), t \geq 0$，则下列条件成立：

(1) $N(0) = 0$；

(2) 随机过程 $\{N(t), t \geq 0\}$ 有独立的增量；

(3) $P(N(t+h) - N(t) = 1) = \lambda(t)h + o(h)$；

(4) $P(N(t+h) - N(t) \geq 2) = o(h)$。

如上所述，与 HPP 最重要的区别是 NHPP 不具有固定增量特性（见性质（3）），因为第 i 个到达时间分布依赖于之前的 $(i-1)$ 个到达时间（实际上，依赖于它们的和）。这意味着到达时间既不是独立的，也不是同分布的（除非 $\lambda(t)$ 是一个常数函数）。

对于一个固定的 $u > 0$，定义 $N_u(t) \equiv N(u+t) - N(u)$，则 $\{N_u(t), t \geq 0\}$ 形成一个新的计数过程（从 u 开始），从定义 4.3 可以很容易地看出，$\{N_u(t), t \geq 0\}$ 是速率为 $\lambda(u+t), t \geq 0$ 的 NHPP。

现在我们将推导 NHPP 的重要性质。为此，我们基于随机强度的概念描述 NHPP 的特征，由定义 2.3 引入。在第 2 章中，通过随机强度定义 NHPP。为了说清本章的内容，可先讨论一下关于它的有关特性。

命题 4.1 NHPP $\{N(t), t \geq 0\}$ 的随机强度等于故障率，即
$$\lambda_t = \lambda(t), \quad t \geq 0$$

证明：根据 NHPP 独立增量属性（定义 4.3 的属性（3）和（2）），可得
$$\lambda_t = \lim_{\Delta t \to 0} \frac{P(N(t, t+\Delta t) = 1 \mid H_{t^-})}{\Delta t}$$
$$= \lim_{\Delta t \to 0} \frac{P(N(t, t+\Delta t) = 1)}{\Delta t}$$
$$= \lim_{\Delta t \to 0} \frac{\lambda(t)\Delta t + o(\Delta(t))}{\Delta t} = \lambda(t)$$

命题 4.1 中给出的特征为我们获得 NHPP 的各种已知性质提供了非常有用的工具。然而，我们对 NHPP 的这些性质的介绍是原创的，因为它是基于随机强度（强度过程）的概念。

对于一个固定的 $u > 0$，$N_u(t) \equiv N(u+t) - N(u)$ 且 T_{ui} 为从 0 时刻到第 i 个事件到达时间发生在 (u, ∞)，$u < T_{u1} < T_{u2} < \cdots$，记
$$f_{T_{u1}, T_{u2}, \cdots, T_{u(N(u+t)-N(u))}, N(u+t)-N(u)}(t_{u1}, t_{u2}, \cdots, t_{un}, n)$$
为 $(T_{u1}, T_{u2}, \cdots, T_{u(N(u+t)-N(u))}, N(u+t) - N(u))$ 的联合分布密度函数，则 NHPP 的累积速率为
$$\Lambda(t) \equiv \int_0^t \lambda(x) \mathrm{d}x, \quad t \geq 0$$
则以下命题成立。

命题 4.2 $(T_{u1}, T_{u2}, \cdots, T_{u(N(u+t)-N(u))}, N(u+t) - N(u))$ 的联合分布为
$$f_{T_{u1}, T_{u2}, \cdots, T_{u(N(u+t)-N(u))}, N(u+t)-N(u)}(t_{u1}, t_{u2}, \cdots, t_{un}, n)$$
$$= \left(\prod_{i=1}^{n} \lambda(t_{ui})\right) \exp\{-(\Lambda(u+t) - \Lambda(u))\}$$
$$u < t_{u1} < t_{u2} < \cdots < t_{un} < u+t, \quad n = 0, 1, 2, \cdots$$

证明：首先，回顾一下随机强度的启发式定义（见 2.5 节）：
$$\lambda_t \mathrm{d}t = E[\mathrm{d}N(t) \mid H_{t^-}]$$

这与随机变量的固有失效率或危险率非常相似（Aven 和 Jensen，1999；Finkelstein，2008；Cha，2014）。

假设 $u \equiv t_{u0} < t_{u1} < t_{u2} < \cdots < t_{un} < t_{un+1}$，并且 $\Delta t_0 = 0, \Delta t_i \approx 0$，所以 $t_{ui} + \Delta t_i < t_{u,i+1}, i = 1,2,\cdots,n$。则由于 $\{N_u(t), t \geq 0\}$ 是速率为 $\lambda(u+t), t \geq 0$ 的非齐次泊松过程，利用随机强度的概念可得

$P(t_{ui} \leq T_{ui} \leq t_{ui} + \Delta t_i, i = 1,2,\cdots,n, N(u+t) - N(u) = n)$

$= P(\{$没有事件在$(t_{u,i-1} + \Delta t_{i-1}, t_{ui})$中发生,只有1个件事件在$[t_{ui}, t_{ui} + \Delta t_i]$

中发生$\}, i = 1,2,\cdots,n$ 没有事件在$(t_{un} + \Delta t_n, u+t)$中发生)

$= [\exp\{-(\Lambda(t_{u1}) - \Lambda(u))\}(\lambda(t_{u1})\Delta t_1 + o(\Delta t_1))$

$\cdot \exp\{-(\Lambda(t_{u2}) - \Lambda(t_{u1} + \Delta t_1))\}(\lambda(t_{u2})\Delta t_2 + o(\Delta t_2))$

$\cdots \cdot \exp\{-(\Lambda(t_{un}) - \Lambda(t_{u,n-1} + \Delta t_{n-1}))\}(\lambda(t_{un})\Delta t_n$

$+ o(\Delta t_n))\exp\{-(\Lambda(u+t) - \Lambda(t_{un} + \Delta t_n))\}]$

$= \left(\prod_{i=1}^{n}(\lambda(t_{ui})\Delta t_i + o(\Delta t_i))\right)\exp\left\{-\sum_{i=1}^{n+1}(\Lambda(t_{ui}) - \Lambda(t_{u,i-1} + \Delta t_{i-1}))\right\}$

因此，有

$$f_{T_{u1}, T_{u2}, \cdots, T_{u_{u(N(u+t)-N(t))}}, N(u+t)-N(u)}(t_{u1}, t_{u2}, \cdots, t_{un}, n)$$

$$= \lim_{\Delta t_i \to 0, i=1,2,\cdots,n} \frac{P(t_{ui} \leq T_{ui} \leq t_{ui} + \Delta t_i, i=1,2,\cdots,n, N(t) = n)}{\left(\prod_{i=1}^{n}\Delta t_i\right)} \quad (4.2)$$

$$= \left(\prod_{i=1}^{n}\lambda(t_{ui})\right)\exp\{-(\Lambda(u+t) - \Lambda(u))\}$$

$u < t_{u1} < t_{u2} < \cdots < t_{un} < u+t, \quad n = 0,1,2,\cdots$

证毕。

根据命题 4.2，可以得到在任何时间间隔 $(u, u+t]$ 内的事件数量 $N(u+t) - N(u)$ 的分布（见定义 4.1 中的 HPP 例）。

定理 4.3 $N(u+t) - N(u)$ 为均值为 $\Lambda(u+t) - \Lambda(u)$ 的泊松分布，即

$$P(N(u+t) - N(u) = n) = \frac{[\Lambda(u+t) - \Lambda(u)]^n}{n!}\exp\{-(\Lambda(u+t) - \Lambda(u))\}$$

$n = 0,1,2,\cdots$

(4.3)

证明：根据式 (4.2) 中的联合分布可知 $N(u+t) - N(u)$ 的边缘分布为

$P(N(u+t) - N(u) = n)$

$= \int_{u}^{u+t}\cdots\int_{u}^{t_{u3}}\int_{u}^{t_{u2}} f_{T_{u1}, T_{u2}, \cdots, T_{u(N(u+t)-N(u))}, N(u+t)-N(u)}(t_{u1}, t_{u2}, \cdots, t_{un}, n)\mathrm{d}t_{u1}\mathrm{d}t_{u2}\cdots\mathrm{d}t_{un}$

$$= \exp\{-(\Lambda(u+t)-\Lambda(u))\}\int_u^{u+t}\cdots\int_0^{t_{u3}}\int_0^{t_{u2}}\left(\prod_{i=1}^n \lambda(t_{ui})\right)\mathrm{d}t_{u1}\mathrm{d}t_{u2}\cdots\mathrm{d}t_{un}$$

$$= \frac{[\Lambda(u+t)-\Lambda(u)]^n}{n!}\exp\{-(\Lambda(u+t)-\Lambda(u))\}$$

最后一个等式可以通过对 $\prod_{i=1}^n \lambda(t_{ui})$ 按照 $t_{u1},t_{u2},\cdots,t_{un}$ 顺序进行积分来获得。

根据式（4.3）可得

$$E[N(u+t)-N(u)] = \mathrm{Var}[N(u+t)-N(u)] = \Lambda(u+t)-\Lambda(u) \tag{4.4}$$

和

$$P(N(t)=n) = \frac{[\Lambda(t)]^n}{n!}\exp\{-\Lambda(t)\}, \quad n=0,1,2,\cdots$$

根据式（4.4）可知，NHPP 的速率可由下式给出，即

$$\lambda_r(t) = \frac{\mathrm{d}E[N(t)]}{\mathrm{d}t} = \lambda(t) = \lambda_t \tag{4.5}$$

从式（4.5）可以看出，NHPP 过程速率和随机强度是相同的，对于任何具有独立增量特性的计数过程该结论均成立：

$$\lambda_t = \lim_{\Delta t \to 0}\frac{P(N(t,t+\Delta t)=1\mid H_{t-})}{\Delta t}$$

$$= \lim_{\Delta t \to 0}\frac{E[N(t,t+\Delta t)\mid H_{t-1}]}{\Delta t}$$

$$= \lim_{\Delta t \to 0}\frac{E[N(t,t+\Delta t)]}{\Delta t} = \lambda_r(t)$$

现在，以一致的方式推导出第 n 个事件 T_n 到达时间的分布。T_n 的 CDF 和 PDF（分别用 $F_{T_n}(t)$、$f_{T_n}(t)$ 表示）通过下面的定理得到（HPP 的情况见定理 4.1）。

定理 4.4　T_n 的 CDF 和 PDF 分别为

$$F_{T_n}(t) = \sum_{i=n}^{\infty}\frac{[\Lambda(t)]^i}{i!}\exp\{-\Lambda(t)\}$$

和

$$f_{T_n}(t) = \lambda(t)\frac{[\Lambda(t)]^{n-1}}{(n-1)!}\exp\{-\Lambda(t)\}$$

证明：可以用与定理 4.1 的证明相似的方法得到结果，直接按以下方式获得 $f_{T_n}(t)$，即

$$P(t \leq T_n \leq t+\Delta t) = P(t \leq T_n \leq t+\Delta t, N(t-)=n-1)$$

$$= P(t \leq T_n \leq t+\Delta t \mid N(t-)=n-1)P(N(t-)=n-1)$$

式中：$N(t-)$ 是在 $P(N(t-)=n-1) = P(N(t)=n-1)$ $[0,t)$ 中事件的总数，另一方面。由于独立增量的性质，有

$$P(t \leq T_n \leq t + \Delta t \mid N(t-) = n-1)$$
$$= P(在一个事件发生在[t, t+\Delta t]) = \lambda(t)\Delta t + o(\Delta t)$$

则
$$f_{T_n}(t) = \lim_{\Delta t \to 0} \frac{P(t \leq T_n \leq t + \Delta t)}{\Delta t} = \lambda(t) \frac{[\Lambda(t)]^{n-1}}{(n-1)!} \exp\{-\Lambda(t)\}$$

证毕。

现在，推导 $(T_{u1}, T_{u2}, \cdots, T_{un} \mid N(u+t) - N(u) = n)$ 的联合条件分布。记 $f(T_{w1}, T_{w2}, \cdots, T_u(N(u+t) - N(u)) \mid N(u+t) - N(u))(t_1, t_2, \cdots, t_n \mid n)$ 为对应的条件联合密度。

定理 4.5 $f(T_{w1}, T_{w2}, \cdots, T_u(N(u+t) - N(u)) \mid N(u+t) - N(u))(t_1, t_2, \cdots, t_n \mid n)$ 的条件联合密度为

$$f(T_{u1}, T_{u2}, \cdots, T_{u((N+t)-N(u))} \mid N_{(u+t)} - N_{(u)})(t_1, t_2, \cdots, t_n \mid n) = n! \left(\prod_{i=1}^{n} \frac{\lambda(t_{ui})}{\Lambda(u+t) - \Lambda(u)} \right)$$

$$u < t_{u1} < t_{u2} < \cdots < t_{\text{ion}} < u + t$$

证明： 观察可知
$$f_{(T_{u1}, T_{u2}, \cdots, T_u(N(u+t)-N(u))) \mid N(u+t)-N(u)}(t_1, t_2, \cdots, t_n \mid n)$$
$$= \frac{f_{T_{u1}, T_{i/2}, \cdots, T_u(N(u+t)-N(u)), N(u+t)-N(u)}(t_{u1}, t_{u2}, \cdots, t_{un}, n)}{P(N(u+t) - N(u) = n)}$$
$$= n! \left(\prod_{i=1}^{n} \frac{\lambda(t_{ui})}{\Lambda(u+t) - \Lambda(u)} \right),$$
$$u < t_{u1} < t_{u2} < \cdots < t_{un} < u + t$$

证毕。

定理 4.5 意味着，给定 $N(u+t) - N(u) = n$，n 个到达时间 $(T_{u1}, T_{u2}, \cdots, T_{un})$ 与 n 个独立顺序统计随机变量具有相同的分布，其在区间 $(u, u+t)$ 上的 PDF 为 $\lambda(x)/[\Lambda(u+t) - \Lambda(u)]$（关于 HPP 情形可见定理 4.2）。

例 4.1 假设来自速率为 $\lambda(t)$ 的 NHPP 每一个事件可被分为类型 1 或类型 2，事件被分为何种类型的概率取决于事件发生的时间 t。更具体地说，假设一个事件发生在 t 时刻，且与其他事件相互独立，它被归类为第一类事件的概率是 p，归为第二类事件的概率是 $1 - p(t)$。这种分类模型在可靠性和排队分析中有很高的应用价值，如两种引起系统故障的冲击或两种排队等候服务的顾客等（Cha 和 Finkelstein, 2009、2011）。

记 $N_i(t)(i=1,2)$ 为第 i 类事件在截止 t 时刻发生的次数。现在我们推导 $(N_1(t), N_2(t))$ 的联合分布，观察可知
$$P(N_1(t) = n_1, N_2(t) = n_2)$$
$$= \sum_{n=0}^{\infty} P(N_1(t) = n_1, N_2(t) = n_2 \mid N(t) = n) P(N(t) = n)$$

$$= P(N_1(t) = n_1, N_2(t) = n_2 \mid N(t) = n_1 + n_2)P(N(t) = n_1 + n_2)$$

考虑一个发生在区间 $(0,t]$ 中的任意事件，如果它发生在时间 $x \in (0,t]$，那么，它是类型 1 事件的概率为 $p(x)$。因此，根据定理 4.5，它是类型 1 事件的概率为

$$\phi(t) \equiv \left(\frac{\int_0^t p(x)\lambda(x)\,\mathrm{d}x}{\Lambda(t)} \right)$$

与其他事件相互独立。因此，有

$$P(N_1(t) = n_1, N_2(t) = n_2 \mid N(t) = n_1 + n_2)$$
$$= \binom{n_1 + n_2}{n_1} (\phi(t))^{n_1}(1 - \phi(t))^{n_2}$$

最终
$$P(N_1(t) = n_1, N_2(t) = n_2)$$
$$= \binom{n_1 + n_2}{n_1}(\phi(t))^{n_1}(1 - \phi(t))^{n_2} \frac{[\Lambda(t)]^{n_1+n_2}}{(n_1 + n_2)!}\exp\{-\Lambda(t)\}$$
$$= \frac{[\phi(t)\Lambda(t)]^{n_1}}{n_1!}\exp\{-\phi(t)\Lambda(t)\} \cdot \frac{[(1 - \phi(t))\Lambda(t)]^{n_2}}{n_2!}\exp\{-(1 - \phi(t))\Lambda(t)\}$$
$$= \frac{\left[\int_0^t p(x)\lambda(x)\,\mathrm{d}x\right]^{n_1}}{n_1!}\exp\left\{-\int_0^t p(x)\lambda(x)\,\mathrm{d}x\right\} \cdot \frac{\left[\int_0^t q(x)\lambda(x)\,\mathrm{d}x\right]^{n_2}}{n_2!}$$
$$\exp\left\{-\int_0^t q(x)\lambda(x)\,\mathrm{d}x\right\}$$

由此可见，$N_1(t)$ 和 $N_2(t)$ 为相互独立泊松随机变量，其均值分别为 $\int_0^d p(x)\lambda(x)\,\mathrm{d}x$ 和 $\int_0^d q(x)\lambda(x)\,\mathrm{d}x$。

例 4.1 给出了固定 t 的二元随机变量 $(N_1(t), N_2(t))$ 的分布。基于相应的概率分布函数（泊松分布）的形式，比较关注相应的随机过程是否为 NHPP？因此，我们现在正式定义细化计数过程的过程。

定义 4.4 细化概率 $p(t)$ 的独立细化过程。

设 $\{N(t), t \geq 0\}$ 为单变量计数（点）过程，用 $\{N_1(t), t \geq 0\}$ 表示保留该过程中每一个第 1 类事件（其发生的概率为 $p(t)$）而删除第 2 类事件（概率为 $q(t) = 1 - p(t)$）的点过程。用 $\{N_2(t), t \geq 0\}$ 表示被删除事件构成的点过程。那么，过程 $\{N_1(t), t \geq 0\}$ 和 $\{N_2(t), t \geq 0\}$ 就是 $\{N(t), t \geq 0\}$ 的细化过程。

接着正式讨论二元过程 $\{N(t), t \geq 0\}$，其中 $N(t) = (N_1(t), N_2(t))$ 且 $\{N_i(t), t \geq 0\}, i = 1,2$ 是定义 4.4 中定义的相应的细化边缘过程（当 $\{N_i(t), t \geq 0\}$ 时为速率为 $\lambda(t)$ 的 NHPP）。为了方便起见，$\{N_i(t), t \geq 0\}$ 将分别称为 $i(i = 1,2)$ 类点过程。此外，来自 i 类点过程 $\{N_i(t), t \geq 0\}$ 的事件也将称为 i 类型

事件。

为了进一步讨论，应该定义多元过程的"正则性"（有序性）的概念。直观地说，正则性是指在一个很小的时间间隔内不发生多个事件。注意：多变量情况下的"正则性"应该比单变量情况下的"正则性"的定义得更为精确（Cox 和 Lewis，1972）。在多变量点过程中有两种类型的正则性：边缘正则性和正则性。对于一个多变量点过程，如果它的边缘过程（被认为是单变量点过程）都是正则的，我们说它是边缘正则的。如果多变量过程的"总体"过程是正则的，则其为正则的，此时该过程也是边缘正则性。注意：若我们关注的二元过程 $\{N(t),t \geq 0\}$（在上面定义）是正则过程，则其合并过程 $\{N(t),t \geq 0\}$ 是一个 NHPP。

令 $H_{P_1-} \equiv \{N(u), 0 \leq u < t\}$ 为 $[0,t)$ 中的随机过程的历史信息（内部过滤），比如 $[0,t)$ 中所有点事件的集合。观察可知，H_{P_1-} 包含 $N(t-)$ 和在 $[0,t)$ 区间内冲击事件的顺序到达时间 $0 \leq T_1 \leq T_2 \leq \cdots \leq T_{N(t-)} < t$，其中 $N(t-)$ 为在 $[0,t)$ 中的事件总数，T_i 为随机过程在区间 $[0,t)$ 内从 0 开始到第 i 次事件的时间序列。同样可以定义边缘过程的历史信息为 $H_{i-} \equiv \{N_i(u), 0 \leq u < t\}$，$i = 1, 2$，则 $H_{i-} \equiv \{N_i(u), 0 \leq u < t\}$ 也包含在区间 $[0,t), i=1,2$ 上的 $N_i(t-)$，以及到达时间序列 $0 \leq T_{i1} \leq T_{i2} \leq \cdots \leq T_{iN_i(t-)} < t$，其中 $N_i(t-)$ 是 $[0,t), i = 1, 2$ 中 i 类点过程的事件总数。

正如我们已经知道的，用随机强度（或强度过程）的概念描述单变量点过程是一种方便的数学方法（Aven 和 Jensen 1999、2000；Finkelstein 和 Cha，2013）。虽然多元点过程可以用不同的方法定义，但也可以通过随机强度方法实现。一个"正则的边缘二元过程"可以通过下式描述：

$$\lambda_{1t} \equiv \lim_{\Delta t \to 0} \frac{P(N_1(t, t+\Delta t) \geq 1 \mid H_{1t-}; H_{2t-})}{\Delta t}$$

$$= \lim_{\Delta t \to 0} \frac{P(N_1(t, t+\Delta t) = 1 \mid H_{1t-}; H_{2t-})}{\Delta t};$$

$$\lambda_{2t} \equiv \lim_{\Delta t \to 0} \frac{P(N_2(t, t+\Delta t) \geq 1 \mid H_{1t-}; H_{2t-})}{\Delta t}$$

$$= \lim_{\Delta t \to 0} \frac{P(N_2(t, t+\Delta t) = 1 \mid H_{1t-i} H_{2t-})}{\Delta t};$$

$$\lambda_{12t} \equiv \lim_{\Delta t \to 0} \frac{P(N_1(t, t+\Delta t) N_2(t, t+\Delta t) \geq 1 \mid H_{1t-}; H_{2t-})}{\Delta t} \tag{4.6}$$

式中：$N_i(t_1, t_2)$，$t_1 < t_2$ 分别为 $[t_1, t_2)$，$i = 1, 2$ 中的事件数。式（4.6）中的函数在 Cox 和 Lewis（1972）中称为完全强度函数，因此我们在这个例子中保留了这个术语（回想一下，对于单变量的情况，我们称为"随机强度"）。我们关注的 $\{N(t),t \geq 0\}$ 为正则过程时 $\lambda_{12t} = 0$，因此可以通过确定式（4.6）中的 λ_{1t} 和 λ_{2t} 就可以定义其规则性。

此外，可以根据式（4.6）中的完全强度函数判断二元过程中的两个边缘点过程是否独立。

命题 4.3 关于二元过程 $\{N(t),t \geq 0\}$，如果 (1) $\{N(t),t \geq 0\}$ 是规则的；(2) λ_{1t} 不依赖于 H_{2t-}，λ_{2t} 不依赖于 H_{1t-}，那么两个边缘过程 $\{N_i(t),t \geq 0\}, i = 1,2$ 是独立的。

证明： 设 E_i 分别为 $\{N_i(t),t \geq 0\}, i = 1,2$ 的任意事件集。假设 λ_{1t} 并不依赖于 H_{2t-}，同时 λ_{2t} 不依赖于 H_{1t-}，二元过程正则，则 $P(E_1 \cap E_2)$ 可以表示为有序事件概率的乘积（使用概率论的乘法规则），可得

$$P(E_1 \cap E_2) = P(E_1)P(E_2) \tag{4.7}$$

对于任意一组事件 $E_i, i = 1,2$，这意味着 $\{N_i(t),t \geq 0\}, i = 1,2$ 之间的独立性。

定理 4.6 设 $\{N(t),t \geq 0\}$ 是速率为 $\lambda(t)$ 的 NHPP，$\{N_1(t),t \geq 0\}$ 和 $\{N_2(t),t \geq 0\}$ 为 $\{N(t),t \geq 0\}$ 相应的细化过程，细化概率为 $p(t)$，则二元过程 $\{N(t),t \geq 0\}$ 的完全强度函数为

$$\lambda_{1t} = p(t)\lambda(t), \lambda_{2t} = q(t)\lambda(t), \lambda_{12t} = 0, t \geq 0$$

因此，边缘过程 $\{N_1(t),t \geq 0\}$ 和 $\{N_2(t),t \geq 0\}$ 分别是速率为 $p(t)\lambda(t)$ 和 $q(t)\lambda(t)$ 的独立泊松过程。

证明： 首先考虑 λ_{1t}。假如集合 $\{N_1(t),t \geq 0\}$ 中的事件在 t 之后的一个无穷小的时间间隔内发生，则在 $\{N(t),t \geq 0\}$ 中该事件也在该区间内发生，其为 1 类事件。由于总过程 $\{N(t),t \geq 0\}$ 拥有独立的增量属性，即

$$P(N(t,t+\Delta t) = 1 \mid H_{1t-}; H_{2t-}) = \lambda(t)\Delta t + o(\Delta t)$$

则细化过程独立发生，

$$P(N_1(t,t+\Delta t) = 1 \mid H_{1t-}; H_{2t-}; N(t,t+\Delta t) = 1) = p(t) + o(1)$$

因此，有

$$P(N_1(t,t+\Delta t) = 1 \mid H_{1t-}; H_{2t-})$$
$$= P(N_1(t,t+\Delta t) = 1 \mid H_{1t-}; H_{2t-}; N(t,t+\Delta t) = 1)$$
$$\cdot P(N(t,t+\Delta t) = 1 \mid H_{1t-}; H_{2t-})$$
$$= (p(t) + o(1))(\lambda(t)\Delta t + o(\Delta t))$$

且

$$\lambda_{1t} = \lim_{\Delta t \to 0} \frac{P(N_1(t,t+\Delta t) = 1 \mid H_{1t-}; H_{2t-})}{\Delta t}$$
$$= \lim_{\Delta t \to 0} \frac{P(N_1(t,t+\Delta t) = 1 \mid H_{1t-})}{\Delta t} = p(t)\lambda(t) \tag{4.8}$$

类似地，有

$$\lambda_{2t} = q(t)\lambda(t)$$

根据式 (4.8) 可以看出，λ_{1t} 不依赖于 H_{2t-}，并且

$$\lambda_{1t} = \lim_{\Delta t \to 0} \frac{P(N_1(t,t+\Delta t) = 1 \mid H_{1t-})}{\Delta t} = p(t)\lambda(t)$$

为对应于边缘过程 $\{N_1(t),t \geq 0\}$ 的随机强度，不依赖于 H_{1t-}。同样，λ_{2t} 不依赖

于 H_{1t-}，且

$$\lambda_{2t} = \lim_{\Delta t \to 0} \frac{P(N_2(t,t+\Delta t)=1 \mid H_{2t-})}{\Delta t} = q(t)\lambda(t)$$

为不依赖于 H_{2t-} 的边缘过程 $\{N_2(t), t \geq 0\}$ 的随机强度。因此，从命题 4.1 和命题 4.6 可以看出，边缘过程 $\{N_1(t), t \geq 0\}$ 和 $\{N_2(t), t \geq 0\}$ 分别是具有速率 $p(t)\lambda(t)$ 和 $q(t)\lambda(t)$ 的独立泊松过程。

4.3 最小维修及其在最优维护中的应用

在可靠性领域，已经发展了许多不同类型的维修模型并被应用到维修理论和其他各种应用中。如前所述，NHPP 在可修复系统的修复和故障过程建模中起着至关重要的作用。在 2.6 节中简要讨论了最小修复的概念。考虑到它在书中的重要性，我们将在这里更详细地考虑与其相关的例子。

值得注意的是，可修复系统（瞬时修复）的修复类型定义了相应的故障/修复过程。例如，通过完全修复，系统将返回到与新系统一样好的状态。这意味着，在这种情况下，故障间隔时间是独立且相同分布的，因此，具有完全修复的可修复系统的故障/修复过程由更新过程描述。在 2.6 节讲述过 NHPP，并将进一步讨论其对应的最小维修过程。在第 7 章中将讨论一般维修，在这种假设下，修复既不是完美的，也不是最小的。式（2.58）正式定义了通过剩余寿命定义最小维修的过程，以下定义与之等价。

定义 4.5（最小维修） 最小修复是指将系统恢复到故障前的统计状态的维修。经过最小维修后，系统的故障率与故障前的值相同（Barlow 和 Proschan，1975）。

因此，系统（具有 $F(t)$ 和故障率 $\lambda(t)$）在 u 时刻发生故障并采取瞬时最小维修，则下一个故障时间的分布为

$$\frac{F(u+t) - F(u)}{1 - F(u)} \tag{4.9}$$

下一次失效时间的生存函数为（另见式（2.58））

$$\frac{1 - F(u+t)}{1 - F(u)} = \frac{\overline{F}(u+t)}{\overline{F}(u)} = \exp\left\{-\int_u^{u+t} \lambda(x)\,\mathrm{d}x\right\} = \exp\left\{-\int_0^t \lambda(u+x)\,\mathrm{d}x\right\} \tag{4.10}$$

式中：$\overline{F}(t) \equiv 1 - F(t)$。因此，系统经过最小维修后，其状态将恢复到原来的状态。这种"经典的"最小维修通常称为"统计的"（或"黑盒"）最小维修（Aven 和 Jensen，1999、2000；芬克尔斯坦，1992）。

如第 3 章所讨论的，在实践中，对于由大量部件组成的系统，可以近似地实现最小修复，因此，只将故障件替换为新部件，基本上不影响系统的整体故障率等可靠性特性。

假设可修复系统在每次故障时进行瞬时最小维修。用 $N(t)$ 表示 $(0,t]$ 中的最小修维修数量，则对应点过程 λ_t 的随机强度 $\{N(t),t\geq 0\}$ 可由以下命题定义。

命题 4.4 在最小维修过程下，$\{N(t),t\geq 0\}$ 的随机强度为
$$\lambda_t = \lambda(t), t \geq 0$$
则 $\{N(t),t\geq 0\}$ 是具有强度函数 $\lambda(t)$ 的 NHPP。

证明：从定义 4.5 可以看出，λ_t 不依赖于计数过程 $\{N(t),t\geq 0\}$ 的历史。此外，t 时刻的瞬时失效概率应该由 $\lambda(t)\Delta t + o(\Delta t)$ 给出，从而得到 $\lambda_t = \lambda(t), t \geq 0$。或者，可以将其视为 NHPP 的定义（特征）（见定义 2.5）。我们现在将考虑两个有意义的例子。

例 4.2 假设一个人的寿命分布的累积分布函数为 $F(t)$，概率密度函数为 $f(t)$，死亡率（故障率）为 $\lambda(t)$，在 $t=0$ 时刻出生。让我们想到任何死于 $[t,t+\mathrm{d}t]$，无论是事故、心脏病或癌症，作为一个"事故"将会剥夺其生命及其所有（Keyfitz 和 Casewell，2005）。在这种情况下，预期剩余寿命的 MRL 函数由式（2.11）中 $m(t)$ 定义。假设每个人都有一次死里逃生的机会（一次最小维修），但此后就没有保护措施了，而且会受到正常的死亡威胁，则事故后的平均剩余寿命为
$$D = \int_0^\infty f(u) m(u) \mathrm{d}u$$

式中：D 为在以速率 $\lambda(t)$ 进行的最小修复过程中第二个周期的平均持续时间。注意：第一个周期的平均持续时间是 $m(0) = m$。Vaupel 和 Yashin（1987）考虑了几个额外的生存机会，或可等效为最小维修。在 n 次最小维修的可能性下，用 T_L 表示人的寿命，用 $N(t)$ 表示直到 t 时刻的最小维修次数，则 $T_L = T_{n+1}$，其中 T_{n+1} 为 NHPP 过程中第 $(n+1)$ 次到达的时间，速率为 $\lambda(t)$。从定理 4.4 可知
$$P(T_L > t) = 1 - F_{T_{n+1}}(t) = \sum_{i=0}^n \frac{[\Lambda(t)]^i}{i!} \exp\{-\Lambda(t)\}$$

进行 n 次最小修复时的死亡率（失效率）为
$$\lambda_n(t) = \lambda(t) \frac{\Lambda^n(t)}{n! \sum_{i=0}^n \frac{[\Lambda(t)]^i}{i!}}$$

式中：$\lambda(t)$ 为不进行最小维修时的死亡率。

在可靠性应用中，最小维修过程和 NHPP 被广泛应用于预防性维修策略的优化中。例如，如果系统故障率函数 $\lambda(t)$ 严格递增且 $\lim_{t\to\infty}\lambda(t) = \infty$，那么，随着系统年龄的增加故障发生的频率也越来越高。因此，为了降低维护成本，当系统使用年限达到一定值时，更换新的系统是合理的。我们现在将考虑巴洛和亨特（1960）所考虑的最小维修系统的最基本更换政策。一个更为普通的案例在 3.4.3 节已研究过。

例 4.3 假设某可修系统寿命特征用死亡率 $\lambda(t)$ 表征，在 $t=0$ 时开始运行。

假设 $\lambda(t)$ 严格递增且 $\lim_{t\to\infty}\lambda(t) = \infty$。在每一次故障中，进行最小维修且成本为 $c_m(c_m < c_r)$，当系统的使用寿命达到 T 时进行更换且成本为 c_r，更换之后该过程不断循环。在这种情况下，目标是确定系统被替换的最佳年龄 T^*。确定最优 T^* 的标准取决于长期平均成本率。设 $c[0,t]$ 为区间 $[0,t]$ 的总期望成本。然后定义长期平均成本率（作为替换时间 T 的函数）为

$$C(T) = \lim_{t\to\infty} \frac{c[0,t]}{t}$$

其形式满足 3.31 节中更新报酬定理的形式，其值等于一个周期产生的成本除以一个周期的平均长度。根据命题 4.4，一个周期内最小维修的预期总数为 $\int_0^T \lambda(x)\mathrm{d}x$。因此，有

$$C(T) = \frac{c_m \int_0^T \lambda(x)\mathrm{d}x + c_r}{T}$$

取 $C(T)$ 的导数，即

$$\frac{\mathrm{d}}{\mathrm{d}T}C(T) = \frac{1}{T^2}\left[c_m T\lambda(T) - c_m\int_0^T \lambda(x)\mathrm{d}x - c_r\right]$$

假设

$$\varphi(T) \equiv c_m T\lambda(T) - c_m \int_0^T \lambda(x)\mathrm{d}x - c_r$$

则当 $\varphi(0) < 0$，$\varphi'(T) = c_m T\lambda'(T) > 0$，对所有 $T \geq 0$ 且 $\lim_{T\to\infty}\varphi(T) = \infty$。这意味着，$C(T)$ 开始是递减的，然后单调递增。因此，$C(T)$ 存在唯一有界且最小的解 T^*，满足 $\varphi(T) = 0$。

如前所述，通过最小维修系统将恢复到与维修之前状态一样的状态。然而，在实践中，除了小故障可以通过最小维修修复之外，还可能发生破坏整个系统从而必须通过完美的维修（系统更换）的灾难性故障。这种广义失效模型最早由 Beichet 和 Fischer（1980）提出（Brown 和 Proschan，1983）。它通过以下方式结合了最小和完美的维修。系统在 $t = 0$ 时投入运行，每次发生故障时，都会执行一次修复，采取完全维修的概率为 p，采取最小维修的概率为 $1 - p$。因此，在两个连续的完全维修之间，可能存在随机的最小维修次数。与通常一样，连续完全维修之间的独立同分布的到达间隔时间序列 $X_i, i = 1,2,\cdots$，形成一个更新过程。

上述由 Brown-Proschan 提出的模型被 Block 等（1985）进行了扩展，即基于年龄的概率 $p(t)$ 完全修复模型，其中 t 为最后一次完全修复后的时间。因此，每次完全修复的概率都是 $p(t)$，而最小维修的概率为 $1 - p(t)$。用 $F_p(t)$ 表示连续两个完美的修复之间的累积分布函数，则可得下面的定理。

定理4.7 假定

$$\int_0^\infty p(u)\lambda(u)\mathrm{d}u = \infty \tag{4.11}$$

式中：$\lambda(u)$ 为系统的故障率，则

$$F_p(t) = 1 - \exp\left\{-\int_0^t p(u)\lambda(u)\mathrm{d}u\right\} \tag{4.12}$$

注意：条件式（4.11）确保 $F_p(t)$ 是一个适当的分布（$F_p(\infty)=1$）。因此，对应于 $F_p(t)$ 的故障率 $\lambda_p(t)$ 由以下有意义且简单的关系给出，即

$$\lambda_p(t) = p(t)\lambda(t) \tag{4.13}$$

式（4.12）和式（4.13）的正式证明可在 Beichelt 和 Fischer（1980）及 Block 等（1985）中找到，而且这些结果可以直接从定理 4.6 中得到。实际上，假设速率为 $\lambda(t)$ 的 NHPP 产生的每一个事件都被分为类型 1（灾难性故障）或类型 2（轻微故障），其概率分别为 $p(t)$ 和概率 $1-p(t)$。由定理 4.6 可知，细化过程 $\{N_1(t), t \geq 0\}$ 和 $\{N_2(t), t \geq 0\}$ 分别是速率为 $p(t)\lambda(t)$ 和 $q(t)\lambda(t)$ 的 NHPP。那么，$F_p(t)$ 对应于 $\{N_1(t), t \geq 0\}$ 中第一个事件的时间分布，可由式（4.12）给出。

例 4.4 两种故障下系统的最佳维护。

考虑 Beichelt（1993）研究的两种故障类型的系统替换策略。故障率为 $\lambda(t)$ 的系统在 $t=0$ 时开始运行。每次故障发生时，灾难性故障的概率为 $p(t)$，轻微故障的概率为 $q(t) = 1 - p(t)$，其中 t 为系统的年龄。一个灾难性的故障可以用成本为 c_f 的完美修复来修复，而一个小故障可以用成本为 c_m 的最小修复来修复。当发生灾难性故障时（成本 c_f）或在 T 时（成本 c_r）（以先发生的情况为准），系统将被新系统替换。很明显，$c_f > c_r$，通常一个失效会带来额外的损害/后果。替换之后，系统就像新的一样，过程重新启动。

记 T_C 为第一次灾难性故障发生的时间，分别用 $F_C(t)$ 和 $f_C(t)$ 表示 T_C 的 CDF 和 PDF。定义 $Y \equiv \min(T, T_C)$ 以及 N_t 为 $[0, \min(T, T_C)]$ 中的最小修复数。由式（4.12）可得 T_C 的生存函数为

$$S_C(t) \equiv 1 - F_C(t) = \exp\left\{-\int_0^t p(u)\lambda(u)\mathrm{d}u\right\}$$

因此，一个更新周期的预期长度是 $\int_0^T S_C(x)\mathrm{d}x$。现在，我们将推导出一个周期中最小维修的期望数目 $E[N_T]$。给定 $T_C > T$，则 N_T 的条件期望为

$$E[N_T \mid T_C > T] = E[N_2(T)] = \int_0^T q(x)\lambda(x)\mathrm{d}x \tag{4.14}$$

式中：$\{N_2(t), t \geq 0\}$ 为 $\{N(t), t \geq 0\}$ 的细化过程（见定 4.4），$\{N(t), t \geq 0\}$ 是速率为 $\lambda(t)$ 的 NHPP。注意：在式（4.14）中，给定 $T_C > T$，周期长度固定为 T，在本例中，$[0, T]$ 的最小修复次数与 $T_C > T$ 事件独立，这是由于 NHPP 的细化特性造成的。另一方面，有

$$E[N_T \mid T_C \leq T] = \int_0^T E[N_T \mid T_C = t]\frac{f_C(t)}{F_C(T)}\mathrm{d}t \tag{4.15}$$

其中

$$E[N_T \mid T_C = T] = E[N_2(T)] = \int_0^t q(x)\lambda(x)\mathrm{d}x \qquad (4.16)$$

当给定 $T_C = t < T$，循环的长度固定为 t，在本例中 $[0,t]$ 的最小修复次数与 $T_C = t$ 事件独立，这是由于 NHPP 的细化特性造成的。结合式（4.14）~ 式（4.16）可得

$$\begin{aligned}
E[N_T] &= \int_0^T q(x)\lambda(x)\mathrm{d}x \cdot S_C(T) + \int_0^T \int_0^t q(x)\lambda(x)\mathrm{d}x f_C(t)\mathrm{d}t \\
&= \int_0^T q(x)\lambda(x)\mathrm{d}x \cdot S_C(T) + \int_0^T \int_x^T f_C(t)\mathrm{d}t q(x)\lambda(x)\mathrm{d}x \\
&= \int_0^T \left[S_C(T) + \int_x^T f_C(t)\mathrm{d}t \right] q(x)\lambda(x)\mathrm{d}x \\
&= \int_0^T S_C(x) q(x)\lambda(x)\mathrm{d}x \\
&= \int_0^T S_C(x)\lambda(x)\mathrm{d}x - F_C(T)
\end{aligned}$$

另外，一个周期的更换成本为

$$c_r S_C(T) + c_f F_C(T)$$

然后，通过更新报酬定理，给出了作为 T 的函数的长期平均成本率：

$$C(T) = \frac{c_m \left(\int_0^T S_C(x)\lambda(x)\mathrm{d}x - F_C(T) \right) + c_r S_C(T) + c_f F_C(T)}{\int_0^T S_C(x)\mathrm{d}x}$$

最优维修区间 T 满足下式（Beichelt，1993）：

$$[p(T) + c^*]\lambda(T)\int_0^T S_C(x)\mathrm{d}x - c^* \int_0^T S_C(x)\lambda(x)\mathrm{d}x - F_C(T) = \frac{c^* c_r}{c_m} \qquad (4.17)$$

式中：$c^* = c_m/(c_f - c_r - c_m)$，式（4.17）的唯一解 T^* 存在的充分条件为

$$\lim_{t \to \infty} \int_0^t [\lambda(t) - \lambda(x)] S_C(x)\mathrm{d}x > \frac{c_f}{c_m} - 1$$

4.4 简单泊松冲击模型

NHPP 在可靠性领域中的另一个重要应用是冲击模型。随机点对各种物体的影响通常用冲击模型描述。这些模型广泛应用于可靠性、结构和基础设施工程、保险、信用风险等不同领域（有关该主题的综合参考文献清单，见 Nakagawa (2007)）。因此，它们除了具有有意义的数学特性外，还具有重要的实际意义和广泛的应用价值。

传统上，人们将冲击模型分为两种主要类型：累积冲击模型（系统由于某种累积效应而失效）和极端冲击模型（系统由于一次"大"冲击而失效）。在后一种情况下，通常仅考虑当前可能致命的冲击的影响：系统以一定概率失效，以互补概率生存。

在本节中，我们将假设外部冲击过程是 NHPP，简要考虑两个比较简单的冲击模型。下面将更详细地介绍这些模型的相应随机特性。

4.4.1 "经典"极端冲击模型

考虑一个受 NHPP $\{N(t), t \geq 0\}$ 冲击的系统，速率为 $\lambda(t)$，冲击到达时间为 $T_i, i = 1, 2, \cdots$。假设系统在没有冲击的情况下"绝对可靠"。假设每次冲击（无论其数量）都以 $p(t)$ 概率导致其失效（因此终止相应的冲击 NHPP），反之无害的概率为 $q(t) = 1 - p(t)$。这种设置通常称为极端冲击模型（Gut 和 Husler，2005）。用 T_S 表示过程终止（失败）的时间。然后，再根据定理 4.6 可得其生存函数 T_S 为

$$P(T_S > t) = \exp\left(-\int_0^t p(x)\lambda(x)\mathrm{d}x\right) \tag{4.18}$$

因此，相应的故障率函数 $\lambda_S(t)$ 为

$$\lambda_S(t) = p(t)\lambda(t) \tag{4.19}$$

这里将用一个更正式、更详细的关于等式（4.18）-（4.19）的证明，以此作为 NHPP 性能应用的说明。除此之外，这本书的其他章节也将大量采用类似的推理。我们现在将以两种不同方式导出截止时间分布函数，它们都是有意义和标准程序的。

观察可知

$$P(T_S > t \mid N(s), 0 \leq s \leq t)$$
$$= P(T_S > t \mid T_1, T_2, \cdots, T_{N(t)}, N(t)) = \prod_{i=1}^{N(t)} q(T_i) \tag{4.20}$$

因此，有

$$P(T_S > t) = E\left[\prod_{i=1}^{N(t)} q(T_i)\right] = E\left[E\left[\prod_{i=1}^{N(t)} q(T_i) \mid N(t)\right]\right]$$

根据定理 4.5，给定 $N(t) = n$，n 个到达时间（T_1，T_2，$\cdots$，T_n）序列与以下有序统计量（$V_{(1)}, V_{(2)}, \cdots, V_{(n)}$）具有相同分布，该统计量为对应于在区间 $(0, t)$ 上的概率密度为 $\lambda(x)/\Lambda(t)$ 的 n 个独立随机变量（$V_1, V_2, \cdots, V_n$）。则有

$$E\left[\prod_{i=1}^{N(t)} q(T_i) \mid N(t) = n\right] = E\left[\prod_{i=1}^{n} q(V_{(i)})\right]$$
$$= E\left[\prod_{i=1}^{n} q(V_i)\right] = \prod_{i=1}^{n} E[q(V_i)]$$

$$= \left(\frac{\int_0^t q(x)\lambda(x)\mathrm{d}x}{\Lambda(t)}\right)^n$$

则

$$P(T_S > t) = \sum_{n=0}^{\infty} \left(\frac{\int_0^t q(x)\lambda(x)\mathrm{d}x}{\Lambda(t)}\right)^n \cdot \frac{[\Lambda(t)]^n}{n!}\exp\{-\Lambda(t)\}$$

$$= \sum_{n=0}^{\infty} \frac{\left(\int_0^t q(x)\lambda(x)\mathrm{d}x\right)^n}{n!}\exp\{-\Lambda(t)\}$$

$$= \exp\left\{\int_0^t q(x)\lambda(x)\mathrm{d}x\right\}\exp\left\{-\int_0^t \lambda(x)\mathrm{d}x\right\}$$

$$= \exp\left\{-\int_0^t p(x)\lambda(x)\mathrm{d}x\right\}$$

另一种证明方法是利用命题 4.2 中的联合分布 $(T_1, T_2, \cdots, T_{N(t)}, N(t))$，直接从式（4.20）得到

$$P(T_S > t) = E[P(T_S > t | T_1, T_2, \cdots, T_{N(t)}, N(t))]$$

$$= \sum_{n=0}^{\infty} \int_0^{t_n} \cdots \int_0^{t_3} \int_0^{t_2} \prod_{i=1}^{n} q(t_i) \cdot f_{T_1,T_2,\cdots,T_{N(t)},N(t)}(t_1, t_2, \cdots, t_n, n) \mathrm{d}t_1 \mathrm{d}t_2 \cdots \mathrm{d}t_n$$

$$= \exp\{-\Lambda(t)\} \sum_{n=0}^{\infty} \int_0^{t_n} \cdots \int_0^{t} \int_0^{t} \prod_{i=1}^{n} q(t_i)\lambda(t_i) \mathrm{d}t_1 \mathrm{d}t_2 \cdots \mathrm{d}t_n$$

$$= \exp\left\{-\int_0^t \lambda(x)\mathrm{d}x\right\} \sum_{n=0}^{\infty} \frac{\left(\int_0^t q(x)\lambda(x)\mathrm{d}x\right)^n}{n!}$$

$$= \exp\left\{-\int_0^t p(x)\lambda(x)\mathrm{d}x\right\}$$

其中，如前所述，对于任何可积函数 $\delta(x)$，使用以下性质：

$$\int_0^{t_n} \cdots \int_0^{t_3} \int_0^{t_2} \prod_{i=1}^{n} \delta(t_i) \mathrm{d}t_1 \mathrm{d}t_2 \cdots \mathrm{d}t_n = \frac{\left(\int_0^t \delta(x)\mathrm{d}x\right)^n}{n!}$$

4.4.2 对故障率的直接影响

现在讨论另一个重要的泊松冲击模型，这将在本书的其余部分各种应用中进行广泛研究。Cha 和 Mi（2007）首次对其进行了详细描述。假设一个系统，其寿命记为 T_S，可由（协变量）随机过程 $\{Z(t), t \geq 0\}$ 描述。其在随机环境中运行。例如，随机过程 $\{Z(t), t \geq 0\}$ 可以表示随时间随机变化的外部温度、电力或机械负荷，或其他随机变化的外部应力等。然后，条件失效率可以正式定义为（Kalbfleisch 和 Prentice，1980；Aalen 等，2008）

$$r(t \mid z(u), 0 \leq u \leq t)$$
$$\equiv \lim_{\Delta t \to 0} \frac{P(t < T_S \leq t + \Delta t \mid Z(u) = z(u), 0 \leq u \leq t, T > t)}{\Delta t}$$

注意：这个条件失效率是为实现协变量过程而指定的。该过程中存在一些非限制性和技术性假设，其指数形式如下（莱曼，2009）：

$$P(T_S > t \mid Z(u) = z(u), 0 \leq u \leq t) = \exp\left\{-\int_0^t r(s \mid z(u), 0 \leq u \leq s) \mathrm{d}s\right\}$$

接着，研究由速率为 $\lambda(x)$ 的 NHPP 过程 $\{N(t), t \geq 0\}$ 的冲击下的系统寿命分布。如前所述，用 $T_1 \leq T_2 \leq \cdots$ 表示外部冲击的连续到达时间。假设系统寿命 T_S 的条件故障率函数为

$$r(t \mid N(u), 0 \leq u \leq t)$$
$$\equiv \lim_{\Delta t \to 0} \frac{P(t < T_S \leq t + \Delta t \mid N(u), 0 \leq u \leq t, T > t)}{\Delta t}$$
$$= r_0(t) + \sum_{i=1}^{N(t)} \eta \tag{4.21}$$

式中：$r_0(t)$ 为"基准故障率"，定义了系统在实验室环境下的寿命分布，即当没有外部冲击过程时，η 为固定常数。从式（4.21）可以看出，外部冲击对 T_S 寿命的影响如下："每次冲击时，T_S 的故障率随 η 的增加而增加（Cha 和 Mi，2007）。因此，式（4.21）提出了一种有意义且数学上容易处理的方法构建外部环境对各种物体可靠性特性的影响。

我们将推导描述 T_S 的生存函数。在式（4.21）的基础上，给定冲击历史的条件生存函数为

$$P(T_S > t \mid T_1, T_2, \cdots, T_{N(t)}, N(t))$$
$$= \exp\left\{-\int_0^t r_0(x) \mathrm{d}x\right\} \exp\left\{-\int_0^t \sum_{i=1}^{N(x)} \eta \mathrm{d}x\right\}$$
$$= \exp\left\{-\int_0^t r_0(x) \mathrm{d}x\right\} \exp\left\{-\sum_{i=1}^{N(t)} \eta(t - T_i)\right\}$$

然后，按照与之前类似的方法可得

$$P(T_S > t) = \sum_{n=0}^{\infty} \int_0^{t_n} \cdots \int_0^{t_3} \int_0^{t_2} P(T > t \mid T_1 = t_1, T_2 = t_2, \cdots, T_n = t_n, N(t) = n)$$
$$\cdot f_{T_1, T_2, \cdots, T_{N(t)}, N(t)}(t_1, t_2, \cdots, t_n, n) \mathrm{d}t_1 \mathrm{d}t_2 \cdots \mathrm{d}t_n$$
$$= \exp\left\{-\int_0^t r_0(x) \mathrm{d}x\right\} \exp\left\{-\int_0^t \lambda(x) \mathrm{d}x\right\}$$
$$\cdot \sum_{n=0}^{\infty} \int_0^{t_n} \cdots \int_0^{t_3} \int_0^{t_2} \left(\prod_{i=1}^n \lambda(t_i)\right) \exp\left\{-\sum_{i=1}^n \eta(t - t_i)\right\} \mathrm{d}t_1 \mathrm{d}t_2 \cdots \mathrm{d}t_n$$
$$= \exp\left\{-\int_0^t r_0(x) \mathrm{d}x\right\} \exp\left\{-\int_0^t \lambda(x) \mathrm{d}x\right\}$$

$$\cdot \sum_{n=0}^{\infty} \int_0^{t_n} \cdots \int_0^{t_3} \int_0^{t_2} \left(\prod_{i=1}^{n} \exp\{-\eta(t-t_i)\} \lambda(t_i) \right) dt_1 dt_2 \cdots dt_n$$

$$= \exp\left\{-\int_0^t r_0(x) dx\right\} \exp\left\{-\int_0^t \lambda(x) dx\right\} \frac{\left(\int_0^t \exp\{-\eta(t-x)\} \lambda(x) dx\right)^n}{n!}$$

$$= \exp\left\{-\int_0^t r_0(x) dx\right\} \exp\left\{-\int_0^t \lambda(x) dx\right\} \exp\left\{\int_0^t \exp\{-\eta(t-x)\} \lambda(x) dx\right\}$$

$$= \exp\left\{-\int_0^t r_0(x) dx\right\} \exp\left\{-\int_0^t (1 - \exp\{-\eta(t-x)\}) \lambda(x) dx\right\}$$

从最后一个表达式可以立即得出，相应的故障率为

$$\lambda_S(t) = r_0(t) + \eta \int_0^t \exp\{-\eta(t-x)\} \lambda(x) dx \tag{4.22}$$

注意：式（4.22）定义的失效率 $\lambda_S(t)$ 可以有很多形状，其取决于 $r_0(t)$，$\lambda(t)$（包括递增失效率、递减故障率以及浴盆曲线），这将在稍后进行讨论（见 2.3 节讨论的失效率单调属性）。

4.5 一般复合泊松过程和散粒噪声过程

如果一个随机过程 $\{W(t), t \geq 0\}$ 表示为以下的随机过程之和，则称其为复合泊松过程，即

$$W(t) = \sum_{i=1}^{N(t)} X_i, \quad t \geq 0 \tag{4.23}$$

式中：$\{N(t), t \geq 0\}$ 为 NHPP；$\{X_i, i \geq 1\}$ 为与 $\{N(t), t \geq 0\}$ 无关的独立同分布一簇随机变量。式（4.23）中定义的复合泊松过程的几个实际应用可以在 Ross (1996) 中找到。从可靠性应用的角度看，$W(t)$ 为截至 t 时刻的累积冲击损伤，当 $\{N(t), t \geq 0\}$ 为外部冲击过程且 $X_i, i = 1, 2, \cdots$ 可解释为第 i 次冲击所造成的损伤。在本节中，我们将考虑一个广义复合泊松过程，即 $\{X_i, i \geq 1\}$ 是一个非独立也不一定同分布的随机变量族。

作为式（4.23）中模型的一个重要推广，让我们考虑散粒噪声过程（Rice, 1977; Lemoine 和 Wenocur, 1986）。该过程也将是我们书中反复出现的主题。在散粒噪声点过程中，冲击增量 X_i 随递减（非递增）响应函数 $h(\cdot)$ 而减少。因此，式（4.23）推广到

$$W(t) = \sum_{1}^{N(t)} X_i h(t - T_i) \tag{4.24}$$

其中 $\{X_i, i \geq 1\}$ 是与 $\{N(t), t \geq 0\}$ 无关的独立且同分布的随机变量族，当 $t < 0$ 时，$h(0) = 1$，$h(t) = 1$。因此，在第 i 次冲击发生时，增量的初始大小为 X_i，并随时间减小。注意：当 $t \geq 0$ 时，令 $h(t) = 1$，则式（4.24）中的模型可简化为式（4.23）中的模型。当 NHPP 的顺序到达时间 $T_1 \leq T_2 \leq \cdots$ 相关时，

式（4.24）中的增量随机变量 $\{X_i h(t-T_i), i \geq 1\}$ 既不是随机独立的，也不是同分布的。类似情况在电气工程、材料科学、健康科学、风险与安全分析等领域有着广泛的应用。例如，控制系统电路中的突发意外的功率激增可能会暂时导致系统故障，但过载本身会迅速衰减（Lemoine 和 Wenocor，1986）。另一个例子是心脏病发作后人类心肌的愈合趋势（Singpurwalla，1995）。因此，每次冲击的累积损伤随时间递减。我们的主要兴趣是 $W(t)$ 的均值和方差，首先推导 $W(s)$ 和 $W(t)$ 的联合矩母函数（MGF），的更一般的结果，当 $s > t$ 时，有

$$M_{W(s),W(t)}(u_1, u_2) \equiv E[\exp\{u_1 W(s)\} \cdot \exp\{u_2 W(t)\}]$$

$$= E\left[\exp\left\{u_1 \sum_{i=1}^{N(s)} X_i h(s-T_i)\right\} \cdot \exp\left\{u_2 \sum_{i=1}^{N(t)} X_i h(t-T_i)\right\}\right]$$

(4.25)

这有利于推导其他有用的度量方法。例如，如果我们设置 $u_1 = 0$，可以获得 $W(t)$ 的矩母函数的均值和方差。此外，利用式（4.25）可以得到 $W(s)$ 和 $W(t)$ 的协方差。若用 $W(t)$ 表示 $M_{W(t)}(u)$ 的边缘分布，下面的定理成立。

定理4.8 对于由式（4.24）定义的散粒噪声过程，$W(s)$ 和 $W(t)$ 的矩母函数为

$$M_{W(s),W(t)}(u_1, u_2)$$
$$= \exp\left\{\int_0^s [M_X(u_1 h(s-x) + u_2 h(t-x)) - 1]\lambda(x)dx\right\}$$
$$\cdot \exp\left\{\int_s^t [M_X(u_2 h(t-x)) - 1]\lambda(x)dx\right\}$$

$W(t)$ 的边缘矩母函数为

$$M_{W(t)}(u) = \exp\left\{\int_0^t [M_X(uh(t-x)) - 1]\lambda(x)dx\right\}$$

式中：$M_X(u)$ 为 X_i 的矩母函数。

证明： 观察可知：

$$M_{W(s),W(t)}(u_1, u_2)$$
$$= E\left[\exp\left\{u_1 \sum_{i=1}^{N(s)} X_i h(s-T_i)\right\} \cdot \exp\left\{u_2 \sum_{i=1}^{N(t)} X_i h(t-T_i)\right\}\right]$$
$$= E\left[\prod_{i=1}^{N(s)} \exp\{u_1 X_i h(s-T_i) + u_2 X_i h(t-T_i)\} \cdot \prod_{j=1}^{N(t)-N(s)} \exp\{u_2 X_{N(s)+j} h(t-T_{sj})\}\right]$$

其中，如前所述，T_{sj} 是为 s 时刻之后从 0 到第 j 个发生在 (s,t) 内事件发生的时间，$s \leq T_{s1} \leq T_{s2} \leq \cdots \leq T_{s(N(t)-N(s))} \leq t$。由于 NHPP 的独立增量特性 $\{T_1, T_2, \cdots, T_{N(s)}, N(s)\}$ 和 $\{T_{s1}, T_{s2}, \cdots, T_{s(N(t)-N(s))}, N(t) - N(s)\}$ 是相互独立的。因此，有

$$M_{W(s),W(t)}(u_1, u_2)$$
$$= E\left[\prod_{i=1}^{N(s)} \exp\{u_1 X_i h(s-T_i) + u_2 X_i h(t-T_i)\}\right]$$

$$\cdot E\left[\prod_{j=1}^{N(t)-N(s)}\exp\{u_2 X_{N(s)+j}h(t-T_{sj})\}\right]$$

注意：
$$E\left[\prod_{i=1}^{N(s)}\exp\{u_1 X_i h(s-T_i)+u_2 X_i h(t-T_i)\}\right]$$
$$=E\left[E\left[\prod_{i=1}^{N(s)}\exp\{u_1 X_i h(s-T_i)+u_2 X_i h(t-T_i)\}\mid N(s)\right]\right]$$

由定理 4.5 可知，给定 $N(s)=n$，n 次到达时间 $(T_1,T_2,\cdots,T_n)$ 与对应于在区间 $(0,s)$ 上的累积分布由概率密度 $\lambda(x)/\Lambda(s)$ 决定的 n 个独立随机变量顺序统计量 $(V_1,V_2,\cdots,V_n)$ 具有相同的分布。因此，有

$$E\left[\prod_{i=1}^{N(s)}\exp\{u_1 X_i h(s-T_i)+u_2 X_i h(t-T_i)\}\mid N(s)=n\right]$$
$$=E\left[\prod_{i=1}^{n}\exp\{u_1 X_i h(s-V_{(i)})+u_2 X_i h(t-V_{(i)})\}\right]$$
$$=E\left[\prod_{i=1}^{n}\exp\{u_1 X_i h(s-V_i)+u_2 X_i h(t-V_i)\}\right]$$
$$=\left(E\left[\exp\{u_1 X_1 h(s-V_1)+u_2 X_1 h(t-V_1)\}\right]\right)^n$$
$$=\left(\frac{\int_0^s E\left[\exp\{u_1 X_1 h(s-x)+u_2 X_1 h(t-x)\}\right]\lambda(x)\mathrm{d}x}{\Lambda(s)}\right)^n$$
$$=\left(\frac{\int_0^s M_X(u_1 h(s-x)+u_2 h(t-x))\lambda(x)\mathrm{d}x}{\Lambda(s)}\right)^n$$

$M_X(u)$ 为 X_i 的矩母函数，第二行和第三行中 X_i 与之类似，因为 $\{X_i,i\geq 1\}$ 是一簇独立同分布的随机变量，且其与 $\{N(t),t\geq 0\}$ 相互独立。因此，有

$$E\left[\prod_{i=1}^{N(s)}\exp\{u_1 X_i h(s-T_i)+u_2 X_i h(t-T_i)\}\right]$$
$$=\sum_{n=0}^{\infty}\left(\frac{\int_0^s M_X(u_1 h(s-x)+u_2 h(t-x))\lambda(x)\mathrm{d}x}{\Lambda(s)}\right)^n\cdot\frac{[\Lambda(s)]^n}{n!}\exp\{-\Lambda(s)\}$$
$$=\exp\left\{\int_0^s[M_X(u_1 h(s-x)+u_2 h(t-x))-1]\lambda(x)\mathrm{d}x\right\}$$

同样地，有
$$E\left[\prod_{j=1}^{N(t)-N(s)}\exp\{u_2 X_{N(s)+j}h(t-T_{sj})\}\right]$$

$$= E\left[E\left[\prod_{j=1}^{N(t)-N(s)} \exp\{u_2 X_{N(s)+j} h(t-T_{sj})\} \mid N(t)-N(s)\right]\right]$$

从定理 4.5，给出 $N(t)-N(s)=m$，m 次到达时间 $(T_{s1},T_{s2},\cdots,T_{sm})$ 的分布与次序统计量 $(Z_{(1)},Z_{(2)},\cdots,Z_{(m)})$ 对应于 m 个在区间 (s,t) 上的分布由概率密度函数 $\lambda(x)/[\Lambda(t)-\Lambda(s)]$ 确定的独立随机变量 $(Z_1,Z_2,\cdots,Z_m)$ 分布相同。因此，有

$$E\left[\prod_{j=1}^{N(t)-N(s)} \exp\{u_2 X_{N(s)+j} h(t-T_{sj})\} \mid N(t)-N(s)=m\right]$$

$$= E\left[\prod_{j=1}^{m} \exp\{u_2 X_j h(t-Z_j)\}\right]$$

$$= \left(E\left[\exp\{u_2 X_1 h(t-Z_1)\}\right]\right)^m$$

$$= \left(\frac{\int_s^t M_X(u_2 h(t-x))\lambda(x)\mathrm{d}x}{\Lambda(t)-\Lambda(s)}\right)^m$$

且

$$E\left[\prod_{j=1}^{N(t)-N(s)} \exp\{u_2 X_{N(s)+j} h(t-T_{sj})\}\right] = \exp\left\{\int_s^t [M_X(u_2 h(t-x))-1]\lambda(x)\mathrm{d}x\right\}$$

最终

$$M_{W(s),W(t)}(u_1,u_2)$$
$$= \exp\left\{\int_0^s [M_X(u_1 h(s-x)+u_2 h(t-x))-1]\lambda(x)\mathrm{d}x\right\}$$
$$\cdot \exp\left\{\int_s^t [M_X(u_2 h(t-x))-1]\lambda(x)\mathrm{d}x\right\}$$

假设 $M_{W(s),W(t)}(u_1,u_2)$ 中 $u_1=0$，则可以获得 $W(t)$ 的边缘矩母函数分布。根据定理 4.8，当 $s<t$ 时，可以得到 $E[W(t)]$、$\mathrm{Var}[W(t)]$ 和 $\mathrm{Cov}[W(s),W(t)]$。

定理 4.9 对于由式（4.24）定义的散粒噪声过程，有

$$\begin{cases} E[W(t)] = E[X]\int_0^t h(t-x)\lambda(x)\mathrm{d}x \\ \mathrm{Var}[W(t)] = E[X^2]\int_0^t h(t-x)^2\lambda(x)\mathrm{d}x \end{cases} \quad (4.26)$$

且

$$\mathrm{Cov}[W(s),W(t)] = E[X^2]\int_0^s h(s-x)h(t-x)\lambda(x)\mathrm{d}x, s<t$$

证明： 根据定理 4.8，有

$$\frac{\mathrm{d}}{\mathrm{d}u}M_{W(t)}(u)$$

$$= \int_0^t h(t-x)M'_X(uh(t-x))\lambda(x)\mathrm{d}x \exp\left\{\int_0^t [M_X(uh(t-x))-1]\lambda(x)\mathrm{d}x\right\}$$
(4.27)

由此，可得
$$E[W(t)] = \frac{\mathrm{d}}{\mathrm{d}u}M_{W(t)}(u)\bigg|_{u=0} = E[X]\int_0^t h(t-x)\lambda(x)\mathrm{d}x$$

根据式 (4.27)，有
$$\frac{\mathrm{d}^2}{\mathrm{d}u^2}M_{W(t)}(u)$$
$$= \int_0^t h(t-x)^2 M''_X(uh(t-x))\lambda(x)\mathrm{d}x \exp\left\{\int_0^t [M_X(uh(t-x))-1]\lambda(x)\mathrm{d}x\right\}$$
$$+ \left(\int_0^t h(t-x)M'_X(uh(t-x))\lambda(x)\mathrm{d}x\right)^2 \exp\left\{\int_0^t [M_X(uh(t-x))-1]\lambda(x)\mathrm{d}x\right\}$$

因此，有
$$E[W(t)^2] = \frac{\mathrm{d}^2}{\mathrm{d}u^2}M_{W(t)}(u)\bigg|_{u=0}$$
$$= E[X^2]\int_0^t h(t-x)^2\lambda(x)\mathrm{d}x + \left(E[X]\int_0^t h(t-x)\lambda(x)\mathrm{d}x\right)^2$$

所以，$\mathrm{Var}[W(t)] = E[X^2]\int_0^t h(t-x)^2\lambda(x)\mathrm{d}x$。

根据定理 4.8，有
$$\frac{\partial}{\partial u_1}M_{W(s),W(t)}(u_1,u_2)$$
$$= \int_0^s h(s-x)M'_X(u_1 h(s-x) + u_2 h(t-x))\lambda(x)\mathrm{d}x$$
$$\cdot \exp\left\{\int_0^s [M_X(u_1 h(s-x) + u_2 h(t-x))-1]\lambda(x)\mathrm{d}x\right\}$$
$$\cdot \exp\left\{\int_s^t [M_X(u_2 h(t-x))-1]\lambda(x)\mathrm{d}x\right\}$$

进一步，
$$\frac{\partial^2}{\partial u_1 \partial u_2}M_{W(s),W(t)}(u_1,u_2)$$
$$= \int_0^s h(s-x)h(t-x)M''_X(u_1 h(s-x) + u_2 h(t-x))\lambda(x)\mathrm{d}x$$
$$\cdot \exp\left\{\int_0^s [M_X(u_1 h(s-x) + u_2 h(t-x))-1]\lambda(x)\mathrm{d}x\right\}$$
$$\cdot \exp\left\{\int_s^t [M_X(u_2 h(t-x))-1]\lambda(x)\mathrm{d}x\right\}$$

$$+ \int_0^s h(s-x) M'_X(u_1 h(s-x) + u_2 h(t-x)) \lambda(x) dx$$

$$\cdot \int_0^s h(t-x) M'_X(u_1 h(s-x) + u_2 h(t-x)) \lambda(x) dx$$

$$\cdot \exp\left\{\int_0^s [M_X(u_1 h(s-x) + u_2 h(t-x)) - 1] \lambda(x) dx\right\}$$

$$\cdot \exp\left\{\int_s^t [M_X(u_2 h(t-x)) - 1] \lambda(x) dx\right\}$$

$$+ \int_0^s h(s-x) M'_X(u_1 h(s-x) + u_2 h(t-x)) \lambda(x) dx$$

$$\cdot \int_s^t h(t-x) M'_X(u_2 h(t-x)) \lambda(x) dx$$

$$\cdot \exp\left\{\int_0^s [M_X(u_1 h(s-x) + u_2 h(t-x)) - 1] \lambda(x) dx\right\}$$

$$\cdot \exp\left\{\int_s^t [M_X(u_2 h(t-x)) - 1] \lambda(x) dx\right\}$$

因此, 有

$$E[W(s)W(t)]$$
$$= \frac{\partial^2}{\partial u_1 \partial u_2} M_{W(s),W(t)}(u_1, u_2)\bigg|_{u_1=u_2=0}$$
$$= E[X^2] \int_0^s h(s-x) h(t-x) \lambda(x) dx$$
$$+ E[X] \int_0^s h(s-x) \lambda(x) dx \cdot E[X] \int_0^s h(t-x) \lambda(x) dx$$
$$= E[X]^2 \int_0^s h(s-x) \lambda(x) dx + E[X] \int_s^t h(t-x) \lambda(x) dx$$
$$\cdot E[X] \int_0^s h(t-x) \lambda(x) dx$$

最后, 综上所述, 可得

$$\text{Cov}[W(s), W(t)] = E[X^2] \int_0^s h(s-x) h(t-x) \lambda(x) dx$$

4.6 混合泊松过程

在可靠性领域, 混合泊松过程会发生在异质群体的最小维修过程中。正如 Finkelstein (2004、2008) 及 Finkelstein 和 Cha (2013) 所述, 通过以下方式描述形式上的异类种群。令 $T \geq 0$ 为寿命随机变量, 其累积分布函数为 $F(t)$ ($\bar{F}(t) \equiv 1 - F(t)$)。假设 $F(t)$ 由简记为 r.v. 且 $Z : P(T \leq t \mid Z = z) \equiv F(t,z)$ 和密度函

数 $f(t,z)$ 存在，则对应的故障率 $\lambda(t,z)$ 为 $f(t,z)/\bar{F}(t,z)$。令 Z 为区间 $[0,\infty)$ 上的一个非负随机变量，密度函数为 $\pi(z)$。一个有意义的解释将未观测到 Z 定义为异质群体中的"脆弱"性（Finkelstein 和 Cha，2013）。上述假设自然会导致考虑混合分布，这对于描述异质性很有用：

$$F_m(t) = \int_0^\infty F(t,z)\pi(z)\mathrm{d}z \tag{4.28}$$

不同于"固有"失效率的定义，混合失效率则可定义为

$$\lambda_m(t) = \frac{\int_0^\infty f(t,z)\pi(z)\mathrm{d}z}{\int_0^\infty \bar{1}(t,z)\pi(z)\mathrm{d}z} = \int_0^\infty \lambda(t,z)\pi(z\mid t)\mathrm{d}z \tag{4.29}$$

式中：$\pi(z\mid t)$ 为条件概率密度函数（$T>t$ 条件），即

$$\pi(z\mid t) \equiv \pi(z\mid T>t) = \pi(z)\frac{\bar{F}(t,z)}{\int_0^\infty \bar{F}(t,z)\pi(z)\mathrm{d}z} \tag{4.30}$$

如前所述，最小维修在经典意义上定义为将系统恢复到其在故障前的统计相同状态的修复（Barlow 和 Proschan，1975）。假设系统的累积寿命分布函数为 $F(t)$，在 u 时刻故障被即时修好，这意味着，下次失效时间的分布为 $(F(t+u)-F(u))/\bar{F}(u)$。这种类型的最小修复通常称为"统计"（或"黑盒"）最小维修（Aven 和 Jensen，1999、2000；芬克尔斯坦，1992）。正如 4.3 节所讨论的，它不会改变被修复系统的失效率。在我们的例子中，由于故障时间分布为混合分布（式（4.28）），相应的故障率由式（4.29）给出，所以定义的最小维修类型随机强度显然等于混合故障率，即

$$\lambda_t = \lambda_m(t), t \geq 0 \tag{4.31}$$

在统计最小维修的假设下，失效过程 $\{N(t), t\geq 0\}$ 应服从强度函数为 $\lambda_m(t)$ 的 NHPP。因此，为了对异质群体进行统计上的最小维修，应将我们原来的失效产品替换为另一"统计上相同"的产品（个体是从种群中功能正常且年龄为 t 的个体中随机选择的，其概率密度函数为 $\pi(z\mid t)$）。所以，通过这种类型的最小维修，在 $t=0$ 时刻的原始项子种群将不被保留，在最小维修之后子种群得到更改。因此，正如 Boland 和 El-Neweihi（1998）所述，这种情况下的统计最小维修实际上是不现实的，应该考虑另一种类型的假设。

显然，异质种群的最小维修应该在"子种群水平"上定义，即如果来自具有 $Z=z$ 的子种群的一个个体失效并且在时间 u 处被最小修复，那么，剩余寿命的分布应该为

$$\frac{F(t+u,z)-F(u,z)}{\bar{F}(u,z)}$$

这种假设的实际理由如下：考虑由"大量"基本部件组成的部件，如果仅

将故障部件替换为新部件基本上不会影响"部件的总体可靠性特征",因此,它不改变(近似)"产品失败率"和脆弱变量 $Z = z$ 的实现。例如,如果人口仅由两个子群体(强和弱)组成,那么,最小维修不会将一个子群中的产品改变到另一个子群。因此,我们将采用这种在子群水平上进行的最小修复。注意:它可以称为"基于信息的最小修复",它将我们的产品恢复到故障之前的状态(如 $Z = z$)(Aven 和 Jensen 1999、2000;Finkelstein,1992)。为了方便起见,我们将在下面使用这个术语。对于基于信息的最小修复,下式成立:

$$(\{N(t), t \geq 0\} \mid Z = z) \sim NHPP(\lambda(t,z))$$

这意味着给定 $Z = z$ 时,失效过程 $\{N(t), t \geq 0\}$ 服从速率为 $\lambda(t,z)$ 的 NHPP。显然,整个过程不是 NHPP,因为它没有独立的增量。例如,对于 $t_1 < t_2 < t_3 < t_4$,有

$$P(N(t_2) - N(t_1) = n, N(t_4) - N(t_3) = m)$$

$$= \int_0^\infty P(N(t_2) - N(t_1) = n, N(t_4) - N(t_3) = m \mid Z = z)\pi(z)\mathrm{d}z$$

$$= \int_0^\infty P(N(t_2) - N(t_1) = n \mid Z = z)P(N(t_4) - N(t_3) = m \mid Z = z)\pi(z)\mathrm{d}z$$

$$= \int_0^\infty P(N(t_2) - N(t_1) = n \mid Z = z)\pi(z)\mathrm{d}z$$

$$\times \int_0^\infty P(N(t_4) - N(t_3) = m \mid Z = z)\pi(z)\mathrm{d}z$$

$$= P(N(t_2) - N(t_1) = n) P(N(t_4) - N(t_3) = m)$$

也就是说 $N(t_2) - N(t_1)$ 和 $N(t_4) - N(t_3)$ 之间是相关的。但是,如上所述,给定 $Z = z$ 的点过程服从 NHPP。因此,这个点过程可以称为混合泊松过程或条件泊松过程(Freedman,1962;Kingman,1964)。下面为其一个正式的定义。

定义 4.6 (混合泊松过程)假设 Z 是一个非负随机变量其概率密度 $\pi(z)$。如果

$$(\{N(t), t \geq 0\} \mid Z = z) \sim NHPP(\lambda(t,z))$$

则点过程 $\{N(t), t \geq 0\}$ 称为混合泊松过程或条件泊松过程。

我们现在推导混合泊松过程的随机强度。注意:历史 $H_{t^-} \equiv \{N(u), 0 \leq u < t\}$ 也可以完全由在 $N(t^-)$ 和在 $[0,t)$ 上事件的顺序到达点 $0 \leq T_1 \leq T_2 \leq \cdots \leq T_{N(t^-)} < t$ 定义,其中 $N(t^-)$ 为 $[0,t), i = 1,2$ 上事件的总数。观察可知

$$\lambda_t = \lim_{\Delta t \to 0} \frac{P(N(t, t+\Delta t) = 1 \mid H_{t^-})}{\Delta t}$$

$$= E_{(Z \mid H_{t^-})}\left[\lim_{\Delta t \to 0} \frac{P(N(t, t+\Delta t) = 1 \mid H_{t^-}, Z)}{\Delta t}\right] \quad (4.32)$$

式中:$E_{(Z \mid H_{t^-})}[\cdot]$ 为 $(Z \mid H_{t^-})$ 条件分布的期望。在式(4.31)中,当给定 $Z = z$ 时,$\{N(t), t \geq 0\}$ 为速率是 $\lambda(t,z)$ 的 NHPP,根据其独立增量属性,有

$$\lim_{\Delta \to 0} \frac{P(N(t,t+\Delta t) = 1 \mid H_{t-},Z)}{\Delta t}$$

$$= \lim_{\Delta \to 0} \frac{P(N(t,t+\Delta t) = 1 \mid Z)}{\Delta t} = \lambda(t,Z)$$

由此可得到 $(Z \mid H_{t-})$ 的条件分布,根据命题 4.2 $(T_1,T_2,\cdots,T_{N(t-)},N(t-) \mid Z=z)$ 的联合条件分布为

$$\left(\prod_{i=1}^{n} \lambda(t_i,z)\right) \exp\{-\Lambda(t,z)\}$$

其中 $\Lambda(t,z) \equiv \int_0^t \lambda(x,z) \mathrm{d}x$。因此,$(Z \mid H_{t-})$ 的条件分布为

$$\frac{\left(\prod_{i=1}^{n} \lambda(t_i,z)\right) \exp\{-\Lambda(t,z)\} \pi(z)}{\int_0^\infty \left(\prod_{i=1}^{n} \lambda(t_i,z)\right) \exp\{-\Lambda(t,z)\} \pi(z) \mathrm{d}z}$$

由式 (4.32) 可知,对于 $H_{t-} = (T_1=t_1,T_2=t_2,\cdots,T_n=t_n,N(t-)=n)$,强度过程 λ_t 的相应实现为

$$\frac{\int_0^\infty \lambda(t,z) \left(\prod_{i=1}^{n} \lambda(t_i,z)\right) \exp\{-\Lambda(t,z)\} \pi(z) \mathrm{d}z}{\int_0^\infty \left(\prod_{i=1}^{n} \lambda(t_i,z)\right) \exp\{-\Lambda(t,z)\} \pi(z) \mathrm{d}z}$$

其中,根据惯例,当 $n=0$ 时,$\prod_{i=1}^{n}(\cdot) \equiv 1$。

参考文献

Aalen OO, Borgan O, Gjessing HK (2008) Survival and event history analysis. Springer, Berlin
Aven T, Jensen U (1999) Stochastic models in reliability. Springer, New York
Aven T, Jensen U (2000) A general minimal repair model. J Appl Probab 37:187–197
Barlow RE, Hunter LC (1960) Optimal preventive maintenance policies. Oper Res 8:90–100
Barlow R, Proschan F (1975) Statistical theory of reliability and life testing. Holt, Renerhart & Winston, New York
Beichelt FE (1993) A unifying treatment of replacement policies with minimal repair. Naval Res, Logistics 40:51–67
Beichelt FE, Fischer K (1980) General failure model applied to preventive maintenance policies. IEEE Trans Reliab 29:39–41
Block HW, Borges WS, Savits TH (1985) Age-dependent minimal repair. J Appl Probab 22:370–386
Boland PJ, El-Neweihi E (1998) Statistical and information based minimal repair for k out of n systems. J Appl Probab 35:731–740
Brown M, Proschan F (1983) Imperfect repair. J Appl Probab 20:851–859
Cha JH (2014) Characterization of the generalized Polya process and its applications. Adv Appl Probab 46:1148–1171

Cha JH, Finkelstein M (2009) On a terminating shock process with independent wear increments. J Appl Probab 46:353–362

Cha JH, Finkelstein M (2011) On new classes of extreme shock models and some generalizations. J Appl Probab 48:258–270

Cha JH, Mi J (2007) Study of a stochastic failure model in a random environment. J Appl Probab 44:151–163

Cox DR, Lewis PAW (1972) Multivariate point processes. In: Le Cam LM (ed) Proceedings of the Sixth Berkeley Symposium in Mathematical Statistics, pp 401–448

Finkelstein M (1992) Some notes on two types of minimal repair. Adv Appl Probab 24:226–228

Finkelstein M (2004) Minimal repair in heterogeneous populations. J Appl Probab 41:281–286

Finkelstein M (2008) Failure rate modelling for reliability and risk. Springer, London

Finkelstein M, Cha JH (2013) Stochastic modelling for reliability: shocks, burn-in and heterogeneous populations. Springer, London

Freedman D (1962) Poisson processes with random arrival rate. Ann Math Stat 33:924–929

Gut A, Hüsler J (2005) Realistic variation of shock models. Stat Probab Lett 74:187–204

Kalbfleisch JD, Prentice RL (1980) The statistical analysis of failure time data. Wiley, New Jersey

Keyfitz N, Casewell N (2005) Applied mathematical demography. Springer, Berlin

Kingman JFC (1964) On double stochastic Poisson processes. Proc Camb Philos Soc 60:923–930

Lehmann A (2009) Joint modeling of degradation and failure time data. J Stat Plann Infer 139:1693–1705

Lemoine AJ, Wenocur ML (1986) A note on shot-noise and reliability modeling. Oper Res 34:320–323

Nakagawa T (2007) Shock and damage models in reliability theory. Springer, London

Rice J (1977) On generalized shot noise. Adv Appl Probab 9:553–565

Ross SM (1996) Stochastic processes, 2nd edn. Wiley, New York

Singpurwalla ND (1995) Survival in dynamic environments. Stat Sci 10:86–103

Vaupel JW, Yashin AI (1987) Repeated resuscitation: how life saving alters life tables. Demography 4:123–135

第 5 章 高级泊松冲击模型

在本章中，我们研究了更为复杂的高级泊松冲击模型，放松对传统模型的一些假设，但将基本冲击过程定义为 NHPP 的假设除外。本章结果的表述相当简单，通过有意义的示例进行说明，但在本质上技术性相当强。由于采用了 NHPP 假设，许多证明过程都与第 4 章推导的 NHPP 主要性质的推导过程相同。虽然有时相应的推导会被合理地删减，但其他的证明则是完整的。回想一下，在极端冲击模型中，通常只考虑当前可能致命冲击的影响，而在累积冲击模型中，则会考虑先前的冲击的累积影响。在本章中，我们将极端冲击模型与特定的累积冲击模型相结合，并导出一些重要的概率模型，如在"任务时间"内进程不会终止的概率。我们还考虑了一些有意义的解释和例子，抛开了终止概率不依赖于过程历史的假设，这虽然使得建模过程更复杂，但更为完善。

5.1 具有独立磨损增量的终止冲击过程

本章的大部分内容是选自作者的出版物（Cha 和 Finkelstein，2009，2011，2012a、b、c，2013a），并涵盖了不同的应用背景，从理论和实践的观点上都非常有意义。

5.1.1 一般假设

考虑一个受到速率为 $v(t)$ 的非齐次泊松冲击过程的系统。其在没有冲击的情况下是"绝对可靠"的。如第 4 章所述，假设每一次冲击（无论冲击数量）都以概率 $p(t)$ 导致系统失效，并且以概率 $q(t) = 1 - p(t)$ 造成非致命冲击。用 T_S 表示系统失效的对应时间，则如 4.4.1 节所述，T_S 的生存函数为

$$P(T_S > t) \equiv F_S(t) = \exp\left(-\int_0^t p(u)v(u)\,\mathrm{d}u\right) \tag{5.1}$$

相应的故障率为

$$\lambda_S(t) = p(t)v(t)$$

式（5.1）的正式证明可见 4.4.1 节。Nachlas（2005）和 Finkelstein（2008）给出了一个基于条件强度函数概念的"非技术证明"（Cox 和 Isham，1980），另一个基于"非技术性"的 NHPP 细化证明也在 4.4.1 节中给出。因此，式（5.1）描述了一个极端冲击模型，只考虑了当前可能致命的冲击的影响。为了方便起见，通常将所描述的模型称为 $p(t)\Leftrightarrow q(t)$ 模型。

很明显，极端冲击模型可以很容易地适用于为系统因非冲击原因失效的情况。用 $F(t)$ 表示无冲击时相应的累积失效概率分布函数，并假设由其他原因引起的故障过程和冲击过程是独立的。从竞争风险来看

$$P(T_S > t) = \overline{F}(t)\exp\left(-\int_0^t p(u)v(u)\mathrm{d}u\right) \quad (5.2)$$

获得式（5.1）和式（5.2）的重要假设是：当 $q(t) = 1 - p(t)$ 时冲击不会导致系统发生任何变化。然而，在实践中，冲击也会增加变质、磨损等。不同冲击的影响通常也以某种方式积累起来。因此，我们开始进行以下研究（Cha 和 Finkelstein，2009）。

设系统在基准环境（无冲击）下的寿命为 R，则 $P(R \leq t) = F(t)$。我们在这里把 R 解释为某种初始的、随机的资源，它在一个系统（速率为1）的运行过程中被"消耗"了。因此，在这种情况下，系统的年龄等于一个日历时间 t，当这个年龄达到 R 时就会发生故障。很明显，当剩余资源随着时间减少时，该系统被视为老化（恶化）。

令 $\{N(t), t \geq 0\}$ 表示随到达时间 $T_i, i = 1, 2, \cdots$ 的有序计数过程，用 $F_s(t)$ 表示描述系统寿命的累积寿命分布函数，用 T_S 表示当前冲击时间。假设第 i 次冲击，以概率 $p(t)$ 导致系统立即失效。与极端冲击模型相反，该冲击以概率 $q(t)$ 使得系统的年龄增加随机增量 $W_i \geq 0$。就维修措施而言，这种维修"比最小维修差"。根据该假设，系统在 t 时刻的随机年龄（对应于 Finkelstein（2007、2008）的"虚拟年龄"）为

$$T_v = t + \sum_{i=1}^{N(t)} W_i$$

其中，当 $N(t) = 0$ 时，$\sum_{i=1}^{N(t)}(\cdot) \equiv 0$，即在 $[0, t]$ 中不存在冲击。当该随机变量到达边界 R 时发生失效。因此，有

$$P(T_S > t \mid N(s), 0 \leq s \leq t; W_1, W_2, \cdots, W_{N(t)}; R)$$
$$= \prod_{i=1}^{N(t)} q(T_i) I(T_v \leq R)$$
$$= \prod_{i=1}^{N(t)} q(T_i) I\left(\sum_{i=0}^{N(t)} W_i \leq R - t\right) \quad (5.3)$$

其中当 $N(t) = 0$ 时，$\sum_{i=1}^{N(t)}(\cdot) \equiv 1$，$I(x)$ 为示性函数，该概率的历史信息为：$N(t)$、$W_i(i = 1, 2, \cdots, N(t))$ 和 R 的条件概率。

关系式（5.3）非常笼统，如果没有具体明确的案例，$N(t)$、$W_i(i = 1, 2, \cdots, N(t))$ 和 R 就没有完整形式。因此，我们将考虑两个重要的具体案例（Cha 和 Finkelstein，2009）。

应该注意的是，所描述的模型可以用以下方法等价表示。设 $F(t)$ 为劣化系

统在基准环境中的老化情况。当这种磨损（在标准形式中为 t）达到寿命 R 时，就会发生故障。用 $W_t, t \geq 0$ 表示较苛刻环境下的随机磨损。特别地，在该冲击模型中，$W_t = t + \sum_{i=1}^{N(t)} W_i$，其中 $W_i, i = 1, 2, \cdots, N(t)$ 是由冲击引起的随机磨损增量（Finkelstein, 1999）。为了方便起见，下面将使用这种基于磨损的解释。

5.1.2 指数分布的边界

除上述假设外，还需要以下内容：

假设 5.1 $\{N(t), t \geq 0\}$ 是速率为 $v(t)$ 的非齐次泊松过程。

假设 5.2 $W_i, i = 1, 2, \cdots$ 为独立同分布的随机变量，特征是矩母函数为 $M_W(t)$ 和分布函数为 $G(t)$。

假设 5.3 $\{N(t), t \geq 0\}; W_i, i = 1, 2, \cdots,$ 和 R 是相互独立的。

假设 5.4 R 为故障率为 λ 的指数分布，即 $\overline{F}(t) = \exp\{-\lambda t\}$。

以下结果给出了 T_S 的生存函数和失效率函数（Cha 和 Finkelstein, 2009）。后面我们用 $m(t) \equiv \int_0^t v(x) \mathrm{d}x$ 表示。

定理 5.1 假设上述假设 5.1~5.4 成立且反函数 $v(0+) > 0$，则可给出 T_S 的生存函数和相应的故障率 $\lambda_S(t)$ 分别为

$$P(T_S > t) = \exp\left\{-\lambda t - \int_0^t v(x)\mathrm{d}x + M_W(-\lambda) \cdot \int_0^t q(x)v(x)\mathrm{d}x\right\}, t \geq 0$$

和

$$\lambda_S(t) = \lambda + (1 - M_W(-\lambda) \cdot q(t))v(t) \tag{5.4}$$

证明：给定假设，可以直接"积分"变量 R，并将相应的概率定义为

$$P(T_S > t \mid N(s),\ 0 \leq s \leq t,\ W_1, W_2, \cdots, W_{N(t)})$$

$$= \left(\prod_{i=1}^{N(t)} q(T_i)\right) \cdot \exp\left\{-\int_0^{t + \sum_{i=1}^{N(t)} W_i} \lambda \mathrm{d}u\right\}$$

$$= \left(\prod_{i=1}^{N(t)} q(T_i)\right) \cdot \exp\left\{-\lambda t - \lambda \sum_{i=1}^{N(t)} W_i\right\}$$

首先可得

$$P(T_S > t \mid N(s), 0 \leq s \leq t)$$

$$= \exp\{-\lambda t\} \cdot \left(\prod_{i=1}^{N(t)} q(T_i)\right) \cdot E\left[\exp\left\{-\sum_{i=1}^{N(t)} \lambda W_i\right\} \mid N(s), 0 \leq s \leq t\right]$$

$$= \exp\{-\lambda t\} \cdot \prod_{i=1}^{N(t)} [q(T_i) \cdot M_W(-\lambda)] \tag{5.5}$$

其次可得

$$P(T_S > t) = E\left[\exp\{-\lambda t\} \cdot \prod_{i=1}^{N(t)} [q(T_i) \cdot M_W(-\lambda)]\right]$$

$$= \exp\{-\lambda t\} E\left[\prod_{i=1}^{N(t)}[q(T_i) \cdot M_W(-\lambda)] \mid N(t)\right] \tag{5.6}$$

由定理 4.5 可知，给定 $N(t) = n$，n 次到达时间 $(T_1, T_2, \cdots, T_n)$ 与 n 个独立随机变量 $(V_1, V_2, \cdots, V_n)$ 对应的阶统计量 $(V_{(1)}, V_{(2)}, \cdots, V_{(n)})$ 在区间 $(0, t)$ 上分布相同，且其分布由概率密度函数 $v(x)/m(x)$ 决定，所以

$$\begin{aligned}
& E\left[\prod_{i=1}^{N(t)}[q(T_i) \cdot M_W(-\lambda)] \mid N(t) = n\right] \\
&= E\left[\prod_{i=1}^{n}[q(V_{(i)}) \cdot M_W(-\lambda)]\right] \\
&= E\left[\prod_{i=1}^{n}[q(V_i) \cdot M_W(-\lambda)]\right] \\
&= (E[q(V_1) \cdot M_W(-\lambda)])^n
\end{aligned} \tag{5.7}$$

其中

$$E[q(V_1) \cdot M_W(-\lambda)] = \frac{M_W(-\lambda)}{m(t)} \int_0^t q(x) v(x) \mathrm{d}x \tag{5.8}$$

根据式 (5.5) ~ 式 (5.8)，有

$$\begin{aligned}
P(T_S > t) &= \exp\{-\lambda t\} \cdot \sum_{n=0}^{\infty} \left(\frac{M_W(-\lambda)}{m(t)} \int_0^t q(x) v(x) \mathrm{d}x\right)^n \cdot \frac{m(t)^n}{n!} \mathrm{e}^{-m(t)} \\
&= \exp\{-\lambda t\} \cdot \mathrm{e}^{-m(t)} \cdot \exp\left\{M_W(-\lambda) \int_0^t q(x) v(x) \mathrm{d}x\right\} \\
&= \exp\left\{-\lambda t - \int_0^t v(x) \mathrm{d}x + M_W(-\lambda) \cdot \int_0^t q(x) v(x) \mathrm{d}x\right\}
\end{aligned}$$

因此，系统的故障率函数 $\lambda_S(t)$ 由下式给出，即

$$\lambda_S(t) = \lambda + (1 - M_W(-\lambda) \cdot q(t)) v(t)$$

以下推论定义了当系统的 W_i 服从指数分布且均值为 μ 时 T_S 的故障率函数。

推论 5.1 如果当系统的 W_i 服从指数分布且均值为 μ 时，则故障率函数 $\lambda_S(t)$ 为

$$\lambda_S(t) = \lambda + \left(1 - \frac{q(t)}{\lambda\mu + 1}\right) v(t) \tag{5.9}$$

现在对所得结果进行定性分析。由式 (5.4) 可知，故障率 $\lambda_S(t)$ 可以解释为具有相关（通过 R）分量的串联系统的故障率。当 $\mu \to \infty$ 时，根据式 (5.9)，我们得到 $\lambda_S(t) \to \lambda + v(t)$，这意味着一次发生故障时要么服从基准 $F(t)$，要么服从第一次冲击（竞争风险）。注意：根据泊松过程的性质，速率 $v(t)$ 等于故障率，故障率对应于第一次冲击的时间。因此，当 $\mu \to \infty$ 时系统近似于两个独立部分串联。

当 $\mu = 0$，这意味着 $W_i = 0, i \geq 1$，式 (5.9) 成为 $\lambda_S(t) = \lambda + p(t) v(t)$。因此，本案例描述了具有两个独立组件的串联系统。第一个分量的故障率为 λ，

第二个分量的故障率为 $p(t)v(t)$。

假设 $q(t) = 1$（没有致命性冲击），以及 W_i 是确定的并且等于 μ。然后，假设 $M_W(-\lambda) = \exp\{-\mu\lambda\}$，则式（5.4）变为

$$\lambda_S(t) = \lambda + (1 - \exp\{-\mu\lambda\})v(t)$$

为简单起见，假设没有基准磨损，所有磨损增量都来自冲击。然后，在这种情况下，系统可能因以下两种原因失效：①致命性冲击；②冲击造成的累积磨损而失效。假设系统一直生存到时间 t，即随机边界 R 是指数分布，累积损伤直到时间 t，损伤量为 $\sum_{i=0}^{N(t)} W_i$，不影响组件 t 时刻之后的失效。也就是说，在下次冲击时，由于系统的累积损伤不引起致命性冲击发生的概率为 $P(R \leq W_{N(t)+1})$，其并不依赖于累计损伤的历史过程，则有

$$P(R \geq W_1 + W_2 + \cdots + W_n \mid R > W_1 + W_2 + \cdots + W_{n-1})$$
$$= P(R > W_n), \forall n = 1, 2, \cdots, W_1, W_2, \cdots$$

当 $n = 1$ 时，$W_1 + W_2 + \cdots + W_{n-1} \equiv 0$。最后，每一次冲击导致的立即失效概率为 $p(t) + q(t)P(R \leq W_1)$；否则，系统生存概率为 $q(t)P(R > W_1)$。虽然在这种情况下，我们有两个（独立的）失效原因，但是第二个原因也不依赖于过程的历史，因此，初始的 $p(t) \Leftrightarrow q(t)$ 模型可以在修改之后应用。根据式（5.1），可以立即得到相应的故障率：

$$\lambda_S(t) = (p(t) + q(t)P(R \leq W_1))v(t)$$
$$= (1 - q(t)P(R > W_1))v(t)$$
$$= (1 - q(t)M_W(-\lambda))v(t)$$

通过将该失效率函数与式（5.4）（$\lambda = 0$）中直接导出的失效率函数进行比较，可以验证上述推理和解释的有效性。

很明显，这种情况可应用于边界 R 为特定的指数分布，这意味着磨损"积累"具有马尔可夫性。在下一节中，将考虑确定性边界的情况，显然，上述解释对这种情况"不起作用"。

5.1.3 确定性边界

设 $R = b$ 为确定性边界，并且令 5.3.1 节中的其他假设成立。我们考虑 $t < b$ 的情况，这意味着没有冲击就不会发生故障。下面的结果给出了 T_S 的生存函数。

定理5.2 假设 5.1.3 节的假设 1-3 成立，且 $v(0+) > 0$。进一步，设 W_i 为独立同分布的指数分布，均值为 $1/\eta$，则 T_S 的生存函数为

$$P(T_S > t) = \sum_{n=0}^{\infty} \left(\sum_{j=n}^{\infty} \frac{(\eta(b-t))^j}{j!} \exp\{-\eta(b-t)\} \right)$$
$$\cdot \left(\frac{1}{m(t)} \int_0^t q(x)v(x) \mathrm{d}x \right)^n \cdot \frac{m(t)^n}{n!} \exp\{-m(t)\}, 0 \leq t < b$$

(5.10)

证明：与上一小节类似的证明，即

$$P(T_S > t \mid N(s), 0 \leq s \leq t, W_1, W_2, \cdots, W_{N(t)})$$
$$= \left(\prod_{i=1}^{N(t)} q(T_i)\right) \cdot I\left(t + \sum_{i=1}^{N(t)} W_i \leq b\right)$$

因此，有

$$P(T_S > t \mid N(s), 0 \leq s \leq t)$$
$$= \left(\prod_{i=1}^{N(t)} q(T_i)\right) P\left(\sum_{i=1}^{N(t)} W_i \leq b - t \mid N(s), 0 \leq s \leq t\right)$$
$$= \left(\prod_{i=1}^{N(t)} q(T_i)\right) G^{(N(t))}(b-t)$$

式中：$G^{(n)}(t)$ 为 $G(t)$ 与其自身的 n 次卷积。

特殊地，当 W_i 为独立同分布，平均值为 $1/\eta$ 的指数分布时，有

$$P(T_S > t \mid N(s), 0 \leq s \leq t) = \left(\prod_{i=1}^{N(t)} q(T_i)\right) \cdot \Psi(N(t))$$

其中

$$\Psi(N(t)) \equiv \sum_{j=N(t)}^{\infty} \frac{(\eta(b-t))^j}{j!} \exp\{-\eta(b-t)\}$$

和

$$P(T_S > t) = E\left[\left(\prod_{i=1}^{N(t)} q(T_i)\right) \cdot \Psi(N(t))\right]$$
$$= E\left[E\left[\left(\prod_{i=1}^{N(t)} q(T_i)\right) \cdot \Psi(N(t)) \mid N(t)\right]\right]$$

其中

$$E\left[\left(\prod_{i=1}^{N(t)} q(T_i)\right) \cdot \Psi(N(t)) \mid N(t) = n\right]$$
$$= \Psi(n) \cdot E\left[\left(\prod_{i=1}^{N(t)} q(T_i)\right) \mid N(t) = n\right]$$

使用与上一小节相同的符号和属性，可得

$$E\left[\left(\prod_{i=1}^{N(t)} q(T_i)\right) \mid N(t) = n\right] = \left[\frac{1}{m(t)} \int_0^t q(x) v(x) \mathrm{d}x\right]^n$$

因此，有

$$E\left[\left(\prod_{i=1}^{N(t)} q(T_i)\right) \cdot \Psi(N(t)) \mid N(t) = n\right]$$
$$= \Psi(n) \cdot \left(\frac{1}{m(t)} \int_0^t q(x) v(x) \mathrm{d}x\right)^n$$

最后，我们得到一个形式相当复杂的公式（5.10）。

可以很容易地证明，式（5.10）中的生存函数可以用以下形式编写（Cha 和

Finkelstein,2011):

$$P(T_S > t) = \exp\left\{-\int_0^t p(x)v(x)\mathrm{d}x\right\} \cdot \sum_{n=0}^{\infty} P(Z_1 \geq n) \cdot P(Z_2 = n)$$

(5.11)

式中：Z_1 和 Z_2 分别是参数为 $\eta(b-t)$ 和 $\int_0^t q(x)v(x)\mathrm{d}x$ 的两个泊松随机变量。下面针对每个固定的 $t < b$，给出了式 (5.11) 的两个边缘分布的定性分析。

当 $\eta = 1/\mu \to \infty$ 时，意味着 W_i 的平均增量趋于 0，式 (5.11) 退化为式 (5.1)。事实上，当 $\eta \to \infty$ 时，有

$$\sum_{n=0}^{\infty} P(Z_1 \geq n) P(Z_2 = n) \to \sum_{n=0}^{\infty} P(Z_2 = n) = 1$$

因为当 $\forall n \geq 1$ 且 $P(Z_1 \geq 0) = 1$ 时，$P(Z_1 \geq n) \to 1$。从"物理考虑"来看，很明显，当增量消失时，它们对模型的影响也消失了。

当 $\eta \to 0$ 时，增量的均值趋近于无穷大，因此，第一次冲击会杀死系统；当 $\eta \to 0$ 时，概率趋近于 1。在这种情况下，下列方程中右侧的无穷和消失：

$$\sum_{n=0}^{\infty} P(Z_1 \geq n) P(Z_2 = n) = P(Z_1 \geq 0) P(Z_2 = 0) + \sum_{n=1}^{\infty} P(Z_1 \geq n) P(Z_2 = n)$$
$$\to P(Z_2 = 0)$$

当 $\forall n \geq 1$ 且 $\eta \to 0$ 时，$P(Z_1 \geq 0) = 1$ 且 $P(Z_1 \geq n) \to 0$。因此，最终

$$P(T_S > t) \to \exp\left\{-\int_0^t p(x)v(x)\mathrm{d}x\right\} \exp\left\{-\int_0^t q(x)v(x)\mathrm{d}x\right\}$$
$$= \exp\left\{-\int_0^t v(x)\mathrm{d}x\right\}$$

这是在 $[0,t]$ 中没有发生冲击的概率。这也是我们对 $\eta \to 0$ 时所期望的，因为系统只有在没有冲击的情况下才能保证 $t < b$ 时存活。

5.2 依赖历史的截止概率

首先考虑具有条件强度函数（CIF）$v(t \mid H(t))$ 的有序计数过程（Cox 和 Isham，1980；Anderson 等，1993），其中 $H(t)$ 是过程从 $0 \sim t$ 的历史。这一概念实际上与式（2.26）中定义的强度过程相同。强度过程被认为是基于过滤 H_{t-} 定义的随机过程，而条件强度函数是过滤 $H(t)$ 定义的随机过程的实现。相应地，基于单个冲击的截止概率可用类似的方法调整，通用也取决于历史信息，即 $p(t \mid H(t))$。如前所述，用 T_S 表示相应的寿命。根据以前的假设，在无穷小的时间间隔内终止的条件概率可以写成如下形式（Finkelstein，2008）：

$$P[T_S \in [t, t+\mathrm{d}t) \mid T_S \geq t, H(t)] = p(t \mid H(t))v(t \mid H(t))\mathrm{d}t$$

要使 $p(t \mid H(t))v(t \mid H(t))$ 成为 T_S 时刻的寿命周期相对应的"发展成熟"

的故障率，唯一的方法是右边的两个乘数都不依赖于 $H(t)$。显然，消除这种依赖性的唯一方式是使得第二个乘数导致 NHPP。接下来，我们将讨论这个问题。即如何保留依赖历史的特定类型的第一乘数，这将产生新的极端冲击模型。

模型 5.1 考虑具有冲击速率为 $v(t)$ 的非齐次泊松过程，其历史相关的终止概率为

$$p(t \mid H(t)) = p(t \mid N(s), 0 \leq s < t)$$

假如这是最简单的基于历史信息的情况，$N(t)$ 为在 $(0,t]$ 内系统所经历的冲击次数。合理假设每个冲击都可以通过增加 $p(t \mid H(t)) \equiv p(t, N(t))$ 的概率促使系统的"弱化"，则函数 $p(t, N(t))$ 通常在 $n(t)$ 中增加（需满足 $N(t) = n(t)$）。为了得到后面的结果，必须确定这个函数的具体形式，因此考虑相应的生存概率更方便，令

$$q(t, n(t)) \equiv 1 - p(t, n(t)) = q(t)\rho(n(t)) \tag{5.12}$$

式中：$\rho(n(t))$ 为一个递减函数（对于每个固定的 t），因此，随着 $(0,t]$ 中幸存的冲击次数的增加，每一次冲击的生存概率减小。式（5.12）的乘法形式对后面的研究非常有意义，因为它是讨论变量独立性的必要依据。

系统寿命为 T_S 的生存函数由以下定理给出。

定理 5.3 假设 $m(t) \equiv E[N(t)] = \int_0^t v(x) \mathrm{d}x$ 且 $\Psi(n) \equiv \prod_{i=1}^n \rho(i)$，若 $v(0+) > 0$，则

$$P(T_S \geq t) = E[\Psi(N_{qv}(t))] \cdot \exp\left\{-\int_0^t p(x)v(x)\mathrm{d}x\right\} \tag{5.13}$$

式中：$\{N_{qv}(t), t \geq 0\}$ 为速率 $q(t)v(t)$ 的 NHPP。

证明： 很明显，每个可实现过程的条件概率为

$$P(T_S \geq t \mid N(s), 0 \leq s < t) = \prod_{i=1}^{N(t)} q(T_i)\rho(i)$$

其中，根据约定，当 $n = 0$ 时，$\prod_{i=1}^n (\cdot)_i \equiv 1$，则相应的期望为

$$P(T_S \geq t) = E\left[\prod_{i=1}^{N(t)} q(T_i)\rho(i)\right] = E\left[E\left[\prod_{i=1}^{N(t)} q(T_i)\rho(i) \mid N(t)\right]\right]$$

如前所述，给定 $N(t) = n$，n 次到达时间 $(T_1, T_2, \cdots, T_n)$ 具有相同的分布，与 n 个 PDF 为 $v(x)/m(t)$ 的独立随机变量 $(V_1, V_2, \cdots, V_n)$ 对应的顺序统计量 $(V_{(1)}, V_{(2)}, \cdots, V_{(n)})$ 在区间 $(0,t]$ 上的分布相同。因此，有

$$E\left[\prod_{i=1}^{N(t)} q(T_i)\rho(i) \mid N(t) = n\right]$$

$$= E\left[\prod_{i=1}^n q(V_{(i)})\rho(i)\right]$$

$$= E\left[\prod_{i=1}^n q(V_i)\rho(i)\right]$$

$$= \prod_{i=1}^{n} E[q(V_1)]\rho(i)$$

$$= \left(\prod_{i=1}^{n}\rho(i)\right) \cdot \left(\frac{1}{m(t)}\int_0^t q(x)v(x)\mathrm{d}x\right)^n$$

将 $\Psi(n) \equiv \prod_{i=1}^{n}\rho(i)$ 代入可得

$$P(T_S \geq t) = E\left[\prod_{i=1}^{N(t)} q(T_i)\rho(i)\right]$$

$$= \sum_{n=0}^{\infty} \Psi_{(n)} \left(\left(\frac{1}{m(t)}\int_0^t q(x)v(x)\mathrm{d}x\right)^n \cdot \frac{(m(t))^n}{n!}\mathrm{e}^{-m(t)}\right)$$

$$= \exp\left\{-\int_0^t p(x)v(x)\mathrm{d}x\right\} \cdot \sum_{n=0}^{\infty} \Psi(n) \cdot \frac{\left(\int_0^t q(x)v(x)\mathrm{d}x\right)^n}{n!} \cdot \exp\left\{-\int_0^t q(x)v(x)\mathrm{d}x\right\}$$

$$= E[\Psi(N_{qv}(t))] \cdot \exp\left\{-\int_0^t p(x)v(x)\mathrm{d}x\right\}$$

式中：$\{N_{qv}(t), t \geq 0\}$ 为速率是 $q(t)v(t)$ 的 NHPP。

例 5.1 让 $\rho(i) = \rho^{i-1}, i = 1, 2, \cdots$。则 $\Psi(n) \equiv \rho^{n(n-1)/2}$，且

$$P(T_S \geq t) = \sum_{n=0}^{\infty} \rho^{n(n-1)/2} \cdot \frac{\left(\int_0^t q(x)v(x)\mathrm{d}x\right)^n}{n!}$$

$$\cdot \exp\left\{-\int_0^t q(x)v(x)\mathrm{d}x\right\} \exp\left\{-\int_0^t p(x)v(x)\mathrm{d}x\right\}$$

$$= \sum_{n=0}^{\infty} \rho^{n(n-1)/2} \cdot \frac{\left(\int_0^t q(x)v(x)\mathrm{d}x\right)^n}{n!} \cdot \exp\left\{-\int_0^t v(x)\mathrm{d}x\right\} \quad (5.14)$$

下面的讨论将有助于我们进一步的研究。设 $\{N(t), t \geq 0\}$ 为速率是 $v(t)$ 的非齐次泊松过程。如果一个事件在 t 时刻发生，和最初的 $p(t) \Leftrightarrow q(t)$ 模型一样，以第 1 类事件的概率为 $p(t)$，第 2 类事件的概率为 $1 - p(t)$，则 $\{N_1(t), t \geq 0\}$ 和 $\{N_2(t), t \geq 0\}$ 是独立的非齐次泊松过程，其速率分别为 $p(t)v(t)$ 和 $q(t)v(t)$，且 $N(t) = N_1(t) + N_2(t)$。因此，假定在 $[0, t)$ 中没有类型 1 事件，则过程 $\{N(t), t \geq 0\}$ 简化为 $\{N_2(t), t \geq 0\}$。在特定情况下，假如类型 1 事件（致命的冲击）会导致过程终止（故障）。因此，为了描述到终止的生命周期，需充分考虑 $\{N_2(t), t \geq 0\}$，而不是原有的 $\{N(t), t \geq 0\}$。

对于比上述 $p(t|H(t)) \Leftrightarrow q(t|H(t))$ 模型更为一般的模型，我们将使用类似的推理，尽管在这种情况下，对事件类型的解释略有不同。下面，根据我们之前的符号约定：$N_2(t) = N_{qv}(t)$ 且到达时间为 $T_{(qv)1}, T_{(qv)2}, \cdots$。

式（5.13）中具体结果的乘法形式表明，其可以通过以下一般推理得到和解释，这有利于标准极端冲击模型的各种扩展的概率分析。考虑到经典的 $p(t) \Leftrightarrow q(t)$ 极端冲击模型，假设存在其他因素使得过程终止，不仅依赖于基于历史的计数过程（如模型5.1），或者其他变量，如标记点过程，即每个事件可由类似如损坏或磨损的变量"表征"。为了表述得更为明确，称之为 $p(t) \Leftrightarrow q(t)$ 模型的"初始"失效原因，主要或关键失效原因（终止）以及导致此事件的冲击称为致命冲击（1类事件）。然而，与 $p(t) \Leftrightarrow q(t)$ 模型不同的是，服从速率为 $q(t)v(t)$ 的泊松过程的2类事件也可能导致失败。

设 $E_C(t)$ 表示在没有其他故障原因的情况下，截止到 t 时间才发生致命冲击的事件。很明显，有

$$P(T_S \geq t \mid E_C(t)) = \frac{P(T_S \geq t, E_C(t))}{P(E_C(t))} = \frac{P(T_S \geq t)}{P(E_C(t))}$$

因此，有

$$P(T_S \geq t) = P(T_S \geq t \mid E_C(t)) P(E_C(t))$$

其中

$$P(E_C(t)) = P(N_1(t) = 0) = \exp\left\{-\int_0^t p(x)v(x)\mathrm{d}x\right\} \quad (5.15)$$

因此，根据之前的推理和描述，随机过程 $\{N_{qv}(t), t \geq 0\}$（而不是原始过程 $\{N(t), t \geq 0\}$）的描述 $P(T_S \geq t \mid E_C(t))$ 可以用以下更为一般化的模型表述为

$$P(T_S \geq t \mid E_C(t)) = E(I(\Psi(N_{qv}(t), \Theta) \in S) \mid E_C(t))$$

式中：$I(\cdot)$ 是相应的示性指标；Θ 是一组由其他原因引起故障的随机变量集；$\Psi(N_{qv}(t), \Theta)$ 是 $(N_{qv}(t), \Theta)$ 的实值函数，它表示系统在时间 t 时的状态（给定 $E_C(t)$，即没有发生致命冲击）；S 是一组实值，它定义了系统 $\Psi(N_{qv}(t), \Theta)$ 的生存函数。也就是说，如果没有发生致命冲击，满足 $\Psi(N_{qv}(t), \Theta) \in S$ 时，系统存活。

为了有效地应用模型5.1，必须对其重新解释。首先，假设系统由两个部分串联而成，每个冲击只影响其中一个部分。一方面，如果它以概率 $p(t)$ 击中第一个部件，则直接导致系统失效（致命性冲击）；另一方面，如果它以概率 $q(t)$ 击中第二个部件，则该部件以概率 $1-\rho(n(t))$ 故障，并以概率 $\rho(n(t))$ 存活。这个解释很好地符合式（5.12）中的两个独立的失效原因模型。注意：事实上，这也是我们所谓失效原因的条件独立性（前提是发生了速率为 $v(t)$ 的泊松过程的冲击）。

另一种（可能更实际的）解释如下。假设系统（组件1）的某些部件主要受到致命冲击的（概率 $p(t)$）影响，而其他部分（组件2）主要受损伤累积（概率 $1-\rho(n(t))$）影响。假设系统为串联结构并相互独立，可得到系统生存（冲击）概率如式（5.12）所示。

现在可以定义模型A的函数 $\Psi(N_{qv}(t), \Theta)$。假设 $[0,t)$ 中没有致命冲击，

并假设第二个分量在第 i 个冲击中仍然存活,则 $\varphi_i = 1$,否则 $\varphi_i = 0, i = 1,2,3,\cdots,N(t)$,即

$$\Psi(N_{qv}(t),\Theta) = \prod_{i=1}^{N_{qv}(t)} \varphi_i$$

并且 $S = \{1\}$。因此,如果事件 $E_C(t)$ 和 $\Psi(N_{qv}(t),\Theta) \in S$ 分别只与第一个和第二个故障原因"相关",并且这些故障原因是独立的,可得

$$P(T_S \geq t \mid E_C(t)) = E(I(\Psi(N_{qv}(t),\Theta) \in S) \mid E_C(t))$$
$$= E(I(\Psi(N_{qv}(t),\Theta) \in S))$$
$$= E\left(I\left(\prod_{i=1}^{N_{qv}(t)} \varphi_i = 1\right)\right)$$
$$= E\left[P\left(\prod_{i=1}^{N_{qv}(t)} \varphi_i = 1 \mid N_{qv}(t)\right)\right]$$
$$= E\left(\prod_{i=1}^{N_{qv}(t)} \rho(i)\right)$$

结合这个方程与式(5.15),可以得到式(5.13)中的原始结果。

模型 5.2 现在考虑另一种极端冲击模型,即模型 5.1 的推广。在模型 5.1 中,第二个失效原因(终止)取决于非致命冲击的数量,与这些冲击的严重程度无关。在此,我们将只计算严重程度大于某个 κ 级的冲击(称为"风险")。假设只有当危险冲击的数量超过某个随机 M 级时,第二个失效原因才会"实现"。也就是说,在没有致命冲击的情况下,给定 $M = m$,系统在经历第 $(m+1)$ 次危险冲击后立即失效。

假设冲击严重程度为随机变量,CDF 为 $G(t)$,M 的生存函数为 $P(M > l), l = 0,1,2,\cdots$ 的。假设在 t 时刻之前没有致命性冲击发生,φ_i 为示性随机变量(如果第 i 次冲击危险,$\varphi_i = 1$,否则 $\varphi_i = 0$),则如前所述

$$\Psi(N_{qv}(t),\Theta) = I\left(M \geq \sum_{i=1}^{N_{qv}(t)} \varphi_i\right)$$

且 $S = \{1\}$,因此,有

$$P(T_S \geq t \mid E_C(t)) = E(I(\Psi(N_{qv}(t),\Theta) \in S))$$
$$= E\left(I\left(M \geq \sum_{i=1}^{N_q(t)} \varphi_i\right)\right)$$
$$= P\left(M \geq \sum_{i=1}^{N_{qv}(t)} \varphi_i\right)$$
$$= E\left[P\left(M \geq \sum_{i=1}^{N_{qv}(t)} \varphi_i \mid N_{qv}(t)\right)\right]$$

其中

$$P\left(M \geq \sum_{i=1}^{N_{qr}(t)} \varphi_i \mid N_{qv}(t) = n\right)$$

$$= P(M > n \mid N_{qv}(t) = n) + \sum_{m=0}^{n} P\left(M \geq \sum_{i=1}^{n} \varphi_i \mid N_{qv}(t) = n, M = m\right)$$

$$\cdot P(M = m \mid N_{qv}(t) = n)$$

$$= P(M > n) + \sum_{m=0}^{n} \sum_{l=0}^{m} \binom{n}{l} \overline{G}(\kappa)^l G(\kappa)^{n-l} \cdot P(M = m)$$

$$= P(M > n) + \sum_{l=0}^{n} \sum_{m=l}^{n} \binom{n}{l} \overline{G}(\kappa)^l G(\kappa)^{n-l} \cdot P(M = m)$$

$$= P(M > n) + \sum_{l=0}^{n} \binom{n}{l} \overline{G}(\kappa)^l G(\kappa)^{n-l} \cdot (P(M \geq l) - P(M \geq n+1))$$

$$= \sum_{l=0}^{n} \binom{n}{l} \overline{G}(\kappa)^l G(\kappa)^{n-l} \cdot P(M \geq l)$$

因此，类似于上一节的推导

$$P(T_S \geq t \mid E_C(t)) = \sum_{n=0}^{\infty} \left[\sum_{l=0}^{n} P(M \geq l) \cdot \binom{n}{l} \overline{G}(\kappa)^l G(\kappa)^{n-l}\right]$$

$$\cdot m_q(t)^n \frac{\exp\{-m_q(t)\}}{n!}$$

其中 $m_q(t) \equiv \int_0^t q(x)v(x)\mathrm{d}x$，最后，有

$$P(T_S \geq t) = \exp\left\{-\int_0^t p(x)v(x)\mathrm{d}x\right\}$$

$$\cdot \sum_{n=0}^{\infty} \left[\sum_{l=0}^{n} P(M \geq l) \cdot \binom{n}{l} \overline{G}(\kappa)^l G(\kappa)^{n-l}\right] \cdot m_q(t)^n \frac{\exp\{-m_q(t)\}}{n!}$$

注意：$P(T_S \geq t \mid E_C(t))$ 的表达式不仅涉及 $N_{qv}(t)$ 的冲击数，而且还涉及 $(N_{qv}(s), 0 \leq s \leq t)$ 产生的滤波，计算过程将会很复杂，其结果在实际中可能并不实用。相应例子的数值结果可以在 Cha 和 Finkelstein（2011）中找到。

5.3 散粒噪声过程的故障率

5.3.1 无致命冲击的散粒噪声过程

假设系统受到速度为 $v(t)$ 的 NHPP $\{N(t), t \geq 0\}$ 冲击的作用，且这是系统失效的唯一原因。冲击结果按照"标准"散粒噪声过程 $X(t), X(0) = 0$ 进行累积（Rice, 1977; Ross, 1996）。与式（4.24）类似，将 t 时刻的累积应力（磨损）水平定义为如下随机过程：

$$X(t) = \sum_{j=1}^{N(t)} D_j h(t - T_j) \tag{5.16}$$

式中：T_n 为冲击过程的第 n 次到达时间，冲击的量级记为 $D_j, j = 1,2,\cdots$，当 $t < 0$ 时 $h(t)$ 非负，当 $t < 0$ 时确定性函数 $h(t) = 0$。关于 $X(t)$ 的渐近性质通常假设是当 $t \to \infty$ 时 $h(t)$ 趋于 0，且其在 $[0, \infty)$ 中的积分是有界的；但在这里，不需要如此严格的假设。假设冲击过程 $\{N(t), t \geq 0\}$ 和序列 $\{D_1, D_2, \cdots\}$ 是相互独立的。

累积应力最终会导致故障，可以用不同方式的概率描述故障。如前所述，用 T_S 表示系统的故障时间。例如，Lemoine 和 Wenocur（1985、1986）构建了 T_S 的分布模型，其假设相应的强度过程（截止 t 时刻的 $\{N(t), T_1, T_2, \cdots, T_{N(t)}\}$ 和 $\{D_1, D_2, \cdots, D_{N(t)}\}$）是与 $X(t)$ 成比例的。当谈论强度过程时，宁愿使用"应力"而不是"老化"。这是一个合理的假设，描述了在无穷小的时间间隔内失效概率对应力水平的比例关系，即

$$\lambda_t \equiv kX(t) = k\sum_{j=1}^{N(t)} D_j h(t - T_j) \tag{5.17}$$

式中：$k > 0$ 是比例常数，则

$$P(T_S > t \mid N(s), 0 \leq s \leq t, D_1, D_2, \cdots, D_{N(t)})$$
$$= \exp\left\{ -k\int_0^t \sum_{j=1}^{N(x)} D_j h(x - T_j) \mathrm{d}x \right\} \tag{5.18}$$

因此，这意味着强度过程式（5.17）也可以被视为失效率过程（Kebir，1991）。式（5.18）所示的概率可理解为 $N(s), 0 \leq s \leq t$ 和 $D_1, D_2, \cdots, D_{N(t)}$ 的条件概率相应实现，因此"将它们整合出来"，有

$$P(T_S > t) = E\left[\exp\left\{ -k\int_0^t X(u) \mathrm{d}u \right\} \right]$$

Lemoine 和 Wenocur（1986）最后得出了生存概率 $P(T_S > t)$ 存在以下关系：

$$P(T_S > t) = \exp\{-m(t)\} \exp\left\{ \int_0^t L(kH(u))v(t - u) \mathrm{d}u \right\} \tag{5.19}$$

式中：$m(t) = \int_0^t v(u)\mathrm{d}u$；$H(t) = \int_0^t h(u)\mathrm{d}u$；$L$ 是关于冲击强度分布的拉普拉斯变换。在接下来的内容中，我们将这些作者的方法推广到当系统也可能由于其他致命冲击而导致失效，即其量级超出了基于时间模型的边界，这在实践中是比较现实的。

5.3.2 具有致命冲击和劣化的散粒噪声过程

模型 5.3 除 Lemoine 和 Wenocur（1986）在前一小节中提出的一般假设外，对每个冲击，根据其量级 $D_j, j = 1, 2, \cdots$，以下互斥事件发生（Cha 和 Finkelstein，2013b）：

（1）如果 $D_j > g_U(T_j)$，则冲击会导致系统立即失效；

（2）如果 $D_j \leqslant g_L(T_j)$，则冲击不会引起系统的任何变化（无害的）；

（3）如果 $g_L(T_j) < D_j \leqslant g_U(T_j)$，然后，冲击将应力增加 $D_j h(0)$，其中 $g_U(t)$、$g_L(t)$ 是确定的递减函数。

函数 $g_U(t)$、$g_L(t)$ 是运行时间函数的上下界。因为它们是递减的，这意味着 t 时刻冲击导致系统故障的概率随着时间递增，而冲击无害的概率则随着时间而降低。因此，很明显，由此定义了系统的劣化过程。函数 $g_U(t)$ 也可以理解为受冲击影响的系统强度，而函数 $g_L(t)$ 则是系统对冲击的"敏感度"。在许多情况下，它们可以根据系统故障标准的一般"物理考量"定义。例如，可以破坏一个新电子产品的最小峰值电压通常在其规范中给出。

定义以下"成员函数"：

$$\xi(T_j, D_j) = \begin{cases} 1, & g_L(T_j) < D_j \leqslant g_U(T_j) \\ 0, & D_j \leqslant g_L(T_j) \end{cases} \tag{5.20}$$

使用这个符号，累积应力类似于式（5.16），可以写成

$$X(t) \equiv \sum_{j=1}^{N(t)} \xi(T_j, D_j) D_j h(t - T_j) \tag{5.21}$$

假设系统在时间 t 运行（即事件 $D_j > g_U(T_j), j = 1, 2, \cdots$ 在 $[0, t)$ 中没有发生）。

归纳式（5.17），如原文所述，假设条件故障率过程 $\hat{\lambda}_t$（满足事件 $D_j > g_U(T_j), j = 1, 2, \cdots$ 没有发生在 $[0, t)$ 和 $\{N(t), T_1, T_2, \cdots, T_{N(t)}\}$ 和 $\{D_1, D_2, \cdots, D_{N(t)}\}$ 的前提下）正比于 $X(t)$，即

$$\hat{\lambda}_t \equiv kX(t) = k \sum_{n=1}^{N(t)} \xi(T_j, D_j) D_j h(t - T_j), k > 0 \tag{5.22}$$

显然，基于历史信息的条件概率如下。

（1）如果 $D_j > g_U(T_j)$，至少有一个 j，满足

$$P(T_S > t \mid N(s), 0 \leqslant s \leqslant t, D_1, D_2, \cdots, D_{N(t)}) = 0$$

（2）如果 $D_j \leqslant g_U(t)$，对所有 j，满足

$$P(T_S > t \mid N(s), 0 \leqslant s \leqslant t, D_1, D_2, \cdots, D_{N(t)})$$
$$= \exp\left\{-k \int_0^t \sum_{j=1}^{N(x)} \xi(T_j, D_j) D_j h(x - T_j) \mathrm{d}x\right\}$$

因此，有

$$P(T_S > t \mid N(s), 0 \leqslant s \leqslant t, D_1, D_2, \cdots, D_{N(t)})$$
$$= \prod_{j=1}^{N(t)} \gamma(T_j, D_j) \cdot \exp\left\{-k \int_0^t \sum_{j=1}^{N(x)} \xi(T_j, D_j) D_j h(x - T_j) \mathrm{d}x\right\} \tag{5.23}$$

其中

$$\gamma(T_j, D_j) = \begin{cases} 0, & D_j > g_U(T_j) \\ 1, & D_j \leqslant g_U(T_j) \end{cases} \tag{5.24}$$

因此，我们通过将式（5.18）扩展得到可定义一般劣化系统的模型。事实上，一方面，如果 $g_U(t) = \infty, g_L(t) = 0$，则 $\xi(T_j, D_j) \equiv 1$，式（5.23）退化为式（5.18），生存概率为式（5.19）。另一方面，令 $g_U(t) = g_L(t) = g(t)$，则将 $p(t) = P(D_j > g(t))$ 定义为 $t(q(t) = P(D_j \leq g(t)))$ 时刻冲击失效的概率，显然得到了式（5.1）所描述的 $p(t) \Leftrightarrow q(t)$ 模型。

在上述模型的基础上，推导出无条件生存函数和相应的失效率函数。我们需要以下一般引理（见 Cha 和 Mi（2011）的证明）。

引理5.1 令 $X_1, X_2, \cdots, X_n$ 为 I.I.D. 随机变量，$Z_1, Z_2, \cdots, Z_n$ 为独立同分布的连续随机变量且有一般的 PDF。令 $X = (X_1, X_2, \cdots, X_n)$ 与 $Z = (Z_1, Z_2, \cdots, Z_n)$ 相互独立，假设函数 $\varphi(x, z): R^n \times R^n \to R$ 满足 $\varphi(X, t) =^d \varphi(X, \pi(t))$，任何向量 $t \in R^n$ 和 n 维转换函数 $\pi(\cdot)$，然后

$$\varphi(X, Z) =^d \varphi(X, Z^*)$$

式中：$Z^* = (Z_{(1)}, Z_{(2)}, \cdots, Z_{(n)})$ 是 Z 阶统计量的向量。

我们现在准备证明以下定理（Cha 和 Finkelstein, 2013b）。

定理5.4 令 $H(t) = \int_0^t h(v) dv, m(t) \equiv E(N(t)) = \int_0^t v(x) dx$，其中 $f_D(u)$ 和 $F_D(u)$ 分别为 $D =^d D_j, j = 1, 2, \cdots$ 的概率密度函数和累积分布函数；假设其反函数 $v(0+) > 0$，则 T_S 对应的生存函数为

$$P(T_S > t)$$
$$= \exp\left\{-\int_0^t \overline{F}_D(g_L(u))v(u)du\right\} \exp\left\{\int_0^t \int_{g_L(s)}^{g_U(s)} \exp\{-kuH(t-s)\} f_D(u) du\, v(s) ds\right\}$$

(5.25)

相应的故障率为

$$\lambda_S(t) = P(D > g_U(t))\lambda(t) + \int_0^t \int_{g_L(s)}^{g_U(s)} kuh(t-s)\exp\{-kuH(t-s)\} f_D(u) du\, v(s) ds$$

(5.26)

证明： 观察可知

$$P(T_S > t \mid N(s), 0 \leq s \leq t, D_1, D_2, \cdots, D_{N(t)})$$
$$= \prod_{j=1}^{N(t)} \gamma(T_j, D_j) \exp\left\{-k \sum_{j=1}^{N(t)} \xi(T_j, D_j) D_j H(t - T_j)\right\}$$
$$= \exp\left\{\sum_{j=1}^{N(t)} (\ln \gamma(T_j, D_j) - k\xi(T_j, D_j) D_j H(t - T_j))\right\}$$

因此，有

$$P(T_S > t) = E\left[\exp\left\{\sum_{j=1}^{N(t)} (\ln \gamma(T_j, D_j) - k\xi(T_j, D_j) D_j H(t - T_j))\right\}\right]$$
$$= E\left[E\left(\exp\left\{\sum_{j=1}^{N(t)} (\ln \gamma(T_j, D_j) - k\xi(T_j, D_j) D_j H(t - T_j))\right\} \mid N(t)\right)\right]$$

如前所述，给定 $N(t) = n$，第 n 次到达时间 $(T_1, T_2, \cdots, T_n)$ 与对应于 n 个独立随机变量 $(V_1, V_2, \cdots, V_n)$ 的有序统计量 $(V_{(1)}, V_{(2)}, \cdots, V_{(n)})$ 有相同的分布，假设其在区间 $(0, t)$ 上的 PDF 为 $v(x)/m(t)$，则

$$E\left(\exp\left\{\sum_{j=1}^{N(t)} (\ln\gamma(T_j, D_j) - k\xi(T_j, D_j)D_j H(t - T_j))\right\} \mid N(t) = n\right)$$

$$= E\left(\exp\left\{\sum_{j=1}^{n} (\ln\gamma(V_{(j)}, D_j) - k\xi(V_{(j)}, D_j)D_j H(t - V_{(j)}))\right\}\right)$$

设 $X = (D_1, D_2, \cdots, D_n), Z = (V_1, V_2, \cdots, V_n)$

$$\varphi(X, Z) \equiv \sum_{j=1}^{n} (\ln\gamma(V_j, D_j) - k\xi(V_j, D_j)D_j H(t - V_j)) \tag{5.27}$$

注意：如前所述，如果 $g_U(t) = \infty, g_L(t) = 0$，则 $\xi(T_j, D_j) \equiv 1$，且所构建模型退化为 Lemoine 和 Wenocur（1986）的原始模型，其中 $\varphi(X, Z)$ 中的每一项都是 D_j 与 $H(t - V_j)$ 的简单乘积。由于这种简单性，剩下的部分就很简单了。此时，可得到 $\varphi(X, Z)$ 一个更复杂的形式，如式（5.27）所示，但其中各项无法进行进一步的分解。

观察函数 $\varphi(x, z)$ 满足

$$\varphi(X, t) =^d \varphi(X, \pi(t))$$

对于任何向量 $t \in R^n$ 和 n 维排列函数 $\pi(\cdot)$，应用引理 5.1，有

$$\sum_{j=1}^{n} (\ln\gamma(V_j, D_j) - k\xi(V_j, D_j)D_j H(t - V_j))$$

$$=^d \sum_{j=1}^{n} (\ln\gamma(V_{(j)}, D_j) - k\xi(V_{(j)}, D_j)D_j H(t - V_{(j)}))$$

因此，有

$$E\left(\exp\left\{\sum_{j=1}^{n} (\ln\gamma(V_{(j)}, D_j) - k\xi(V_{(j)}, D_j)D_j H(t - V_{(j)}))\right\}\right)$$

$$= E\left(\exp\left\{\sum_{j=1}^{n} (\ln\gamma(V_j, D_j) - k\xi(V_j, D_j)D_j H(t - V_j))\right\}\right)$$

$$= (E(\exp\{\ln\gamma(V_1, D_1) - k\xi(V_1, D_1)D_1 H(t - V_1)\}))^n$$

由于

$$E\left[\exp\{\ln\gamma(V_1, D_1) - k\xi(V_1, D_1)D_1 H(t - V_1)\} \mid V_1 = s\right]$$

$$= E\left[\exp\{\ln\gamma(s, D_1) - k\xi(s, D_1)D_1 H(t - s)\}\right]$$

$$= \int_{g_L(s)}^{g_U(s)} \exp\{-kuH(t - s)\}f_D(u)du + P(D_1 \leq g_L(s)) \tag{5.28}$$

式中：$D_1 > g_U(s)$；$\exp\{\ln\gamma(s, D_1) - k\xi(s, D_1)D_1 H(t - s)\} = 0$。对所有 $s > 0$，非条件期望为

$$E\left[\exp\{\ln\gamma(V_1,D_1) - k\xi(V_1,D_1)D_1 H(t-V_1)\}\right]$$

$$= \int_0^t \int_{g_L(s)}^{g_U(s)} \exp\{-kuH(t-s)\} f_D(u) du \frac{v(s)}{m(t)} ds$$

$$+ \int_0^t P(D_1 \leq g_L(s)) \frac{v(s)}{m(t)} ds$$

假设

$$\alpha(t) \equiv \int_0^t \int_{g_L(s)}^{g_U(s)} \exp\{-kuH(t-s)\} f_D(u) uv(s) ds + \int_0^t P(D_1 \leq g_L(s)) v(s) ds$$

最终可得

$$P(T_S > t) = \sum_{n=0}^{\infty} \left(\frac{\alpha(t)}{m(t)}\right)^n \cdot \frac{m(t)^n}{n!} \exp\left\{-\int_v^t v(u) du\right\}$$

$$= \exp\left\{-\int_0^t v(u) du + \int_0^t \int_{g_L(s)}^{g_v(s)} \exp\{-kuH(t-s)\} f_D(u) duv(s) ds\right.$$

$$\left. + \int_0^t P(D_1 \leq g_L(u)) v(u) du\right\}$$

显然，此式与式 (5.25) 等价。

相应的故障率为

$$\lambda_S(t) = -\frac{d}{dt} \ln P(T_S > t)$$

$$= v(t) - P(g_L(t) \leq D_1 \leq g_u(t)) v(t)$$

$$+ \int_0^t \int_{g_L(s)}^{g_U(s)} kuh(t-s) \exp\{-kuH(t-s)\} f_D(u) duv(s) ds - P(D_1 \leq g_L(t)) v(t)$$

$$= P(D_1 > g_U(t)) v(t) + \int_0^t \int_{g_L(s)}^{g_U(s)} kuh(t-s) \exp\{-kuH(t-s)\} f_D(u) duv(s) ds$$

其中二重积分运用了莱布尼茨法则。

关系式 (5.26) 表明式 (5.25) 可以等价地写成

$$P(T_S > t) = \exp\left\{-\int_0^t \overline{F}_D(g_U(u)) v(u) du\right\}$$

$$\exp\left\{-\int_0^t \int_{g_L(s)}^{g_U(s)} kuh(t-s) \exp\{-kuH(t-s)\} f_D(u) duv(s) ds\right\}$$

因此，可以再次将我们的系统解释为一个具有两个独立组件的系列：一个仅因致命（严重）冲击而失败；另一个因非致命冲击而失败。

例 5.2 考虑 $g_U(t) = \infty$ 和 $g_L(t) = 0$ 的特殊情况，则式 (5.25) 中的生存函数为

$$P(T > t) = \exp\left\{-\int_0^t \overline{F}_D(g_L(u)) v(u) du\right\}$$

$$\exp\left\{\int_{g_L(s)}^{t} \exp\{-kuH(t-s)\}f_D(u)\mathrm{d}u v(s)\mathrm{d}s\right\}$$

$$=\exp\{-m(t)\}\exp\left\{\int_0^t L(kH(t-s))v(s)\mathrm{d}s\right\}$$

$$=\exp\{-m(t)\}\exp\left\{\int_0^t L(kH(u))v(t-u)\mathrm{d}u\right\}$$

式中：L 为关于 $f_D(u)$ 的拉普拉斯变换的算子。因此，可得到 Lemoine 和 Wenocur (1986) 等式 (5.19)。

例 5.3 假设 $v(t) = v, t \geq 0, D_j \equiv d, j = 1,2,\cdots, t_2 > t_1 > 0$ 存在

$g_U(t) > g_L(t) > d, 0 \leq t < t_1$（轻微冲击）

$d > g_U(t) > g_L(t), t_2 < t$（致命冲击）

$g_U(t) > d > g_L(t), t_1 < t < t_2; g_L(t_1) = g_U(t_2) = d$

为了进一步积分，令 $h(t) = 1/(1+t), t \geq 0$，$k = 1/d$（为了简化符号），从式 (5.28) 可得

$$E\left[\exp\{\ln\gamma(V_1,D_1) - k\xi(V_1,D_1)D_1 H(t-V_1)\} \mid V_1 = s\right]$$

$$= \exp\{\ln\gamma(s,d) - k\xi(s,d)\mathrm{d}H(t-s)\}$$

$$= \begin{cases} 0, & g_U(s) > dr \quad (s > t_2) \\ \exp\{-H(t-s)\}, & g_L(s) < d \leq g_U(s) \quad (t_1 < s \leq t_2) \\ 1, & d \leq g_L(s) \quad (s \leq t_1) \end{cases}$$

$$= \exp\{-H(t-s)\}I(g_L(s) < d \leq g_U(s)) + I(d \leq g_L(s))$$

$$= \exp\{-H(t-s)\}I(t_1 < s \leq t_2) + I(s \leq t_1)$$

因此，对 V_1 积分到 s 为止，有：

$$E[\exp\{\ln\gamma(V_1,D_1) - k\xi(V_1,D_1)D_1 H(t-V_1)\}]$$

$$= \frac{1}{m(t)}\left[\int_0^t \exp\{-H(t-s)\}I(t_1 < s \leq t_2)v(s)\mathrm{d}s + \int_0^t I(s \leq t_1)v(s)\mathrm{d}s\right]$$

那么，有

$$P(T_S > t) = \exp\left\{-\int_0^t v(u)\mathrm{d}u + \int_0^t \exp\{-H(t-s)\}I(t_1 < s \leq t_2)v(s)\mathrm{d}s \right.$$

$$\left. + \int_0^t I(s \leq t_1)v(s)\mathrm{d}s\right\}$$

$$= \exp\left\{-\int_0^t I(s > t_1)v(s)\mathrm{d}s + \int_0^t \exp\{-H(t-s)\}I(t_1 < s \leq t_2)v(s)\mathrm{d}s\right\}$$

因此（Cha 和 Finkelstein，2013b），存在下列情况。

(1) 对于 $0 \leq t \leq t_1$，$P(T > t) = 1$。

(2) 对于 $t_1 \leq t \leq t_2$，有

$$P(T_S > t) = \exp\left\{-\int_{t_1}^{t} \lambda \mathrm{d}u\right\} \exp\left\{\lambda \int_{t_1}^{t} \exp\{-H(t-s)\}\mathrm{d}s\right\}$$

$$= \exp\{-v(t-t_1)\} \exp\{v\ln(1+t-t_1)\}$$

$$= \exp\{-v(t-t_1)\}(1+t-t_1)^v$$

(3) 对于 $t_2 \leq t$, 有

$$P(T_S > t) = \exp\left\{-\int_{t_1}^{t} v\mathrm{d}u\right\} \exp\left\{v \int_{t_1}^{t_2} \exp\{-H(t-s)\}\mathrm{d}s\right\}$$

$$= \exp\{-v(t-t_1)\}(1+t_2-t_1)^v$$

这表明（与情况（2）相比），如果系统在 $0 \leq t \leq t_1$ 内存活，那么，下一次以概率为 1 的冲击"杀死它"。

模型 5.4　对模型 5.3 进行以下修改。

假设每次冲击时其量级记为 $D_j, j = 1, 2, \cdots$，且发生以下互斥事件。

(1) 如果 $D_j > g_U(T_j)$，冲击会立即导致系统故障（如模型 5.3 所示）。

(2) 如果 $D_j \leq g_L(T_j)$，冲击是无害的（如模型 5.3 所示）。

(3) 如果 $g_L(T_j) < D_j \leq g_U(T_j)$，然后，冲击对系统施加一个（恒定的）影响，持续一个随机时间，这取决于它的到达时间和强度。

在后一种情况下，假设冲击的到达时间和强度越大，这种效应持续的时间越长。形式上，对于随机时间 $w(T_j, D_j)$ 冲击会使故障率 η（常数）增加，其中 $w(t, d)$ 是各变量的严格递增函数。因此，随着函数 $g_U(t)$ 和 $g_L(t)$ 递减，递增函数 $w(t, d)$ 可描述出系统的劣化特性。

类似于式（5.22）（其中为简化表示，令 $k \equiv 1$），条件强度过程为（条件为事件 $D_j > g_U(T_j), j = 1, 2, \cdots$ 不在 $[0, t)$ 和 $\{N(t), T_1, T_2, \cdots, T_{N(t)}\}$ 以及 $\{D_1, D_2, \cdots, D_{N(t)}\}$ 中发生）

$$\hat{\lambda}_t \equiv X(t) = \sum_{j=1}^{N(t)} \xi(T_j, D_j)\eta I(T_j \leq t < T_j + w(T_j, D_j))$$

与式（5.23）相似

$$P(T_S > t \mid N(s), 0 \leq s \leq t, D_1, D_2, \cdots, D_{N(t)})$$

$$= \prod_{j=1}^{N(t)} \gamma(T_j, D_j)$$

$$\cdot \exp\left\{-\int_0^t \sum_{j=1}^{N(x)} \xi(T_j, D_j)\eta I(T_j \leq x < T_j + w(T_j, D_j))\mathrm{d}x\right\} \quad (5.29)$$

其中，函数 $\xi(T_j, D_j)$ 和 $\gamma(T_j, D_j)$ 分别定义在式（5.20）和式（5.24）中。

与定理 5.4 相似，下面的结果成立。

定理 5.5　设 η 为随机时间 $w(T_j, D_j)$ 内单次冲击引起的系统故障率增量，在定理 5.4 的假设下，生存函数 $P(T_S > t)$ 为

$$P(T_S > t) = \exp\left\{-\int_0^t \overline{F}_D(g_L(u))v(u)\mathrm{d}u\right\}$$

$$\cdot \exp\left\{\int_0^t \int_{g_L(s)}^{g_U(s)} \exp\{-\eta \cdot \min\{w(u,s),(t-s)\}\} f_D(u) \mathrm{d}u v(s) \mathrm{d}s\right\} \quad (5.30)$$

证明：从式（5.29）可知

$$P(T_S > t \mid N(s), 0 \leqslant s \leqslant t, D_1, D_2, \cdots, D_{N(t)})$$
$$= \exp\left\{\sum_{j=1}^{N(t)} (\ln\gamma(T_j, D_j) - \eta\xi(T_j, D_j)\min\{w(T_j, D_j),(t-T_j)\})\right\}$$

因此，有

$$P(T_S > t) = E\left[\exp\left\{\sum_{j=1}^{N(t)}(\ln\gamma(T_j,D_j) - \eta\xi(T_j,D_j)\min\{w(T_j,D_j),(t-T_j)\})\right\}\right]$$
$$= E\left[E\left(\exp\left\{\sum_{j=1}^{N(t)}(\ln\gamma(T_j,D_j) - \eta\xi(T_j,D_j)\min\{w(T_j,D_j),(t-T_j)\})\right\} \mid N(t)\right)\right]$$

按照定理 5.4 的证明过程，我们最终得到式（5.30）。

与定理 5.4 相反，由于式（5.30）依赖于极小值函数，只有给出 $g_U(t)$、$g_L(t)$ 和 $w(t,d)$ 的具体形式，才能得到相应的故障率。与模型 5.3 一样，当 $g_U(t) = g_L(t) = g(t)$ 时，该模型也可明显退化化为式（5.1）$p(t) \Leftrightarrow q(t)$ 的模型。

例 5.4 令 $g_L(t) = 0, g_U(t) = \infty$，对于所有的 $t \geqslant 0$，$w(t,d) = d$（未随时间劣化）。这意味着非致命性冲击的概率不是 1，冲击的效应持续时间不依赖于到达时间，而只是由 I.I.D. 随机变量 D_j 给出。在本例中，从式（5.30）可得

$$P(T_S > t)$$
$$= \exp\left\{-\int_0^t v(u)\mathrm{d}u\right\} \exp\left\{\int_0^t \int_0^\infty \exp\{-\eta \cdot \min\{w(u,s),(t-s)\}\} f_D(u) \mathrm{d}u v(s) \mathrm{d}s\right\}$$

其中

$$\int_0^t \int_0^\infty \exp\{-\eta \cdot \min\{w(u,s),(t-s)\}\} f_D(u) \mathrm{d}u v(s) \mathrm{d}s$$
$$= \int_0^t \int_0^{t-s} \exp\{-\eta u\} f_D(u) \mathrm{d}u v(s) \mathrm{d}s + \int_0^t \int_{t-s}^\infty \exp\{-\eta(t-s)\} f_D(u) \mathrm{d}u v(s) \mathrm{d}s$$
$$= \int_0^t \int_0^{t-u} v(s) \mathrm{d}s \exp\{-\eta u\} f_D(u) \mathrm{d}u + \int_0^t \exp\{-\eta(t-s)\} \overline{F}_D(t-s) v(s) \mathrm{d}s$$
$$= \int_0^t m(t-u) \exp\{-\eta u\} f_D(u) \mathrm{d}u + \int_0^t \exp\{-\eta(u)\} \overline{F}_D(u) v(t-u) \mathrm{d}u$$
$$= [-\overline{F}_D(u) \exp\{-\eta u\} m(t-u)]_0^t - \int_0^t \overline{F}_D(u) \exp\{-\eta u\} v(t-u) \mathrm{d}u$$
$$\quad - \eta \int_0^t \overline{F}_D(u) \exp\{-\eta u\} m(t-u) \mathrm{d}u + \int_0^t \exp\{-\eta(u)\} \overline{F}_D(u) v(t-u) \mathrm{d}u$$
$$= m(t) - \eta \int_0^t \overline{F}_D(u) \exp\{-\eta u\} m(t-u) \mathrm{d}u$$

因此，有

$$P(T_S > t) = \exp\left\{-\eta \int_0^t \exp\{-\eta u\} \cdot \bar{F}_D(u) \cdot m(t-u)\mathrm{d}u\right\}$$

$$\lambda_S(t) = \eta \int_0^t \exp\{-\eta u\} \cdot \bar{F}_D(u) \cdot v(t-u)\mathrm{d}u$$

5.4 延迟终止的极端冲击模型

将一些"初始"事件（IE）到达时间为 $T_1 < T_2 < T_3 < \cdots$ 的有序计数过程（没有多次出现）记为 $\{N(t), t \geq 0\}$。来自过程的事件均可触发另外一个事件（EE），因为初始事件在 T_i 的发生，所以被触发事件发生距离初始事件有随机延迟时间，记为 $D_i, i = 1, 2, \cdots$。显然，与初始有序时间序列 $T_1 < T_2 < T_3 < \cdots$ 不同，$\{T_i + D_i\}, i = 1, 2, \cdots$ 并非是有序的。在许多实际情况下都可能遇到这种情况，如初始事件触发了系统中非致命故障。

初始事件通常可以解释为影响系统的一些外部冲击，为了方便起见，在本章中我们会将其记为 IE。在此考虑关于 IE 的 NHPP 过程。虽然在原则上可以应用更新过程来处理，但相应的公式过于烦琐。尽管 NHPP 案例得到的结果是简单、封闭的形式，可以直观的解释和适当的分析，但我们在这部分和后续部分的研究将主要围绕 Cha 和 Finkelstein（2012a）的成果展开。

在此，系统服从非齐次泊松过程 $\{N(t), t \geq 0\}$ 的 IE 称为冲击。假设该过程的速率为 $v(t)$，对应的到达时间记为 $T_1 < T_2 < T_3 \cdots$。其第 i 次冲击对系统"无害"的概率为 $q(T_i)$，且以概率 $p(T_i)$ 触发系统的故障过程，随机延迟时间为 $D(T_i), i = 1, 2, \cdots$，其中 $D(t)$ 是一个非负的、半连续的随机变量，每个固定 t 时刻为起始延时时刻。注意：这个"零点"开启了系统在发生冲击时"立即失效"的可能性，这实际上是非常重要的。此外，$D(t)$ 在 0 处的"全密度"情况可以简化为普通的"极端冲击模型"。显然，剔除 0 点，得到一个绝对连续的随机变量。在其他时间点上赋值 $D(t)$ 的分布可以用类似的方法考虑。

假设 $G(t, x) \equiv P(D(t) \leq x)$，则 $\bar{G}(t, x) \equiv 1 - G(t, x)$ 和 $g(t, x)$ 分别为 $D(t)$ 的连续部分生存函数的 CDF 和 PDF。则根据我们的论述，本例中的失效时间为 EE。

首先，我们比较关注描述系统生存时间 T_S，其条件生存函数

$$P(T_S > t \mid N(s), 0 \leq s \leq t; D(T_1), D(T_2), \cdots, D(T_{N(t)}); J_1, J_2, \cdots, J_{N(t)})$$

$$= \prod_{i=1}^{N(t)} (J_i + (1-J_i)I(D(T_i) > t - T_i)) \tag{5.31}$$

其中示性函数定义为

$$I(D(T_i) > t - T_i) = \begin{cases} 1, & D(T_i) > t - T_i \\ 0, & \text{其他} \end{cases}$$

$$J_i = \begin{cases} 1, & \text{第 } i \text{ 次冲击没有触发随后的失效过程} \\ 0, & \text{其他} \end{cases}$$

假设满足下列"条件独立性"的条件：

（1）对于冲击过程，$D(T_i), i = 1,2,\cdots$ 是相互独立的；

（2）对于冲击过程，$J_i, i = 1,2,\cdots$ 是相互独立的（这意味着每个冲击是否触发系统的故障过程是相互独立的）。

（3）给定冲击过程，$\{D(T_i), i = 1,2,\cdots\}$ 和 $\{J_i, i = 1,2,\cdots\}$ 是相互独立的。

如前几节所述，在式（5.31）中，在上述基本假设下求出所有条件随机量，可得到以下定理。

定理 5.6 设 $v(0+) > 0$，则

$$P(T_S \geq t) = \exp\left\{-\int_0^t G(x, t-x) p(x) v(x) \mathrm{d}x\right\}, t \geq 0$$

系统的故障率函数为

$$\lambda_S(t) = \int_0^t g(x, t-x) p(x) v(x) \mathrm{d}x + G(t, 0) p(t) v(t), t \geq 0$$

证明：给定假设，我们可以直接得出 J_i 和 D_i 定义及其相应的概率：

$$P(T_S > t \mid N(s), 0 \leq s \leq t) = \prod_{i=1}^{N(t)} (q(T_i) + p(T_i) \overline{G}(T_i, t - T_i))$$

因此，有

$$P(T_S > t) = E\left[\prod_{i=1}^{N(t)} (q(T_i) + p(T_i) \overline{G}(T_i, t - T_i))\right]$$
$$= E\left[E\left[\prod_{i=1}^{N(t)} (q(T_i) + p(T_i) \overline{G}(T_i, t - T_i)) \mid N(t)\right]\right] \quad (5.32)$$

如前所述，给定 $N(t) = n$，n 个到达时间 $(T_1, T_2, \cdots, T_n)$ 具有与对应于 n 个独立随机变量 $(V_{(1)}, V_{(2)}, \cdots, V_{(n)})$ 的有序统计量 $(V_1, V_2, \cdots, V_n)$ 相同的分布，这些随机变量在区间 $(0, t)$ 上的 PDF 分布为 $v(x)/m(t)$。因此，有

$$E\left[\prod_{i=1}^{N(t)} (q(T_i) + p(T_i) \overline{G}(T_i, t - T_i)) \mid N(t) = n\right]$$
$$= E\left[\prod_{i=1}^{n} (q(V_{(i)}) + p(V_{(i)}) \overline{G}(V_{(i)}, t - V_{(i)}))\right]$$
$$= E\left[\prod_{i=1}^{n} (q(V_i) + p(V_i) \overline{G}(V_i, t - V_i))\right]$$
$$= (E[q(V_1) + p(V_1) \overline{G}(V_1, t - V_1)])^n$$
$$= \left(\frac{1}{m(t)} \int_0^t (q(x) + p(x) \overline{G}(x; t - x)) v(x) \mathrm{d}x\right)^n \quad (5.33)$$

根据式（5.32）和式（5.33），有

$$P(T_S > t) = \sum_{n=0}^{\infty} \left(\frac{1}{m(t)} \int_0^t (q(x) + p(x)\overline{G}(x,t-x))v(x)\mathrm{d}x \right)^n \cdot \frac{m(t)^n}{n!} \mathrm{e}^{-m(t)}$$

$$= \mathrm{e}^{-m(t)} \cdot \exp\left\{ \int_0^t (q(x) + p(x)\overline{G}(x,t-x))v(x)\mathrm{d}x \right\}$$

$$= \exp\left\{ \int_0^t q(x)v(x)\mathrm{d}x + \int_0^t \overline{G}(x,t-x)p(x)v(x)\mathrm{d}x - \int_0^t v(x)\mathrm{d}x \right\}$$

$$= \exp\left\{ -\int_0^t G(x,t-x)p(x)v(x)\mathrm{d}x \right\}$$

因此，根据莱布尼茨规则，系统的故障率函数 $\lambda_S(t)$，可由相当简单的形式给出：

$$\lambda_S(t) = \int_0^t g(x;t-x)p(x)v(x)\mathrm{d}x + G(t,0)p(t)v(t), t \geq 0 \quad (5.34)$$

形式上，根据到达过程的 NHPP 性质，有效和无效冲击都不会在增加任何数学上的复杂性。这就说明，如果系统只受到一种速率函数为 $p(t)v(t)$ 的 NHPP 冲击，那么，其结果也是相同的。然而，从实际的角度出发，并考虑到我们在这里推广了具有两种效应的经典极端冲击模型，这结论似乎是合理的。进一步，我们考虑多类型延迟后果 ($n>1$) 冲击过程，其中在 t 时刻发生冲击而导致延迟，导致分布为 $G_i(t,x)$ 的第 i 类延迟的概率为 $p_i(t)$，而"无影响"的概率为 $1 - \sum_{i=1}^{n} p_i(t)$。显然，这个模型和单一冲击型模型类似，$G(t,x) = \sum_{i=1}^{n} p_i^*(t)G_i(t,x)$ 和 $p(t) = \sum_{i=1}^{n} p_i(t)$，其中 $p_i^*(t) = p_i(t)/\sum_{i=1}^{n} p_i(t)$，因此，类似于定理 5.6，可得

$$P(T_S \geq t) = \exp\left\{ -\int_0^t \left(\sum_{i=1}^{n} p_i(x)G_i(x,t-x) \right)v(x)\mathrm{d}x \right\}, t \geq 0$$

和

$$\lambda_S(t) = \int_0^t \left(\sum_{i=1}^{n} p_i(x)g_i(x,t-x) \right)v(x)\mathrm{d}x + \left(\sum_{i=1}^{n} p_i(t)G_i(t,0) \right)v(t)$$

5.5 具有初始磨损的累积冲击过程模型

现在研究 IE 的累积模型，当系统的累积老化达到给定的边界时会导致系统失效。后续的研究背景不同于传统的假设，在传统的假设中，由冲击引起的老化是在相应冲击发生瞬时产生的（见 5.1 节）。然而，在本模型中，由冲击触发的老化过程在冲击发生时被激活并随着时间不断增加。

假定在 t 时刻发生冲击，记 $W(t,u)$ 为由该冲击 IE 引发在 u 单位时间内产生的随机变量。当 $t \geq 0$ 时，令 $W(t,0) \equiv 0$。假设 $W(t,u)$ 随着 t 和 u 随机增加

（请参见2.8节），即

$$W(t_1,u) \leq_{st} W(t_2,u), 所有 t_2 > t_1 > 0 和所有 u > 0$$

和

$$W(t,u_1) \leq_{st} W(t,u_2), 所有 u_2 > u_1 > 0 和所有 t > 0$$

当 $W(t,u)$ 是伽马过程时，$W(t,u)$ 的 PDF 为

$$f(w,t,u) = \frac{\beta^{\alpha(t,u)} \cdot w^{\alpha(t,u)-1} \exp\{-\beta w\}}{\Gamma(\alpha(t,u))}, w \geq 0$$

式中：$\alpha(t,0) = 0$，对于所有 $t \geq 0$ 且 $\alpha(t,u)$ 在 t 和 u 中都严格增加。

如果初始过程的所有冲击均触发老化，则在 $[0,t)$ 中所有冲击的累积磨损为

$$W(t) = \sum_{i=0}^{N(t)} W(T_i, t - T_i)$$

上式可视为散粒噪声过程的一般形式（见5.3节）。假设每一次冲击都会导致立即失效（终止）的概率为 $p(t)$，否则，以概率 $q(t)$ 的冲击会触发老化过程。当累积老化达到随机边界 R 时，也会发生失效，我们比较关注其失效时间 T_S 的分布。

该模型相应的条件生存概率可以写成（Cha 和 Finkelstein，2012a）

$$P(T_S > t \mid N(s), 0 \leq s \leq t; W(T_i, t - T_i), i = 1, 2, \cdots, N(t); R)$$

$$= \prod_{i=0}^{N(t)} q(T_i) \cdot I\left(\sum_{i=1}^{N(t)} W(T_i, t - T_i) \leq R\right)$$

在这种情况下，为了获得非条件生存概率的显式表达式，需另外假设 R 为指数分布（分布参数为 λ）的随机变量。

定理5.7 设冲击过程为速率 $v(t)$ 的 NHPP，并假设 $v(0+) > 0$，则

$$P(T_S \geq t) = \exp\left\{-\int_0^t v(x)\mathrm{d}x + \int_0^t M_{W(x,t-x)}(-\lambda) \cdot q(x)v(x)\mathrm{d}x\right\}, t \geq 0$$

相应的故障率函数为

$$\lambda_S(t) = p(t)v(t) - \int_0^t \frac{\mathrm{d}}{\mathrm{d}t}(M_{W(x,t-x)}(-\lambda)) \cdot q(x)v(x)\mathrm{d}x, t \geq 0$$

式中：当固定 t 和 u 时，$M_{W(t,u)}(\cdot)$ 为 $W(t,u)$ 的矩母函数。

证明：在给定假设的情况下，我们可以直接求出变量 R，并按以下方式定义相应的概率：

$$P(T_S > t \mid N(s), 0 \leq s \leq t; W(T_i, t - T_i), i = 1, 2, \cdots, N(t))$$

$$= \left(\prod_{i=0}^{N(t)} q(T_i)\right) \cdot \exp\left\{-\int_0^{\sum_{i=1}^{N(t)} W(T_i, t-T_i)} \lambda \mathrm{d}u\right\}$$

$$= \exp\left\{-\lambda \sum_{i=1}^{N(t)} W(T_i, t - T_i) + \sum_{i=1}^{N(t)} \ln q(T_i)\right\}$$

因此，生存函数可表示为

$$P(T_S > t) = E\left[E\left[\exp\left\{-\lambda \sum_{i=1}^{N(t)} W(T_i, t-T_i) + \sum_{i=1}^{N(t)} \ln q(T_i)\right\} \mid N(t)\right]\right]$$

根据定理 5.6 的证明过程中描述的步骤，有

$$E\left[\exp\left\{-\lambda \sum_{i=1}^{N(t)} W(T_i, t-T_i) + \sum_{i=1}^{N(t)} \ln q(T_i)\right\} \mid N(t) = n\right]$$
$$= (E[\exp\{-\lambda W(V_1, t-V_1) + \ln q(V_1)\}])^n$$

观察到

$$E[\exp\{-\lambda W(V_1, t-V_1) + \ln q(V_1)\}] = \frac{1}{m(t)} \int_0^t (q(x) M_{W(x,t-x)}(-\lambda)) v(x) \mathrm{d}x$$

因此，有

$$E\left[\exp\left\{-\lambda \sum_{i=1}^{N(t)} W(T_i, t-T_i) + \sum_{i=1}^{N(t)} \ln q(T_i)\right\} \mid N(t) = n\right]$$
$$= \left(\frac{1}{m(t)} \int_0^t (q(x) M_{W(x,t-x)}(-\lambda)) v(x) \mathrm{d}x\right)^n$$

最终可得

$$P(T_S > t) = \exp\left\{-\int_0^t v(x) \mathrm{d}x + \int_0^t M_{W(x,t-x)}(-\lambda) \cdot q(x) v(x) \mathrm{d}x\right\}$$

因此，根据莱布尼茨法则，系统的故障率函数 $\lambda_S(t)$ 为

$$\lambda_S(t) = (1 - M_{W(t,0)}(-\lambda) \cdot q(t)) v(t) - \int_0^t \frac{\mathrm{d}}{\mathrm{d}t} (M_{W(x,t-x)}(-\lambda)) \cdot q(x) v(x) \mathrm{d}x$$
$$= p(t) v(t) - \int_0^t \frac{\mathrm{d}}{\mathrm{d}t} (M_{W(x,t-x)}(-\lambda)) \cdot q(x) v(x) \mathrm{d}x$$

简单起见，假设 $\lim_{t\to\infty} v(t) \equiv v(\infty) \equiv v_0 < \infty, v_0 > 0$ 且 $p(t) \equiv p, q(t) \equiv q$。一般情况下，$\lim_{t\to\infty} \lambda_S(t) = \lim_{t\to\infty} v(t) = v_0$ 单调地接近下限。实际上，考虑一个在 $[0,t)$ 中幸存的系统，这意味着下一个区间 $[t, t+\mathrm{d}t)$ 以相同的"资源" R 开始，因为边界是指数分布的。由于之前所有的非致命冲击都会累积老化，并且所有触发的老化过程都在增加，随着 t 的增加 $W(t) \to \infty$，意味着随着时间的推移资源 R 被"更密集地消耗"。这显然意味着 $[t, t+\mathrm{d}t)$ 中的失效概率在 t 中增加，因此，$\lambda_S(t)$ 也在增加。最终，当 $t \to \infty$ 时，每次触发冲击都会在极限内导致失效，这意味着

$$\lim_{t\to\infty} \lambda_S(t) = \lim_{t\to\infty} v(t) = v_0$$

下面的示例说明了这些特征。

例 5.5 假设 $W(t,u)$ 服从伽马过程，即 $W(t,u)$ 的 PDF 为

$$f(w; t, u) = \frac{\beta^{\alpha(t,u)} \cdot w^{\alpha(t,u)-1} \exp\{-\beta w\}}{\Gamma(\alpha(t,u))}, w \geq 0$$

其中对于所有 $t \geq 0$ 时 $\alpha(t,0) = 0$，并且 $\alpha(t,u)$ 随着 t 和 u 都严格增加，则

$$M_{W(x,t-x)}(-\lambda) = \left(\frac{\beta}{\beta+\lambda}\right)^{\alpha(x,t-x)}$$

且

$$\frac{\mathrm{d}}{\mathrm{d}t}(M_{W(x,t-x)}(-\lambda)) = \frac{\mathrm{d}}{\mathrm{d}t}(\alpha(x,t-x))\ln\left(\frac{\beta}{\beta+\lambda}\right) \cdot \left(\frac{\beta}{\beta+\lambda}\right)^{\alpha(x,t-x)}$$

令 $v(t) = v, q(t) = q, t \geq 0; \alpha(t,u) = \alpha u, t, u \geq 0$，则

$$\int_0^t \frac{\mathrm{d}}{\mathrm{d}t}(M_{W(x,t-x)}(-\lambda)) \cdot q(x)v(x)\mathrm{d}x$$

$$= \int_0^t \alpha \cdot \ln\left(\frac{\beta}{\beta+\lambda}\right) \cdot \left(\frac{\beta}{\beta+\lambda}\right)^{\alpha(t-x)} \cdot qv\mathrm{d}x$$

$$= \int_0^{\alpha t} \ln\left(\frac{\beta}{\beta+\lambda}\right) \cdot \left(\frac{\beta}{\beta+\lambda}\right)^x \cdot qv\mathrm{d}x = qv\left(\left(\frac{\beta}{\beta+\lambda}\right)^{\alpha t} - 1\right)$$

因此，可以得到

$$\lambda_S(t) = pv + qv\left(1 - \left(\frac{\beta}{\beta+\lambda}\right)^{\alpha t}\right), t \geq 0$$

和

$$\lim_{t \to \infty} \lambda_S(t) \equiv v$$

这说明了每次冲击都会导致失效的事实。

5.6 "可修复" 的冲击过程

在这一节中，修正了 5.4 节中对于每次启动（和延迟）的故障情况，在此期间它是有可能被修复或治愈的。因此，如前所述，考虑一个系统受到 IE 冲击的 NHPP 系统称为冲击过程，$\{N(t), t \geq 0\}$。设这个过程的速率为 $v(t)$，相应的到达时间表示为 $T_1 < T_2 < T_3 < \cdots$。假设第 i 次冲击触发了系统的故障过程，在随机时间 $D(T_i), i = 1,2,\cdots$ 之后可能导致其故障，其中对于每个固定 $t \geq 0$，延迟 $D(t)$ 是非负的连续随机变量。设 $G(t,x) \equiv P(D(t) \leq x)$、$\overline{G}(t,x) \equiv 1 - G(t,x)$ 和 $g(t,x)$ 分别为 $D(t)$ 的 CDF 和 PDF。假设概率 $q(t,x) = 1 - p(t,x)$，其中 t 是冲击发生的时间，x 是相应的延迟时间，每个故障都可以瞬间修复，就好像这个冲击根本没有触发故障过程一样。例如，它就像一个重新运行的新系统，以前没有受到冲击。应该注意的是，该修复是在时间 $t + x$ 执行的，而不是在 t 时刻执行的，就像经典的极端冲击模型一样，没有延迟。在生物统计文献中主要考虑了不同的治疗模式（见 Aalen 等（2008）的参考文献）。这些模型处理的是一个群体，该群体包含一个对某些可治愈的疾病在"治愈"后不敏感的亚群体。这种情况一般用具有脆性参数的脆弱乘法模型表示。这意味着存在一个不敏感（可治愈）的亚群，其危险率等于 0。然而，在我们的例子中，解释是不同的，其数学描述

需选择合适的分布模型（Cha 和 Finkelstein，2012c）。

为了简单起见，考虑与 t 无关的情况，则 $D(t) \equiv D, G(t,x) \equiv G(x)$，$g(t,x) \equiv g(x)$ 和 $p(t,x) \equiv p(x)$。其结果可以很容易地修改为与 t 相关。考虑到 D 表示延迟时间，令 D_C 为从 IE 的发生到由该 IE 引起的系统故障的时间。注意：D_C 是一个不确切的随机变量，当相应的 IE 由于治愈而没有导致系统故障时，$D_C \equiv \infty$（具有非零概率）。那么，描述 D_C 的随机生存函数为

$$\overline{G}_C(x) \equiv 1 - \int_0^x p(u)g(u)\mathrm{d}u \tag{5.35}$$

其相应的概率密度为

$$g_C(x) = p(x)g(x) \tag{5.36}$$

因此，在 $[x, x + \mathrm{d}x)$ 中发生的 EE 会以概率 $p(x)$ 导致失效，而以概率 $q(x)$ 可治愈。对于特定情况 $p(x) \equiv p$，当比较失效其概率为 p，反之则以 "$1 - p$" 概率被治愈。

另外一种情况，也可以用如下类似的方式描述：假设每个故障触发维修事件，且触发修复时间分布为 CDF $K(t)$ 的 R 维修机制。如果 $R > D$，那么 EE 是致命的；否则，它将在失效之前得到修复（$R \le D$），因此可以正式认为已治愈。因此，在这种情况下式（5.36）中的概率 $p(x)$ 具有特定意义的形式：

$$p(x) = 1 - K(x)$$

在进行上式描述之后，我们现在准备导出正式结果。证明相对简单，类似于本章前面各节的证明。但是，获得的明确结果非常有意义。我们关注描述系统的生命周期 T_S（到第一个致命 EE 的时间），相应的条件生存函数由下式给出：

$$P(T_S > t \mid N(s), 0 \le s \le t; D_{C1}, D_{C2}, \cdots, D_{CN(t)})$$
$$= \prod_{i=1}^{N(t)} (I(D_{Ci} > t - T_i)) \tag{5.37}$$

其中示性函数定义为

$$I(D_{Ci} > t - T_i) = \begin{cases} 1, & D_{Ci} > t - T_i \\ 0, & \text{其他} \end{cases}$$

令

$$J_i = \begin{cases} 1, & \text{第 } i \text{ 个周期成功修复} \\ 0, & \text{其他} \end{cases}$$

我们假设给定冲击过程：① $J_i, i = 1, 2, \cdots$，是相互独立的；② $D_i, i = 1, 2, \cdots$ 是相互独立的；③ $\{J_i, i = 1, 2, \cdots\}$ 和 $\{D_i, i = 1, 2, \cdots\}$ 是相互独立的。因此，$D_{Ci}, i = 1, 2, \cdots$ 也是相互独立的。

在上述基本假设下，将式（5.37）中的所有条件随机量积分，我们得到了以下定理，它修正了定理 5.6（Cha 和 Finkelstein，2013b）。

定理 5.8 令 $v(0+) > 0$，则

$$P(T_S \ge t) = \exp\left\{-\int_0^t G_C(t-u)v(u)\mathrm{d}u\right\}, t \ge 0 \tag{5.38}$$

系统的故障率函数为

$$\lambda_S(t) = \int_0^t p(t-u)g(t-u)v(u)\mathrm{d}u, t \geq 0 \qquad (5.39)$$

证明：根据式（5.37）的证明，有

$$P(T_S > t \mid N(t), T_1, T_2, \cdots, T_{N(t)}; D_{C1}, D_{C2}, \cdots, D_{CN(t)})$$
$$= \prod_{i=1}^{N(t)} (I(D_{Ci} > t - T_i))$$

由于上述条件独立性假设，我们可以通过以下方式分别得出 D_{Ci} 并定义相应的概率：

$$P(T_S > t \mid N(t), T_1, T_2, \cdots, T_n) = \prod_{i=1}^{N(t)} (\bar{G}_C(t - T_i))$$

因此，有

$$P(T_S > t) = E\left[\prod_{i=1}^{N(t)} (\bar{G}_C(t - T_i))\right] = E\left[E\left[\prod_{i=1}^{N(t)} (\bar{G}_C(t - T_i)) \mid N(t)\right]\right] \qquad (5.40)$$

如前所述，给定 $N(t) = n$，n 个到达时间 $(T_1, T_2, \cdots, T_n)$ 与顺序统计量 $(V_{(1)}, V_{(2)}, \cdots, V_{(n)})$ 对应的 n 个独立随机变量 $(V_1, V_2, \cdots, V_n)$ 在间隔 $(0, t)$ 上的 PDF $v(x)/m(t)$ 分布相同，则

$$E\left[\prod_{i=1}^{N(t)} (\bar{G}_C(t - T_i)) \mid N(t) = n\right]$$
$$= E\left[\prod_{i=1}^{n} (\bar{G}_C(t - V_{(i)}))\right]$$
$$= E\left[\prod_{i=1}^{n} (\bar{G}_C(t - V_i))\right]$$
$$= (E[\bar{G}_C(t - V_1)])^n$$
$$= \left(\frac{1}{m(t)} \int_0^t (\bar{G}_C(t - u))v(u)\mathrm{d}u\right) \qquad (5.41)$$

根据式（5.40）和式（5.41），有

$$P(T_S > t) = \sum_{n=0}^{\infty} \left(\frac{1}{m(t)} \int_0^t (\bar{G}_C(t-u))v(u)\mathrm{d}u\right)^n \cdot \frac{m(t)^n}{n!} \mathrm{e}^{-m(t)}$$
$$= \mathrm{e}^{-m(t)} \cdot \exp\left\{\int_0^t (\bar{G}_C(t-u))v(u)\mathrm{d}u\right\}$$
$$= \exp\left\{\int_0^t \bar{G}_C(t-u)v(u)\mathrm{d}x - \int_0^t v(u)\mathrm{d}u\right\}$$
$$= \exp\left\{-\int_0^t G_C(t-u)v(u\mathrm{d}u)\right\}$$

式中：$G_c(t-u)$ 由式（5.35）定义。因此，使用莱布尼茨定律和式（5.36），$\lambda_s(t)$ 可以通过以下有意义且相当简单的形式表示：

$$\lambda_s(t) = \int_0^t g_c(t-u)v(u)\mathrm{d}u = \int_0^t p(t-u)g(t-u)v(u)\mathrm{d}u \quad (5.42)$$

现在我们将证明在某些假设下，$p(t) \Leftrightarrow q(t)$ 模型 5.3 和当前模型是渐近等效的。实际上，假定 $\lim_{t \to \infty} v(t) \equiv v < \infty$，在不失一般性的情况下，当 $P(t) > 0$ 且 $t \geq 0$ 时，令 $p(t)$ 和 $v(t)$ 为连续函数。当 $t \to \infty$ 时，式（5.42）中的故障率恒定趋于常数，即

$$\lim_{t \to \infty} \lambda_s(t) = \lim_{t \to \infty} \int_0^t p(t-u)g(t-u)v(u)\mathrm{d}u$$

$$= v \int_0^\infty p(u)g(u)\mathrm{d}u$$

后一个积分显然是有限的，因为 $g(t)$ 为 PDF 且 $t > 0$ 时 $p(t) < 1$。具体来说，当 $\lim_{t \to \infty} p(t) = p$ 时，有

$$\lim_{t \to \infty} \lambda_s(t) = vp$$

因此，在给定的假设下，当 $t \to \infty$ 时失效率"渐近收敛"到经典的极端冲击模型 5.3。

5.7 具有延迟和可治愈的应力强度模型

现在考虑一个更具体和实用的模型，该模型可以包括延迟冲击和可修复的特征，其可以在材料和机械结构的可靠性建模中应用。如前所述，令 $v(t)$ 为 NHPP 冲击过程（IE）的速率，S_i 为系统表示的第 i 个冲击（应力）的大小。假设 S_i，$i = 1, 2, \cdots$ 是具有独立同分布的随机变量，其 CDF 和 PDF 分别为 $F_S(s)$（$\overline{F}_S(s) \equiv 1 - F_S(s)$）和 $f_S(s)$。该系统的特点是具有抵抗外界冲击的强度。首先，使系统强度 Y 为常数，即 $Y = y$。假设对于每个 $i = 1, 2, \cdots$，如果 $S_i > y$（即可发生致命故障），则运行的系统立即发生故障；如果 $S_i \leq y$，则延迟时间触发 EE，并可能治愈（如 5.6 节所述）。显然，由于所描述的细化过程（定理 4.6），原始 NHPP 可分成速率为 $\overline{F}_S(y)v(t)$ 和 $F_S(y)v(t)$ 的两个 NHPP 过程。因此，将 5.6 节的结果与经典致命冲击模型 5.3 结合，式（5.38）和式（5.39）可以概括出系统的生存函数及故障率：

$$P(T_s > t \mid Y = y)$$
$$= \exp\left\{-\overline{F}_S(y)\int_0^t v(u)\mathrm{d}u\right\}\exp\left\{-F_S(y)\int_0^t G_C(t-u)v(u)\mathrm{d}u\right\}, t \geq 0$$

$$(5.43)$$

$$\lambda_S(t \mid Y = y) = \overline{F}_S(y)v(t)$$
$$+ F_S(y)\int_0^t p(t-u)g(t-u)v(u)\mathrm{d}u, t \geq 0 \tag{5.44}$$

实际上，由于各种原因，系统 Y 的强度可以被认为是 $[0, \infty)$ 区间上的随机变量，分别用 $H_Y(y)(\overline{H}_Y(y) \equiv 1 - H_Y(y))$ 和 $h_Y(y)$ 表示相应的 CDF 和 PDF。很容易想到将式（5.43）和式（5.44）推广到随机 Y 的情况下只需将这些方程中的 $F_S(u)$ 和 $\overline{F}_S(u)$ 替换为期望值：

$$\int_0^\infty F_S(y)h_Y(y)\mathrm{d}y \text{ 和 } \int_0^\infty \overline{F}_S(y)h_Y(y)\mathrm{d}y \tag{5.45}$$

但是，这是不正确的，因为应该考虑其存活的前提条件（在先前的冲击得以幸存的条件下）。此过程类似于信息的贝叶斯更新。从式（5.43）和式（5.44）可以很容易地看出，该模型可以被视为混合模型，或等效地视为具有脆弱参数 Y 的脆弱模型（请参阅第 6 章）。因此，直接从式（5.43）获得混合（观察到的）生存函数 T_S，其表达式为

$$P(T_S > t) = \int_0^\infty P(T_S \geq t \mid Y = y)h_Y(y)\mathrm{d}y$$
$$= \int_0^\infty \exp\left\{-\int_0^t (\overline{F}_S(y)v(u)\mathrm{d}u + F_S(y)G_C(t-u)v(u))\mathrm{d}u\right\}h_Y(y)\mathrm{d}y$$
$$\tag{5.46}$$

而失效率的条件期望为

$$\lambda_S(t) = \int_0^\infty \lambda_S(t \mid Y = y)h_Y(y \mid T_S > t)\mathrm{d}y \tag{5.47}$$

式中：$h_Y(y \mid T_S > t)$ 是随机变量 $Y \mid T_S > t$ 的 PDF，等价于 $\lambda_S(t)$，定义如下：

$$\lambda_S(t) = -\frac{P'(T_S > t)}{P(T_S > t)}$$

从式（5.43）可知，$h_Y(y \mid T_S > t)$ 为

$$h_Y(y \mid T_S > t) = \exp\left\{-\overline{F}_S(y)\int_0^t v(u)\mathrm{d}u\right\}\exp\left\{-F_S(y)\int_0^t G_C(t-u)v(u)\mathrm{d}u\right\}h_Y(y)$$
$$\cdot \left(\int_0^\infty \exp\left\{-\int_0^t(\overline{F}_S(x)v(u)\mathrm{d}u + F_S(x)G_C(t-u)v(u))\mathrm{d}u\right\}h_Y(x)\mathrm{d}x\right)^{-1}$$
$$\tag{5.48}$$

由式（5.44）、式（5.47）和式（5.48）可知，$\lambda_S(t)$ 的显式形式较为烦琐，在实际计算中应采用数值方法。然而，我们在这里的目标是强调有关的方法问题。

具体来说，当只有致命的直接故障（即没有延迟）时，式（5.46）可简化为

$$P(T_S > t) = \int_0^\infty \exp\left\{-\overline{F}_S(y)\int_0^t v(u)\mathrm{d}u\right\}h_Y(y)\mathrm{d}y \tag{5.49}$$

在积分顺序改变后，相应的失效率变为

$$\lambda_S(t) = \frac{\int_0^\infty \int_0^s \exp\left\{-\overline{F}_S(y)\int_0^t v(u)du\right\} \cdot h_Y(y)dy f_S(s)ds}{\int_0^t \exp\left\{-\overline{F}_S(y)\int_0^t v(u)du\right\} h_Y(y)dy} v(t) \quad (5.50)$$

式（5.50）的右侧仍然比固定强度模型（即简单乘积 $\overline{F}_S(y)v(t)$）的相应失效率复杂得多，但那这种简单性的代价是忽略了系统强度的随机性。

5.8 受两种类型的外部攻击的受保护系统的存活率

对于一个大型系统（LS），考虑到其重要性和（或）巨大的经济价值，应该避免可能的有害攻击或入侵。在许多情况下，这种保护功能是由专门设计的防御系统（DS）执行的。因此，攻击者只有部分或全部摧毁 DS，才能攻击 LS（Cha 等，2014）。

把 DS 的最大性能水平的值记为初始防御能力，则 D_M 可被解释为抵抗防御单位的总数、服务交次数、防火墙数量等。例如，可以设想一个系统，它具有对抗飞机或导弹攻击来保护某些重要物体的（如战斗中的发电站或海港）能力。另一个更"和平的例子"是计算机网络，它应受到保护，免受旨在禁用防火墙的黑客攻击。

攻击者执行两种类型的攻击：针对 DS 的攻击和针对系统本身的攻击。我们将用两个不同的随机点过程模拟这些作用，为了方便起见，分别记为 A1 冲击 和 A2 冲击过程。A1 冲击过程的冲击具有损伤性质，即破坏 DS 的某些部分。假设 DS 是可修复的，因此，这种影响是暂时的。考虑这种情况的随机性，t 时刻的实际防御能力可以用随机过程 $\{D(t), t \geq 0\}$ 表示。例如，它可能最大防御时间，即 $D(t) = D_M$，或者当 $D(t) << D_M$ 时的最大阻抗。因此，与传统的累积损伤的冲击模型不同，我们的模型描述了非单调损伤过程，其对应于相应的修复行为。

DS 系统保护不可修复的 LS 不受 A2 过程的冲击，这些冲击的目的是破坏 LS，或者换句话说，完全终止 LS 的运行。根据可靠性术语，我们将此事件称为故障。假设与经典的极端冲击模型类似，A2 过程中的每个冲击导致 LS 失效的概率为 $p(t)$，或者它"完美地"幸存下来的互补概率为 $q(t) = 1 - p(t)$。在我们的案例中，后者意味着 DS 已经消除了攻击。我们很自然地假设这些概率是防御能力的函数，其意义如下：对于每一个 $D(t) = d(t)$ 的实现，失效概率 $p(t)$ 是实际防御能力的一个递减函数，即 $p(t) = p^*(d(t))$，其中 $p^*(\cdot)$ 在自变量中严格递减。采用最简单和有意义的假定，可以定义一个比例类型的函数：

$$p^*(d(t)) = (D_M - d(t))/D_M$$

当对 LS 的攻击没有被 DS 抵消时，LS 会发生故障，我们关注的是 LS 在 [0,

t)中的生存概率。一个明显的具体例子是,当 A2 冲击过程被替代时,$t' \in [0,t)$ 在时刻只执行一种攻击,其生存概率为 $p(t') = p^*(d(t'))$。上述研究表明,对随机过程 $\{D(t), t \geq 0\}$ 的描述是我们研究的关键。为了得到数学可行解,需要采用相对简单的随机计数过程作为 A1 和 A2 冲击过程的对应模型。

其正式描述如下。

(1) $\{N(t), t \geq 0\}$。A1 冲击为 NHPP 过程,其速率为 $v(t)$ 且到达时间为有序的 $R_i, i = 1, 2, \cdots$ 且 $R_1 < R_2 < R_3, \cdots$。

(2) $\{Q(t), t \geq 0\}$。A2 冲击过程同为 NHPP 过程,其速率 $w(t)$ 和有序到达时间 $B_i, i = 1, 2, \cdots$ 且 $B_1 < B_2 < B_3, \cdots$,考虑在 $[0,t)$ 中只发生一次 A2 事件的特殊情况,即

$$p(t \mid D(t) = D) = 1 - \alpha \frac{D}{D_M}$$

并以互补概率幸存下来

$$q(t \mid D(t) = D) \equiv 1 - p(t \mid D(t) = D) = \alpha \frac{D}{D_M} \tag{5.51}$$

式中:$\{D(t), t \geq 0\}$ 是模拟防御能力 DS 的随机过程;$D_M = D(0)$ 是其固定的最大初始值;$\alpha(0 < \alpha \leq 1)$ 是一个常数。系数 α 表示 DS 对 LS 的保护能力,具体地,当 $\alpha = 1$ 且 $D(t) = D_M$ 时,DS 在 t 时刻对 LS 执行 A2 冲击的 100% 保护。为了简化表示,我们假定 $\alpha = 1$,而一般情况是通过微小的修正获得。应该注意的是,式(5.51)表示 A2 冲击的生存概率与标准化防御能力 $D(t)/D_M$ 成正比。

现在,我们必须构建随机过程 $\{D(t), t \geq 0\}$ 模型,这是该研究中的主要挑战。假设第 i 个 A1 冲对 DS 造成损害 $W_i, i = 1, 2, \cdots$。我们假设这种影响会在随机的时间 τ_i 内"过期"(如维修机构正在从电击的后果中恢复 DS),累积损伤可表示如下:

$$D(t) = D_M - \sum_{i=1}^{N(t)} W_i 1(t - R_i < \tau_i) \tag{5.52}$$

式中:$1(\cdot)$ 是相应的示性函数,显然,随机过程 A1 不应该是负的,我们将对其进行讨论,已确定其分布模型。

假设 A1 冲击次数 t 时刻对总损伤的贡献在可以通过以下随机过程定义:

$$X(t) = \sum_{i=1}^{N(t)} 1(t - R_i \leq \tau_i) \tag{5.53}$$

换句话说,$X(t)$ 为在时间 t 时具有"激活的"损伤(未消除或消失)的 A1 冲击次数。进一步假设:

(3) $\tau_i, i = 1, 2, \cdots$ 是具有 CDF $G(t)$ 和平均 $\bar{\tau}_G$ 的 I.I.D. 随机变量;

(4) $W_i, i = 1, 2, \cdots$ 是 I.I.D. 有限期望 $E[W_i] = d_w$ 的随机变量(用于模型 5.5);

(5) $\{N(t), t \geq 0\}, \{Q(t), t \geq 0\}, W_i, i = 1, 2, \cdots$ 且 $\tau_i, i = 1, 2, \cdots$ 彼此独立。

我们将考虑累积损伤和由此产生的比较关注的两个概率模型。

模型 5.5 当 $\alpha = 1$ 时，根据式 (5.51) 可得

$$q_1(t \mid W_i = w_i, i = 1,2,\cdots;X(t) = r) = \frac{D_M - \sum_{i=1}^{r} w_{j_i}}{D_M} \quad (5.54)$$

其中，$j_1 < j_2 < \cdots < j_r$ 是 W_i 的下标，此时满足条件 $\{t - R_i < \tau_i\}$ 且 q_1 中的下标 "1" 表示第一个模型。最初假设只有一个 A2 冲击，而 A2 的冲击过程将被进一步考虑。在 t 时刻，受单个 A2 冲击的非条件生存概率的相应期望如下式所示，根据 Wald 的等式可以写成

$$q_1(t) = E[q_1(t \mid W_i = 1,2,\cdots;X(t))] = \frac{D_M - E\left[\sum_{i=1}^{X(t)} W_{j_i}\right]}{D_M} = 1 - \frac{E[X(t)]d_w}{D_M} \quad (5.55)$$

在这个模型中，隐含地假设与最大的 D_M 相比，损伤相对较小，即 $d_w \ll D_M$，并且 A1 过程的速率不太大，以便式 (5.52) 为正（即形式上为负的概率可以忽略不计）。稍后将在更广泛的背景下讨论这些假设。

模型 5.6 传统上，模型 5.5 描述了通过 I.I.D.（独立同分布）增量累积的损伤。然而，考虑包含两个冲击过程且当每次冲击都成比例地降低防御能力时，需要关注一个比较新的假定（Cha 等，2014）。在这种情况下，损伤取决于防御能力的值：最大的 $D(t)$ 对应于最大的冲击损伤。这一假设似乎比独立同分布假设更为现实，在许多情况下，损伤的大小取决于攻击系统的大小。假设在 t 时刻只发生 A2 冲击，则该假设可以表示为

$$D(t) = kD(t-) \quad (5.56)$$

式中：比例因子 $k(0 < k < 1)$ 描述了在 A1 过程中的每次冲击的攻击效率；"$t-$" 表示在 t 的紧前时刻。

当防御系统在 $t = 0$ 时刻以"全尺寸"启动时，其在 t 时刻的能力由以下随机变量（对于每个固定 t）给出，或等效地由随机过程 $\{D(t), t \geq 0\}$：

$$D(t) = D_M k^{X(t)} \quad (5.57)$$

因冲击过程 $N(t), t \geq 0$ 造成的所有其他损坏的影响被消除（修复）（未计入式 (5.53)）。与模型 5.5 相反，$D(t)$ 始终为正，也不需要其他假设。根据式 (5.51)，得

$$q_2(t \mid X(t) = r) = k^r \quad (5.58)$$

随机变量 $X(t)$ 在冲击环境下 t 时刻的非条件生存概率的期望为

$$q_2(t) = E[q_2(t \mid X(t))] = E[k^{X(t)}] \quad (5.59)$$

在实践中，k 通常接近 1，这意味着每次 A1 电击只会损失一小部分防御能力。

如前所述，用 T_S 表示 LS 失效的时间。现在我们准备构建生存概率 $P(T_S > t)$。根据式 (5.55) 和式 (5.59)，描述随机过程 $\{D(t), t \geq 0\}$ 并导出两个模

型的 $P(T_S > t)$，需根据式（5.53）构建随机变量 $X(t)$ 的离散分布模型。以下定理的证明非常简单，与前面各节的证明相似，因此将其省略。但是，该结果将是我们在本节中进一步推导的基础，用 $m_v(t)$ 表示冲击的 A1 过程的累积速率，$m_v(t) \equiv E(N(t)) = \int_0^t v(x)\mathrm{d}x$。

定理 5.9 假设 $v(0+) > 0$，则对于每个固定的 t，随机变量 $X(t)$ 分布由以下公式给出：

$$P(X(t) = r) = \frac{\left(\int_0^t v(x)\overline{G}(t-x)\mathrm{d}x\right)^r \exp\left\{-\int_0^t v(x)\overline{G}(t-x)\mathrm{d}x\right\}}{r!} \quad (5.60)$$

式中：$\overline{G}(t) \equiv 1 - G(t)$ 为 $\tau_i, i = 1,2,\cdots$ 的生存概率。

首先考虑在 t 时刻仅受 A2 冲击的存活概率，其在实际应用中非常有意义。事实上，我们分别通过式（5.55）和式（5.59）定义 $q(t)$ 的两个模型，由以下定理给出。

定理 5.10 单个 A2 冲击下，模型 5.5 中系统 LS 在 t 时刻的存活的概率为

$$q_1(t) = 1 - \frac{\left[\int_0^t v(x)\overline{G}(t-x)\mathrm{d}x\right]d_w}{D_M} \quad (5.61)$$

模型 5.6 中的概率为

$$q_2(t) = \exp\left\{-(1-k)\int_0^t v(x)\overline{G}(t-x)\mathrm{d}x\right\} \quad (5.62)$$

证明：根据式（5.60）中立即可知

$$E[X(t)] = \int_0^t v(x)\overline{G}(t-x)\mathrm{d}x$$

因此，式（5.61）成立。

同样，对于模型 5.6，有

$$q_2(t) = E[k^{X(t)}]$$

$$= \sum_{r=0}^{\infty} k^r \frac{\left(\int_0^t v(x)\overline{G}(t-x)\mathrm{d}x\right)^r \exp\left\{-\int_0^t v(x)\overline{G}(t-x)\mathrm{d}x\right\}}{r!}$$

$$= \exp\left\{-(1-k)\int_0^t v(x)\overline{G}(t-x)\mathrm{d}x\right\}$$

定理 5.11 设 $v(t) = v, t \in [0,\infty)$ 或 $\lim_{t\to\infty} v(t) = v$，则 $q_i(t)$ 的定值，比如 $\lim_{t\to\infty} q_i(t) = q_i, i = 1,2$ 由下式给出：

$$q_1 = 1 - \frac{\overline{\tau}_G d_w}{\overline{\tau}_N D_M} \quad (5.63)$$

$$q_2 = \exp\left\{-(1-k)\frac{\overline{\tau}_G}{\overline{\tau}_N}\right\} \quad (5.64)$$

式中：$\bar{\tau}_G = \int_0^\infty \bar{G}(x)\mathrm{d}x$ 是对应于随机变量 $\tau_i, i = 1,2,\cdots$ 的平均时间，$\tau_N = 1/v$ 是连续两次 A1 冲击之间的平均时间（精确或渐近为 $t \to \infty$）。

定理 5.11 的推导比较简单，可以通过对式（5.61）和式（5.62）中的积分使用变量替换 $y = t - x$ 并随后应用 Lebesgue 收敛定理直接证明。当 $\bar{\tau}_G/\bar{\tau}_N \ll 1$ 时，意味着，相对于连续的 A1 冲击之间的时间可以非常快速地修复损坏，如果在不同的 A1 冲击之后的修复时间没有叠加，则模型 5.6 退化为非常简单的冲击模型（通常在实践中无需调整）。在这种情况下，对应于式（5.64）的故障概率仅为 $p_2 = 1 - q_2 \approx (1 - k)\bar{\tau}_G/\bar{\tau}_N$。

根据上述推论，当 t 足够大且 $v(t) = v, t \in [0,\infty)$ 或 $\lim\limits_{t\to\infty} v(t) = v$ 时，式（5.60）的稳态值是值得让人关注的。记 $\bar{\tau}_G/\bar{\tau}_N \equiv \eta$，则式（5.60）的平稳分布是泊松随机变量，参数为

$$P(X_S = r) = \frac{\eta^r \exp\{-\eta\}}{r!} \tag{5.65}$$

定理 5.10 提供了一种简单的方法获得在 t 时刻的单一攻击下 LS 的失效概率。

我们现在研究 A2 的冲击过程，并导出在两种类型的攻击下系统生存的相应概率 $P(T_S > t)$。然而，事实证明，这个问题比第一眼看到的要复杂得多，因此，为了简化这个问题，并获得可能具有实际价值的结果，应该附加一些假设。我们必须回答这样一个问题：定理 5.10 中得到的概率 $q_i(t)(p_i(t))$ 是否适用于经典的 $p(t)\Leftrightarrow q(t)$ 模型？回想一下，在这个极端冲击模型中，速率为 $w(t)$ 的冲击的泊松过程中，每个事件都以概率 $q(t)$ 存活，并且以与所有先前历史无关的互补概率 $p(t) = 1 - q(t)$ 杀死系统。在这种情况下，系统在 $[0,t)$ 中的生存概率由以下指数表示给出（另见式（5.1））：

$$P(T_S \geq t) \equiv \bar{F}_S(t) = \exp\left(-\int_0^t p(u)w(u)\mathrm{d}u\right) \tag{5.66}$$

因此，相应的故障率函数 $\lambda_S(t)$ 为

$$\lambda_S(t) = p(t)w(t), t \geq 0 \tag{5.67}$$

乍一看，我们已经准备好了在式（5.66）中应用式（5.61）和式（5.62）。但是，事实证明，这种情况不满足与历史过程相关性，为了获得一些实际有意义的结果处理这种复杂性的唯一方法是考虑允许该模型进一步简化的其他假设。

假设 A1 和 A2 分别为速率为 v 和 w 的齐次泊松冲击过程，令 A2 的冲击过程与 $X(t)$ 过程的相比比较稀少：

$$\bar{\tau}_Q \equiv \frac{1}{w} \gg \frac{1}{v} \equiv \bar{\tau}_N; \bar{\tau}_G \ll \bar{\tau}_Q \tag{5.68}$$

这在实践中是有意义的，因为对 LS 的攻击强度比对 DS 的攻击强度小得多。式（5.68）中的第二个不等式意味着 DS 的平均修复时间远小于潜在终端

A2 冲击的平均到达时间，这在实践中也是一个合理的假设。不等式（5.68）可理解为快速修复的一种条件约束（Ushakov 和 Harrison，1994）。芬克尔斯坦和 ZARUDIJJ（2002）使用了类似的假设逼近随机需求的多重可用性（即在 $[0, t)$ 中的齐次泊松过程发生时，可修复系统必须是可用的）。假设式（5.68）"有助于 $X(t)$ 忘记历史过程"，因此，一个由式（5.66）和式（5.67）表述的 $p(t) \Leftrightarrow q(t)$ 简单模型成立。实际上，在这些假设下，由于连续 A2 冲击之间的时间足够大，A2 冲击发生瞬间过程 $X(t)$ 值之间的相关性可以忽略不计。因此，对于受 A2 冲击的两个生存概率模型近似由等式（5.66）给出，且以下结果渐近成立。

定理 5.12 设 $v(t) = v, w(t) = w; w/v \to 0, \bar{\tau}_G / \bar{\tau}_Q \to 0$ 且 t 足够大，$t >> \bar{\tau}_Q$，则根据定理 5.11，两个生存概率模型为

$$P_1(T_S \geqslant t) = \exp\left\{-w\left[\eta \frac{d_w}{D_M}\right] t\right\}(1 + o(1)) \quad (5.69)$$

$$P_2(T_S \geqslant t) = \exp\{-w[1 - \exp\{-(1-k)\eta\}]t\}(1 + o(1)) \quad (5.70)$$

其中

$$\eta \equiv \bar{\tau}_G / \bar{\tau}_N$$

值得注意的是，对于足够小的 t，当 $t << \bar{\tau}_Q$ 时，我们可以近似地考虑只有一个 A2 冲击到达且其分布为 $F(t) = 1 - \exp\left\{-\int_0^t w(u) du\right\}$，则

$$P_i(T_S \geqslant t) = \int_0^t q_i(u) f(u) du + \exp\left\{-\int_0^t w(u) du\right\}$$

式中：$q_i(u), i = 1, 2$ 由式（5.61）和式（5.62）给出，且 $f(u) = F'(t)$。显然，就像在这种情况下，可近似认为 A2 冲击过程为主要事件，我们不需要对 A1 过程进行任何其他附加假设。但是，处理 A2 冲击过程会带来更多的数学困难，因此，进行了许多假设和简化，以得出近似值（式（5.69）和式（5.70））。

5.9 基于信息的冲击过程细化

5.9.1 一般假设

在本节中，从细化过程的角度分析先前的研究和应用。（Cox 和 Isham，1980）。当不同类型的点事件（就其影响而言，如对系统的影响）发生时，计数过程细化通常应用于随机建模中。在前几节中，主要关注相应的生存概率，因此，有一系列"生存事件"和最后一个失效事件。现在，我们将关注两个事件序列，将使用此特征进一步讨论 5.7 节的强度 - 应力模型。

当初始计数过程是 NHPP 时，细化过程也是 NHPP，且两者相互独立（参见

定理4.6）。获得这一众所周知结果的关键假设是：发生的点事件的分类与所有其他事件（包括过程的历史）无关。然而，在实践中，这种分类往往依赖于历史。在本节中，我们使用不同级别的可用信息来定义和描述历史相关案例的细化过程，并将一般结果应用于强度–应力型冲击模型，这对可靠性应用意义重大。对于每个考虑的信息水平，我们构造了相应的条件强度函数，并对得到的结果进行了解释。

假设速率（强度函数）为 $v(t)$ 的 NHPP 随机过程 $\{N(t), t \geq 0\}$ 中的每个事件，被归类第 1 类事件的概率为 $p(t)$，归为第 2 类事件的概率为 $1-p(t)$。众所周知（见定理4.6），相应的随机过程 $\{N_1(t), t \geq 0\}$ 和 $\{N_2(t), t \geq 0\}$ 分别是速率为 $p(t)v(t)$ 和 $(1-p(t))v(t)$ 的 NHPP，它们是随机独立的。这种 $p(t) \equiv p$ 的过程在文献中通常称为"计数过程细化"（Cox 和 Isham，1980）。如上所述，在现实中，事件的分类通常依赖于历史，而计数过程不一定是泊松过程。因此，考虑历史相关的细化问题无论从理论还是实践上都是一个有趣而重要的问题。5.7节中所考虑的情况可作为一个特定的例子。

假设一个物体（如一个系统或一个有机体）由一个不可观测的随机量 U 的表征（如强度或应力）。将物体"暴露"在标记的 NHPP 过程中，其速率 $v(t)$ 且到达时间 $T_1 < T_2 < T_3 < \cdots$，随机标记 $S_i, i = 1, 2, \cdots$，可以解释为一些应力或其他要求。如果 $S_i > U$，则发生类型 1 事件；如果 $S_i \leq U$，则发生类型 2 事件。我们比较关注 1 型和 2 型事件过程的概率描述。值得注意的是，事件的概率 $\{S_i > U\}, i = 2, 3, \cdots$ 与历史相关，因为 U 的分布基于先前的历史信息更新，如5.7节所述。

首先，描述 $\{N_1(t), t \geq 0\}$ 和 $\{N_2(t), t \geq 0\}$（$\{N(t) = N_1(t) + N_2(t)\}$）的"条件性质"的特征。在各种实际问题中，我们常常关注一个过程中的条件强度，因为该过程会"影响"系统。细化过程的条件强度或强度过程（见 Aven 和 Jensen（1999）和式（2.26）），$\{N_1(t), t \geq 0\}$ 定义为

$$\lambda_1(t \mid H_{1t-}) = \lim_{\Delta t \to 0} \frac{E[N_1((t+\Delta t)-) - N_1(t-) \mid H_{1t-}]}{\Delta t}$$

$$= \lim_{\Delta t \to 0} \frac{P[N_1((t+\Delta t)-) - N_1(t-) = 1 \mid H_{1t-}]}{\Delta t} \quad (5.71)$$

其中，$H_{1t-} = \{N_1(t-), T_{11}, T_{12}, \cdots, T_{1N_1(t-)}\}$ 是类型 1 事件的过程在 t 时刻之前的历史信息，$T_{1i}, i = 1, 2, \cdots$ 为对应的顺序到达时间。一方面，我们经常观察到过程 $\{N_1(t), t \geq 0\}$，例如，某些"有效事件"的过程可能导致系统中某些"可检测的变化"（或后果）；另一方面，$\{N_2(t), t \geq 0\}$ 可能是"无效事件"的过程，对系统完全没有影响。因此，"观察到的历史" H_{1t-} 是"可用信息"，用于通过相应的条件强度来描述 $\{N_1(t), t \geq 0\}$，而无效事件通常（并不必要）未观察到，因此 $\{N_2(t), t \geq 0\}$ 过程的信息不可用。

由于条件强度完全描述了基础点过程，因此，显然可以将其用于定义相应的条件失效率，该条件失效率描述了关注事件发生的时间。例如，假设我们的系统在第 k 个第 1 类事件（如由于某些损坏的累积）发生时失效，而如前所述，第 2 类事件是无效的。然后，在给定 $N_1(t-) = k-1$ 的情况下，可以将式（5.71）中的条件强度 $\lambda_1(t \mid H_{1t-})$ 视为条件失效率（根据历史记录）。具体来说，当我们的系统在类型 1 事件中发生故障时，我们关注的历史记录变为 $H_{1t-} = \{N_1(t-) = 0\}$。另外，假设当第 k 个第 1 类事件发生时系统以 $p(k)$ 概率存活，并且以概率 $1 - p(k)$ 失效，与所有其他事件无关。给定 $N_1(t-) = k-1$ 在 t 时刻的条件故障率（在给出历史 H_{1t-} 的条件下）为 $\lambda_1(t \mid H_{1t-})p(k)$，因此，类型 1 事件可能会终止该过程，这对于不同的可靠性应用很重要。

如上例所示，可以定义表征"致命事件"的不同条件。然而，我们主要关注的是如何通过条件强度 $\lambda_1(t \mid H_{1t-})$（无终止）描述随机过程 $\{N_1(t), t \geq 0\}$。因此，我们将首先关注式（5.71）中的条件强度，其全部历史为 $H_{1t-} = \{N_1(t-), T_{11}, T_{12}, \cdots, T_{1N_1(t-)}\}$。为了方便起见，在某些情况下，还将使用符号 H_{1t-} 表示相应 $\{N_1(t-) = n_1, T_{11} = t_{11}, T_{12} = t_{12}, \cdots, T_{1N_1(t-)} = t_{1n_1}\}$ 的实现。此外，还将研究给定部分历史的情况，即 $\lambda_1(t \mid H_{1t-}^p)$，其中 H_{1t-}^p 是 H_{1t-} 的部分历史。例如，可能未观察（记录）到达时间但仅观察（记录）类型 1 事件数的情况。在这种情况下，手头的"可用信息"只有 $N_1(t-)$。

回到特定的应力强度示例，请注意，当 $\{N(t), t \geq 0\}$ 是 NHPP 时，U 是确定性的，$U = u$ 和 $S_i, i = 1, 2, \cdots$ 具有一般的概率累积分布函数 $F_S(s)$，随机过程 $\{N_1(t), t \geq 0\}$ 和 $\{N_2(t), t \geq 0\}$ 均为 NHPP。此外，它们是随机独立的，分别具有速率 $p(t)v(t)$ 和 $(1-p(t))v(t)$，其中 $p(t) = P(S_i > u)$。因此，显然当过程 $\{N_1(t), t \geq 0\}$ 具有独立增量的属性时，有

$$\lambda_1(t \mid H_{1t-}) = \lim_{\Delta t \to 0} \frac{E[N_1((t+\Delta t)-) - N_1(t-) \mid H_{1t-}]}{\Delta t} = P(S_i > u)v(t)$$

在推导出细化过程的一般公式之后，我们将会研究当 U 是随机变量时的情形。

5.9.2 基于信息的细化过程形式化描述

记 $\{N(t), t \geq 0\}$ 是事件到达时间为 $T_i, i = 1, 2, \cdots$ 的有序计数过程。我们假设这个过程对系统来说是外部的，因为它可能影响系统的性能，但不受其影响（弗莱明和哈林顿，1991）。对于来自 $\{N(t), t \geq 0\}$ 的每个事件，依赖于历史过程 $\{N(t), t \geq 0\}, \{N_1(t), t \geq 0\}$（注意：$N(t) = N_1(t) + N_2(t)$ 的历史记录，并参见上一节中的相应描述）以及在 t 时刻之前的一些其他随机历史过程 Φ_{t-}，即那些不属于类型 1 类或 2 类的事件。具体地说，$\Phi_{t-} \equiv \Phi$ 可以仅仅是随机变量，如上例中的随机量 U。在无穷小时间间隔内，类型 1 事件的条件概率可以写成

$$P[N_1((t+dt)-) - N_1(t-) = 1 \mid H_{1t-}, H_{t-}, \Phi_{(t+dt)-}]$$
$$= P[N_1((t+dt)-) - N_1(t-) = 1 \mid H_{1t-}, H_{t-}, \Phi_{(t+dt)-}, N((t+dt)-) - N(t-) = 1]$$
$$\cdot P[N((t+dt)-) - N(t-) = 1 \mid H_{1t-}, H_{t-}, \Phi_{(t+dt)-}]$$
$$+ P[N_1((t+dt)-) - N_1(t-) = 1 \mid H_{1t-}, H_{t-}, \Phi_{(t+dt)-}, N((t+dt)-) - N(t-) = 0]$$
$$\cdot P[N((t+dt)-) - N(t-) = 0 \mid H_{1t-}, H_{t-}, \Phi_{(t+dt)-}]$$
$$= P[N_1((t+dt)-) - N_1(t-) = 1 \mid H_{1t-}, H_{t-}, \Phi_{(t+dt)-}, N((t+dt)-) - N(t-) = 1]$$
$$\cdot P[N((t+dt)-) - N(t-) = 1 \mid H_{t-}] \tag{5.72}$$

其中
$$P[N((t+dt)-) - N(t-) = 1 \mid H_{1t-}, H_{t-}, \Phi_{(t+dt)-}]$$

简写为
$$P[N((t+dt)-) - N(t-) = 1 \mid H_{t-}]$$

因为初始点过程被定义为外部的。应该注意的是，H_{t-} 是初始过程 $\{N(t), t \geq 0\}$ 的历史，它不包含关于事件类型和每种类型事件的相应到达时间的信息。换言之，数学上，H_{t-} "不定义" H_{1t-}，这两个都需要。因此，根据式（5.72），有
$$P[N_1((t+dt)-) - N_1(t-) = 1 \mid H_{1t-}, H_{t-}, \Phi_{(t+dt)-}]$$
$$= P[N_1((t+dt)-) - N_1(t-) = 1 \mid H_{1t-}, H_{t-}, \Phi_{(t+dt)-}, N((t+dt)-) - N(t-) = 1] \cdot v(t \mid H_{t-}) dt$$

式中：$v(t \mid H_{t-})$ 为 $N(t), t \geq 0$ 的条件强度，即
$$v(t \mid H_{t-}) \equiv \lim_{\Delta t \to 0} \frac{P[N((t+\Delta t)-) - N(t-) = 1 \mid H_{t-}]}{\Delta t}$$

因此，我们得出了有关基于历史细化过程的一般条件强度结论（Cha 和 Finkelstein，2012b）。

定理 5.14 在给定的假设下，条件强度 $\lambda_1(t \mid H_{1t-})$ 由以下表达式定义：
$$\lambda_1(t \mid H_{1t-})$$
$$= E_{(H_{t-}, \Phi_{(t+dt)-} \mid H_{1t-})}[P[N_1((t+dt)-) - N_1(t-) = 1 \mid H_{1t-}, H_{t-}, \Phi_{(t+dt)-}, N((t+dt)-)) - N(t-)$$
$$= 1] \cdot v(t \mid H_{t-})] \tag{5.73}$$

式中：$E_{(H_{t-}, \Phi_{(t+dt)-} \mid H_{1t-})}[\cdot]$ 为 $(H_{t-}, \Phi_{(t+dt)-} \mid H_{1t-})$ 联合条件分布的期望。

定理 5.14 适用于一般有序计数过程。此外，当我们仅观察部分历史 H_{1t-}^P 时，通过用 H_{1t-}^P 代替 H_{1t-} 并应用适当修改的条件分布 $(H_{t-}, \Phi_{(t+dt)-} \mid H_{1t-}^P)$，可以从式（5.73）获得条件强度 $\lambda_1(t \mid H_{1t-}^P)$。

在下面的内容中，我们将简化假设并考虑消除式（5.73）中第二项和历史相关的因子，但将保留第一项。因此，$v(t \mid H_{t-})$ 被相应的 NHPP 的速率 $v(t)$ 代替。这一假设使能够使下一节研究成果获得的封闭解。

5.9.3 应力强度类型的分类模型

首先考虑仅观察到部分信息 $H_{1t-}^P = \{N_1(t-)\}$ 的情况，这意味着，没有观察

到相应的到达时间。因此，仅类型 1 事件的数量可用。然后，有

$$\lambda_1(t \mid H_{1t-}^P)$$
$$= E_{(H_{t-},\Phi_{(t+dt)-} \mid H_{1t-}^P)}[P[N_1((t+dt)-)-N_1(t-))$$
$$= 1 \mid H_{1t-}^P, H_{t-}, \Phi_{(t+dt)-}, N((t+dt)-)-N(t-)=1]]v(t) \quad (5.74)$$

其中，期望是关于 $(H_{t-}, \Phi_{(t+dt)-} \mid H_{1t-}^P)$ 的联合条件分布，分别用 $g_U(u)$ 和 $G_U(u)$ 表示随机量（强度）U 的 PDF 和 CDF。在这种情况下，有

$$\Phi_{(t+dt)-} = \{S_1, S_2, \cdots, S_{N((t+dt)-)}; U\}$$

和

$$P[N_1((t+dt)-)-N_1(t-)=1 \mid H_{1t-}^P, H_{t-1}, \Phi_{(t+dt)-}, N((t+dt)-)-N(t-)=1]$$
$$= I(S_{N(t-)+1} > U)$$

其中 $(U \mid H_{1t-}^P)$ 的条件分布确实取决于历史 H_{1t-}^P，如前所述，S_i 为第 i 个事件的应力值。因此，根据定理 5.14，$\lambda_1(t \mid H_{1t-}^P)$ 可以写成

$$\lambda_1(t \mid H_{1t-}^P) = P(S_{N(t-)+1} > U \mid H_{1t-}^P) \cdot v(t)$$

由于 $S_{N(t-)+1}$ 的分布不依赖于历史记录 $H_{1t-}^P = \{N_1(t-)\}$，因此足以得出 $(U \mid H_{1t-}^P)$ 的分布。给定 $U = u$，过程 $\{N_1(t), t \geq 0\}$ 是强度为 $\overline{F}_S(u)v(t)$ 的 NHPP，其条件分布 $(N_1(t-) \mid U)$ 为

$$P(N_1(t-) = n_1 \mid U = u) = \frac{\left(\overline{F}_S(u)\int_0^t v(x)\mathrm{d}x\right)^{n_1}}{n_1!}\exp\left\{-\overline{F}_S(u)\int_0^t v(x)\mathrm{d}x\right\}$$

条件分布 $(U \mid N_1(t-))$ 为

$$\frac{\dfrac{(\overline{F}_s(u)\int_0^t v(x)\mathrm{d}x)^{n_1}}{n_1!}\exp\left\{-F_s(u)\int_0^t v(x)\mathrm{d}x\right\}g_U(u)}{\int_0^\infty \dfrac{(\overline{F}_s(u)\int_0^t v(x)\mathrm{d}x)^{n_1}}{n_1!}\exp\left\{-F_s(w)\int_0^t v(x)\mathrm{d}x\right\}g_U(w)\mathrm{d}w}$$

$$= \frac{(\overline{F}_s(u))^{n_1}\exp(\overline{F}_s(u)\int_0^t v(x\mathrm{d}x)g_U(u)}{\int_0^\infty (\overline{F}_s(u))^{n_1}\exp(\overline{F}_s(u)\int_0^t v(x)\mathrm{d}x)g_U(w)\mathrm{d}w}$$

最后，根据式 (5.74)，有

$$\lambda_1(t \mid H_{1t-}^P) = \frac{\int_0^\infty \overline{F}_S(u) \cdot (\overline{F}_S(u))^{n_1}\exp\left\{-\overline{F}_S(u)\int_0^t v(x)\mathrm{d}x\right\} \cdot g_U(u)}{\int_0^\infty (\overline{F}_S(w))^{n_1}\exp\left\{-\overline{F}_S(w)\int_0^t v(x)\mathrm{d}x\right\} \cdot g_U(w)\mathrm{d}w} \cdot v(t)$$

(5.75)

对于 $H_{1t-}^{P} = \{N_1(t-) = 0\}$,即 $n_1 = 0$ 的特定情况,式 (5.75) 中条件强度 $\lambda_1(t \mid H_{1t-}^{P})$ 化简为

$$\lambda_S(t) = \frac{\int_0^\infty \int_0^s \exp\left\{-\overline{F}_S(r) \int_0^t v(x)\,dx\right\} \cdot g_U(r)\,dr f_S(s)\,ds}{\int_0^\infty \exp\left\{-\overline{F}_S(r) \int_0^t v(x)\,dx\right\} g_U(r)\,dr} v(t)$$

这显然与等式 (5.50) 相同。

现在考虑具有完整历史记录的情况:

$$H_{1t-} = \{N_1(t-) = n_1, T_{11} = t_{11}, T_{12} = t_{12}, \cdots, T_{1N_1(t-)} = t_{1n_1}\}$$

上述信息被观察到,也可用。在前一种情况下,推导条件强度的关键步骤是获得 $(U \mid H_{1t-}^{P})$ 的条件分布。直观地,因为 U 的分布不仅取决于直到 t 时刻之前"成功次数",也取决于事件的到达时间,在不损失历史信息的前提下似乎可以将整个历史记录 H_{1t-} 缩减为部分历史记录 H_{1t-}^{P}(即完整历史记录 H_{1t-} 是多余的)。不出所料,该分析表明,我们的阐述是正确的。为了说明这一点,如前所述

$$P[N_1((t+dt)-) - N_1(t-) = 1 \mid H_{1t-}, H_{t-}, \Phi_{(t+dt)-}, N((t+dt)-) - N(t-) = 1]$$
$$= I(S_{N(t-)+1} > U)$$

根据定理 5.14,可得出 $\lambda_1(t \mid H_{1t-})$ 为

$$\lambda_1(t \mid H_{1t-}) = P(S_{N(t-)+1} > U \mid H_{1t-}) \cdot v(t)$$

获得 $(U \mid H_{1t-})$ 的分布足以获得 $(N_1(t-), T_{11}, T_{12}, \cdots, T_{1N_1(t-)} \mid U)$ 的联合条件分布,即

$$\exp\left\{-\int_0^{t_1} \overline{F}_S(u)v(x)\,dx\right\} \overline{F}_S(u)v(t_{11}) \exp\left\{-\int_{t_{11}}^{t_{12}} \overline{F}_S(u)v(x)\,dx\right\} \overline{F}_S(u)v(t_2) \cdots$$

$$\cdot \exp\left\{-\int_{t_{1(1_1-1)}}^{t_{1n_1}} \overline{F}_S(u)v(x)\,dx\right\} \overline{F}_S(u)v(t_{1n_1}) \exp\left\{-\int_{t_{1n_1}}^{t} \overline{F}_S(u)v(x)\,dx\right\}$$

$$= (\overline{F}_S(u))^{n_1} v(t_{11})v(t_{12})\cdots v(t_{1n}) \exp\left\{-\overline{F}_S(u) \int_0^t v(x)\,dx\right\}$$

因此,$(U \mid N_1(t-), T_{11}, T_{12}, \cdots, T_{1N_1(t-)})$ 的条件分布为

$$\frac{(\overline{F}_S(u))^{n_1} v(t_{11})v(t_{12})\cdots v(t_{1n_1}) \exp\left\{-\overline{F}_S(u) \int_0^t v(x)\,dx\right\} \cdot g_U(u)}{\int_0^\infty (\overline{F}_S(w))^{n_1} v(t_{11})v(t_{12})\cdots v(t_{1n_1}) \exp\left\{-\overline{F}_S(w) \int_0^t v(x)\,dx\right\} \cdot g_U(w)\,dw}$$

$$= \frac{(\overline{F}_S(u))^{n_1} \exp\left\{-\overline{F}_S(u) \int_0^t v(x)\,dx\right\} \cdot g_U(u)}{\int_0^\infty (\overline{F}_S(w))^{n_1} \exp\left\{-\overline{F}_S(w) \int_0^t v(x)\,dx\right\} \cdot g_U(w)\,dw}$$

与条件分布$(U \mid N_1(t-))$相同，继而，$\lambda_1(t \mid H_{1t-})$可表示为

$$\lambda_1(t \mid H_{1t-}) = \frac{\int_0^\infty \overline{F_S}(u) \cdot (\overline{F_S}(u))^{n_1} \exp\left\{-\overline{F_S}(u)\int_0^t v(x)\mathrm{d}x\right\} \cdot g_U(u)}{\int_0^\infty (\overline{F_S}(w))^{n_1} \exp\left\{-\overline{F_S}(w)\int_0^t v(x)\mathrm{d}x\right\} \cdot g_U(w)\mathrm{d}w} \cdot v(t)$$

注意：由于外部计数过程是NHPP，因此$\lambda(t \mid H_{t-}) = v(t)$。然后，令$\lambda(t \mid H_{1t-}) = \lambda_1(t \mid H_{1t-}) + \lambda_2(t \mid H_{1t-})$，则以下关系式成立：

$$\lambda_2(t \mid H_{1t-}) \equiv \lim_{\Delta t \to 0} \frac{P[N_2((t+\Delta t)-) - N_2(t-) = 1 \mid H_{1t-}]}{\Delta t}$$

$$= v(t) - \lambda_1(t \mid H_{1t-})$$

显然，随机过程中$\{N_1(t), t \geq 0\}$在t时刻之前发生的事件的条件概率为

$$\frac{\lambda_1(t \mid H_{1t-})}{\lambda_1(t \mid H_{1t-}) + \lambda_2(t \mid H_{1t-})}$$

显然，随机过程$\{N_1(t), t \geq 0\}$和$\{N_2(t), t \geq 0\}$现在都不是NHPP。

当我们观察到$\{N_1(t), t \geq 0\}$和$\{N_2(t), t \geq 0\}$的完整历史时，可以用类似的方式讨论（Cha和Finkelstein，2012b）。

参考文献

Aalen OO, Borgan O, Gjessing HK (2008) Survival and event history analysis. Springer, Berlin
Anderson PK, Borgan O, Gill RD, Keiding N (1993) Statistical models based on counting processes. Springer, New York
Aven T, Jensen U (1999) Stochastic models in reliability. Springer, New York
Cha JH, Finkelstein M (2009) On a terminating shock process with independent wear increments. J Appl Probab 46:353–362
Cha JH, Finkelstein M (2011) On new classes of extreme shock models and some generalizations. J Appl Probab 48:258–270
Cha JH, Finkelstein M (2012a) Stochastic survival models with events triggered by external shocks. Probab Eng Inf Sci 26:183–195
Cha JH, Finkelstein M (2012b) Information-based thinning of point processes and its application to shock models. J Stat Plann Infer 142:2345–2350
Cha JH, Finkelstein M (2012c) A note on the curable shock processes. J Stat Plann Infer 142:3146–3151
Cha JH, Finkelstein M (2013a) A note on the class of geometric point processes. Probab Eng Inf Sci 27:177–185
Cha JH, Finkelstein M (2013b) On generalized shock models for deteriorating systems. Appl Stochast Models Bus Ind 29:496–508
Cha JH, Finkelstein M, Marais F (2014) Survival of systems with protection subject to two types of external attacks. Ann Oper Res 212:79–91
Cha JH, Mi J (2011) On a stochastic survival model for a system under randomly variable environment. Methodol Comput Appl Probab 13:549–561
Cox DR, Isham V (1980) Point processes. University Press, Cambridge
Finkelstein M (2007) On statistical and information-based virtual age of degrading systems. Reliab Eng Syst Saf 92:676–682
Finkelstein M (2008) Failure rate modelling for reliability and risk. Springer, London
Finkelstein M (1999) Wearing-out components in variable environment. Reliab Eng Syst Saf 66:235–242

Finkelstein M, Marais F (2010) On terminating Poisson processes in some shock models. Reliab Eng Syst Saf 95:874–879

Finkelstein M, Zarudnij VI (2002) Laplace transform methods and fast repair approximations for multiple availability and its generalizations. IEEE Trans Reliab 51:168–177

Fleming TR, Harrington DP (1991) Counting processes and survival analysis. Wiley, New York

Gut A, Hüsler J (2005) Realistic variation of shock models. Stat Probab Lett 74:187–204

Kebir Y (1991) On hazard rate processes. Naval Res Logistics 38:865–877

Lemoine AJ, Wenocur ML (1985) On failure modeling. Naval Res Logistics 32:497–508

Lemoine AJ, Wenocur ML (1986) A note on shot-noise and reliability modeling. Oper Res 34:320–323

Nachlas JA (2005) Reliability engineering: probabilistic models and maintenance methods. Taylor & Francis, Boca Raton

Rice J (1977) On generalized shot noise. Adv Appl Probab 9:553–565

Ross SM (1996) Stochastic processes, 2nd edn. Wiley, New York

Ushakov IA, Harrison RA (1994) Handbook of reliability engineering. Wiley, New York

第6章 泊松冲击模型及其在预防性维护中的应用

本章将更详细地研究广义的泊松冲击模型用于描述随机环境的影响。该模型在数学上是易处理的，并且可对所关注的特征进行显式表达。在此重点推导相应的条件和联合分布，这对实际应用中的几个重要的预防性维护（PM）模型至关重要。基于这些结果，本章进一步研究了具有由所述随机故障模型定义的有寿系统的先进预防性维护策略。

6.1 条件特征和说明

6.1.1 条件特征

本章内容主要围绕 Cha 等（2017a、b、c）的研究展开。类似于 4.4.2 节，首先讨论一种模拟随机环境对系统可靠性特征影响的通用方法，然后通过泊松冲击过程模拟这种环境。

假设一个生命周期为 T 的系统在一个随机环境中运行，该环境可由某个（协变量）随机过程 $\{Z(t), t \geq 0\}$ 描述。例如，随机过程 $\{Z(t), t \geq 0\}$ 可以表示随时间变化的外部温度、电气或机械负荷或其他随机变化的外部应力等。然后，可正式定义相应的系统条件失效率（Kalbfleisch 和 Prentice 1980；Aalen 等，200），即

$$r(t \mid z(u), 0 \leq u \leq t) \equiv \lim_{\Delta t \to 0} \frac{P(t < T \leq t + \Delta t \mid Z(u) = z(u), 0 \leq u \leq t, T > t)}{\Delta t}$$

注意：该条件失效率是为实现协变量过程而指定的。然而，由于协变量过程尚未确定，它显然成为危险率（随机）过程。当对该过程进行非限制性约束和技术性假设下，其相应的生存函数（在现实中）可以下述指数形式表示（参见莱曼（2009）的详细信息）：

$$P(T > t \mid Z(u) = z(u), 0 \leq u \leq t) = \exp\left\{-\int_0^t r(s \mid z(u), 0 \leq u \leq s) \mathrm{d}s\right\}$$

(6.1)

假设系统内部为非齐次泊松冲击过程 $\{N(t), t \geq 0\}$，速率为 $\lambda(t)$ 时，研究其外部随机环境。同样，如前所述，用 $T_1 \leq T_2 \leq \cdots$ 表示外部冲击的连续到达时间。令 $\Psi_1, \Psi_2, \cdots$ 为独立同分布的连续随机变量形成的随机序列，具有共同分布

$G(t)$。注意：在 4.4.2 节研究过一个具体的劣化系统 $\Psi_i, i = 1, 2, \cdots$。假设对应于系统寿命 T 的条件故障率函数为

$$r(t \mid N(u), 0 \leq u \leq t; \Psi_i = \psi_i, i = 1, 2, \cdots, n(t))$$
$$\equiv \lim_{\Delta t \to 0} \frac{P(t < T \leq t + \Delta t \mid N(u) = n(u), 0 \leq u \leq t; \Psi_i = \psi_i, i = 1, 2, \cdots, n(t); T > t)}{\Delta t}$$
$$= r_0(t) + \sum_{i=1}^{n(t)} \psi_i \qquad (6.2)$$

式中：$r_0(t)$ 为"基准故障率"（固有故障率），它定义了实验室环境下的寿命分布，即当没有外部冲击过程时。根据式（6.2）可将外部冲击对寿命 T 的影响解释为："在第 i 次冲击时，相应的故障率随着 ψ_i 的增加而增加"（Nakagawa, 2007; Cha 和 Lee, 2010; Cha 和 Mi, 2011; Cha 和 Finkelstein, 2009、2011; Finkelstein 和 Cha, 2013）。

基于式（6.2）的条件故障率所述的随机失效模型，可以解释系统的"非条件"故障率行为，这将是本节的主要内容。如前所述，由于外部冲击过程尚未固定，条件故障率（式（6.2））为随机过程，记为 $\{r_t, t \geq 0\}$，其形式为

$$r_t \equiv r(t \mid N(u), 0 \leq u \leq t; \Psi_i, i = 1, 2, \cdots, N(t)) = r_0(t) + \sum_{i=1}^{N(t)} \Psi_i \quad (6.3)$$

这个模型的一个具体例子是当所有 $\Psi_i, i = 1, 2, \cdots$ 确定为常数且等于 η，即

$$r_t = r_0(t) + \eta N(t) \qquad (6.4)$$

这曾在 4.4.2 节中研究过。

为了描述模型式（6.3）中幸存者的相应分布，并获得在所述类型的随机环境中运行的系统非条件（固有）故障率，必须考虑 $(N(t), \Psi_i, i = 1, 2, \cdots, N(t) \mid T > t)$ 的条件联合分布。基于这种联合条件分布，在本节中，我们将分析和说明由此产生的故障率的形状和其他相关的可靠性特征。在后面的章节中，我们将讨论由式（6.4）定义的模型在最优预防性维修建模中的各种应用。

根据式（6.3），系统的非条件故障率（用 $r(t)$ 表示）可定义为以下期望值：

$$r(t) \equiv \lim_{\Delta t \to 0} \frac{P(t < T \leq t + \Delta t \mid T > t)}{\Delta t}$$
$$= E_{N(t), \Psi_i, i = 1, 2, \cdots, N(t) \mid T > t} \left[\lim_{\Delta t \to 0} \frac{P(t < T \leq t + \Delta t \mid N(u), 0 \leq u \leq t; \Psi_i, i = 1, 2, \cdots, N(t); T > t)}{\Delta t} \right]$$
$$= r_0(t) + E\left[\sum_{i=1}^{N(t)} \Psi_i \mid T > t \right] \qquad (6.5)$$

式中：$E_{N(t), \Psi_i, i = 1, 2, \cdots, N(t) \mid T > t}$ 为条件分布 $(N(t), \Psi_i, i = 1, 2, \cdots, N(t) \mid T > t)$ 的数学期望。由于式（6.5）中的非条件故障率包含条件期望 $E\left[\sum_{i=1}^{N(t)} \Psi_i \mid T > t \right]$，因此，有必要导出 $(N(t), \Psi_i, i = 1, 2, \cdots, N(t) \mid T > t)$ 的条件分布并研究其行为，以解释非条件故障率函数 $r(t)$ 的形状。

定理6.1 令 $M_{\Psi(t)}$ 为 Ψ_i 的 MGF，则 $(\Psi_1, \Psi_2, \cdots, \Psi_{N(t)}, N(t) \mid T > t)$ 的联合条件分布为

$$f_{\Psi_1,\Psi_2,\cdots,\Psi_{N(t)},N(t)\mid T>t}(x_1,x_2,\cdots,x_n,n)$$

$$= \left(\prod_{i=1}^{n} \frac{\int_0^t \exp\{-x_i(t-v)\}g(x_i)\lambda(v)dv}{\int_0^t \int_0^\infty \exp\{-x(t-v)\}g(x)dx\lambda(v)dv} \right) \cdot$$

$$\frac{\left(\int_0^t M_\Psi(-(t-v))\lambda(v)dv\right)^n}{n!} \exp\left\{-\int_0^t M_\Psi(-(t-v))\lambda(v)dv\right\}$$

$$x_i \geq 0, i = 1,2,\cdots,n; n = 0,1,2,\cdots$$

证明： 请注意，冲击过程 $\{N(u), 0 \leq u \leq t\}$ 的历史可以完全由 $\{T_1, T_2, \cdots, T_{N(t)}, N(t)\}$ 指定。然后，根据式（6.1）构建模型中条件失效率和条件生存函数之间的关系：

$$P(T > t \mid T_1, T_2, \cdots, T_{N(t)}, N(t); \Psi_i, i = 1,2,\cdots,N(t))$$

$$= \exp\left\{-\int_0^t r_0(u)du\right\} \exp\left\{-\int_0^t \sum_{i=1}^{N(u)} \Psi_i du\right\}$$

$$= \exp\left\{-\int_0^t r_0(u)du\right\} \exp\left\{-\sum_{i=1}^{N(t)} \Psi_i(t - T_i)\right\}$$

$$= \exp\left\{-\int_0^t r_0(u)du\right\} \prod_{i=1}^{N(t)} \exp\{-\Psi_i(t - T_i)\} \tag{6.6}$$

为了更方便地对我们的模型进行数学处理，可以用"随机变量的随机集和"等效地表示式（6.6）中的条件生存函数，这将使我们能够以常规方式处理独立随机变量：

$$P(T > t \mid W_1, W_2, \cdots, W_{N(t)}, N(t); \Psi_i, i = 1,2,\cdots,N(t))$$
$$= \exp\left\{-\int_0^t r_0(u)du\right\} \prod_{i=1}^{N(t)} \exp\{-\Psi_i(t - W_i)\} \tag{6.7}$$

式中：$\{W_1, W_2, \cdots, W_{N(t)}\}$ 是 $\{T_1, T_2, \cdots, T_{N(t)}\}$ 的随机集合（即随机排列），根据命题4.2，$(T_1, T_2, \cdots, T_{N(t)}, N(t))$ 的联合分布为

$$\left(\prod_{i=1}^{n} \lambda(t_i)\right) \exp\left\{-\int_0^t \lambda(u)du\right\}, 0 \leq t_1 \leq t_2 \leq \cdots \leq t_n \leq t, n = 0,1,2,\cdots$$

因此，$(W_1, W_2, \cdots, W_{N(t)}, \Psi_1, \Psi_2, \cdots, \Psi_{N(t)}, N(t))$ 的联合分布为

$$f_{W_1,W_2,\cdots,W_{N(t)},\Psi_1,\Psi_2,\cdots,\Psi_{N(t)},N(t)}(w_1,w_2,\cdots,w_n,x_1,x_2,\cdots,x_n,n)$$

$$= \frac{1}{n!}\left(\prod_{i=1}^{n}\lambda(w_i)g(x_i)\right)\exp\left\{-\int_0^t \lambda(u)du\right\} \tag{6.8}$$

当 $0 \leq w_i \leq t, x_i \geq 0, i = 1,2,\cdots,n; n = 0,1,2,\cdots$ 时，根据式（6.7）和式（6.8），可得 $(T > t, N(t))$ 的联合分布为

$$P(T>t, N(t)=n)$$
$$= \frac{1}{n!}\exp\left\{-\int_0^t r_0(u)du\right\}\exp\left\{-\int_0^t \lambda(u)du\right\}\int_0^t \cdots \int_0^t \prod_{i=1}^n \lambda(v_i) M_\Psi(-(t-w_i))dw_1 dw_2 \cdots dw_n$$

$$= \exp\left\{-\int_0^t r_0(u)du\right\}\exp\left\{-\int_0^t \lambda(u)du\right\}\frac{\left(\int_0^t M_\Psi(-(t-v))\lambda(v)dv\right)^n}{n!} \tag{6.9}$$

式中：$M_\Psi(t)$ 是 Ψ_i 的 mgf，根据式（6.9），有

$$P(T>t) = \exp\left\{-\int_0^t r_0(u)du\right\}\exp\left\{-\int_0^t \lambda(u)du\right\}\sum_{n=0}^\infty \frac{\left(\int_0^t M_\Psi(-(t-v))\lambda(v)dv\right)^n}{n!}$$

$$= \exp\left\{-\int_0^t r_0(u)du\right\}\exp\left\{-\int_0^t \lambda(u)du\right\}\exp\left\{\int_0^t M_\Psi(-(t-v))\lambda(v)dv\right\} \tag{6.10}$$

最后，根据式（6.7）和式（6.8）以及式（6.10），得到

$$f_{\Psi_1,\Psi_2,\cdots,\Psi_{N(t)},N(t)\mid T>t}(x_1,x_2,\cdots,x_n,n)$$
$$= \left(\prod_{i=1}^n \frac{\int_0^t \exp\{-x_i(t-v)\}g(x_i)\lambda(v)dv}{\int_0^t \int_0^\infty \exp\{-x(t-v)\}g(x)dx\lambda(v)dv}\right) \cdot$$
$$\frac{\left(\int_0^t M_\Psi(-(t-v))\lambda(v)dv\right)^n}{n!}\exp\left\{-\int_0^t M_\Psi(-(t-v))\lambda(v)dv\right\}$$

注释 6.1 从定理 6.1 可以得出，给定 $T>t$ 时随机变量 $(\Psi_1,\Psi_2,\cdots,\Psi_{N(t)},N(t))$ 是独立的，并且具有以下相同的条件边缘分布：

$$f_{\Psi_i\mid T>t}(x_i) = \frac{\int_0^t \exp\{-x_i(t-v)\}g(x_i)\lambda(v)dv}{\int_0^t \int_0^\infty \exp\{-x(t-v)\}g(x)dx\lambda(v)dv}, x_i \geq 0, i=1,2,\cdots,n$$

且泊松分布为

$$P(N(t)=n \mid T>t) = \frac{\left(\int_0^t M_\Psi(-(t-v))\lambda(v)dv\right)^n}{n!}\exp\left\{-\int_0^t M_\Psi(-(t-v))\lambda(v)dv\right\}$$

$n=0,1,2,\cdots$

推论 6.1 非条件失效率函数 $r(t)$ 由下式给出：

$$r(t) = r_0(t) + E[N(t) \mid T>t] \cdot E[\Psi_i \mid T>t]$$
$$= r_0(t) + \int_0^t \int_0^\infty x\exp\{-x(t-v)\}g(x)dx\lambda(v)dv \tag{6.11}$$

证明：根据式（6.5），可知

$$E\left[\sum_{i=1}^{N(t)} \Psi_i \mid T>t\right] = E_{N(t)\mid T>t}\left[E\left[\sum_{i=1}^{N(t)} \Psi_i \mid N(t), T>t\right]\right]$$

其中 $(\Psi_1,\Psi_2,\cdots,\Psi_{N(t)},N(t))$ 是有条件的独立，即

$$E\left[\sum_{i=1}^{N(t)}\Psi_i \mid N(t)=n, T>t\right] = E\left[\sum_{i=1}^{n}\Psi_i \mid T>t\right]$$
$$= nE[\Psi_i \mid T>t]$$

因此，有

$$E\left[\sum_{i=1}^{N(t)}\Psi_i \mid T>t\right] = E[N(t) \mid T>t] \cdot E[\Psi_i \mid T>t]$$

根据注释6.1，得到

$$E[\Psi_i \mid T>t] = \frac{\int_0^t \int_0^\infty x\exp\{-x(t-v)\}g(x)\mathrm{d}x\lambda(v)\mathrm{d}v}{\int_0^t \int_0^\infty \exp\{-x(t-v)\}g(x)\mathrm{d}x\lambda(v)\mathrm{d}v}$$

$$= \frac{\int_0^t \int_0^\infty x\exp\{-x(t-v)\}g(x)\mathrm{d}x\lambda(v)\mathrm{d}v}{\int_0^t M_\Psi(-(t-v))\lambda(v)\mathrm{d}v}$$

和

$$E[N(t) \mid T>t] = \int_0^t M_\Psi(-(t-v))\lambda(v)\mathrm{d}v$$

这就完成了证明。

注意：式（6.11）中给出的失效率函数也在 Cha 和 Mi（2011）的定理1中通过使用不同的、更复杂的推导得到。我们的方法还提供了必要的条件特征，这些特征有助于分析产生的故障率和相关的条件特征，这些特征在文献中尚未讨论过。推论6.1 的一个重要特征是它本身条件的分解 $E[N(t) \mid T>t] \cdot E[\Psi_i \mid T>t]$。因此，如注释6.1所示，相应的分布是根据系统在 $[0,t]$ 中存活的信息"更新"的。在6.1.3节，我们将更详细地考虑相应的更新，但在此之前，在6.1.2节中，首先讨论一个重要的具体案例，该案例显示了所提出模型的实际意义。

6.1.2 具体案例

如前所述，实际上，各种设备通常在变化的环境中运行，这些环境可以通过对外部冲击过程进行建模。例如，喷气发动机在起飞、巡航和着陆期间不断受到机械变化引起的冲击。又如，许多电气设备经常遭受由不稳定电源的波动引起的随机冲击。传统的"固有故障率"模型无法正确考虑变化环境的影响。考虑式（6.3）的危险率过程，可以将冲击的作用很好地纳入到模型中，还可以适当地分析相应的老化特性。但是，为此，我们必须对随机变量 $\Psi_i(i=1,2,\cdots)$ 进行一些假设。

考虑一个具体且有相当应用价值的案例，当 $\Psi_i(i=1,2,\cdots)$ 劣化（等于常数 η）且 $r_0(t)=r_0>0$ 也是常数时，得

$$r_t \equiv r(t \mid N(u), 0 \leq u \leq t; \Psi_i = \eta, i=1,2,\cdots,N(t))$$

$$= r_0 + \sum_{i=1}^{N(t)} \eta = r_0 + \eta N(t)$$

我们看到危险率过程 r_t 的随机路径（实现）总是单调增加（阶跃函数），因此，人们能想到，通过简单地平均这些随机路径，系统的故障率应该会增加。但是下面的分析表明这个猜想是不正确的。根据式 (6.9) 和式 (6.10) 可以得出：

$$P(N(t) = n \mid T > t) = \frac{\left(\int_0^t e^{-\eta(t-v)} \lambda(v) dv\right)^n}{n!} \exp\left\{-\int_0^t e^{-\eta(t-v)} \lambda(v) dv\right\}$$
$$n = 0, 1, 2, \cdots$$

并且（亦可参见 4.4 节）

$$r(t) = r_0 + \eta \cdot E[N(t) \mid T > t] = r_0 + \eta \int_0^t e^{-\eta(t-v)} \lambda(v) dv$$

特别地，令 $\lambda(t) = \exp\{-\lambda t\}, t \geq 0$，其中 $\lambda > \eta$，则

$$r(t) = r_0 + \eta e^{-\eta t} \int_0^t e^{-(\lambda-\eta)v} dv$$

和

$$r'(t) = \eta e^{-\eta t} \left[\frac{\lambda}{\lambda - \eta} e^{-(\lambda-\eta)t} - \frac{\eta}{\lambda - \eta}\right]$$

可以证明，当 $r'(t) > 0$ 时，$t < -(1/(\lambda - \eta))\ln(\eta/\lambda)$；当 $r'(t) < 0$ 时，$t > -(1/(\lambda - \eta))\ln(\eta/\lambda)$。这意味着，与直观表示相反，故障率曲线呈倒置的浴缸形状。此外，通过应用洛必达法则，可以证明：$\lim_{t \to \infty} r(t) = r_0$。当 $r_0 = 1, \eta = 1$ 和 $\lambda = 3$，系统故障率函数 $r(t)$ 如图 6.1 所示。

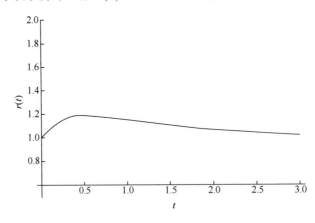

图 6.1 故障率函数（一）

观察函数 $\int_0^t e^{-\eta(t-v)} \lambda(v) dv$ 为对应于条件随机变量 $(N(t) = n \mid T > t)$ 的泊松分布的均值函数。由此，通过以上分析，验证了条件随机变量（经历个 t 单

位时间的冲击数量总和）（$N(t) = n \mid T > t$），当 $t < -(1/(\lambda - \eta))\ln(\eta/\lambda)$ 时该变量随机递增，当 $t > -(1/(\lambda - \eta))\ln(\eta/\lambda)$ 该变量随机递减。这就是故障率函数先是单调递增然后递减的原因。注意：当 NHPP 的速率快速下降时（甚至可以假设 NHPP 在某个时间点"停止"，此后速率仅为0），某一时刻后，存在极大的 $N(t)$ 满足 $r_t = r_0 + \eta N(t)$ 的故障率过程。这些实现只是有限区间上的阶跃函数，当 t 增加时保持不变，因为实际上几乎没有"新的"冲击。因此，在我们的失效模型中，有一组有序的失效率曲线，它们根据以下原则逐渐消除：最弱的亚群首先淡出（Finkelstein，2008）。因此，幸存者的总体（观察到的）失效率趋向于最强的亚群体（$r(t) \to r_0$）的失效率，在案例中，这是一个没有经历任何冲击的群体。在 6.1.3 节中，我们将在更广泛的背景下详细讨论这个机制。

6.1.3 条件分布的动力学动态条件分布

现在研究作为时间 t 的条件联合分布（$\Psi_1, \Psi_2, \cdots, \Psi_{N(t)}, N(t) \mid T > t$）的函数。除了其他有用的信息之外，这可以提供式（6.2）故障率函数的形状以及条件故障率随时间变化的信息。如注释 6.1 所述，随机变量（$\Psi_1, \Psi_2, \cdots, \Psi_{N(t)}, N(t)$）是有条件的（即给定 $T > t$），足以满足每个随机变量的边缘随机排序研究的需要。实际上，根据推论 6.1，可得

$$r(t) = r_0(t) + E[N(t) \mid T > t] \cdot E[\Psi_i \mid T > t]$$

研究随机变量（$N(t) \mid T > t$）和（$\Psi_i \mid T > t$）在不同时刻的随机排序对于说明相应的故障率函数的形状将是重要的。

回想一下（参见 2.4 节以及 Shaked 和 Shanthikumar（2007），如果满足以下条件，在似然比排序的意义上，PDF $g(x)$ 描述的随机变量 Y 比 PDF $f(x)$ 描述的随机变量 X 小（记为"$Y \leq_{lr} X$"），即

$$\frac{f(x)}{g(x)} \leq \frac{f(y)}{g(y)}, x \leq y$$

这意味着密度比 $f(x)/g(x)$ 随 x 减小而增加（而 $g(x)/f(x)$ 则递增）。

定理 6.2 以下随机排序成立：

（1）假设 $\lambda(t)$ 在增加。那么，对于 $t_1 < t_2$，则
$$(N(t_1) \mid T > t_1) \leq_{lr} (N(t_2) \mid T > t_2)$$

（2）假设当任何 $x_i > 0$ 时

$$t - \frac{\int_0^t v \exp\{x_i v\} \lambda(v) \mathrm{d}v}{\int_0^t \exp\{x_i v\} \lambda(v) \mathrm{d}v} \tag{6.12}$$

随 t 递增。那么，对于 $t_1 < t_2$，有

$$(\Psi_i \mid T > t_1) \geq_{lr} (\Psi_i \mid T > t_2), i = 1, 2, \cdots, n \tag{6.13}$$

证明：

（1）回顾

$$P(N(t)=n \mid T>t) = \frac{\left(\int_0^t M_\Psi(-(t-v))\lambda(v)\mathrm{d}v\right)^n}{n!}\exp\left\{-\int_0^t M_\Psi(-(t-v))\lambda(v)\mathrm{d}v\right\}$$
$$n = 0,1,2,\cdots$$

其中

$$\int_0^t M_\Psi(-(t-v))\lambda(v)\mathrm{d}v = \int_0^t \int_0^\infty \exp\{-x(t-v)\}g(x)\mathrm{d}x\lambda(v)\mathrm{d}v$$
$$= \int_0^\infty \int_0^t \exp\{-x(t-v)\}\lambda(v)\mathrm{d}vg(x)\mathrm{d}x$$

观察到

$$\frac{\mathrm{d}}{\mathrm{d}t}\int_0^\infty \int_0^t \exp\{-x(t-v)\}\lambda(v)\mathrm{d}vg(x)\mathrm{d}x$$
$$= \lambda(t) - \int_0^\infty \int_0^t \lambda(v)x\exp\{-x(t-v)\}\mathrm{d}vg(x)\mathrm{d}x$$
$$= \lambda(t) - \int_0^\infty \int_0^t \lambda(t-u)x\exp\{-xu\}\mathrm{d}ug(x)\mathrm{d}x$$
$$= \lambda(t) - \int_0^t \lambda(t-u)\left(\int_0^\infty x\exp\{-xu\}g(x)\mathrm{d}x\right)\mathrm{d}u$$
$$= \lambda(t) - E[\lambda(t-U)]\left(\iint_0^\infty x\exp\{-xu\}g(x)\mathrm{d}x\mathrm{d}u\right)$$

其中 U 的 PDF 为

$$\frac{\int_0^\infty x\exp\{-xu\}g(x)\mathrm{d}x}{\left(\int_0^t \int_0^\infty x\exp\{-xu\}g(x)\mathrm{d}x\mathrm{d}u\right)}, 0 \leq u \leq t$$

随着 $\lambda(t)$ 的增加，可得 $\lambda(t) > E[\lambda(t-U)]$。注意：$\int_0^\infty x\exp\{-xu\}g(x)\mathrm{d}x$ 对应于混合指数分布

$$\int_0^t \int_0^\infty x\exp\{-xu\}g(x)\mathrm{d}x\mathrm{d}u < 1$$

因此，有

$$\frac{\mathrm{d}}{\mathrm{d}t}\int_0^\infty \int_0^t \exp\{-x(t-v)\}\lambda(v)\mathrm{d}vg(x)\mathrm{d}x < 0$$

这意味着 $\int_0^t M_\Psi(-(t-v))\lambda(v)\mathrm{d}v$ 随 t 减小。当 $t_1 < t_2$，$n = 0,1,2,\cdots$ 时

$$\frac{P(N(t_1)=n \mid T>t_1)}{P(N(t_2)=n \mid T>t_2)} = \left(\frac{\int_0^{t_1} M_\Psi(-(t-v))\lambda(v)\mathrm{d}v}{\int_0^{t_2} M_\Psi(-(t-v))\lambda(v)\mathrm{d}v}\right)^n \frac{\exp\left\{-\int_0^{t_1} M_\Psi(-(t-v))\lambda(v)\mathrm{d}v\right\}}{\exp\left\{-\int_0^{t_2} M_\Psi(-(t-v))\lambda(v)\mathrm{d}v\right\}}$$ 递减，

这意味着 $(N(t_1) \mid T > t_1) \leq_{lr} (N(t_2) \mid T > t_2)$。

(2) 观察可知，对于 $t_1 < t_2$，有

$$\frac{f_{\Psi_i \mid T > t_2}(x_i)}{f_{\Psi_i \mid T > t_1}(x_i)} = \frac{\int_0^{t_2} \exp\{-x_i(t_2 - v)\} g(x_i) \lambda(v) dv}{\int_0^{t_1} \exp\{-x_i(t_1 - v)\} g(x_i) \lambda(v) dv}$$

$$\frac{\int_0^{t_1} \int_0^{\infty} \exp\{-x(t_1 - v)\} g(x) dx \lambda(v) dv}{\int_0^{t_2} \int_0^{\infty} \exp\{-x(t_2 - v)\} g(x) dx \lambda(v) dv}$$

$$= \exp\{-x_i(t_2 - t_1)\} \frac{\int_0^{t_2} \exp\{x_i v\} \lambda(v) dv}{\int_0^{t_1} \exp\{x_i v\} \lambda(v) dv}$$

$$\frac{\int_0^{t_1} \int_0^{\infty} \exp\{-x(t_1 - v)\} g(x) dx \lambda(v) dv}{\int_0^{t_2} \int_0^{\infty} \exp\{-x(t_2 - v)\} g(x) dx \lambda(v) dv}$$

令

$$\Phi(x_i) \equiv \exp\{-x_i(t_2 - t_1)\} \frac{\int_0^{t_2} \exp\{x_i v\} \lambda(v) dv}{\int_0^{t_1} \exp\{x_i v\} \lambda(v) dv}$$

则

$$\Phi'(x_i) = -(t_2 - t_1) \exp\{-x_i(t_2 - t_1)\} \frac{\int_0^{t_2} \exp\{x_i v\} \lambda(v) dv}{\int_0^{t_1} \exp\{x_i v\} \lambda(v) dv}$$

$$+ \exp\{-x_i(t_2 - t_1)\} \frac{\int_0^{t_2} \exp\{x_i v\} \lambda(v) dv}{\int_0^{t_1} \exp\{x_i v\} \lambda(v) dv} \times$$

$$\left[\left(t_2 - \frac{\int_0^{t_2} v \exp\{x_i v\} \lambda(v) dv}{\int_0^{t_2} \exp\{x_i v\} \lambda(v) dv} \right) - \left(t_1 - \frac{\int_0^{t_1} v \exp\{x_i v\} \lambda(v) dv}{\int_0^{t_1} \exp\{x_i v\} \lambda(v) dv} \right) \right]$$

$$= \exp\{-x_i(t_2 - t_1)\} \frac{\int_0^{t_2} \exp\{x_i v\} \lambda(v) dv}{\int_0^{t_1} \exp\{x_i v\} \lambda(v) dv} \times$$

$$\left[\left(t_2 - \frac{\int_0^{t_2} v \exp\{x_i v\} \lambda(v) dv}{\int_0^{t_2} \exp\{x_i v\} \lambda(v) dv} \right) - \left(t_1 - \frac{\int_0^{t_1} v \exp\{x_i v\} \lambda(v) dv}{\int_0^{t_1} \exp\{x_i v\} \lambda(v) dv} \right) \right]$$

因此，如果

$$t - \frac{\int_0^t v\exp\{x_i v\}\lambda(v)\mathrm{d}v}{\int_0^t \exp\{x_i v\}\lambda(v)\mathrm{d}v}$$

对于任何 $x_i > 0$，均在 t 中增加，则 $\Phi'(x_i) < 0$。这意味着 $\dfrac{f_{\Psi_i} \mid T > t_2 (x_i)}{f_{\Psi_i} \mid T > t_1 (x_i)}$ 随 x_i 减小。

注释 6.2 条件式 (6.12) 是弱的（非限制性），可以用算例验证（请参见例 6.1）。因为从排序的意义上说，似然比序比危险率序要强，所以式 (6.13) 也意味着由冲击引起的故障率的增量都随着 t 的增加而递减（在系统能够存活到 t 时刻的前提下）。这也可以解释为，在贝叶斯框架中，随着增量边缘分布的更新可以给出系统的存活信息。

注释 6.3 根据定理 6.2 的证明，若 $\lambda(0) > 0$，则

$$\frac{\mathrm{d}}{\mathrm{d}t}\int_0^\infty \int_0^t \exp\{-x(t-v)\}\lambda(v)\mathrm{d}v g(x)\mathrm{d}x \bigg|_{t=0} = \lambda(0) > 0$$

因此，条件分布 $(N(t) \mid T > t)$ 在 $t > 0$ 时，从起始时刻开始就是随机增加的。但是，还可以看到，如果 $\lambda(t)$ 减小，则存在 $t_0 \in (0,\infty)$，使得

$$\frac{\mathrm{d}}{\mathrm{d}t}\int_0^\infty \int_0^t \exp\{-x(t-v)\}\lambda(v)\mathrm{d}v g(x)\mathrm{d}x < 0, t > t_0$$

因此，若 $t > t_0$，则 $E[N(t) \mid T > t]$ 单调递减，正如从定理 6.2 的第二部分，当 $t > t_0$ 时，$E[N(t) \mid T > t] \cdot E[\Psi_i \mid T > t]$ 同样单调递减。

以下示例直接通过解析表达式 (6.11) 来研究非条件故障率的形状，相对于图形描述而言，定理 6.2 中的 $E[N(t) \mid T > t]$ 和 $E[\Psi_i \mid T > t]$（作为时间的函数）提供了有关这些条件特征的附加信息。

例 6.1 令 $\lambda(t) = \exp\{-t\}, t \geq 0, g(x) = \exp\{-x\}, x \geq 0, r_0(t) = 0, t \geq 0$，在这种情况下，有

$$r(t) = \int_0^t \int_0^\infty x\exp\{-x(t-v)\}g(x)\mathrm{d}x\lambda(v)\mathrm{d}v = \int_0^t \frac{\exp\{-v\}}{(t+1-v)^2}\mathrm{d}v$$

在可靠性应用中很重要的倒置浴缸故障率，如图 6.2 所示。

我们看到故障率从 $t_m \approx 1$ 开始降低，图 6.3 将 $\dfrac{\mathrm{d}}{\mathrm{d}t}\int_0^\infty \int_0^t \exp\{-x(t-v)\}\lambda(v)\mathrm{d}v g(x)\mathrm{d}x$ 绘制成随时间变化的函数。因此，根据注释 6.3，$E[N(t) \mid T > t]$ 在 $t_0 \approx 1.4 > t_m \approx 1$ 时开始减小。另一方面，令

$$g(t, x_i) \equiv t - \frac{\int_0^t v\exp\{x_i v\}\lambda(v)\mathrm{d}v}{\int_0^t \exp\{x_i v\}\lambda(v)\mathrm{d}v}$$

从数值上也可以看出，对于任何给定的 x_i，在本例中 $g(t,x_i)$ 都随 t 增加。然后，根据定理 6.2 的结果（2），$E[\Psi_i \mid T>t]$ 在 $t>0$ 时减小，这就是 $t_0 > t_m$ 的原因。

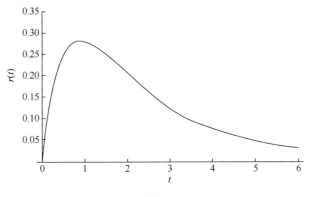

图 6.2　故障率函数（二）

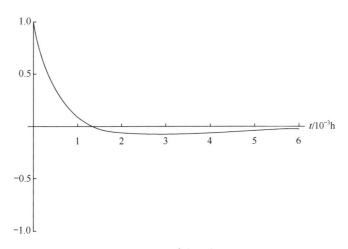

图 6.3　导数函数

在本章的后续内容中，我们将讨论几种在泊松冲击过程模型描述的随机环境中运行系统的 PM 模型，以及由式（6.4）描述的故障模型。在下一节中，我们还将需要一些有关条件和非条件联合分布的附加表达式。

6.2　单变量预防性维护策略

6.2.1　失效模型和修正

在本节中，考虑由式（6.4）定义的随机故障模型的系统预防性维护策略。但是，为了便于标记，在本节和后续各节中，我们将使用略有不同的表示法。

假设描述系统在基准环境中寿命分布函数为 $F_0(t)$ 与其相应的失效率为 $\lambda_0(t)$。假设系统在齐次泊松过程（HPP）$\{N_h(t), t \geq 0\}$ 冲击的随机环境中运行，速率为 v，其中 $N_h(t)$ 为 $(0, t]$ 中的冲击数，$0 < T_1 < T_2 < T_3 < \cdots$ 是相应的到达时间。按照式（6.4）所定义的随机失效模型，通过失效率直接构建冲击的影响：

$$\lambda_t = \lambda_0(t) + \eta N_h(t)$$

式中：$\eta > 0$ 为每次冲击的固定阶跃系数。

但是，正如在预防性维护模型中一样，我们研究故障率不断增加的老化系统（否则，无需采取 PM）。进一步研究：在 t 时刻发生的事件以概率 $p(t)$ 导致损坏，并且概率 $1 - p(t)$ 不造成损伤，其中 $p(t)$ 是一个递增函数。该假设说明系统对冲击的敏感性随着时间不断提高，即为老化过程。因此，对该过程进行细化，可产生两个 NHPP 过程（见定理4.6），有效冲击的过程是 NHPP，速率为 $v(t) \equiv p(t)v$。重要的是，要注意以下内容，当一个系统被新系统替换时，系统重新启动。因此，可使用相应的更新奖励定理（定理3.8）。

用 $\{N(t), t \geq 0\}$ 表示有效冲击的过程。在接下来的内容中，我们将只研究该过程。因此，相应的故障率过程为

$$\lambda_t = \lambda_0 + \eta N(t) \tag{6.14}$$

与式（6.14）对应的寿命变量为 T_l。如6.1节所述，式（6.14）中的故障率在给定 $T_l > t$ 的前提下，可用下式表述，即

$$\lambda(t) = \lambda_0(t) + \eta E[N(t) \mid T_l > t] \tag{6.15}$$

为了进一步推导，我们需要以下技术命题。

命题6.1 $(T_l = t, N(t) = n)$ 的联合 PDF 和 $(T_l > t, N(t) = n)$ 的联合分布由下式给出：

$$f_{(T_l, N(t))}(t, n) = (\lambda_0(t) + n\eta) \exp\left\{-\int_0^t (\lambda_0(u) + v(u)) du\right\} \frac{\left(\int_0^t \exp\{-\eta(t-x)\} v(x) dx\right)^n}{n!} \tag{6.16}$$

和

$$P(T_l > t, N(t)) = n) = \exp\left\{-\int_0^t (\lambda_0(u) + v(u)) du\right\} \frac{\left(\int_0^t \exp\{-\eta(t-x)\} v(x) dx\right)^n}{n!} \tag{6.17}$$

证明：观察可得，$(T_l = t \mid T_1 = t_1), (T_2 = t_2, \cdots, T_n = t_n, N(t) = n)$ 的联合条件分布为

$$(\lambda_0(t) + n\eta) \exp\left\{-\int_0^t \lambda_0(u) du\right\} \exp\left\{-\eta \int_0^t n(u) du\right\}$$

$$= (\lambda_0(t) + n\eta) \exp\left\{-\int_0^t \lambda_0(u) du\right\} \exp\left\{-\sum_{i=1}^n \eta(t - t_i)\right\}$$

式中：$\{n(t), t \geq 0\}$ 是 $\{N(t), t \geq 0\}$ 过程的实现。根据命题 4.2 可知，$(T_1, T_2, \cdots, T_{N(t)}, N(t))$ 的联合分布为

$$f_{T_1, T_2, \cdots, T_{N(t)}, N(t)}(t_1, t_2, \cdots, t_n, n) = \left(\prod_{i=1}^{n} v(t_i)\right) \exp\left\{-\int_0^t v(u) \mathrm{d}u\right\}$$
$$0 < t_1 < t_2 < \cdots < t_n \leq t, n = 1, 2, \cdots$$

因此，$(T_l = t, T_1 = t_1, T_2 = t_2, \cdots, T_n = t_n, N(t) = n)$ 的联合分布为

$$(\lambda_0(t) + n\eta) \exp\left\{-\int_0^t \lambda_0(u) \mathrm{d}u\right\} \exp\left\{-\sum_{i=1}^n \eta(t - t_i)\right\} \left(\prod_{i=1}^n v(t_i)\right) \exp\left\{-\int_0^t v(u) \mathrm{d}u\right\}$$

$$= (\lambda_0(t) + n\eta) \exp\left\{-\int_0^t (\lambda_0(u) + v(u)) \mathrm{d}u\right\} \left(\prod_{i=1}^n v(t_i) \exp\{-\eta(t - t_i)\}\right)$$

所以，$(T_l = t, N(t) = n)$ 的联合 PDF 为

$f_{(T_l, N(t))}(t, n)$

$$= (\lambda_0(t) + n\eta) \exp\left\{-\int_0^t \lambda_0(u) + v(u) \mathrm{d}u\right\} \int_0^{t_n} \cdots \int_0^{t_3} \int_0^{t_2} \prod_{i=1}^n v(t_i) \exp\{-\eta(t - t_i)\} \mathrm{d}t_1 \mathrm{d}t_2 \cdots \mathrm{d}t_n$$

$$= (\lambda_0(t) + n\eta) \exp\left\{-\int_0^t (\lambda_0(u) + v(u)) \mathrm{d}u\right\} \frac{\left(\int_0^t \exp\{-\eta(t - x)\} v(x) \mathrm{d}x\right)^n}{n!}$$

所以，$(T_l > t \mid T_1 = t_1, T_2 = t_2, \cdots, T_n = t_n, N(t) = n)$ 的联合条件概率为

$$\exp\left\{-\int_0^t \lambda_0(u) \mathrm{d}u\right\} \exp\left\{-\eta \int_0^t n(u) \mathrm{d}u\right\}$$

$$= \exp\left\{-\int_0^t \lambda_0(u) \mathrm{d}u\right\} \exp\left\{-\sum_{i=1}^n \eta(t - t_i)\right\}$$

通过和之前的论证类似，可得

$$P(T_l > t, N(t) = n) = \exp\left\{-\int_0^t (\lambda_0(u) + v(u)) \mathrm{d}u\right\} \frac{\left(\int_0^t \exp\{-\eta(t - x)\} v(x) \mathrm{d}x\right)^n}{n!}$$

根据式（6.17），利用全概率定律，有

$$P(T_l > t) = \exp\left\{-\int_0^t (\lambda_0(u) + v(u)) \mathrm{d}u\right\} \sum_{n=0}^{\infty} \frac{\left(\int_0^t \exp\{-\eta(t - x)\} v(x) \mathrm{d}x\right)^n}{n!}$$

$$= \exp\left\{-\int_0^t (\lambda_0(u) + v(u)) \mathrm{d}u\right\} \exp\left\{\int_0^t \exp\{-\eta(t - x)\} v(x) \mathrm{d}x\right\} \quad (6.18)$$

可由式（6.17）和式（6.18）推出

$P(N(t) = n \mid T_l > t)$

$$= \frac{\left(\int_0^t \exp\{-\eta(t - x)\} v(x) \mathrm{d}x\right)^n}{n!} \exp\left\{-\int_0^t \exp\{-\eta(t - x)\} v(x) \mathrm{d}x\right\} \quad (6.19)$$

然后，式（6.15）中的期望可以得到与 $\sum_{n=0}^{\infty} n P(N(t) = n \mid T_l > t)$ 一样的结

果,即得到

$$\lambda(t) = \lambda_0(t) + \eta \int_0^t \exp\{-\eta(t-x)\} v(x) \mathrm{d}x \tag{6.20}$$

相应的生存函数为

$$\bar{F}(t) = P(T_l > t) = \exp\left\{-\int_0^t \lambda(u) \mathrm{d}u\right\} \tag{6.21}$$

6.2.2 冲击系统的 PM 模型

本书构建正在研究的 PM 模型。在最后更新点 T 或失效时刻(以先到者为准),系统更新。维修时间可以忽略不计。设 C_f 为故障成本,其中包括更换(完全维修)和因故障而造成的相应附加损坏(成本),C_r 为维修/更换成本($C_f > C_r$)。此外(非常重要且新颖的模型),每次冲击都可能导致附加损害(可以用货币单位表示),记作 C_d。例如,这可以归因于生产过程的短暂中断,而 C_d 包含了生产系统中相应生产损失。注意:模型中的每次冲击都有双重作用。一方面,它直接作用于系统的失效率,即按照式(6.14)中的方式增加 η;另一方面,每次冲击都会导致额外的"损坏"记为 C_d。

根据更新奖励定理(定理3.8),以下结果提供了相应的长期成本费率函数。

定理6.3 成本率函数 $C(T)$ 由下式给出:

$$\begin{aligned}
C(T) &= \frac{C_r \bar{F}(T) + C_f F(T)}{\mu_T} + C_d \frac{\exp\left\{-\int_0^T (\lambda_0(u) + v(u))\mathrm{d}u\right\}}{\mu_T} \left(\int_0^T \exp\{-\eta(T-x)\} v(x) \mathrm{d}x\right) \cdot \\
&\quad \exp\left\{\int_0^T \exp\{-\eta(T-x)\} v(x) \mathrm{d}x\right\} + \frac{C_d}{\mu_T} \int_0^T \exp\left\{-\int_0^t (\lambda_0(u) + v(u))\mathrm{d}u\right\} \cdot \\
&\quad \left(\lambda_0(t) \left(\int_0^t \exp\{-\eta(t-x)\} v(x) \mathrm{d}x\right) \exp\left\{\int_0^t \exp\{-\eta(t-x)\} v(x) \mathrm{d}x\right\} + \right.\\
&\quad \left. \eta \left\{\left(\int_0^t \exp\{-\eta(t-x)\} v(x) \mathrm{d}x\right)^2 + \left(\int_0^t \exp\{-\eta(t-x)\} v(x) \mathrm{d}x\right)\right\}\right) \cdot \\
&\quad \exp\left\{\int_0^t \exp\{-\eta(t-x)\} v(x) \mathrm{d}x\right\} \mathrm{d}t
\end{aligned} \tag{6.22}$$

其中

$$\mu_T = \int_0^T \bar{F}(u) \mathrm{d}u$$

证明:观察可知,如式(6.21)所示,T_l 的 PDF 由下式给出:

$$f(t) = \lambda(t) \exp\left\{-\int_0^t \lambda(u) \mathrm{d}u\right\}$$

其中,$\lambda(t)$ 在式(6.20)中定义。因此,根据命题6.1,$(N(t) \mid T_l = t)$ 的条件分布为

$$P(N(t) = n \mid T_l = t)$$

$$= \frac{1}{f(t)}(\lambda_0(t) + n\eta)\exp\left\{-\int_0^t (\lambda_0(u) + v(u))du\right\}\frac{\left(\int_0^t \exp\{-\eta(t-x)\}v(x)dx\right)^n}{n!}$$

相应的条件期望为

$$E(N(t) \mid T_l = t) = \sum_1^\infty nP(N(t) \mid T_l = t)$$

$$= \frac{\exp\left\{-\int_0^t (\lambda_0(u) + v(u))du\right\}}{f(t)} \cdot \left[\lambda_0(t)\left(\int_0^t \exp\{-\eta(t-x)\}v(x)dx\right)\right.$$

$$\exp\left\{\int_0^t \exp\{-\eta(t-x)\}v(x)dx\right\}$$

$$+ \eta\left\{\left(\int_0^t \exp\{-\eta(t-x)\}v(x)dx\right)^2 + \left(\int_0^t \exp\{-\eta(t-x)\}v(x)dx\right)\right\}$$

$$\left.\exp\left\{\int_0^t \exp\{-\eta(t-x)\}v(x)dx\right\}\right]$$

同样，根据命题 6.1 开始，$(N(t) \mid T_l > t)$ 的条件分布由下式给出：

$$P(N(t) = n \mid T_l > T)$$

$$= \frac{1}{\bar{F}(t)}\exp\left\{-\int_0^T (\lambda_0(u) + v(u))du\right\}\frac{\left(\int_0^T \exp\{-\eta(T-x)\}v(x)dx\right)^n}{n!}$$

因此，相应的条件期望为

$$E(N(t) \mid T_l > T)$$

$$= \frac{\exp\left\{-\int_0^T (\lambda_0(u) + v(u))du\right\}}{\bar{F}(T)}\left(\int_0^T \exp\{-\eta(T-x)\}v(x)dx\right)$$

$$\exp\left\{\int_0^T \exp\{-\eta(T-x)\}v(x)dx\right\}$$

最终可得

$$C(T) = \frac{\bar{F}(T)(C_r + C_d E(N(T) \mid T_l > T)) + \int_0^T (C_f + C_d E(N(t) \mid T_l = t))f(t)dt}{\mu_T}$$

将具体的数值代入后可得式 (6.22)。

相应的优化问题现在可以表述为：寻找 PM 的最优时间 T^*，在 $0 < T \leq \infty$ 中使 $C(T)$ 最小为

$$C(T^*) = \min_{T>0} C(T)$$

由于式 (6.22) 的分析复杂性，这种最小化问题的显式分析是很难解决的。因此，我们将通过一些有意义的数值例子说明这一点。

例 6.2 当系统固有故障率为 $\lambda_0(t) = \Lambda t$ 和 NHPP 过程的强度为 $v(t) = Vt$ 的情况下，根据式 (6.22) 进行的数值计算，其结果如图 6.4 和图 6.5 的曲线所

示。图 6.4 显示了最小成本以及与其对应的 T^* 随不同参数变化的基本情况。图 6.5 显示了随着"失效强度"的增加（V 或 Λ 的增加），最佳 PM 时间不断递减，正如我们前期的推理（更强的失效会导致更小的 T^*）。

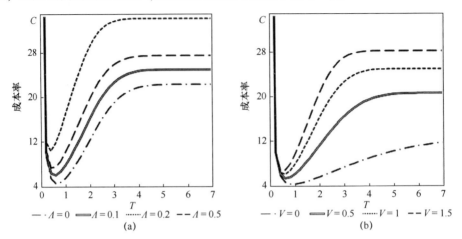

图 6.4 成本率函数随不同故障率参数的变化

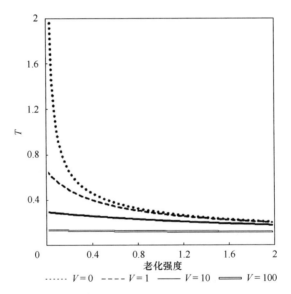

图 6.5 维修间隔随不同故障率参数的变化

6.3 双变量预防性维护策略

在本节中，我们考虑与式（6.14）中定义的随机模型相同。在此，研究一个通用的预防性维护策略。对于受式（6.14）中定义的随机模型约束的系统，随着冲击次数的增加，系统可靠性变差。因此，随着系统寿命 T 的增加，将系统经历的冲击次数纳入维护策略中是合理的。为此，我们考虑以下二元预防性维修政策，即在预定时间 T 或在第 m 次冲击发生时（以先到者为准）执行预防性维修（预防性更换），而修复性维修（更换）通常在故障时执行。如前所述，设 C_f 为故障成本，其中包括更换（完全维修）和相应的因故障造成的额外损坏（成本），C_r 为维修/更换成本（$C_f > C_r$）。此外，每一次冲击都会造成的额外损坏（可以用监控单位表示），记为 C_d。

在这种情况下，以下结果提供了长期成本率函数。

定理6.4 平均成本率函 $C(T,m)$ 由下式给出

$$C(T,m) = \frac{CR(T,m) + CS(T,m)}{\mu_T} \tag{6.23}$$

其中

$$\mu_T \equiv T \cdot \exp\left\{-\int_0^T (\lambda_0(u) + v(u))du\right\} \sum_{n=0}^{m-1} \frac{\left(\int_0^T \exp\{-\eta(T-x)\}v(x)dx\right)^n}{n!}$$

$$+ \int_0^T \sum_{n=0}^{m-1} u f_{(T_l,N(u))}(u,n) du$$

$$+ \int_0^T u v(u) \exp\left\{-\int_0^u (\lambda_0(x) + v(x))dx\right\} \frac{\left(\int_0^u \exp\{-\eta(u-x)\}v(x)dx\right)^{m-1}}{(m-1)!} du$$

$$CR(T,m) = C_r \exp\left\{-\int_0^T (\lambda_0(u) + v(u))du\right\} \sum_{n=0}^{m-1} \frac{\left(\int_0^T \exp\{-\eta(T-x)\}v(x)dx\right)^n}{n!}$$

$$+ C_f \int_0^T \sum_{n=0}^{m-1} f_{(T_l,N(u))}(u,n) du$$

$$+ C_r \int_0^T v(u) \exp\left\{-\int_0^u (\lambda_0(x) + v(x))dx\right\} \frac{\left(\int_0^u \exp\{-\eta(u-x)\}v(x)dx\right)^{m-1}}{(m-1)!} du$$

和

$CS(T,m)$

$$= C_d \exp\left\{-\int_0^T (\lambda_0(u) + v(u))du\right\} \sum_{n=0}^{m-1} n \frac{\left(\int_0^T \exp\{-\eta(T-x)\}v(x)dx\right)^n}{n!}$$

$$+ C_d \int_0^T \sum_{n=0}^{m-1} n f_{(T_l,N(u))}(u,n) du$$

$$+ C_d m \int_0^T v(u) \exp\left\{-\int_0^u (\lambda_0(x) + v(x))dx\right\} \frac{\left(\int_0^u \exp\{-\eta(u-x)\}v(x)dx\right)^{m-1}}{(m-1)!} du$$

证明：为了证明定理，我们必须得出每个被定义事件对应的概率，即相应的

条件平均冲击次数和条件平均替换时间。在下面，记 S_m 为截止到第 m 次冲击的时间。

案例6.1 假设系统在 T 之前没有失效也在 T 之前的第 m 次冲击中没有被替换，但是在 T 时刻被替换。

(1) 此事件的概率由 $P(T_l > T, S_m > T) = P(T_l > T, N(T) < m)$ 给出。根据命题6.1，其概率为

$$P(T_l > T, N(T) < m) = \exp\left\{-\int_0^T (\lambda_0(u) + v(u))\mathrm{d}u\right\}$$

$$\sum_{n=0}^{m-1} \frac{\left(\int_0^T \exp\{-\eta(T-x)\} v(x) \mathrm{d}x\right)^n}{n!}$$

(2) 条件期望 $E[N(T) \mid T_l > T, N(T) < m]$。根据命题6.1，可以得到 $(N(T) \mid T_l > T, N(T) < m)$ 的条件分布为

$$P(N(T) = n \mid T_l > T, N(T) < m) = \frac{P(N(T) = n, T_l > T)}{P(T_l > T, N(T) < m)}$$

$$= \frac{1}{P(T_l > T, N(T) \leq m)} \exp\left\{-\int_0^T (\lambda_0(u) + v(u))\mathrm{d}u\right\} \frac{\left(\int_0^T \exp\{-\eta(T-x)\} v(x)\mathrm{d}x\right)^n}{n!}$$

$n = 0, 1, 2, \cdots, m-1$

因此，有

$$E[N(T) \mid T_l > T, N(T) < m]$$

$$= \frac{\exp\left\{-\int_0^T (\lambda_0(u) + v(u))\mathrm{d}u\right\} \sum_{n=0}^{m-1} n \frac{\left(\int_0^T \exp\{-\eta(T-x)\} v(x)\mathrm{d}x\right)^n}{n!}}{P(T_l > T, N(T) < m)}$$

(3) 在这种情况下，平均更换时间为常数 T。

案例6.2 该系统在 $T_l < T$ 时发生故障，且第 m 次冲击发生故障。因此，需在故障时对其进行修复。

(1) 此事件的概率为 $P(T_l < T, T_l < S_m) = P(T_l < T, N(T_l) < m)$，即

$$P(T_l < T, N(T_l) < m) = \int_0^\infty P(T_l < T, N(T_l) < m \mid T_l = u) f(u) \mathrm{d}u$$

$$= \int_0^T \sum_{n=0}^{m-1} f_{(T_l, N(u))}(u, n) \mathrm{d}u$$

其中，$f_{(T_l, N(u))}(u, n)$ 在式 (6.16) 中定义。

(2) $E[N(T_l) \mid T_l < T, N(T_l) < m]$ 的条件期望。

$(N(T_l) \mid T_l < T, N(T_l) < m)$ 的条件分布为

$$P(N(T_l) = n \mid T_l < T, N(T_l) < m)$$

$$= \frac{P(N(T_l) = n, T_l < T, N(T_l) < m)}{P(T_l < T, N(T_l) < m)}$$

$$= \frac{\int_0^\infty P(N(T_l) = n, T_l < T, N(T_l) < m \mid T_l = u) f(u) \mathrm{d}u}{P(T_l < T, N(T_l) < m)}$$

$$= \frac{\int_0^T f_{(T_l, N(u))}(u, n) \mathrm{d}u}{P(T_l < T, N(T_l) < m)}, n = 0, 1, \cdots, m-1$$

因此，有

$$E[N(T_l) \mid T_l < T, N(T_l) < m] = \frac{1}{P(T_l < T, N(T_l) < m)} \int_0^T \sum_{n=0}^{m-1} n f_{(T_l, N(u))}(u, n) \mathrm{d}u$$

（3）在这种情况下的平均更换时间。首先，$(T_l \mid T_l < T, N(T_l) < m)$ 的条件分布为

$$f_{(T_l \mid T_l < T, N(T_l) < m)}(u) = \frac{1}{P(T_l < T, N(T_l) < m)} \sum_{n=0}^{m-1} f_{(T_l, N(u))}(u, n), 0 \leq u \leq T$$

因此，有

$$E[T_l \mid T_l < T, N(T_l) < m] = \frac{1}{P(T_l < T, N(T_l) < m)} \int_0^T \sum_{n=0}^{m-1} u f_{(T_l, N(u))}(u, n) \mathrm{d}u$$

案例 6.3 该系统在第 m 次冲击之前没有失效，并在 T 之前的第 m 次撞击中被更换。

（1）该事件的概率为 $P(S_m \leq T, S_m \leq T_l)$，即

$$P(S_m \leq T, S_m \leq T_l) = \int_0^T P(T_l > u \mid S_m = u) f_{S_m}(u) \mathrm{d}u$$

式中：$f_{S_m}(u)$ 是 NHPP 中的第 m 次冲击发生的（无条件）密度，$(T_l > u, S_m = u)$ 的联合分布为

$$g(u, m) = v(u) \exp\left\{-\int_0^u (\lambda_0(x) + v(x)) \mathrm{d}x\right\} \frac{\left(\int_0^u \exp\{-\eta(u-x)\} v(x) \mathrm{d}x\right)^{m-1}}{(m-1)!}$$

其中，$v(u)$ 是指在 u 时刻发生冲击，在此之前有 $m-1$ 次冲击的情况（请参阅式（6.17）），从而，有

$$P(S_m \leq T, S_m \leq T_l) = \int_0^T v(u) \exp\left\{-\int_0^u (\lambda_0(x) + v(x)) \mathrm{d}x\right\}$$

$$\frac{\left(\int_0^u \exp\{-\eta(u-x)\} v(x) \mathrm{d}x\right)^{m-1}}{(m-1)!} \mathrm{d}u$$

（2）条件期望 $E[N(S_m) \mid S_m \leq T, S_m \leq T_l] = m$。

（3）在这种情况下的平均更换时间。$(S_m \mid S_m \leq T, S_m \leq T_l)$ 的条件分布为

$$\frac{g(u, m)}{P(S_m \leq T, S_m \leq T_l)}$$

$$= \frac{v(u)\exp\{-\int_0^u \lambda_0(x) + v(x)\mathrm{d}x\}}{P(S_m \leq T, S_m \leq T_l)} \frac{\left(\int_0^u \exp\{-\eta(u-x)\}v(x)\mathrm{d}x\right)^{m-1}}{(m-1)!}, 0 \leq u \leq T$$

因此，有

$E[S_m \mid S_m \leq T, S_m \leq T_l]$

$$= \frac{\int_0^T uv(u)\exp\{-\int_0^u \lambda_0(x) + v(x)\mathrm{d}x\} \frac{\left(\int_0^u \exp\{-\eta(u-x)\}v(x)\mathrm{d}x\right)^{m-1}}{(m-1)!}\mathrm{d}u}{P(S_m \leq T, S_m \leq T_l)}$$

基于以上结果，可得出预期的成本率。首先，结合这3种情况，平均更换时间（或故障时间）为

$$\mu_T \equiv T \cdot \exp\{-\int_0^T (\lambda_0(u) + v(u))\mathrm{d}u\} \sum_{n=0}^{m-1} \frac{\left(\int_0^T \exp\{-\eta(T-x)\}v(x)\mathrm{d}x\right)^n}{n!}$$

$$+ \int_0^T \sum_{n=0}^{m-1} u f_{(T_l, N(u))}(u, n)\mathrm{d}u$$

$$+ \int_0^T uv(u)\exp\{-\int_0^u (\lambda_0(x) + v(x))\mathrm{d}x\} \frac{\left(\int_0^u \exp\{-\eta(u-x)\}v(x)\mathrm{d}x\right)^{m-1}}{(m-1)!}\mathrm{d}u$$

预期更换成本 $CR(T,m)$ 为

$$CR(T,m) = C_r \exp\{-\int_0^T (\lambda_0(u) + v(u))\mathrm{d}u\} \sum_{n=0}^{m-1} \frac{\left(\int_0^T \exp\{-\eta(T-x)\}v(x)\mathrm{d}x\right)^n}{n!}$$

$$+ C_f \int_0^T \sum_{n=0}^{m-1} f_{(T_l, N(u))}(u, n)\mathrm{d}u$$

$$+ C_r \int_0^T v(u)\exp\{-\int_0^u (\lambda_0(x) + v(x))\mathrm{d}x\} \frac{\left(\int_0^u \exp\{-\eta(u-x)\}v(x)\mathrm{d}x\right)^{m-1}}{(m-1)!}\mathrm{d}u$$

基于冲击次数 $CS(T,m)$ 的平均成本为

$$CS(T,m) = C_d \exp\{-\int_0^T (\lambda_0(u) + v(u))\mathrm{d}u\} \sum_{n=0}^{m-1} n \frac{\left(\int_0^T \exp\{-\eta(T-x)\}v(x)\mathrm{d}x\right)^n}{n!}$$

$$+ C_d \int_0^T \sum_{n=0}^{m-1} n f_{(T_l, N(u))}(u, n)\mathrm{d}u$$

$$+ C_d m \int_0^T v(u)\exp\{-\int_0^u (\lambda_0(x) + v(x))\mathrm{d}x\}$$

$$\frac{\left(\int_0^u \exp\{-\eta(u-x)\}v(x)\mathrm{d}x\right)^{m-1}}{(m-1)!}\mathrm{d}u$$

由于 $f(T_l,N(u))(u,n)$ 已在式（6.16）中的定义。因此，结合获得的结果，我们可得出式（6.23）。

与单变量情况类似，目标是找到 (T^*,m^*) 使得 $C(T,m)$ 在 $0 < T \leq \infty; 0 < m \leq \infty$ 最小，即

$$C(T^*,m^*) = \min_{T>0,m>0} C(T,m)$$

由于式（6.23）分析比较复杂，对这个最小化问题的显式分析是很难执行的，我们将通过有意义的数值示例对其进行说明。

例 6.3 如前一节所述，假设 NHPP 为线性增长率，令 $v(t) = Vt, t > 0$，$\lambda_0(t) = \Lambda t, \Lambda > 0$，在这种情况下：

$$\mu_T \equiv T \cdot D(T) \sum_{n=0}^{m-1} A(T,n) + \int_0^T u(D(u)F(u,m) + E(u,m))\mathrm{d}u$$

$$CR(T,m) = C_r D(T) \sum_{n=0}^{m-1} A(T,n) + \int_0^T (C_f D(u)F(u,m) + C_r E(u,m))\mathrm{d}u$$

$$CS(T,m) = C_d D(T) \sum_{n=0}^{m-1} nA(T,n) + C_d \int_0^T (D(u)H(u,m) + mE(u,m))\mathrm{d}u$$

其中

$$A(u,n) = \frac{\left(\frac{V}{\eta}\left(u - \frac{1 - \exp\{-\eta u\}}{\eta}\right)\right)^n}{n!}; B(u,n) = (\Lambda u + n\eta)A(u,n)$$

$$F(u,m) = \sum_{n=0}^{m-1} B(u,n); H(u,m) = \sum_{n=0}^{m-1} nB(u,n)$$

$$E(u) = VuD(u)A(u,m-1); D(u) = \exp\{-0.5(\Lambda + V)u^2\}$$

相应的图示如图 6.6 所示。我们发现，随着 η 的增加，m^* 的值减小，并最终减少到 1，即至少存在一次冲击使得系统故障，如首次冲击使得系统故障率急速增大而快速故障。这也表明，T^* 和 C^* 对 η 的依赖性并不显著，至少在所考虑的参数范围内是如此。

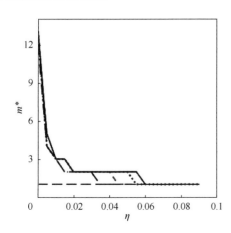
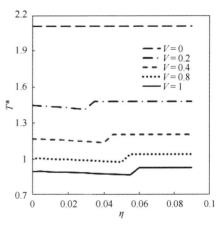

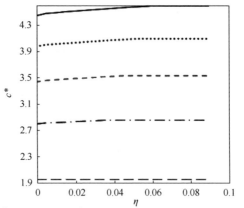

图 6.6 函数 $C(T^*,m^*)$ 随 η 和 $V(A=0.04, C_r=2, C_f=25, C_d=5)$
变化时的最优值 m^*、T^*

分析图 6.6 中的最后两张图,我们可以注意到改变 V 和改变 η 曲线的差异显著。事实上,一方面,由于 V "表示"冲击的速率,V 的增加导致冲击造成的损害按比例增加,即每一次冲击的"成本"记为 C_d,NHPP 的老化速度随着 V 的增加而增加,因此 T^* 减小,而 C^* 增大。另一方面,我们发现这些值随 η 的变化并不显著。这是因为失效模型中 η 的变化以相同的方式"作用"于预期周期成本(分子)和平均周期长度(分母),从而得到图 6.7。

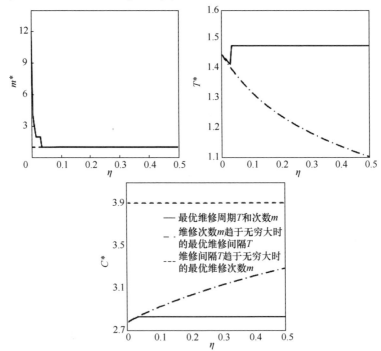

图 6.7 $C(T^*,m^*)$ 与 $C(T^*,\infty)$ 和 $C(\infty,m^*)$ 三种不同成本函数随参数的变化

在图 6.7 中，比较了二元策略和相应的一元策略。如预期的那样，二元策略取得了更好的结果（二元情况下的平均成本率函数更小，最优 m 和最优 T 更大）。如我们所见，最后一个图中上方的曲线对应于所考虑的全部 η 的单变量最优解 $C(\infty,1)$，其大于 $C(T^*,\infty)$。这是因为我们必须在第一次冲击时进行替换，而连续的时间尺度给出了更好的结果。还应指出，这一结论与我们先前的声明并不矛盾：即在服从 HPP 的情况下，$C(\infty,m^*) < C(T^*,\infty)$，无论其在连续时间和离散时间域上都一致。但在 NHPP 的情况下，两者情况则截然不同，因为该模型中还存在一个表示老化因子的部分，随着使用时间其值变大。我们可以得到 $C(\infty,m^*) > C(T^*,\infty)$，示例对此进行了说明。从最后一张图我们还可以看到，例如 $\eta = 0.5$ 时，$C(T^*,\infty) - C(T^*,m^*) = 0.46$（减少了 14% 预算），与单变量策略相比，双变量策略实现了明显的改进。

6.4 最小维修的双变量预防性维修策略

在本节中，我们考虑与前面式（6.14）中定义的随机模型相同，但现在假设系统是可修复的，并且在每次故障时进行最小维修。选择采用基于信息的最小修复模型（见 4.6 节，Finkelstein 和 Cha（2013）。最小维修可以使系统恢复到故障之前的强度。用 $M(t)$ 表示截止 t 时刻的最小维修的总数。然后，最小维修的预期数量可通过式（6.14）冲击到达时间序列在 $(0,t]$ 中的积分得到：

$$E[M(t) \mid T_1 = t_1, T_2 = t_2, \cdots, T_{m-1} = t_{m-1}, T_m \geq t] = \int_0^t \lambda_0(u)\mathrm{d}u + \sum_{i=1}^{m-1} \eta(t - t_i)$$

(6.24)

假设已冲击过程可观测并考虑采取以下双变量替换策略 (T,m)：在预定时间或发生冲击时替换系统，以先发生者为准。用 Cr 表示更换成本，记最小维修成本为 $C_{\min}$。根据前面各节中的描述，与每次冲击相关的成本为 C_d。在此，推导出长期平均成本率 $C(T,m)$。注意：式（6.14）定义的故障模型简单而有意义。但是，基于该模型推导相应的 PM 模型并不简单，应谨慎执行。以下定理定义了所需的长期平均成本率。为方便起见，在下文中，我们用 $CS(T,m)$ 表示在每个周期中因冲击造成的损坏的期望成本，而用 $CM(T,m)$ 表示由于周期中进行的最少维修而导致的预期成本。

定理 6.5 长期平均成本率函数 $C(T,m)$ 由下式给出：

$$C(T,m) = \frac{CS(T,m) + CM(T,m) + C_r}{\int_0^T \bar{F}_{T_m}(t)\mathrm{d}t} \quad (6.25)$$

其中

$$\overline{F}_{T_m}(t) = \sum_{n=0}^{m-1} \frac{\left(\int_0^t v(x)\,dx\right)^n}{n!} \exp\left\{-\int_0^t v(x)\,dx\right\}$$

$$CS(T,m) = C_d m \left(1 - \sum_{n=0}^{m-1} \frac{\left(\int_0^T v(x)\,dx\right)^n}{n!} \exp\left\{-\int_0^T v(x)\,dx\right\}\right)$$

$$+ C_d \sum_{n=1}^{m-1} \frac{\left(\int_0^T v(x)\,dx\right)^n}{(n-1)!} \exp\left\{-\int_0^T v(x)\,dx\right\}$$

$$CM(T,m) = C_{\min} \int_0^T \left(\int_0^t \lambda_0(u)\,du + (m-1)\eta\left(t - \frac{\int_0^t x v(x)\,dx}{\int_0^t v(u)\,du}\right)\right) f_{T_m}(t)\,dt$$

$$+ C_{\min} \sum_{n=0}^{m-1} \left(\int_0^T \lambda_0(u)\,du + n\eta\left(T - \frac{\int_0^T x v(x)\,dx}{\int_0^T v(u)\,du}\right)\right) \cdot$$

$$\frac{\left(\int_0^T v(x)\,dx\right)^n}{n!} \exp\left\{-\int_0^T v(x)\,dx\right\}$$

$$f_{T_m}(t) = v(t) \frac{\left(\int_0^t v(x)\,dx\right)^{m-1}}{(m-1)!} \exp\left\{-\int_0^t v(x)\,dx\right\}$$

证明：根据定理 4.4，以速率为 $v(t)$ 的 NHPP 中在 T_m 之前发生第 m 次冲击的 PDF 为

$$f_{T_m}(t) = v(t) \frac{\left(\int_0^t v(x)\,dx\right)^{m-1}}{(m-1)!} \exp\left\{-\int_0^t v(x)\,dx\right\} \tag{6.26}$$

相应的生存函数为

$$\overline{F}_{T_m}(t) = P(T_m > t) = P(N(t) < m) = \sum_{n=0}^{m-1} \frac{\left(\int_0^t v(x)\,dx\right)^n}{n!} \exp\left\{-\int_0^t v(x)\,dx\right\}$$

（1）显然，平均更换时间为

$$\mu_T = \int_0^T \overline{F}_{T_m}(t)\,dt$$

（2）冲击造成的平均费用。用 N_R 表示在一个更新周期中的冲击次数，则

$$E[N_R \mid T_m \leq T] = m$$

在此得出 $E[N_R \mid T_m > T]$，则 $(N(T) \mid T_m > T)$ 的条件分布为

$$P(N(T) = n \mid T_m > T) = P(N(T) = n \mid N(T) < m)$$

$$= \frac{\frac{\left(\int_0^T v(x)\mathrm{d}x\right)^n}{n!}\exp\left\{-\int_0^T v(x)\mathrm{d}x\right\}}{\sum_{n=0}^{m-1}\frac{\left(\int_0^T v(x)\mathrm{d}x\right)^n}{n!}\exp\left\{-\int_0^T v(x)\mathrm{d}x\right\}}$$

$$n = 0,1,2,\cdots,m-1$$

可得

$$E[N_R \mid T_m > T] = E[N(T) \mid T_m > T] = \frac{\sum_{n=0}^{m-1} n \frac{\left(\int_0^T v(x)\mathrm{d}x\right)^n}{n!}\exp\left\{-\int_0^T v(x)\mathrm{d}x\right\}}{\sum_{n=0}^{m-1}\frac{\left(\int_0^T v(x)\mathrm{d}x\right)^n}{n!}\exp\left\{-\int_0^T v(x)\mathrm{d}x\right\}}$$

$$= \frac{\sum_{n=1}^{m-1}\frac{\left(\int_0^T v(x)\mathrm{d}x\right)^n}{(n-1)!}\exp\left\{-\int_0^T v(x)\mathrm{d}x\right\}}{\sum_{n=0}^{m-1}\frac{\left(\int_0^T v(x)\mathrm{d}x\right)^n}{n!}\exp\left\{-\int_0^T v(x)\mathrm{d}x\right\}}$$

因此，更新周期中因冲击而导致的平均成本为

$$C_d m\left(1 - \sum_{n=0}^{m-1}\frac{\left(\int_0^T v(x)\mathrm{d}x\right)^n}{n!}\exp\left\{-\int_0^T v(x)\mathrm{d}u\right\}\right)$$

$$+ C_d \sum_{n=1}^{m-1}\frac{\left(\int_0^T v(x)\mathrm{d}x\right)^n}{(n-1)!}\exp\left\{-\int_0^T v(x)\mathrm{d}x\right\}$$

（3）更新周期内的因最小维修而产生的平均成本。

用 $M(t)$ 表示 $(0,t]$ 中的最小修理次数，用 N_m 表示每个更新周期中的最小维修次数。考虑两个案例。

案例 6.4 $T_m \leq T$。

观察可知

$$E[N_m \mid T_m \leq T] = E[M(T_m) \mid T_m \leq T] = \int_0^T E[M(t) \mid T_m = t]\frac{f_{T_m}(t)}{P(T_m \leq T)}\mathrm{d}t$$

其中

$$E[M(t) \mid T_m = t] = E_{(T_1,T_2,\cdots,T_{m-1}\mid T_m=t)}[E[M(t) \mid T_1,T_2,\cdots,T_{m-1},T_m = t]]$$

同理，

$$E[M(t) \mid T_1 = t_1, T_2 = t_2, \cdots, T_{m-1} = t_{m-1}, T_m = t]$$
$$= \int_0^t v_0(u)\mathrm{d}u + \sum_{i=1}^{m-1}\eta(t - t_i)$$

由此，得出 $(T_1, T_2, \cdots, T_{m-1} \mid T_m = t)$ 的联合条件分布。采用与命题 4.2 相似的证明，$(T_1, T_2, \cdots, T_{m-1}, T_m)$ 的联合分布为

$$f_{(T_1, T_2, \cdots, T_{m-1}, T_m)}(t_1, t_2, \cdots, t_{m-1}, t)$$

$$= v(t_1) \exp\left\{-\int_0^{t_1} v(u) \mathrm{d}u\right\} v(t_2) \exp\left\{-\int_{t_1}^{t_2} v(u) \mathrm{d}u\right\} \cdot \cdots$$

$$\cdot v(t_{m-1}) \exp\left\{-\int_{t_{m-2}}^{t_{m-1}} v(u) \mathrm{d}u\right\} v(t) \exp\left\{-\int_{t_{m-1}}^{t} v(u) \mathrm{d}u\right\}$$

$$= v(t) \exp\left\{-\int_0^t v(u) \mathrm{d}u\right\} \prod_{i=1}^{m-1} v(t_i)$$

因此，通过使用式（6.26），可以将 $(T_1, T_2, \cdots, T_{m-1} \mid T_m = t)$ 的联合条件分布表示为

$$f_{(T_1, T_2, \cdots, T_{m-1} \mid T_m = t)}(t_1, t_2, \cdots, t_{m-1})$$

$$= (m-1)! \prod_{i=1}^{m-1} \left(\frac{v(t_i)}{\int_0^t v(u) \mathrm{d}u}\right), 0 \leq t_1 \leq t_2 \leq \cdots \leq t_{m-1} \leq t \quad (6.27)$$

从（6.27）可以看出，$(T_1, T_2, \cdots, T_{m-1} \mid T_m = t)$ 的联合条件分布与 I.I.D. 随机变量 $V_{(1)}, V_{(2)}, \cdots, V_{(m-1)}$ 的顺序统计量 $V_1, V_2, \cdots, V_{m-1}$ 的联合概率密度分布是相同的，即

$$\frac{v(x)}{\left(\int_0^t v(u) \mathrm{d}u\right)}, 0 \leq x \leq t$$

则

$$E[M(t) \mid T_m = t] = E_{(T_1, T_2, \cdots, T_{m-1} \mid T_m = t)}[E[M(t) \mid T_1, T_2, \cdots, T_{m-1}, T_m = t]]$$

$$= \int \lambda_0(u) \mathrm{d}u + E_{(T_1, T_2, \cdots, T_{m-1} \mid T_m = t)}\left[\eta \sum_{i=1}^{m-1}(t - T_i)\right]$$

$$= \int_0^t \lambda_0(u) \mathrm{d}u + (m-1)\eta t - \eta E_{(T_1, T_2, \cdots, T_{m-1} \mid T_m = t)}\left[\sum_{i=1}^{m-1} T_i\right]$$

$$= \int_0^t \lambda_0(u) \mathrm{d}u + (m-1)\eta t - \eta E\left[\sum_{i=1}^{m-1} V_{(i)}\right]$$

$$= \int_0^t \lambda_0(u) \mathrm{d}u + (m-1)\eta t - \eta E\left[\sum_{i=1}^{m-1} V_i\right]$$

$$= \int_0^t \lambda_0(u) \mathrm{d}u + (m-1)\eta \left(t - \frac{\int_0^t x v(x) \mathrm{d}x}{\int_0^t v(u) \mathrm{d}u}\right)$$

最终可得

$$E[N_m \mid T_m \leq T]$$

$$= \int_0^T E[M(t) \mid T_m = t] \frac{f_{T_m}(t)}{P(T_m \leq T)} dt$$

$$= \frac{1}{F_{T_m}(T)} \int_0^T \left(\int_0^t \lambda_0(u) du + (m-1)\eta \left(t - \frac{\int_0^t x v(x) dx}{\int_0^t v(u) du} \right) \right) f_{T_m}(t) dt$$

案例6.5 $T_m > T$。

观察可知

$$E[N_m \mid T_m > T] = E[M(T) \mid T_m > T]$$
$$= E[M(T) \mid N(T) < m]$$
$$= E_{(N(T) \mid N(T) < m)}[E[M(T) \mid N(T)]]$$

其中

$$E[M(T) \mid N(T) = n] = E_{(T_1, T_2, \cdots, T_n \mid N(T) = n)}[E[M(T) \mid T_1, T_2, \cdots, T_n, N(T) = n]]$$

和

$$E[M(T) \mid T_1 = t_1, T_2 = t_2, \cdots, T_n = t_n, N(T) = n]$$
$$= \int_0^T \lambda_0(u) du + \sum_{i=1}^n \eta(T - t_i)$$

根据命题4.2，$(T_1, T_2, \cdots, T_{N(t)}, N(T))$ 的联合分布为

$$f_{(T_1, T_2, \cdots, T_{N(T)}, N(T))}(t_1, t_2, \cdots, t_n, n) = \prod_{i=1}^n v(t_i) \exp\left\{ -\int_0^T v(u) du \right\}$$

因此，$(T_1, T_2, \cdots, T_n \mid N(T) = n)$ 的条件分布为

$$n! \prod_{i=1}^n \left(\frac{v(t_i)}{\int_0^T v(u) du} \right), 0 \leq t_1 \leq t_2 \leq \cdots \leq t_n \leq T$$

然后，通过和以前类似的论证，有

$$E[M(T) \mid N(T) = n]$$
$$= E_{(T_1, T_2, \cdots, T_n \mid N(T) = n)}[E[M(T) \mid T_1, T_2, \cdots, T_n, N(T) = n]]$$
$$= \int_0^T \lambda_0(u) du + n\eta \left(T - \frac{\int_0^T x v(x) dx}{\int_0^T v(u) du} \right)$$

最终可得

$$E[N_m \mid T_m > T]$$
$$= E_{(N(T) \mid N(T) < m)}[E[M(T) \mid N(T)]]$$
$$= \sum_{n=0}^{m-1} \left(\int_0^T \lambda_0(u) du + n\eta \left(T - \frac{\int_0^T x v(x) dx}{\int_0^T v(u) du} \right) \right).$$

$$\frac{\dfrac{\left(\int_0^T v(x)\,\mathrm{d}x\right)^n}{n!}\exp\left\{-\int_0^T v(x)\,\mathrm{d}x\right\}}{\sum_{n=0}^{m-1}\dfrac{\left(\int_0^T v(x)\,\mathrm{d}x\right)^n}{n!}\exp\left\{-\int_0^T v(x)\,\mathrm{d}x\right\}}$$

$$=\frac{1}{F_{T_m}(T)}\sum_{n=0}^{m-1}\left(\int_0^T \lambda_0(u)\,\mathrm{d}u + n\eta\left(T - \frac{\int_0^T xv(x)\,\mathrm{d}x}{\int_0^T v(u)\,\mathrm{d}u}\right)\right)\cdot$$

$$\frac{\left(\int_0^T v(x)\,\mathrm{d}x\right)^n}{n!}\exp\left\{-\int_0^T v(x)\,\mathrm{d}x\right\}$$

最后，由于更新周期中的最小修理而产生的平均成本由下式给出：

$$C_{\min}E[N_m]$$

$$= C_{\min}\int_0^T\left(\int_0^t \lambda_0(u)\,\mathrm{d}u + (m-1)\eta\left(t - \frac{\int_0^t xv(x)\,\mathrm{d}x}{\int_0^t v(u)\,\mathrm{d}u}\right)\right)f_{T_m}(t)\,\mathrm{d}t$$

$$+ C_{\min}\sum_{n=0}^{m-1}\left(\int_0^T \lambda_0(u)\,\mathrm{d}u + n\eta\left(T - \frac{\int_0^T xv(x)\,\mathrm{d}x}{\int_0^T v(u)\,\mathrm{d}u}\right)\right)\cdot$$

$$\frac{\left(\int_0^T v(x)\,\mathrm{d}x\right)^n}{n!}\exp\left\{-\int_0^T v(x)\,\mathrm{d}x\right\}$$

如前所述，目标寻找上式中的 (T^*, m^*) 使得 $C(T,m)$ 在 $0 < T \leqslant \infty; 0 < m \leqslant \infty$ 取得最小值，即

$$C(T^*, m^*) = \min_{T>0, m>0} C(T,m)$$

由于式 (6.25) 的复杂性，这种最小化问题的显式分析是很难执行的，我们将通过有意义的数值例子说明它。还要注意，采用图形的定性分析也是有意义的，而且也不复杂。

例6.4 考虑 NHPP 冲击过程，其速率为 $v(t) = V(1 - e^{-\varepsilon t}), t > 0$ 随时间递增，固有失效为 $\lambda_0(x) = \Lambda t$，也随时间递增，其中常数 V、ε 和 Λ 为正。因此，在该模型中，有两个劣化因素。在这种情况下，式 (6.25) 采用以下形式：

$$C(T,m) = \frac{CS(T,m) + CM(T,m) + C_R}{\int_0^T Z(t,m)\,\mathrm{d}t}$$

其中

$$CS(T,m) = C_d(m(1 - Z(t,m)) + A(T)(Z(t,m) - X(T,m-1)))$$

$$CM(T,m) = C_{\min} \int_0^T \left(Y(t) + (m-1)\eta\left(t - \frac{B(t)}{A(t)}\right) \right) v(t) X(t,m-1) dt$$

$$+ C_{\min} \sum_{n=0}^{m-1} \left(Y(T) + n\eta\left(T - \frac{B(T)}{A(T)}\right) \right) \cdot X(T,n)$$

$$A(t) = \int_0^t v(x) dx = V\left(t + \frac{\exp(-\varepsilon t) - 1}{\varepsilon}\right)$$

$$B(t) = \int_0^t x v(x) dx = V\left(\frac{t^2}{2} + \frac{t\exp(-\varepsilon t)}{\varepsilon} + \frac{\exp(-\varepsilon t) - 1}{\varepsilon^2}\right)$$

$$X(t,n) = \frac{A(t)^n}{n!}\exp\{-A(t)\}, Y(t) = \int_0^t \lambda_0(x) dx = \Lambda\frac{t^2}{2}, Z(t,m) = \sum_{n=0}^{m-1} X(t,n)$$

举例来说，所考虑的系统参数为 $\Lambda = 0.1, V = 1, \eta = 0.7, \varepsilon = 0.5$，$C_R = 20$，$C_{\min} = 2$，$C_d = 1$。图 6.8 给出了函数 $C(T,m)$ 随这些参数变化的结果。可以看出，这个函数在 $T = 4.8, m = 5$ 时有一个明显的最小值。

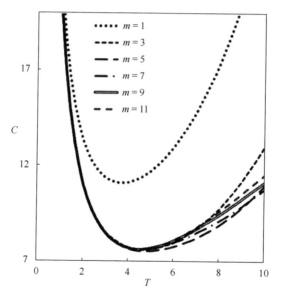

图 6.8　$\Lambda = 0.1, V = 1, \eta = 0.7, \varepsilon = 0.5, C_R = 20, C_{\min} = 2, C_d = 1$ 时的 $C(T,m)$

接下来，我们将说明 T 和 m 的最优值与相应的 $C(T^*, m^*)$ 的依赖关系。图 6.9 显示维修成本与由参数 V 定义的冲击速率函数的依赖性。我们看到，随着冲击速率的增加，m^* 增加，T^* 减少，而 $C(T^*, m^*)$ 增加。注意：V 的增加意味着系统劣化程度的增加，因此，最优替换时间应该更小，这是模型的内在性质。此外，直观地说，恶化的增加应导致 $C(T^*, m^*)$ 的增加，如图 6.9 所示。

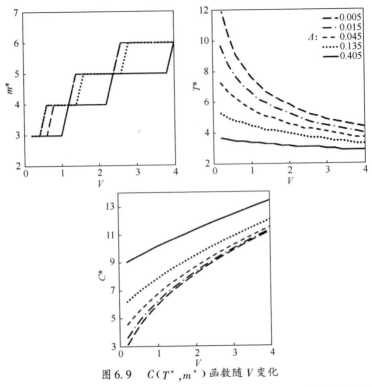

图 6.9 $C(T^*, m^*)$ 函数随 V 变化

要解释 m^* 随 V 的增加，观察模型 $C_R \gg C_{\min}, C_R \gg C_d$，这导致了 $C(T,m)$ 接近 $C_R / \int_0^T \bar{F}_{T_m}(t)\,dt$。分母总是随 m 的增加而增加，这使得 $C(T,m)$ 为 m 的递减函数。V 取值比较小时，这种影响可以忽略不计，而 V 值变大时，这种影响就比较显著。因此，随着 V 的增大，m 越大则 $C(T,m)$ 越小。

图 6.10 显示了对增量参数 η 值的依赖性。随着 η 的增加，系统对每次冲击都造成更多的劣化，但冲击率保持不变（与图 6.9 相比）。因此，直观地看，如图 6.10 所示，m^* 和 T^* 都在减少。显然，在这种情况下，$C(T^*, m^*)$ 应增加，如图 6.10 所示。

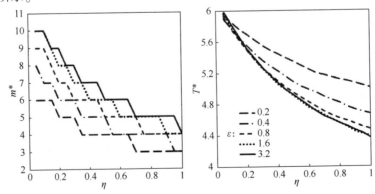

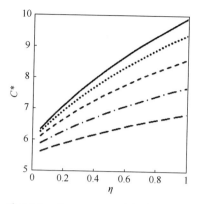

图 6.10　$C(T^*, m^*)$ 函数随 η 变化

参考文献

Aalen OO, Borgan Ø, Gjessing H (2008) Survival and event history analysis: a process point of view. Springer, New York
Cha JH, Finkelstein M (2009) On terminating shock process with independent wear increments. J Appl Probab 46:353–362
Cha JH, Lee EY (2010) An extended stochastic failure model for a system subject to random shocks. Oper Res Lett 38:468–473
Cha JH, Finkelstein M (2011) On new classes of extreme shock models and some generalizations. J Appl Probab 48:258–270
Cha JH, Mi J (2011) On a stochastic survival model for a system under randomly variable environment. Method Comput Appl Probab 13:549–561
Cha JH, Finkelstein M, Levitin G (2017a) On preventive maintenance of systems with lifetimes dependent on a random shock process. Reliab Eng Syst Saf 168:90–97
Cha JH, Finkelstein M, Levitin G (2017b) Bivariate preventive maintenance of systems with lifetimes dependent on a random shock process. Eur J Oper Res, in press. https://doi.org/10.1016/j.ejor.2017.09.021
Cha JH, Finkelstein M, Levitin G (2017c) Bivariate preventive maintenance for repairable systems subject to random shocks. J Risk Reliab, in press. https://doi.org/10.1177/1748006X17721797
Finkelstein M (2008) Failure rate modelling for reliability and risk. Springer, London
Finkelstein M, Cha JH (2013) Stochastic modelling for reliability: shocks, burn-in and heterogeneous populations. Springer, London
Kalbfleisch JD, Prentice RL (1980) The statistical analyses of failure time data. Wiley, New York
Lehmann A (2009) Joint modeling of degradation and failure time data. J Stat Plann Infer 139:1693–1705
Nakagawa T (2007) Shock and damage models in reliability theory. Springer, London
Shaked M, Shanthikumar J (2007) Stochastic orders. Springer, New York

第7章 更新过程的推广

第3章讨论了更新过程以及更新型推理在可靠性领域中的一些应用。如前所述,更新过程对应于瞬时完美(理想)修复过程,而最小修复过程则在第2章和第4章中进行了详细研究,一般用非齐次泊松过程(NHPP)描述。在实际应用中,修复往往既不是完美的,也不是最小的,介于二者之间的维修模型值得研究。本章主要讨论虚拟年龄模型。首先,研究不可修系统虚拟年龄的定义,然后对其释义和性质进行深入分析。完美修复会将失效系统的年龄回退到0(与新系统一样),最小维修则使系统回到故障前的年龄(和以前一样糟糕)。一般维修通常会将其年龄降低到某个中间值,这样一个系统就获得了它的虚拟年龄。本章的最后一部分将讨论几何过程和与其相关的计数过程。几何过程中每个周期持续时间(除了第一个基准周期)的分布是通过前一个周期的线性比例折算来定义的(每个周期具有相同的恒定比例因子)。我们从虚拟年龄的概念开始研究,这对接下来的讨论至关重要。

7.1 虚拟年龄

假设一个部件在 $t=0$ 时刻开始运行,其在生产过程中具有一个初始不可观测的资源 R(Finkelstein,2008)。例如,对于机械或电子产品,它可以是关键参数的初始值和定义其故障边界之间的"距离"。很自然地假设它是一个连续的随机变量,其分布函数为

$$F(r) = P(R \leq r) \tag{7.1}$$

Singpurwalla(2006)也考虑了类似的随机资源概念(潜在危险)。对于每个可观测的 R,组件的剩余资源都随时间单调减少。因此,这种单调增加的消耗性资源可称为"磨损",在 $(0,t]$ 中的磨损可以定义为

$$W(t) = \int_0^t w(u) \, du \tag{7.2}$$

式中:$w(t)$ 表示磨损率。因此,R 的值是一个工业产品的固有属性,而速率 $w(t)$ 定义了 R 在给定环境下的"消耗"。环境越恶劣,消耗速率就会越大,而 $w(t) \equiv 1$ 通常被视为基准速率。当磨损 $W(t)$ 达到 R 时发生失效,用 T 表示相应的随机寿命,则

$$P(T \leq t) \equiv P(R \leq W(t)) = F(W(t)) \tag{7.3}$$

因此，所描述的生存模型可以用加速寿命模型解释（Nelson，1990；Bagdonavicius 和 Nikulin，2002）。在应用中，最常见的特定情况是累积损伤模型（Nelson，1990），它对应于式（7.3）中的比例转换是线性的情况，即

$$P(T \leq t) \equiv P(R \leq wt) = F(wt) \tag{7.4}$$

除此之外，更为深入合理的研究将获益更多。考虑在基准环境（制度）下运行的系统，并用 $F_b(t)$ 表示其失效时间的累积分布。让另一个统计意义上相同的系统在更严酷的环境中运行，失效时间的累积分布用 $F_s(t)$ 表示，用 $\lambda_b(t)$ 和 $\lambda_s(t)$ 分别表示两种环境下的故障率。我们希望通过将基准环境作为参考，建立两种环境下系统之间的年龄对应关系。可以合理地假设第二种方案下的劣化程度更高，因此，达到相同累积老化或磨损量所需的时间比基准方案中的时间要短。在此，假设两个环境中的寿命按如下顺序排序（有关主要随机顺序的说明，请参见2.4节）：

$$\bar{F}_s(t) < \bar{F}_b(t), t \in (0, \infty) \tag{7.5}$$

不等式（7.5）包含以下等式：

$$F_s(t) = F_b(W(t)), W(0) = 0, W(t) > t, t \in (0, \infty) \tag{7.6}$$

与式（7.3）类似，式（7.6）为一般加速寿命模型（ALM）（Cox 和 Oakes，1984；Meek 和 Escobar，1998；Finkelstein，2008），$W(t)$ 为基于时间的尺度折算因子，其为时间的递增函数。这样做的目的是建立老化关系模型，即在统计意义上两个相同的系统在不同环境中运行相同时间 t 的寿命折算关系，称为统计虚拟年龄。

注释7.1 式（7.6）中的尺度折算函数的反函数 $W^{-1}(\cdot)$ 为

$$F_s(W^{-1}(t)) = F_b(t)$$

定义7.1 设 t 为在基准环境中运行系统的日历年龄，该年龄设置为比另一个统计上相同的系统的日历年龄轻。假设式（7.5）成立，则式（7.6）中的函数 $W(t) > t$ 折算出了系统在比较严酷的环境下运行 t 时在基准环境下的虚拟统计年龄。类似地，如注释7.1所示，反函数 $W^{-1}(t) < t$ 定义了系统在严酷环境下运行 t 时，而在基准环境下运行多久的虚拟统计年龄。

因此，系统运行 t，则在基准环境下运行系统的虚拟年龄与日历年龄 t 相等，而有别于基准环境的另一个项目的等效（统计虚拟）年龄为 $W(t)$。另外，在严酷环境运行 t 时间的系统在基准环境中其虚拟年龄可通过 $W^{-1}(t) < t$ 的折算得到，由此我们得到了两种不同年龄机制的对应折算关系。

由式（7.6）定义的 ALM 可以看作是获得 $W(t)$ 的方程式，即

$$\begin{aligned} \exp\left\{-\int_0^t \lambda_s(u)\mathrm{d}u\right\} &= \exp\left\{-\int_0^{W(t)} \lambda_b(u)\mathrm{d}u\right\} \\ \Rightarrow \int_0^t \lambda_s(u)\mathrm{d}u &= \int_0^{W(t)} \lambda_b(u)\mathrm{d}u \end{aligned} \tag{7.7}$$

因此，统计虚拟年龄 $W(t)$ 可由式（7.7）唯一地定义。

式（7.6）和式（7.7）可以用累积损伤模型（Nelson，1990）来解释，即虚拟年龄 $W(t)$ 按比例累积"产生"与基准环境中年龄 t 相等的失效产物。

假设 $W(t)$ 是可微的。然后，类似于式（7.2），$W(t) = \int_0^t w(u)du$ 且 $w(t)$ 可解释为退化率。事实上，它是相对退化率，在基准环境下，退化率设置为1。

与式（7.7）类似，从注释7.1可以得出 $W^{-1}(t)$，即

$$\int_0^{W^{-1}(t)} \lambda_s(u)du = \int_0^t \lambda_b(u)du \tag{7.8}$$

例7.1 假设两种环境下的系统失效率都是递增的，为正幂函数（威布尔分布），通常用于劣化系统的寿命模型建模，即

$$\lambda_b(t) = \alpha t^\beta, \lambda_s(t) = \mu t^\eta, \alpha, \beta, \mu, \eta > 0$$

统计虚拟年龄 $W(t)$ 由式（7.7）定义为

$$W(t) = \left(\frac{\mu(\beta+1)}{\alpha(\eta+1)}\right)^{\frac{1}{\beta+1}} t^{\frac{\eta+1}{\beta+1}} \tag{7.9}$$

由式（7.9）可知，当 $\beta = \eta$ 时，函数 $W(t)$ 是线性的。在这种情况下，$\lambda_b(t)$ 和 $\lambda_s(t)$ 通过比例风险（PH）模型"连接"。特别地，当 $\beta = \eta = 0$ 时，两种分布均为指数分布，且 w 为常数，即 $w = \mu/\alpha, \mu > \alpha$。有趣的是，当两个失效速率均以 c 值增加时会发生什么。因此，有

$$w_c = \frac{\mu + c}{\alpha + c}$$

根据定义可知，当 $c \to \infty$ 时，速率降低到基线状态下的速率，其值为1。这样，就不存在加速老化了。

从式（7.6）可以看出，对应于分布 $F_s(t)$ 的故障率为

$$\lambda_s(t) = \frac{F'_b(W(t))}{\overline{F}_b(W(t))} = w(t)\lambda_b(W(t)) \tag{7.10}$$

因此，当两个失效率都作为常数给定时，速率 $w(t)$ 也变为常数，即 $w(t) = w, t \geq 0$。

统计的虚拟年龄是为处理年龄对应关系的（适用于温和的运行环境）。事实上，我们更关注以下问题的答案：在严酷的环境下运行 t 时间后，其在基准环境下的等效年龄为多少？或者在基准环境下运行 t 时间后，其在严酷环境下的等效年龄为多少？在转换时，我们必须重新计算基准环境中的年龄 t，并获得更严酷环境中的等效年龄。乍看之下，式（7.8）中定义的统计虚拟年龄 $V_s \equiv W^{-1}(t)$ 可以解决年龄重新计算的问题。但是，它没有考虑转换过程，仅给出了年龄对应关系。仅考虑这些情况是否能满足研究和实践需要会在后续内容中开展研究。

根据我们的说明，在 $t \in [0,x)$ 时退化率为1，在 $t = x$ 时系统切入到严酷环境中运行，在 $[x,\infty)$ 中速率 $w(t) > 1$，其中 $w(t) = W'(t)$。在 $[0,\infty)$ 中累积寿命分布函数 $F_{bs}(t)$ 可写成（Finkelstein，2008）

$$F_{bs}(t) = \begin{cases} F_b(t), & 0 \leq t < x \\ F_b\left(x + \int_x^t w(u)\mathrm{d}u\right), & x \leq t < \infty \end{cases} \quad (7.11)$$

此方程右侧第二行可转换为

$$F_b\left(x + \int_x^t w(u)\mathrm{d}u\right) = F_b\left(\int_{\tau(x)}^t w(u)\mathrm{d}u\right)$$
$$= F_b(W(t) - W(\tau(x))) \quad (7.12)$$

其中 $\tau(x) < x$ 由下式唯一定义：

$$x = \int_{\tau(x)}^x w(u)\mathrm{d}u = W(x) - W(\tau(x)) \quad (7.13)$$

由式（7.12）可知，$t = x$。因此，式（7.11）和式（7.12）是定义了整个坐标轴上对应的分布函数的通式。我们现在必须回答另一个问题：在达到与基准中运行日历时间 x 产生相同的累积损伤量之前，系统需要在严酷的环境中运行多久？式（7.13）解决了系统在基准环境中运行 $[0,x)$ 产生的累积损伤量，如何等效为严酷环境中运行时在区间 $[\tau(x),x)$ 中的累积退化量，即如何确定 x。因此，系统投入到严酷环境中运行时，其年龄为 $x - \tau(x)$。我们称它为更新虚拟年龄（Finkelstein，2007a），表示为 $V_r(x) = x - \tau(x)$。

定义 7.2 假设系统从 $t = 0$ 时刻开始在基准状态下运行，并在 $t = x$ 时刻切换到严酷的环境中运行。令其在 $[0,\infty)$ 中的相应 CDF 由式（7.11）给出，与式（7.6）的 ALM 相同，则在 $t = x$ 时刻切换到严酷环境中运行时重新计算的虚拟年龄 $V_r(x)$ 定义为 $V_r(x) = x - \tau(x)$，其中 $\tau(x)$ 是式（7.13）的唯一解，即

$$\tau(x) = W^{-1}(W(x) - x)$$

现在对 $V_r(x)$ 和统计虚拟年龄 $V_s(x) \equiv W^{-1}(x) < x$ 进行比较。具体来说，我们要定义等式 $V_r(x) = V_s(x)$ 的假设，可以写成以下函数方程：

$$x - W^{-1}(x) = W^{-1}(W(x) - x)$$

将运算 $W(\cdot)$ 应用于此方程的两部分，得到

$$W(x - W^{-1}(x)) = W(x) - x$$

容易证明，线性函数 $W(t) = wt$ 是该方程的一个解。显然，这是唯一解，因为函数方程 $f(x+y) = f(x) + f(y)$ 仅具有唯一线性解。因此，在这种情况下，重新计算的虚拟年龄等于统计虚拟年龄。当 $W(t)$ 为非线性函数时，统计虚拟年龄 $V_s(x) = W^{-1}(x)$ 不等于重新计算的虚拟年龄 $V_r = x - \tau(x)$，在不同的应用中都应考虑到这一点。

下面的例子表明式（7.11）右边的第二行定义的函数即自变量 $t \geq x$ 部分仅为 $F_s(t)$ 的部分表达式，对应于特定的线性函数。

例 7.2 根据式（7.6）和式（7.12），可得

$$F_b(w \cdot (t - \tau(x))) = F_s(t - \tau(x))$$

其中 $\tau(x)$ 由式（7.12）获得，即

$$x = \int_{\tau(x)}^{x} w \mathrm{d}u \Rightarrow \tau(x) = \frac{x(w-1)}{w}$$

因此，有

$$V_r(x) = x - \tau(x) = x/w$$

$$V_s(x) = W^{-1}(x) = x/w$$

7.2 G-更新过程

虚拟年龄的概念也可以应用于可修系统。如前所述，更新过程对应于瞬时的完美（理想）修复过程，而第2章和第4章中详细考虑的最小修复过程则由非齐次泊松过程描述。在实践中，修复通常既不完美也不简单，应该讨论一些中间情况的模型。完美修复将系统失效的时间降低到0（和新的一样好）。最小维修保持这个年龄（与旧的一样差）。一般的修理通常把它降低到某个中间值，这样可修系统就获得了一个有别于其实际年龄的虚拟年龄。实际上，可以有多种模型定义相应的广义更新过程。不考虑环境切换和年龄对应关系，不完全维修行为可以用其产生的虚拟年龄描述。首先举例说明其意义，然后用数学方法构建相应的过程模型。

例7.3 考虑一个系统，其中一个组件在基准状态下运行，而"无限个"热储备组件在较温和状态下运行。主要组件的故障分布函数为 $F(t)$，而其他组件的故障分布函数为 $F(qt)$，其中，$0 < q \leq 1$ 为常数。因此，每个热备件组件的寿命可以用上一节讨论的线性ALM描述。如前所述，统计虚拟年龄和重新计算的虚拟年龄在本例中一致。系统在 $t=0$ 时开始运行。在基准环境中运行的部件在每次故障后，该组件立即被备用组件替换，并在基准状态下开始运行。因此，在 $t = x$ 处替换的热备件的虚拟年龄为

$$V_s(x) = V_r(x) = qx$$

根据式（2.3），该构件对应的剩余寿命分布函数为

$$F(t \mid V_r(x)) = F(t \mid qx) = \frac{F(t+qx) - F(qx)}{\overline{F}(qx)} \tag{7.14}$$

当 $q = 1$ 时，式（7.14）定义了最小修复；当 $q = 0$ 时，部件处于冷备状态（完全修复）。

该模型每次失效时，都会重新计算年龄。对应的到达时间序列 $\{X_i\}_i \geq 1$ 形成一般更新过程（G-更新）（Kaminskij 和 Krivtsov，2006）。在 G-更新过程中，第 $(n+1)$ 次周期的持续时间，在 $t = t_n \equiv x_1 + x_2 + \cdots + x_n, n = 0,1,2,\cdots,t_0 = 0$ 开始，其条件分布定义如下：

$$P(X_{n+1} \leq t) = F(t \mid qt_n)$$

式中：t_n 是到达时间 T_n 的实现。

现在，我们将这个示例推广到非线性ALM的情况。假设故障在 x 处发生，

不一定是第一个。采取即时不完全维修，修复后的虚拟年龄为 $V_s = W^{-1}(x) \equiv q(x)$，其中 $q(x)$ 是连续递增函数，$0 \leq q(x) \leq x$。实际上，根据我们在上一节末尾的讨论，应将 V_r 作为重新计算的虚拟年龄相应的模型，但是，鉴于其与例 7.3 无关，我们仅假设虚拟时间在 x 进行的一般修复后的年龄为 $q(x)$。更精确地说，修复后的系统的剩余寿命不取决于完整的运行/维修历史过程，而仅取决于通过确定性虚拟寿命函数 $q(x)$，并且它仅取决于最近一次维修的系统寿命。下一次失效的时间分布为 $F(t \mid q(x))$。该模型的最重要特征是 $F(t \mid q(x))$ 仅取决于时间 x，而与计数过程的其他元素无关。此属性将式（3.10）和式（3.11）构建的一般更新过程应用到下面的案例中。不完全修复的计数过程 $\{N(t), t \geq 0\}$ 与常规更新过程一样的特征在于相应的更新函数 $H(t) = E[N(t)]$ 和更新密度函数 $h(t) = H'(t)$：

$$H(t) = F(t) + \int_0^t h(x) F(t - x \mid q(x)) dx \quad (7.15)$$

$$h(t) = f(t) + \int_0^t h(x) f(t - x \mid q(x)) dx \quad (7.16)$$

式中：$f(t - x \mid q(x))$ 是对应于 CDF $F(t - x \mid q(x))$ 的密度。

在 Kijima 和 Sumita（1986）中可以找到这些方程的严格证明以及相应的唯一解的充分条件。

例 7.4 令 $q(x) = 0$，则 $f(t - x \mid q(x)) = f(t - x)$，且可得出普通的更新方程式（3.10）和式（3.11）。

例 7.5 令 $q(x) = x$（最小修复）。在这种情况下，可以明确求解方程式（7.15）和式（7.16）。例如，我们将证明，非均匀泊松过程速率的 $\lambda_r(t)$ 等于主分布的故障率 $\lambda(t)$，是式（7.16）的解。

当

$$f(t - x \mid x) = f(t)/\bar{F}(x)$$
$$(1/\bar{F}(x))' = \lambda(x)/\bar{F}(x)$$

等式（7.16）变成

$$f(t) + \int_0^t h(x) f(t - x \mid q(x)) dx = f(t) + f(t) \int_0^t \frac{h(x)}{\bar{F}(x)} dx = h(t)$$

将式中的 $h(\cdot)$ 替换为 $\lambda(\cdot)$，以下等式成立：

$$f(t) + f(t) \int_0^t \frac{\lambda(x)}{\bar{F}(x)} dx = \lambda(t)$$

因此，我们证明了式（7.16）的解可由 $h(t) = \lambda(t) = \lambda_r(t)$ 给出。

更新过程类型的随机过程中，每个周期都由故障率 $\lambda(t)$ 和主分布函数 $F(t)$

定义,而虚拟年龄 $q(x)$ 仅给出此分布的"起始年龄"。因此,用分布函数 $F(t\mid q(x))$ 描述在 $t=x$ 处修复后的周期持续时间。

现在,就可以通过相应的强度过程(与式(3.2)比较)有效定义 G-更新过程。

定义 7.3 G-更新过程由以下强度过程定义:
$$\lambda_t = \lambda(t - T_{N(t-)} + q(T_{N(t-)})) \tag{7.17}$$

像以前一样,$T_{N(t-)}$ 表示最后一次更新的随机时间。

函数 $q(x)$ 通常是连续且递增的,且 $0 \leq q(x) \leq x$。因此,与普通更新过程一样,强度过程是由相同的故障率 $\lambda(t)$ 定义的,每个周期的起始时间由其初始故障率 $\lambda(q(T_n))$,$n=1,2,\cdots$ 确定。

该模型的重要限制之一是假设故障率呈"固定"形状。但是,这种假设是有根据的。因此,我们将保持"沿 $\lambda(t)$ 曲线滑动"的推理,并将其推广到比基于历史的计数过程更为复杂的 G-更新过程。

7.3 一般维修过程

假设每次不完全维修都会根据特定模型使系统按照一定的规则缩减虚拟年龄。由于故障率的形状是固定的,每个周期的虚拟年龄的起点由维修后故障率曲线上相应点的"位置"唯一定义。为了确定起见,假设基准故障率是递增的。因此,式(7.17)的强度过程可写成更一般的形式,即
$$\lambda_t = \lambda(t - T_{N(t-)} + V_{T_{N(t-)}}) \tag{7.18}$$

式中: $V_{T_{N(t-)}}$ 是系统在 t 时刻之前进行最后一次维修的虚拟寿命。从现在开始,为方便起见,记大写字母 V 为随机虚拟年龄,而 v 为其实测值。等式(7.18)给出了具有固有故障率形状的模型的一般定义。对于递增的故障率,该过程中每个周期的虚拟年龄由故障率曲线上"起始点"对应的位置唯一确定。该位置应由相应的虚拟年龄模型确定。从式(7.18)可知,连续维修之间的过程强度在"图形上"表现为与初始故障率 $\lambda(t)$ 水平平行,因为所有偏离取决于 $\lambda(t)$ 函数中自变量参数的变化(Doyen 和 Gaudoin,2004)。在此,针对实际应用构建一个特定但非常有意义且重要的常规维修模型。在本节的其余部分及后续章节将对其进行详细研究。

假设系统从 $t=0$ 开始运行。第一周期持续时间分布函数为 $F(t)$,其相应的故障率为 $\lambda(t)$。如果第一次故障(瞬时不完全修复)发生在 $X_1 = x_1$ 处。假设不完全维修可将系统的寿命减少到 $q(x_1)$,其中 $q(x)$ 是一个连续的递增函数,且 $0 \leq q(x) \leq x$。因此,计数过程的第二个周期的虚拟年龄从 $v_1 = q(x_1)$ 开始,周期持续时间 X_2 的分布函数为 $F(t\mid v_1)$,其失效率 $\lambda(t+v_1)$,$t \geq 0$。因此,第二次修复之前系统的虚拟年龄为 $v_1 + x_2$,第二次修复之后的系统的虚拟年龄为 $q(v_1 + x_2)$,为简单起见,我们假设函数在每个周期的 $q(x)$ 都相同。在此模型

中，记第 i 次修复之后的虚拟年龄序列 $\{v_i\}_i \geq 0$，在第 $(i+1)$ 个周期的起始时刻的实测值 $x_i(i \geq 1)$ 为

$$v_0 = 0, v_1 = q(x_1), v_2 = q(v_1 + x_2), \cdots, v_i = q(v_{i-1} + x_i) \quad (7.19)$$

或等效地，对于随机虚拟年龄，为

$$V_n = q(V_{n-1} + X_n), n \geq 1$$

对于特定的线性情况，$q(x) = qx, 0 < q < 1$，该模型被 Brown（1983）以及 Bai 和 Jun（1986）等研究过。继 Kijima 在 1989 年发表论文之后，通常将其称为 Kijima II 模型，而 Kijima I 模型则描述了年龄回退模型的一种简单版本，即只有最后一个周期的持续时间因相应地不完全维修而缩减（Baxter 等，1996；Stadje 和 Zuckerman，1991）。Finkelstein 在 1989 年也独立提出了 Kijima II 模型及其概率分析，后来又在众多后续出版物中进行了探讨。与不完全的维修模型相关的"虚拟年龄"一词由 Kijima 等在 1988 年首次明确提出。但相应的含义之前已经在许多出版物中使用。

当 $q(x) = qx$ 时，过程强度 λ_t 可以精确表示。第一次维修后，虚拟年龄 v_1 为 qx_1，第二次修复后，$v_2 = q(qx_1 + x_2) = q^2 x_1 + qx_2, \cdots$，在第 n 次维修之后，虚拟年龄为

$$v_n = q^n x_1 + q^{n-1} x_2 + \cdots + qx_n = \sum_{i=0}^{n-1} q^{n-i} x_{i+1} \quad (7.20)$$

式中：$x_i(i \geq 1)$ 是不完全维修的计数过程到达时间 X_i 的实测值。因此，按照式（7.18），当 $q(x) = qx$ 时，此特定模型过程强度为

$$\lambda_t = \lambda \left(t - T_{N(t-)} + \sum_{i=0}^{N(t-)-1} q^{n-i} X_{i+1} \right) \quad (7.21)$$

其中，按照惯例，$\sum_{i=0}^{-1} (\cdot) \equiv 0$。

例 7.6 尽管 Kijima II 模型中的维修行为取决于相应随机过程的整个历史，但 Kijima I 模型中的依赖性比较简单，只需考虑最后一个周期回退变量，与式（7.19）类似，可得

$$v_0 = 0, v_1 = qx_1, v_2 = v_1 + qx_2, \cdots, v_n = v_{n-1} + qx_n \quad (7.22)$$

因此，有

$$v_n = q(x_1 + x_2 + \cdots + x_n), V_n = q(X_1 + X_2 + \cdots + X_n)$$

我们得出了一个重要的结论，即该模型与上一节的 G - 更新过程定义的模型完全相同（Kijima 等，1988）。以上研究表明，可以使用 Kijima I 模型获得系统所需老化备件数量。根据式（7.18）和式（7.22），此模型的过程强度为

$$\lambda_t = \lambda(t - T_{N(t-)} + V_{T_{N(T-)}}) = \lambda(t - T_{N(t-)} + qT_{N(t-)})$$
$$= \lambda(t - (1-q)T_{N(t-)})$$

分析上式可知，在该模型当中日历年龄 t 的减小量与上次不完全维修的日历时间成正比。因此，Doyen 和 Gaudoin（2004）称其为"比率回退模型"。

上述研究构建的两种模型分别代表了相应随机维修过程的两个历史边缘情况，即分别"记住"所有先前维修时间的历史和"仅"记住最后一次维修时间的历史。Doyen 和 Gaudoin（2004）对介于两者之间的情况进行了分析。注意：当 q 为常数时，维修质量与日历时间或修复次数无关。

实际上，Kijima（1989）的原始模型中回退因子 q_i 的设置更一般，$i \geq 1$ 时不同周期的 q_i 也不一样（也考虑独立随机变量 $Q_i, i \geq 1$ 的情况）。维修质量是随着 i 递减的，其自然序为 $0 < q_1 < q_2 < q_3, \cdots$，则式（7.22）变为

$$v_n = x_1 \prod_{i=1}^n q_i + x_2 \prod_{i=2}^n q_i + \cdots + q_n x_n = \sum_{i=1}^n x_i \prod_{k=i}^n q_k \quad (7.23)$$

相应的过程强度为

$$\lambda_t = \lambda\left(t - T_{N(t-)} + \sum_{i=1}^{N(t-)} X_i \prod_{k=i}^{N(t-)} q_k\right) \quad (7.24)$$

Kijima I 模型中的虚拟年龄为

$$v_n = v_{n-1} + q_n x_n = \sum_1^n q_i x_i$$

相应的强度过程为

$$\lambda_t = \lambda\left(t - T_{N(t-)} + \sum_{i=1}^{N(t-)} q_i X_i\right) \quad (7.25)$$

式（7.23）的意义非常明显，因为每个周期的修复程度可能不同，并且通常会随着时间而劣化。模型式（7.25）的实际含义并不明显，在上述模型中，用随机 Q_i 替换 q_i 可得出在该情况下强度过程的一般关系式。

注意： 当 $Q_i \equiv Q, i = 1, 2, \cdots$ 是独立同分布伯努利随机变量，Kijima II 模型可以通过 Brown – Proschan 模型进行解释（请参见定理 4.7 和相应的描述）。在该模型中，完全维修的概率为 p，最小维修的概率为 $1 - p$。

7.4 平稳虚拟年龄

经典更新过程是固定的，即其在某种意义上不是"老化"的（实际上，具有第一周期为均匀分布的延迟更新过程）。显然，NHPP 是不稳定的，并且其故障率是递增的，事件的到达频率随 t 增加。对于一般维修过程，我们还要讨论老化特征和单调性。由于获取这些过程的相关特征不是一件非常简单的事，因此，如果存在相应的静态特征，则可提供合理的近似值。我们从计数过程的老化特征属性开始以下研究。

定义 7.4 如果随机计数过程为随机老化过程，则到达时间 $\{X_i\}(i \geq 1)$ 随机递减，即

$$X_{i+1} \leq_{st} X_i, i \geq 1 \quad (7.26)$$

显然，根据这个定义，更新过程并不是随机老化，如果它的速率是一个递增

函数，则非齐次泊松过程为老化过程。我们选择了最简单和最自然的排序类型，但也可以使用其他排序类型。以下定义基于式（7.18）。

定义7.5 假设不完全修复模型的过程强度由式（7.18）给出。则相应的虚拟年龄过程由以下方程式定义：

$$A_t = t - T_{N(t-)} + V_{T_{N(t-)}} \tag{7.27}$$

从该定义可以立即得出，最小维修过程和普通更新过程的虚拟年龄分别为

$$A_t = t$$

$$A_t = t - T_{N(t-)}$$

因此，由于失效率的形状是固定的，A_t 为式（7.18）模型描述的过程强度中的随机参数，即 $\lambda_t = \lambda(A_t)$。

现在，我们深入研究具有非线性维修效果 $q(t)$ 的广义 KijimaⅡ模型（Finkelstein, 2008）。假设这是一个递增的凹函数，在 $[0,\infty)$ 中是连续的，且 $q(0) = 0$。对该假设进行严格的证明，即

$$q(t_1 + t_2) \leq q(t_1) + q(t_2), t_1, t_2 \in [0,\infty) \tag{7.28}$$

另外，假设

$$q(t) < q_0 t \tag{7.29}$$

式中：$q_0 < 1$。这表明，维修至少在一定程度上使失效的得到修复，但 $q(t)$ 不可能任意接近 $q(t) = t$（最小维修）。

假设系统某周期在虚拟年龄为 v 的时刻开始运行，记 $X(v)$ 为该周期持续运行时间，其分布函数为

$$F(t \mid v) = \frac{F(t+v) - F(v)}{\overline{F}(v)}$$

下一个周期将从随机虚拟年龄 $q(v + X(v))$ 开始，我们关注某个平稳虚拟年龄 v^*，定义平稳虚拟年龄为以下方程式的解：

$$E[q(v + X(v))] = v \tag{7.30}$$

因此，根据式（7.30），如果一般（不完美）维修过程的某个周期在虚拟年龄 v^* 开始，则下一个周期将具有预期的随机虚拟年龄 v^* 开始，该过程类似"弓形"形状。

定理7.1 令 $\{X_n\}, n \geq 1$ 为由式（7.19）定义的不完全修复过程，其中维修函数 $q(t)$ 的连续递增且满足式（7.28）和式（7.29）。假设主分布 $F(t)$ 具有有限的第一矩，并且对于足够大的 t，相应的故障率要么趋于一个正常数 $c > 0$，要么在 $t \to \infty$ 时收敛到0，使得

$$\lim_{t \to \infty} t\lambda(t) = \infty \tag{7.31}$$

则，方程（7.30）至少存在一个解，如果有多个，则这些解为 $[0,\infty)$ 中的有界集。

证明：当 $E[X(0)] < \infty$ 时，很明显，$v > 0, E[X(v)] < \infty, v > 0$ 时。如果

$\lambda(t)$ 以 $c > 0$ 为界，则

$$E[X(v)] \leq \frac{1}{c}$$

应用 Jensen 不等式和式 (7.28)，可得

$$\begin{aligned} E[q(v+X(v))] &\leq q(E(v+X(v))) \\ &= q(v+E[X(v)]) \leq q(v) + q(E[X(v)]) \\ &\leq q(v) + E[X(v)] \end{aligned} \tag{7.32}$$

当 v 足够大时，根据式 (7.29) 和式 (7.32) 可得出

$$E[q(v+X(v))] < v$$

另一方面，$E[q(X(0))] > 0$，因为函数在 $v = 0$ 时为正，当 v 足够大时为负，$E[q(v+X(v))] - v$ 在 v 中连续，所以定理的第一部分得证。

现在，当 $t \to \infty$ 时，$\lambda(t) \to 0$，考虑以下分式：

$$\frac{E[X(v)]}{v} = \frac{\int_v^\infty \exp\left\{-\int_0^x \lambda(u)\,du\right\}dx}{v\exp\left\{-\int_0^v \lambda(u)\,du\right\}}$$

应用洛必达法则并使用式 (7.31)，得到

$$\lim_{v \to \infty} \frac{E[X(v)]}{v} = \lim_{t \to \infty} \frac{1}{\lambda(v)v - 1} = 0 \tag{7.33}$$

因此，应用不等式 (7.32) 以及式 (7.28) 和式 (7.33)，得到

$$\frac{E[q(v+X(v))]}{v} \leq \frac{q(v)}{v} + \frac{E[X(v)]}{v} < 1, \text{当 } v \text{ 足够大时}$$

使用与证明的第一部分相同的论点完成我们的推理。

推论 7.1 如果 $F(t)$ 是 IFR，那么定理 7.1 的条件成立，并且方程式 (7.30) 至少有一个解。

定理 7.2 设 $F(t)$ 为 IFR。假设当前周期从虚拟年龄 $v^* + \Delta v$ 开始，其中 v^* 是等式 (7.30) 平衡解且 $\Delta v > 0$。那么，下一个周期开始时的虚拟年龄期望将"接近"v^*，即

$$v^* < E[q(v^* + \Delta v + X(v^* + \Delta v))] < v^* + \Delta v \tag{7.34}$$

证明：如推论 7.1 所述，在这种情况下，式 (7.30) 存在至少一个的解。首先证明式 (7.34) 中的第二个不等式。考虑到 $q(t)$ 是一个递增函数，且随机变量 $X(v)$ 在 v 中随机递减（因为 $\lambda(t)$ 递增），可得

$$E[q(v^* + \Delta v + X(v^* + \Delta v))] < E[q((v^* + \Delta v + X(v^*))]$$

根据以下推理可得该不等式。如果两个分布的排序为 $\overline{F}_1(t) > \overline{F}_2(t), t \in (0, \infty)$，且 $g(t)$ 为递增函数，那么，通过积分可得

$$\int_0^\infty g(t)\,dF_2(t) < \int_0^\infty g(t)\,dF_1(t)$$

最后，根据式 (7.28)，有

$$E[q(v^* + \Delta v + X(v^*))] \leqslant E[q(v^* + X(v^*))] + q(\Delta v)$$
$$= v^* + q(\Delta v) < v^* + \Delta v$$

式（7.34）中的第一个不等式可以用类似的方法求证。

以下推论在应用中很重要，因为 IFR 分布刻画了劣化技术系统寿命分布的自然属性。

推论 7.2　如果 $F(x)$ 是 IFR，那么，等式（7.30）有一个唯一的解。

证明：假设等式（7.30）有两个解，即

$$E[q(v^* + X(v^*))] = v^* \tag{7.35}$$
$$E[q(\tilde{v} + X(\tilde{v}))] = \tilde{v} \tag{7.36}$$

让 $\tilde{v} = v^* + \Delta v, \Delta v > 0$ 与式（7.34）一致，得到
$$E[q(\tilde{v} + X(\tilde{v}))] = E[q(v^* + \Delta v + X(v^* + \Delta v))]$$
$$< v^* + \Delta v = \tilde{v}$$

与式（7.36）相矛盾。

所描述的特性表明，下一个周期的起始虚拟年龄的平衡点 v^* 与当前周期的起始虚拟年龄始终存在偏差。注意：对于最小的修复过程，相应的偏差逐渐增大。

7.5　老化和极限性能

定义 7.6　如果每个周期开始（结束）的虚拟年龄序列随机增加，则由式（7.27）定义的 $A_t, t \geqslant 0$ 的虚拟年龄过程随机增加。

例如，当主分布 $F(t)$ 为 IFR，则随机过程 $A_t, t \geqslant 0$ 会导致到达故障间隔时间递减，因此，这也描述了可修系统随时间逐渐老化，在实践中各种磨损的系统皆是如此。但是，如果故障率 $\lambda(t)$ 递减，则随机 $A_t, t \geqslant 0$ 的增加会导致可修系统的"改进"。很明显的事实是，随着 $\lambda(t)$ 的递增，系统的 MRL 呈递减函数。虽然我们比较关注 $\lambda(t)$ 递增时的模型，但研究一般形式更具有代表性。

在本节后面的内容中，我们将研究式（7.19）中定义的虚拟年龄过程 $\{A_t, t \geqslant 0\}$ 的属性。虽然定义 7.6 中所定义的随机过程的增加看起来不是很明显，但 $t \to \infty$ 时，其收敛于极限分布。关于该问题中的线性 $q(t)$ 最早由 Finkelstein（1992）提出。Last 和 Szekli（1998）对一般年龄过程的主分布函数 $F(t)$ 的单调性和稳定性进行了严格而详细的论证。Last 和 Szekli（1998）的方法基于应用一些基本的概率结果，其使用了 Lyones 方案和 Harris 递归 Markov 链。直接基于概率论和平衡虚拟年龄 v^* 的直观"几何"概念，我们得到了一个特定模型（但其对 $F(t)$ 的假设较弱，并且 $q(t)$ 与时间相关）。

除了明显的工程应用外，这些结果在生物学领域也有重要意义。大多数生物学上的衰老理论都认为衰老过程可以被视为"磨损与破裂"过程。生物体内修

复机制的存在降低了各种程度的累积损伤也是一个公认的事实。就像细胞复制过程中的DNA突变一样，这种修复也不是完美的。修复过程的渐近稳定性意味着，作为可修复系统的生物实际上在足够大的 t 时就不会按照定义的意义进行老化。因此，可以用这种方式解释高龄人群死亡率下降以及死亡率峰值（Finkelstein, 2008）到达的原因。该结论基于一个重要的假设，即维修行为会减少整体累积的损坏，而不仅限于最后一次增量。这种劣化的另一个可能原因是人口的异质性（Finkelstein 和 Cha, 2013）。

完成该说明之后，进行该主题数学分析（Finkelstein, 2007b）。记 $\theta_{i+1}^S(v)$，$i = 0, 1, 2, \cdots$ 为第 $(i+1)$ 个周期开始时的虚拟年龄分布，以及在上一个第 i 个周期结束时对应的虚拟年龄分布为 $\theta_i^E(v), i = 1, 2, \cdots$，很明显，根据式（7.19），可得

$$\theta_{i+1}^S(v) = \theta_i^E(q^{-1}(v)), i = 1, 2, \cdots \tag{7.37}$$

反函数 $q^{-1}(v)$ 也是递增的。由下式容易得出：

$$\theta_{i+1}^S(v) = P(V_{i+1}^S \leq v) = P(q(V_i^E) \leq v) = P(V_i^E \leq q^{-1}(v))$$

式中：V_{i+1}^S 和 V_i^E 分别是第 $(i+1)$ 个周期的开始和前一个周期结束时的虚拟年龄。以下定理指出，所研究的老化过程是随机增加的。

定理7.3 在不完美修复模型式（7.19）中，每个周期结束（开始）的虚拟年龄形成了以下随机增加的序列：

$$V_{i+1}^E >_{st} V_i^E, V_{i+1}^S >_{st} V_i^S, i = 1, 2, \cdots$$

证明：根据定义7.6，我们必须证明

$$\bar{\theta}_{i+1}^E(v) > \bar{\theta}_i^E(v), \bar{\theta}_{i+1}^S(v) > \bar{\theta}_i^S(v), v > 0, i = 1, 2, \cdots \tag{7.38}$$

我们将证明第一个不等式（对于 $i = 2, 3, \cdots$，第二个不等式，如果第一个不等式为真，则从式（7.37）得出，并且对于 $i = 1$，它显然满足 $\bar{\theta}_2^S(v) > \bar{\theta}_1^S(v)$ 作为 $\bar{\theta}_1^S(v)$ 是在 0 处退化的分布）。考虑前两个周期，v_1^E 为 V_1^E 的实测值，其中 V_1^E 是第一个周期结束时的虚拟年龄，同时也是该周期的持续时间。然后，（若能实现）第二个周期结束时的年龄为

$$q(v_1^E) + X(q(v_1^E))$$

式中：$X(v)$ 为如前所述是具有概率分布 $F(t \mid v)$ 的随机变量。显然，第二个周期后的虚拟年龄比第一个周期的虚拟年龄随机性大，如我们对 $X(0)$ 的定义。实际上，当 $a > 0$ 时，$a + X(a) \geq_{st} X(0)$ 因为 $X(a) \geq_{st} X(0) - a$。因此，使用数学归纳法可以证明当 $i = 1$ 时的定理。

假设当 $i = n-1, n \geq 3$ 时，式（7.38）成立。定义周期开始和结束时的虚拟年龄，并使用式（7.37）可得

$$\begin{aligned}\theta_n^E(v) &= \int_0^v \left(1 - \exp\left\{-\int_x^v \lambda(u)\,du\right\}\right) d\theta_n^S(x) \\ &= \int_0^\infty \left(1 - \exp\left\{-\int_x^v \lambda(u)\,du\right\}\right) \cdot I_x(0,v) d\theta_{n-1}^E(q^{-1}(x))\end{aligned} \tag{7.39}$$

$$\theta_{n+1}^E(v) = \int_0^v \left(1 - \exp\left\{-\int_x^v \lambda(u)\mathrm{d}u\right\}\right)\mathrm{d}\theta_{n+1}^S(x)$$
$$= \int_0^\infty \left(1 - \exp\left\{-\int_x^v \lambda(u)\mathrm{d}u\right\}\right) \cdot I_x(0,v)\mathrm{d}\theta_n^E(q^{-1}(x)) \quad (7.40)$$

其中，当 $x \leq v$ 时 $I(0,v) = 1$，否则，$I(0,v) = 0$，并且 $\left(1 - \exp\left\{-\int_x^v \lambda(u)\mathrm{d}u\right\}\right) \cdot I_x(0,v)$。

上式为虚拟年龄从 x 到 v（$v > x$）时的生存概率。假设 $\bar{\theta}_n^E(v) > \bar{\theta}_{n-1}^E(v)$，我们有 $\bar{\theta}_n^E(q^{-1}(v)) > \bar{\theta}_{n-1}^E(q^{-1}(v))$，这意味着对应于 $\bar{\theta}_n^E(q^{-1}(v))$ 和 $\bar{\theta}_{n-1}^E(q^{-1}(v))$ 的随机变量是有序随机过程的。此外，函数

$$\left(1 - \exp\left\{-\int_x^v \lambda(u)\mathrm{d}u\right\}\right) \cdot I_x(0,v)$$

随 x 递减。然后，比较在式（7.39）和式（7.40）中对应函数的期望，可得 $\theta_n^E(v) > \theta_{n+1}^E(v)$ 或 $\bar{\theta}_n^E(v) < \bar{\theta}_{n+1}^E(v)$，从而完成了证明。

下一个定理指出，当 $i \to \infty$ 时分布函数 $\bar{\theta}_i^E(v)$、$\bar{\theta}_i^S(v)$ 的递增序列收敛于极限分布函数。因此，所考虑的不完全维修过程在所定义的背景下是稳定的。

定理 7.4 除了考虑满足定理 7.3 的所有条件，另外假定主分布 $F(t)$ 为 IFR。在每个周期开始或结束时其虚拟年龄的极限分布为

$$\begin{cases} \lim_{i \to \infty} \theta_i^E(v) = \theta_L^E(v) \\ \lim_{i \to \infty} \theta_i^S(v) = \theta_L^S(v) \end{cases} \quad (7.41)$$

证明：该证明基于定理 7.2 和定理 7.3。当式（7.38）中序列在每个 $v > 0$ 处递增时，只有两种可能性，要么式（7.41）的极限分布在 $[0,\infty)$ 中均收敛，要么对于最小维修的情况（$q = 1$），其虚拟年龄无限增长。后者意味着，对于每个固定 $v > 0$，有

$$\begin{cases} \lim_{i \to \infty} \theta_i^E(v) = 0 \\ \lim_{i \to \infty} \theta_i^S(v) = 0 \end{cases} \quad (7.42)$$

假设式（7.42）成立，并考虑周期开始时虚拟年龄的序列，则对于任意小的 $\zeta > 0$，可以找到 n，满足

$$P(V_i^S \leq v^*) \leq \zeta, i \geq n$$

式中：v^* 是一个平衡点，根据推论 7.2，它是唯一且有界的。从式（7.34）可知，对于每个实测值 $v_i^S > v^*$，对下一个周期的起始年龄的期望小于 v_i^S。如果式（7.42）成立，则 $[0,v^*)$ 中年龄的"贡献"可以任意减小。因此，当 i 足够大时，可以很容易地看出

$$E[V_{i+1}^S] < E[V_i^S]$$

该不等式与定理 7.3 相矛盾,根据定理,虚拟年龄的期望形成了递增的序列。因此,假设式 (7.42) 是错误的,而式 (7.41) 成立。如前所述,式 (7.41) 中第二个极限的结果与式 (7.37) 一致。

推论 7.3 如果 $F(t)$ 为 IFR,则到达间隔寿命的序列 $\{X_n\}, n \geq 1$ 为随机减小且具有极限分布的随机变量,即

$$\lim_{i \to \infty} F_i(t) = F_L(t) = \int_0^\infty \left(1 - \exp\left\{-\int_v^{v+t} \lambda(u) \mathrm{d}u\right\}\right) \mathrm{d}(\theta_L^s(v)) \quad (7.43)$$

证明:考虑到式 (7.41) 中的收敛是均匀的,则式 (7.43) 成立。比较

$$F_i(t) = \int_0^\infty \left(1 - \exp\left\{-\int_v^{v+t} \lambda(u) \mathrm{d}u\right\}\right) \mathrm{d}(\theta_i^s(v))$$

和

$$F_{i+1}(t) = \int_0^\infty \left(1 - \exp\left\{-\int_v^{v+t} \lambda(u) \mathrm{d}u\right\}\right) \mathrm{d}(\theta_{i+1}^s(v))$$

很容易看到,$F_{i+1}(t) > F_i(t), t > 0; i = 1, 2, \cdots$(即到达间隔时间为随机递减序列),因为 $\theta_{i+1}^s(v) < \theta_i^s(v)$,对于 IFR 情况,被积函数随着 v 递增。

例 7.7 我们现在将直接获得简化的不完全维修模型的稳定性。注意:实际上所有不完全修理模型都可以用于描述不完全维护模型。考虑在时间 $nT, n = 1, 2, \cdots$ 的日历时间执行具有任意寿命分布 $F(t)$ 的可修复系统的不完全维修行为 (Kahle, 2006)。因此,相应的更新过程随着确定的到达时间不断退化。假设所有发生的故障进行最小维修,并且在每次维护时,相应的虚拟寿命根据 Kijima Ⅱ 模型以恒定的 $q \, (0 < q < 1)$ 减少。因此,考虑到式 (7.20),第 n 次维护后的虚拟年龄为

$$v_n = T \sum_{i=0}^{n-1} q^{n-i} = T \sum_1^n q^i = T \frac{1}{1-q}(1 - q^n) \quad (7.44)$$

因此,虚拟年龄 v_n 是确定的,即

$$\lim_{n \to \infty} v_n = \frac{1}{1-q}$$

这说明了我们以前针对这种特殊情况的定理的稳定性。

7.6 应用: 最佳修复水平

与 3.4.3 节中考虑的最优维修问题类似,假设每次故障时按照式 (7.20) 中虚拟年龄模型进行即时维修,进而讨论基于成本驱动的一般维修过程的优化问题。一般我们采用传统的优化方法,首先得到一个更新周期的预期成本,并将其除以这个周期的预期持续时间。然而,由于不完全维修问题的复杂性,采用式 (7.43) 的极限分布。由于这种分布在计算特定参数值时非常烦琐,因此,我们使用并举例说明基于平衡年龄方程 (7.30) 的近似方法 (Finkelstein, 2015)。模型的主分布函数为 $F(t)$,对应的故障率为 $\lambda(t)$,均值为 $\mu = \int_0^\infty \overline{F}(u) \mathrm{d}u$。

假设所定义的不完全维修过程中的每个周期内的不完全修理费用为函数 $C(q)$，这意味着它只取决于修理的程度，而不取决于其他因素。当然，这是一种简化，但是它可以有效地处理一个相当复杂的优化问题。因此，$C(q)$ 在 $q \in [0,1]$ 中是一个递减函数，且

$$C_M = C(1) \leqslant C(q) \leqslant C(0) = C_P \tag{7.45}$$

式中：C_M 是最小修复的成本；C_P 是完全维修的成本。考虑虚拟年龄过程的第一个周期，其单位时间成本数学期望为 $C(q)/\mu$。因此，对于 $0 < q \leqslant 1, C(q)/\mu < C_P/\mu$，如果我们关心的只有一个周期，最小维修是最好的选择，然而，这里仅研究一个周期的推理毫无意义，只用作补充步骤。除了所描述的虚拟年龄过程之外，最小维修作为一种选择。在这个过程的后续（非同分布）周期会发生什么？第 i 个周期的条件期望单位时间成本为 $C(q)/\mu_i(v_i)$，其中

$$\mu_i(v_i) = \int_0^\infty \overline{F}(u \mid v_i) \mathrm{d}u = \int_0^\infty \frac{\overline{F}(u + v_i)}{\overline{F}(v_i)} \mathrm{d}u, i = 2,3,\cdots \tag{7.46}$$

但是，式（7.46）（除了第一个周期外）是用来描述每个周期开始时刻虚拟年龄的实测值，我们需要获得每个周期平均长度的无条件值。

假设 $F(t)$ 为 IFR，我们现在将应用上一节的极限结果。除了推论 7.3 指出的间隔时间序列 $\{X_n\}, n \geqslant 1$ 随机减少之外，显然还有以下内容成立。

根据式（7.43）可得出以下推论。

推论 7.4 平均到达间隔时间的序列递减到以下极限，即

$$\lim_{i \to \infty} \mu_i = \lim_{i \to \infty} \int_0^\infty \overline{F}_i(u) \mathrm{d}u = \int_0^\infty \overline{F}_L(u) \mathrm{d}u = \mu_L \tag{7.47}$$

根据更新奖励定理（定理 3.8），虚拟年龄过程长期运行的单位时间预期成本 c_q 可定义为

$$c_q = \frac{C(q)}{\mu_L(q)}$$

如该表达式所示，极限 μ_L 显然也是 q 的函数，如 $\mu_L(q)$，从推论 7.4 得出，它是 $q \in [0,1)$ 的递减函数。此外，如果 $\lim_{t \to \infty} \lambda(t) = \infty$（如对于故障率不断增加的威布尔分布），则类似于最小维修情况，有

$$\lim_{q \to 1} \mu_L(q) = 0 \tag{7.48}$$

因此，可以将相应的优化问题定义为找到满足下式成立的最优 q^*，即

$$c_{q*} = \min_{0 \leqslant q < 1} \frac{C(q)}{\mu_L(q)} \tag{7.49}$$

函数 $C(q)$ 在 $q \in [0,1)$ 中递减。对于模型的进一步发展，假设其具有相当灵活的函数形式（Shafiee 等，2011）：

$$C(q) = C_M + \Delta C_{PM}(1-q)^\alpha, \alpha > 0 \tag{7.50}$$

式中：$\Delta C_{PM} \equiv (C_P - C_M)$，可知，当 $q \to 0$ 时，α 在 $|C'(q)|$ 中的值越大。

定理7.5 令 $F(t)$ 为 IFR 且 $\lim_{t\to\infty}\lambda(t) = \infty$，当 $|C'(q)|, q\to 0$ 足够大时，存在一个 $q^* \in (0,1)$ 的最优值，该值使所述的长期运行的不完全维修系统的单位时间内期望费用最小化。

证明：根据式 (7.45) 和式 (7.48)，$\lim_{q\to 1} C(q)/\mu_L(q) = \infty$，则下列条件成立：

$$\lim_{q\to 0}(C(q)/\mu_L(q))' = \lim_{q\to 0}\frac{1}{(\mu_L(q))^2}(C'(q)\mu_L(q) - \mu'_L(q)C(q))$$

因此，当 $|C'(q)|$ 足够大时，存在最优值（例如，当式 (7.50) 中的 ΔC_{PM} 或 α 足够大时，$\lim_{q\to 0}(C(q)/\mu_L(q))'$ 为负，因此 c_q 最初是递减的）。

定理7.5 说明了不完全维修的最佳程度存在的合理性，该不完全维修将单位时间的长期预期成本降至最低。例如，可以通过模拟虚拟年龄过程（$0 \le q < 1$，以合理的步长覆盖范围），然后计算 $\mu_L(q)$，最后根据式 (7.49) 获得最佳值，从数值上找到它）。这计算量是相当大的，可以使用有意义（近似）且计算简单得多的方法。该方法基于式 (7.30) 定义的平衡虚拟年龄的概念。对于该情况，该式可重新写为

$$q\left(v^*(q) + \int_0^{\infty}\overline{F}(u \mid v_{eq}(q))\mathrm{d}u\right) = v^*(q) \qquad (7.51)$$

这意味着，如果一个系统在初始虚拟年龄为 $v^*(q)$ 开启了某个周期，则在下一次修复之后，它的虚拟年龄将再次等于 $v^*(q)$，不过，这是预期的。实际上，式 (7.51) 中的积分定义了从虚拟年龄 $v^*(q)$ 开始运行的系统的平均剩余寿命。因此，我们可以得出结论，式 (7.51) 中的 $\overline{F}(u \mid v^*(q))$ 可以视为式 (7.43) 中 $\overline{F}_L(u)$ 的近似值，重新推导式 (7.51)，可得

$$\int_0^{\infty}\overline{F}(u \mid v^*(q))\mathrm{d}u = v^*(q)\left(\frac{1}{q} - 1\right) \qquad (7.52)$$

由于方程的左侧（于每个固定的 q）随 $v^*(q)$（当其为 IFR 分布）递减，而右侧为 $v^*(q)$ 的线性递增函数，所以有唯一解。因此，式 (7.52) 的左边可以近似为式 (7.47) 中的 $\mu_L(q)$。一个简单的计算过程如下。对于给定的分布函数 $F(t)$（如故障率增加的威布尔分布），通过设定 $q \in (0,1)$ 中合理步长，可对式 (7.52) 中 $v^*(q)$ 进行数值求解。式 (7.52) 的右边（近似）等于式 (7.47) 中的 $\mu_L(q)$。对于给定的式 (7.50) 中成本结构，$C(q)/\mu_L(q)$ 可以解析分析并获得其最小值。

例7.8 令 $\overline{F}(t) = \exp\{-t^2\}$，则 $\lim_{t\to\infty}\lambda(t) = \lim_{t\to\infty}2t = \infty$。从图 7.1 可以看到，正如所料，当 $q \in (0,1)$ 时 $1/\mu_L(q) \equiv M(q)$ 是增加的。令 $C_P = 1, C_M = 0.3, \alpha = 2$，则长期运行的单位时间预期成本 c_q 的结果如图 7.2 所示，我们可以看到最佳修复程度是"很明显的"，即 $q^* \approx 0.58$。

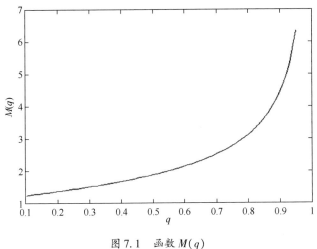

图 7.1 函数 $M(q)$

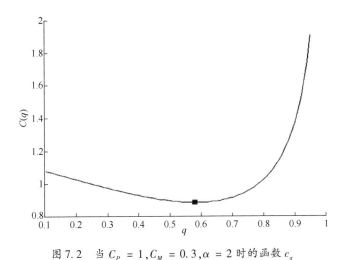

图 7.2 当 $C_P = 1, C_M = 0.3, \alpha = 2$ 时的函数 c_q

7.7 更新方程

在 7.2 节中讨论了式 (7.15) 和式 (7.16) 描述的一般更新方程。我们提到,虽然这些方程的形式不同于式 (3.10) 和式 (3.11) 描述的一般更新方程,应用发展成熟的数值方法可以得到其相应的解。结果表明,式 (7.22) 中的年龄回退模型的更新方程 (Kijima II 模型) 更为复杂。

为了推导这些方程式,根据式 (7.22),我们必须假设可修系统开始工作的年龄 (虚拟年龄) 为 x。令 $N(t,x)$ 为初始条件下 $(0,t]$ 中的不完全修复次数,分别用 $H(t,x)$ 和 $h(x,t)$ 表示相应的更新函数和更新密度函数,即

$$H(t,x) = E[N(t,x)], h(t,x) = \frac{\partial}{\partial t}H(t,x)$$

若第一次维修在 $t = y$ 发生时，类似于式（3.10），即

$$H(t,x) = \int_0^t E[N(t,x) \mid X_1 = y]\frac{f(y+x)}{\overline{F}(x)}\mathrm{d}y$$

$$= \int_0^t [1 + H(t-y, q(x+y))]\frac{f(y+x)}{\overline{F}(x)}\mathrm{d}y$$

$$= F(t \mid x) + \int_0^t H(t-y, q(x+y))f(y \mid x)\mathrm{d}y \tag{7.53}$$

其中

$$F(t \mid x) \equiv \frac{F(x+t)}{\overline{F}(x)}$$

以类似的方式可得

$$h(t,x) = \frac{\partial}{\partial t}H(t,x)$$

$$= f(t \mid x) + \int_0^t h(t-y, q(x+y))f(y \mid x)\mathrm{d}y + H(0, q(x+t))f(t \mid x)$$

$$= f(t \mid x) + \int_0^t h(t-y, q(x+y))f(y \mid x)\mathrm{d}y \tag{7.54}$$

当系统的起始年龄为 $x = 0$ 时，很容易看出，在 $q(x) = x$ 时进行最小维修，$h(t,x) = \lambda(x+t)$ 是等式（7.54）的解。对于完全维修，当起始年龄是 $x = 0$ 和 $q(x) = 0$ 时，这些方程简化为普通更新方程。由于函数 $H(t,x)$ 和 $h(t,x)$ 还依赖于变量 x，式（7.53）和式（7.54）比式（3.10）和式（3.11）中对应的"单变量"模型更复杂。

在 Dagpunar（1997）中，得到了 $F(x)$ 为威布尔函数的 $h(t,0)$ 的数值解。结果表明，$h(t,0)$ 相当快地收敛于一个常数。鉴于我们上一节对不完全修理过程稳定性的研究，这并不奇怪。推论7.3指出，当 $t \to \infty$ 时，该过程收敛为一个普通的更新过程，其CDF由等式（7.43）定义。因此，与式（3.14）相似，可得

$$H(t,0) = \frac{t}{m_L}[1 + o(1)], h(t,0) = \frac{1}{m_L}[1 + o(1)]$$

注意：类似的结果分别对于 $H(x,t)$ 和 $h(x,t)$ 均成立。

例7.9 考虑一个由故障率 $\lambda(t)$ 相同的两个部件组成的系统。第二个部件处于（冷）备用状态。在主部件发生故障后，第二个部件被切换到运行状态，而故障部件被瞬间最小限度地修复。然后这个过程继续以同样的模式进行。让我们把相应的故障（修理）计数过程称为最小维修的一般过程。用 $h(t,x,y)$ 表示该过程的更新密度函数，其中 x 和 y 分别是主部件和备件，在 $t = 0$ 的初始年龄，与式（7.53）相似，可得

$$h(t,x,y) = f(t\mid x) + \int_0^t h(t-u,y,x+u)f(u\mid x)\mathrm{d}u$$

这个积分方程也可以用数值方法求解。当 $x=0, y=0$ 时，如果允许附加切换，则存在一个简单的近似解。假设主部件在时间间隔 $[0,\Delta t]$ 内工作，然后切换到待机状态，前一个待机部件在 $[\Delta t, 2\Delta t]$ 内工作。当 $\lambda(t)$ 递增时，这些切换行为增加了系统的可靠性。用 $\lambda_{\Delta t}(t)$ 表示系统的最终故障率，可以证明以下渐近关系成立：

$$\lim_{\Delta t\to 0} \mid \lambda_{\Delta t} - \lambda(t/2)\mid = 0$$

这意味着，当 $\Delta t \to 0$ 时，系统的故障率可以渐近地近似为 $\lambda(t/2)$。此操作可以解释为相应的尺度变换。主元件故障时，通过切换到备用元件进行瞬时修复，约等于最小修复（当 $\Delta t \to 0$ 时）。因此，对于足够小的 Δt，可得

$$h(t,0,0) \approx \lambda(t/2)$$

7.8 故障率回退模型

一般更新过程的寿命回退模型的一个显著特征是其主分布函数 $F(t)$ 定义的失效率 $\lambda(t)$ 为固定形状。每个周期"位于"失效率曲线的起点，其位置由相应的虚拟寿命 v 唯一定义，周期的持续时间服从 $F(t\mid v)$。因此，不完全修复使一个系统恢复到介于完全修复和最小修复之间的中间水平。该方法可以应用于许多工程和生物学领域。失效率固定形状的假设并不总是令人信服的，所以需要探索新方法。在描述故障率回退方法之前，我们简要回顾迄今为止所研究过的各种模型及应用。

Dorado–Hollander–Sethuraman（DHS）模型（Dorado 等，1997）是一个通用模型，它描述了与役龄回退方法不同的情况。该模型假定存在两个序列，即 a_i 和 $v_i, i=1,2,\cdots$ 使得 $a_1=1, v_1=0$，且不完全维修的计数过程的周期持续时间的条件分布为

$$P(X_i > t\mid a_1,a_2,\cdots,a_i,v_1,v_2,\cdots,v_i,X_1,X_2,\cdots,X_{i-1}) = \frac{\overline{F}(a_i t+v_i)}{\overline{F}(v_i)} \quad (7.55)$$

式中：$\overline{F}(t)$ 是 X_1 的生存函数，已知，式（7.55）扩展了式（7.20），可以使其进行其他比例转换。当 $v_i=0$ 和 $a_i=a^{i-1}, i\geqslant 1$ 时，就会得到后面要考虑的几何过程；当 $v_i = q(x_1+x_2+\cdots+x_n)$ 且 $a_i=1$ 时，可得式（7.22）的 Kijima I 模型。最小维修情况也从可从式（7.55）得出。注意：式（7.55）反过来又是 Finkelstein（1997）的隐藏年龄模型的一种特殊情况。由于式（7.55）中的 $F(t)$ 仍可以视为控制分布，因此，式（7.53）和式（7.54）所示的积分方程也可以正式导出。

对应于式（7.55）的过程强度为

$$\lambda_t = a_{N(t-)+1}\lambda(v_{N(t-)+1} + a_{N(t-)+1}(t - T_{N(t-)})) \tag{7.56}$$

如前所述，其中 $T_{N(t-)}$ 表示 t 之前最后一次不完全修复的时间。

故障率回退模型与年龄回退模型有显著差异，尽管其中一些模型仍可以由初始（基准）分布函数支配，并且可以很好地定义所涉及参数的统计推断，但无法建立相应的更新类型理论。此外，故障率回退的动机通常比役龄回退模型的动机更为正式。

例如，考虑最简单的几何故障率回退模型。与通常一样，假设不完全维修过程的第一个周期的分布函数为 $F(t)$、故障率为 $\lambda(t)$。令第二个周期的失效率为 $a\lambda(t)$，其中 $0 < a < 1$，具相应的生存函数 $(\bar{F}(t))^a$，第三个周期由故障率 $a^2\lambda(t)$ 描述，以此相推，相应的强度过程定义为

$$\lambda_t = a^{N(t-)}\lambda(t - T_{N(t-)}) \tag{7.57}$$

在下一节中，我们将考虑一个几何过程，其中几何因子并不影响失效率，而是定义了相应的折算尺度。与式（7.57）定义的模型不同，至少可以正式地写出相应的广义更新方程。

在许多出版物中都研究了算术失效率回退模型（Chan 和 Shaw，1993；Doyen 和 Gaudoin，2004）。虽然在这种情况下，无法发展有意义的更新类型理论，但可以获得一些有用的模型和统计推断结果。根据 Doyen 和 Gaudoin（2004）的论述，该模型基于两个假设。

（1）每个修复行为会根据不完全修复过程的历史将过程强度 λ_t 减少一定量。

（2）在连续的不完全修复之间，强度过程的实测值与初始（主要）故障率 $\lambda(t)$ 垂线平行。

这些假设可导出相应过程强度的以下一般形式：

$$\lambda_t = \lambda(t) - \sum_1^{N(t-)} \vartheta_i(\vartheta_1, \vartheta_2, \cdots, \vartheta_{i-1}, T_1, T_2, \cdots, T_i) \tag{7.58}$$

式中：函数 ϑ_i 表示第 i 次不完全修复导致的强度过程的降低系数，$i = 1, 2, \cdots$。

等式（7.58）在特定背景下可简化。假设

$$\vartheta_i(\vartheta_1, \vartheta_2, \cdots, \vartheta_{i-1}, T_1, T_2, \cdots, T_i) = a\lambda_{T_i} \tag{7.59}$$

式中：a 是回退系数，$0 \leq a \leq 1$，在所有周期中均为常数。因此，第一个区间的强度过程 $[0, T_1)$ 是 $\lambda(t)$，在第二个区间 $[T_1, T_2)$，它是 $\lambda(t) - a\lambda(T_1)$，第三段强度过程为（Rausand 和 Hoyland，2004）

$$\lambda(t) - a\lambda(T_1) - a(\lambda(T_2) - a\lambda(T_1))$$
$$= \lambda(t) - a[(1-a)^0\lambda(T_2) + (1-a)^1\lambda(T_1)]$$

类似地，可以证明在这种特殊情况下过程强度的一般形式为

$$\lambda_t = \lambda(t) - a\sum_{i=0}^{N(t-)-1}(1-a)^i\lambda(T_{N(t-)-i}) \tag{7.60}$$

其中，当 $N(t-) = 0$ 时，$\sum_{i=0}^{N(t-)-1}(\cdot) = 0$。

该方程的结构与方程式（7.21）有一定相似性，它定义了 Kijima Ⅱ 模型的强度过程。Doyen 和 Gaudoin（2004）提出的另一种模型类似于 Kijima Ⅰ 模型式（7.22）中的役龄回退模型，只考虑最后一个周期的"投入"。该过程强度可定义为

$$\lambda_t = \lambda(t) - a\lambda(T_{N(t-)}) \tag{7.61}$$

在比较两种不完全维修模型的方法之后结束本节。年龄回退模型似乎具有更好的动机，因为它们对"减少退化的原则"进行了清晰的物理解释（如减少了累积故障率或减少了磨损），其通常还允许推导更新型方程，这在某些应用中可能很重要（如涉及备件评估）。故障率本身不仅是性能下降的特征，而且将其降低作为性能退化的模型看起来更为正式。故障率的垂向变化比水平变化的差异更少。后者可以更好地解释分布函数和 MRL 在年龄回退模型的变化。

7.9 几何过程与几何类型的计数过程

几何过程是更新过程中有意义的一般形式。与描述完全维修的更新过程相比，几何过程可以描述周期持续时间分布不同的不完全维修过程。但是，周期的持续时间由独立同分布的几何分布决定。

定义 7.7 令 $\{X_n\}_n \geq 1$ 为独立寿命随机变量的序列，其对应分布 $F_n(t)$ 由基础分布 $F(t)$ 定义，形如

$$F_n(t) = F(a^{n-1}t), \quad n = 1,2,\cdots \tag{7.62}$$

式中：a 是一个正常数，则将序列 $\{X_n\}_n \geq 1$ 称为几何过程。等效地，将相应的计数过程 $\{N(t), t \geq 0\}$ 定义为 $N(t) = \sup\{n : T_n \leq t\}$，$t \geq 0$。

可靠性领域的几何过程由 Lam（1988）引入（Lam, 1992）。可以在 Lam（2007）的专著中找到综合理论及其应用。Finkelstein（1993）将式（7.62）扩展到非线性尺度转换一般形式。Wang 和 Pham（2006）将此称为准更新过程。当 $a = 1$ 时，几何过程简化为更新过程。在本节中，我们将讨论此过程的一些基本属及其概括。

该模型的一个重要特点是，与更新过程一样，它也由一个基础分布 $F(t)$ 控制。很明显，例如，当 $a > 1$ 时，该过程的每个周期随 n 随机减少，即

$$F(a^n t) > F(a^{n-1}t) \Rightarrow X_{n+1} <_{st} X_n, \quad t > 0, n = 1,2,\cdots$$

因此，当每次修复后系统的"质量"比前一个周期差时，此过程也可以模拟不完全维修行为。当 $a < 1$ 时，系统随着每次维修而改善，这在实践中并不常见，但后续维修时间以特定的方式比前一次维修更长时，其相应的序列可以构建"交替几何过程"维修时间序列模型。

令 $E[X_1] = \mu, \mathrm{Var}(X_1) = \sigma^2$，根据式（7.62）可以看出

$$E[X_n] = \frac{\mu}{a^{n-1}}, \quad \text{Var}(X_n) = \frac{\sigma^2}{a^{2(n-1)}}$$

其密度函数和相应的失效率为

$$f_n(t) = a^{n-1} f(a^{n-1}t), \quad \lambda_n(t) = d^{n-1} \lambda(a^{n-1}t), \quad n = 1, 2 \cdots \quad (7.63)$$

式中：$f(t)$ 和 $\lambda(t)$ 分别表示基础分布 $F(t)$ 的密度与失效率。因此，对于 $a > 1$，与更新过程和 $a < 1$ 的情况相反；期望之和收敛如下：

$$\sum_{1}^{\infty} E[X_n] = \frac{a\mu}{(a-1)} < \infty \quad (7.64)$$

计数过程 $N(t)$ 和更新函数 $H(t) = E[N(t)]$ 的定义类似于更新情况。然而，式 (3.5) 中的相应卷积（为方便起见，现在用上标表示）应替换为 (Lam, 2007)

$$F^{(n)}(t) = \int_0^t F^{(n-1)}(t-x) \, dF(a^{(n-1)}x)$$

$$= \int_0^t F^{(n-1)}(a(t-x)) f(x) \, dx$$

基于该属性，采用类似式 (3.10) 和式 (3.11) 的推导过程，可导出以下右侧有卷积的更新型方程：

$$H(t) = F(t) + \int_0^t H(a(t-x)) f(x) \, dx \quad (7.65)$$

$$h(t) = f(t) + a \int_0^t h(a(t-x)) f(x) \, dx \quad (7.66)$$

为方便起见，类似于经典的更新过程，我们将函数 $H(t)$ 和 $h(t)$ 分别称为更新及更新密度函数。虽然式 (7.65) 和式 (3.10) 之间的差异并不那么重要，但它使我们无法以简单的形式获得关于拉普拉斯变换的解，类似于式 (3.9)。但是从形式上来说，拉普拉斯变换 $H^*(s)$（$h^*(s)$ 也一样）可以通过无穷级数获得，根据式 (7.62) 可得

$$F_n^*(s) = F^*(s/a^{n-1}), f_n^*(s) = sF_n^*(s), \quad n = 1, 2, \cdots$$

因此，在对等式两边应用拉普拉斯变换后

$$H(t) = \sum_{n=1}^{\infty} F^{(n)}(t)$$

由此可得几何过程的更新函数的拉普拉斯变换为

$$H^*(s) = \frac{1}{s} \sum_{n=1}^{\infty} \prod_{j=1}^{n} f^*(s/a^{j-1}) \quad (7.67)$$

式 (7.67) 可以进行数值反演 (Nachlas, 2005)。

可以将式 (3.2) 的过程强度修改为几何过程的强度，即

$$\lambda_t = a^{N(t-)} \lambda(a^{N(t-)}(t - t_{N(t-)})) \quad (7.68)$$

式中：$t_{N(t-)}$ 表示 t 之前的最后一个"更新"。

几何过程的概念可以概括如下 (Finkelstein, 2010)，令

$$X_i = \frac{Y_i}{q(i)}, i = 1, 2, \cdots \quad (7.69)$$

式中：$q(i),q(i)=1$ 是整数 i 的递增函数，使得

$$\sum_{i=1}^{\infty} E[X_i] = b < \infty \tag{7.70}$$

随机变量 $Y_1, Y_2, \cdots$ 独立同分布，且分布函数为 $F(t)$。

Braun（2005、2008）等研究式（7.70）的特定情况，并称为串联过程：

$$X_i = \frac{Y_i}{i^a}, i = 1,2,\cdots \tag{7.71}$$

几何过程的更新函数 $H(t)$ 由式（7.65）定义，利用此方程，当函数的参数的具体形式为 $H(a(t-x))$，Braun 等（2005）证明了当 $a > 1$ 时，函数 $H(t), \forall t > 0$ 是无界的，直观上并不明显（直觉上很明显，这应该是足够大的 t 的情况））。Finkelstein（2010）将此结果推广到式（7.69）和式（7.70）中的几何型过程。我们将具有无限更新函数的几何类型过程称为收敛过程。

在下面的内容中，我们将只考虑收敛几何过程（$a > 1$）。结果表明，尽管 $t > 0$ 时 $H(t) = \infty$，但经过适当的正则化后，该过程可用于描述不完全维修过程中的劣化周期序列。正则化可以通过多种方式执行。注意：实际中的修复行为不是瞬时的，在这种情况下，$H(t) \neq \infty$ 是自然的。例如，Lam（2007）已经考虑了另一个（递增的）几何过程来建维修时间序列，这在实际应用中是非常有意义的。另一个著名的方法是基于截尾集合过程（Wang 和 Pham, 2006），过程中不能有超过 $m \geq 1$ 的"几何更新"。几何过程正则化方法是多样的，可采用下面推理实现。

假设每个（瞬时）修复是完美的概率为 θ，即下一个周期和第一个周期的分布函数 $F(t)$ 相同，并且在概率 $1-\theta$ 下，修复结果导致下一个周期为几何过程。后者意味着，如果当前周期按照 $F(a^{k-1}t), k=1,2,\cdots$ 分布，则下一个周期将具有分布 $F(a^k t)$。显然，完全修复之间"几何修复"的预期数量是有限的，而完全修复的实例构成了相应的普通更新过程。注意：该过程在某种程度上类似于第 4 章中考虑不完美修复的 Brown Proschan 模型（Brown 和 Proschan, 1983；芬克尔斯坦, 2008）。

记 N_θ 为对应的几何随机变量，该变量等于两次连续完美修复之间的修复次数加 1，因此，有

$$P(N_\theta = i) = \theta(1-\theta)^{i-1}, \quad i = 1,2,\cdots \tag{7.72}$$

由于这是几何分布，$E[N_\theta] = 1/\theta$，所以两次完美修复之间的时间间隔为

$$\sum_{n=1}^{\infty} \left(\sum_{i=1}^{n} \mu/a^{i-1}\right) P(N_\theta = n) = \mu\theta \sum_{n=1}^{\infty} \frac{1-c^n}{1-c}(1-\theta)^{n-1} \tag{7.73}$$

式中：$c = 1/a$。当 $\theta = 1$（仅为完全维修）时，该期望值显然等于 μ，并且其分布函数为 $F(t)$ 的普通更新过程。当 θ 递减时，采取完全维修策略时，式（7.73）随着维修周期递增，反之，当 $\theta \to 0$（纯几何过程）时，根据等式（7.70）可得其极限等于 b。

现在考虑一个最优 θ，它最小化了所述方式维修系统的长期运行成本。假设

不完全维修费用为 C_g，大修（完全维修）的费用为 $C_p(C_g < C_p)$。

记 $C(\theta)$ 为长期运行的系统单位时间的预期维修成本（维修成本率）。根据更新回报定理（定理3.8），$C(\theta)$ 由商定义：分子是连续完美修复之间的预期修复成本，而分母只是此更新周期持续时间的期望。为了便于标记，设 $C_g = 1$。因此，有

$$C(\theta) = \frac{\left(\frac{1}{\theta} - 1\right) + C_P}{\mu\theta \sum_{n=1}^{\infty} \frac{1-c^n}{1-c}(1-\theta)^{n-1}}$$

$$= \frac{1/\theta}{\mu\theta \sum_{n=1}^{\infty} \frac{1-c^n}{1-c}(1-\theta)^{n-1}} + \frac{\tilde{C}_P}{\mu\theta \sum_{n=1}^{\infty} \frac{1-c^n}{1-c}(1-\theta)^{n-1}} \quad (7.74)$$

其中

$$\tilde{C}_P = C_P - 1$$

函数 $C(\theta), \theta \in (0,1]$ 很容易定性分析。式（7.74）右边的第一项随 θ 的增加而减小。实际上，分子等于在两个连续的完美修复之间进行几何修复的期望数，因此，随着 θ 的增加，其减少的速度要比分母增加得快，因为收敛的几何过程（$a > 1$）中每个后续周期的均值小于前一个周期的均值。第二项随着 θ 的增加而增加，因为在这种情况下分母是递减的。

第一项的边界值：当 $\theta \to 0$ 时，随着分母趋于 b，它趋于无穷大；当 $\theta = 1$ 时，等于 $1/\mu$；当 $\theta = 0$ 时，第二项等于 $\tilde{C}_p/b$，对于 $\theta = 1$，第二项等于 $\tilde{C}_p/\mu$。由于第一项的"结构"，$C(\theta)$ 是递减的，至少对于足够短的 θ 是这样。对于足够大的 $\tilde{C}_P$，至少对于接近或等于 $\theta = 1$ 的值，函数 $C(\theta)$ 是递增的，作为第二项的导数，通过增加 $\tilde{C}_P$ 可以使它达到我们的期望。显然，当 $\tilde{C}_P$ 足够小时，式（7.74）中的第一项"普遍"且 $C(\theta)$ 则在 $(0,1]$ 中递减，后者意味着在这种情况下只应进行完美修复（$\theta = 1$）。

函数 $C(\theta)$ 在 $(0,1]$ 中是连续的，因此，如果 $\tilde{C}_P > C_0 > 0$（其中 C_0 为正常数），则存在最优 θ^*，使

$$C(\theta^*) \equiv \min_{\theta \in (0,1)} C(\theta)$$

对于给定的参数值，可以获得 $C(\theta)$ 的最小值和相应的 θ^* 数值解。

构建的模型可以用于设计可修设备，其不完全维修过程一般可以用几何修复和大修（完全修复）描述。应该以最佳方式选择概率 θ 的值，以最大程度地减少长期成本。例如，对于在设计过程中可以控制导致大修的故障比例（通常是最重大的故障）的系统而言，就是这种情况。

参考文献

Bagdonavicius V, Nikulin M (2002) Accelerated life models: modelling and statistical analysis. Chapman & Hall

Bai DS, Yun WJ (1986) An age replacement policy with minimal repair cost limit. IEEE Trans Reliab 31:452–459

Baxter LA, Kijima M, Tortorella M (1996) A point process model for the reliability of the maintained system subject to general repair. Stochast Models 12:37–65

Braun WG, Li W, Zhao YQ (2005) Properties of the geometric and related processes. Naval Res Logistics 52:607–616

Braun WG, Li W, Zhao YQ (2008) Some theoretical properties of the geometric and series processes. Commun Stat Theor Methods 37:1483–1496

Brown M, Proschan F (1983) Imperfect repair. J Appl Probab 20:851–862

Brown J, Mahoney J, Sivazlian B (1983) Hysteresis repair in discounted replacement problems. IIE Trans 15:156–165

Chan J, Shaw L (1993) Modelling repairable systems with failure rates that depend on age and maintenance. IEEE Trans Reliab 42:566–571

Cox DR, Oakes D (1984) Analysis of survival data. Chapman and Hall, London

Dagpunar JS (1997) Renewal-type equations for a general repair process. Qual Reliab Eng Int 13:235–245

Dorado C, Hollander M, Sethuraman J (1997) Nonparametric estimation for a general repair model. Ann Stat 25:1140–1160

Doyen L, Gaudoin O (2004) Classes of imperfect repair models based on reduction of failure intensity or virtual age. Reliab Eng Syst Saf 84:45–56

Finkelstein M (1989) Perfect, minimal and imperfect repair (In Russian). Reliab Qual Control 3:17–21

Finkelstein MS (1992) A restoration process with dependent cycles (translation from Russian). Automat Remote Control 53:1115–1120

Finkelstein MS (1993) A scale model of general repair. Microelectron Reliab 33:41–46

Finkelstein MS (1997) A concealed age of distribution functions and the problem of general repair. J Stat Planning Infer 65:315–321

Finkelstein M (2007a) On statistical and information based virtual age of degrading systems. Reliab Eng Syst Saf 92:676–682

Finkelstein M (2007b) On some ageing properties of general repair processes. J Appl Probab 44:506–513

Finkelstein M (2008) Failure rate modelling for reliability and risk. Springer, London

Finkelstein M (2010) A note on converging geometric-type processes. J Appl Probab 47:601–607

Finkelstein M (2015) On optimal degree of imperfect repair. Reliab Eng Syst Saf 138:54–58

Finkelstein M, Cha JH (2013) Stochastic modelling for reliability: shocks, burn-in and heterogeneous populations. Springer, London

Kahle W (2006) Optimal maintenance policies in incomplete repair models. Reliab Eng Syst Saf 92:569–575

Kaminskij MP, Krivtsov V (2006) G-renewal process in warranty data analysis. Reliab: Theor Appl 1:29–34

Kijima M (1989) Some results for repairable systems with general repair. J Appl Probab 26:89–102

Kijima M, Sumita U (1986) A useful generalization of renewal theory: counting processes governed by non-negative Markovian increments. J Appl Probab 23:72–78

Kijima M, Morimura H, Suzuki Y (1988) Periodical replacement problem without assuming minimal repair. Eur J Oper Res 37:194–203

Lam Y (1988) Geometric process and the replacement problem. Acta Mathematicae Applicatae Sinica 4:366–382

Lam Y (1992) Nonparametric inference for geometric processes. Commun Stat Theor Methods 21:2083–2105

Lam Y (2007) The geometric process and applications. World Scientific, Singapore

Last G, Szekli R (1998) Asymptotic and monotonicity properties of some repairable systems. Adv Appl Probab 30:1089–1110

Meeker WQ, Escobar LA (1998) Statistical methods for reliability data. John Wiley, New York

Nachlas JA (2005) Reliability engineering: probabilistic models and maintenance methods. Taylor & Francis, Boca Raton

Nelson W (1990) Accelerated testing: statistical models, test plans, and data analysis. Wiley, New York

Rausand M, Hoyland A (2004) System reliability theory: models and statistical methods, 2nd edn. Wiley, New York

Shafiee M, Finkelstein M, Chukova S (2011) On optimal upgrade level for used products under given cost structures. Reliab Eng Syst Saf 96:286–291

Singpurwalla ND (2006) The hazard potential: introduction and overview. J Am Stat Assoc 101:1705–1717

Stadje W, Zuckerman D (1991) Optimal maintenance strategies for repairable systems with general degree of repair. J Appl Probab 28:384–396

Wang HZ, Pham H (2006) Reliability and optimal maintenance. Springer, London 09:90-99

第 8 章　广义 Polya 过程

计数过程（点过程）是模拟随机重复事件的有用工具。近几十年来，有关重复事件建模和分析的各个方面，发表了许多论文和书籍，并且描述了其广泛的应用。这些应用包括但不限于可修系统、排队模型、保险风险分析、生物学、电信等。传统上，模拟随机重复事件最常用的计数过程是更新和泊松过程。文献中已经报道了这些基本计数过程的许多结论。最近，一个新的计数过程，一般波利亚过程（Generalized Polya Process，GPP），成为研究的热点和重点。本章将从多个方面介绍文献中讨论的 GPP 的各种性质。

8.1　简介和基本性质

传统上，模拟随机重复事件最常用的计数过程是更新（见第 2 章和第 3 章）和泊松（见第 2 章和第 4 章）过程。众所周知，应用中最简单但最重要的计数过程之一是齐次泊松过程（HPP）。HPP 可以表征独立且同指数分布的到达时间间隔序列。如前所述，HPP 同时具有独立和平稳增量特性。另一方面，正如第 3 章所讨论的，更新过程是一个独立同分布的到达间隔时间任意分布的计数过程（Cox，1962），其增量既不是独立的，也不是平稳的。非齐次泊松过程（NHPP）的速率具有时变特征，显然不具有 HPP 平稳增量的性质。但是 NHPP 仍然具备独立增量的属性（Cha 和 Finkelstein，2009、2011），且在很多应用中很容易获得其封闭解。值得注意的是，增量独立性的假设在许多现实生活问题中可能过于严格。例如，在各种冲击模型中，系统对冲击的敏感度随着之前经历的冲击次数的增加而增加。

许多关于这些计数过程的基本特征已在诸多过去的文献中进行了报道。广义 HPP 或 NHPP 包括复合的、过滤的、二维的和标记的泊松过程（Kao，1997），半马尔可夫过程也在许多应用中得到了深入的研究和应用（Limnios 和 Oprisan，2001；Barbu 和 Limnios，2008）。半马尔可夫过程是马尔可夫过程的自然推广，但更新过程也可以看作是半马尔可夫过程的一个特例。另一个重要推广就其是结合了 NHPP 和更新过程的特性。相应的计数过程称为"趋势更新过程"（TRP），Lindqvist（2006）对此进行了介绍和深入研究。

最近，一种新的计数过程 GPP，已经在 Cha（2014）中进行了研究和描述（亦可见，Konno（2010）对该过程的正式定义）。Asfaw 和 Lindqvist（2015）也研究了类似的模型，亦可见 Le Gat（2014）以及 Babykina 和 Couallier（2014）。本章主要介绍 Cha（2014）对 GPP 各种性质的研究。GPP 可被视为 NHPP 的进一步推广，其允许相关和非平稳增量，这是非常吸引人的，也是非常重要的，特别是在各种实际应用中。需要注意的是，只有 Konno（2010）获得了在区间 $[0,t]$ 上事件数量的边缘分布。在本章中，基于 Cha（2014）的研究，我们将 GPP 的特征深入研究，并将获得在许多应用中有用的许多重要性质（后者也将在第 9 章中说明）。因此，本书首次系统地研究了 GPP 过程。

尽管 GPP 的增量既不是独立的也不是平稳的，但 GPP 具有数学上易处理的性质，允许在各种应用中得到显式的、封闭形式的结果。此外，在 GPP 的基础上，我们定义了"新修理类型"和相应的"新故障过程"，我们相信这是对可靠性理论的重要贡献。这将最终有助于开发各种新的维修模型及可靠性领域的相关主题的研究。

GPP 将通过考虑以前事件的数量来定义随机强度，这样就创建了一个相当简单但有效的模型，与历史相关。GPP 具有正相关性质，这意味着，在无限小的时间间隔内，事件发生的可能性随着前一时间间隔内事件数量的增加而增加。这个性质与各种应用有关。在这些应用中，NHPP 独立增量的假设通常只是为了简单起见而使用。

假设 $\{N(t), t \geq 0\}$ 为普通计数过程并且 $H_{t-} \equiv \{N(u), 0 \leq u < t\}$ 是 $[0,t]$ 中过程的历史（内部滤），如 $[0,t]$ 中所有点事件的集合。观察可知，H_{t-} 可以等效为 $N(t-)$ 和 GPP 过程事件到达的时间顺序，在 $[0,t]$ 中 $0 \leq T_1 \leq T_2 \leq \cdots \leq T_{N(t-)} < t$；其中 T_i 是第 i 个事件到达的时间。正如我们从前面的章节中所知道的，一种对计数过程进行数学描述的简便方法是通过采用随机强度 $\lambda_t, t \geq 0$ 的概念（强度过程）表述（Aven 和 Jensen，1999、2000；Finkelstein 和 Cha，2013）。因此，普通计数过程 $\{N(t), t \geq 0\}$ 的随机强度 λ_t 可以采用以下极限形式定义：

$$\begin{aligned}\lambda_t &\equiv \lim_{\Delta t \to 0} \frac{P(N(t,t+\Delta t)=1 \mid H_{t-})}{\Delta t} \\ &= \lim_{\Delta t \to 0} \frac{E(N(t,t+\Delta t) \mid H_{t-})}{\Delta t}\end{aligned} \quad (8.1)$$

其中 $N(t_1, t_2)$，$t_1 < t_2$，代表在 $[t_1, t_2)$ 中的事件数。那么，上述随机强度有如下新的解释：

$$\lambda_t \mathrm{d}t = E[\mathrm{d}N(t) \mid H_{t-}] \quad (8.2)$$

这与随机变量的固有失效率非常相似（Aven 和 Jensen，1999）。正确的理解式（8.1）中给出的随机强度的定义和式（8.2）中的启发式解释，对于在本节和后续章节中获得广义波利亚过程的基本性质是至关重要的。

定义 8.1 广义波利亚过程（Generalized Polya Process）。计数过程 $\{N(t), t \geq 0\}$ 称为（GPP），其参数集为 $(\lambda(t), \alpha, \beta), \alpha \geq 0, \beta > 0$，须满足

（1）$N(0) = 0$；

(2) $\lambda_t = (\alpha N(t-) + \beta)\lambda(t)$。

注意：当速率为 $(\lambda(t), \alpha = 0, \beta = 1)$ 广义波利亚过程（GPP）退化到速率为 $\lambda(t)$ 的 NHPP 时，GPP 可以理解为 NHPP 的广义形式。显然，当 $\alpha > 0$ 时，GPP 不具有独立增量属性。在下面的讨论中，我们将隐含地假设 $\alpha > 0$，除非另有说明。

很明显，从定义 8.1 来看，GPP 具有马尔可夫性。在许多应用中，除了马尔可夫性质之外，下面的"重启性质"使得相应的随机分析变得相当简单。

定义 8.2 重启属性 假设 $t > 0$ 为"任意"时间点。给定条件随机过程从 t 时刻开始，且 t 时刻之前的历史信息已知，过程参数的集合服从"相同类型"的分布，那么该过程称为具有重启属性的随机过程。具有重启属性的随机过程称为重启过程。

注意：马尔可夫属性并不包含着重启属性。另外一个例子是 Yule 过程，它具有马尔可夫性，但不包含重启属性。普通更新过程不具有重启属性，因为它仅在每个更新点重新启动。然而，让我们考虑延迟更新过程 $\{N(t), t \geq 0\}$，第一次到达间隔时间分布 $(F(v+t) - F(v))/(1 - F(v))$ 和共同剩余到达间隔时间分布 $F(t)$，即在这种情况下第一个到达间隔时间分布的"初始年龄"为 v。那么，这个延迟更新过程的特征在于两个参数集 $(v, F(t))$，并且在任意 $u > 0$ 的时刻：①如果 $N(u-) = 0$，给出条件未来过程 $\{N_u(t), t > 0\}$，其中 $N_u(t) \equiv N(u+t) - N(u)$，也是具有参数集 $(v+u, F(t))$ 的延迟更新过程；②如果 $N(u-) \geq 1$，假定 $T_{N(u-)} = x^*$，则条件的未来过程也是带有参数集 $(u-x^*, F(t))$ 的延迟更新过程。因此，延迟更新过程具有重启属性。最简单的重启过程显然是齐次泊松过程。对于具有强度函数 $\lambda(t)$（过程参数）的 NHPP，在任意时刻 $u > 0$，条件的未来过程 $\{N_u(t), t > 0\}$ 为参数 $\lambda(u+t)$，$t > 0$ 的 NHPP 过程。注意：对于 HPP 和 NHPP，重启参数不取决于给定的历史。从定义 8.1 来看，现在很清楚，GPP 拥有重新启动的属性，并在以下提议中详细说明。

命题 8.1 假设 $\{N(t), t \geq 0\}$ 为 GPP 过程，其参数集为 $(\lambda(t), \alpha, \beta)$，在任意 $u > 0$ 时刻，$\{N(u-) = n, T_1 = t_1, T_2 = t_2, \cdots, T_n = t_n\}$，条件未来过程为 $\{N_u(t), t \geq 0\}$，其中，$N_u(t) \equiv N(u+t) - N(u)$，亦是 GPP 过程，其参数集为 $(\lambda(u+t), \alpha, \beta + n\alpha), t \geq 0$。

在本章的剩余部分，命题 8.1 中陈述的重启属性将在导出 GPP 的属性中起关键作用。如前所述，在第 4 章利用到达时间序列和事件数的联合分布，导出了 NHPP 的一般性质。同样，为了获得 GPP 的相应性质，亦需导出 $(T_1, T_2, \cdots, T_{N(t)}, N(t))$ 的联合分布。

命题 8.2 $(T_1, T_2, \cdots, T_{N(t)}, N(t))$ 的联合分布由下式给出：

$$f_{T_i, 1 \leq i \leq N(t), N(t)}(t_1, t_2, \cdots, t_n, n) = \frac{\Gamma(\beta/\alpha + n)}{\Gamma(\beta/\alpha)} (\prod_{i=1}^{n} \alpha\lambda(t_i)$$
$$\exp\{\alpha\Lambda(t_i)\}) \exp\{-(\beta + n\alpha)\Lambda(t)\}$$

$$0 < t_1 < t_2 < \cdots < t_n < t, n = 0,1,2,\cdots \qquad (8.3)$$

证明：类似于命题 4.2 的证明。

设 $0 \equiv t_0 < t_1 < t_2 < \cdots < t_n < t_{n+1} \equiv t$，且 $\Delta t_0 = 0$，$\Delta t_i \approx 0$，可得 $t_i + \Delta t_i < t_{i+1}, i = 1,2,\cdots,n$，则

$P(t_i \leq T_i \leq t_i + \Delta t_i, i = 1,2,\cdots,n, N(t) = n)$

$= P(\{$无事件发生在区间$(t_{i-1} + \Delta t_{i-1}, t_i)$，有 1 次事件发生在区间$[t_i, t_i + \Delta t_i]\}$,

$i = 1,2,\cdots,n$

无事件发生在区间$(t_n + \Delta t_n, t))$

$= P($在区间$(0,t_1)$ 无事件发生$) \times P($在区间$[t_1, t_1 + \Delta t_1]$

有 1 次事件发生 | 无事件发生$(0,t_1)) \cdot$

$P($在区间$(t_1 + \Delta t_1, t_2)$ 无事件发生 | 在区间$(0,t_1)$

无事件发生,在区间$[t_1, t_1 + \Delta t_1]$ 内有 1 次事件发生$) \cdots$

$P($在区间$(t_n + \Delta t_n, t)$ 无事件发生 | 在区间$(t_{i-1} + \Delta t_{i-1}, t_i)$

无事件发生,在区间$[t_i, t_i + \Delta t_i]$ 内有 1 次事件发生$)$

$i = 1,2,\cdots,n$

然后，通过类似于命题 4.2 的证明中给出的方法，可得 $(T_1, T_2, \cdots, T_{N(t)}, N(t))$ 的联合分布为

$f_{T_i, 1 \leq i \leq N(t), N(t)}(t_1, t_2, \cdots, t_n, n)$

$= \exp(-\beta \Lambda(t_1)) \beta \lambda(t_1) \exp\{-(\beta + \alpha)[\Lambda(t_2) - \Lambda(t_1)]\}(\beta + \alpha)\lambda(t_2) \cdot$

$\exp\{-(\beta + 2\alpha)[\Lambda(t_3) - \Lambda(t_2)]\}(\beta + 2\alpha)\lambda(t_3) \cdots$

$\exp\{-(\beta + (n-1)\alpha)[\Lambda(t_n) - \Lambda(t_{n-1})]\}(\beta + (n-1)\alpha)\lambda(t_n)$

$\cdot \exp\{-(\beta + n\alpha)[\Lambda(t) - \Lambda(t_n)]\}$

$= [\frac{\beta}{\alpha}(1 + \frac{\beta}{\alpha})(2 + \frac{\beta}{\alpha}) \cdots ((n-1) + \frac{\beta}{\alpha}) \cdot$

$\alpha\lambda(t_1)\exp\{\alpha\Lambda(t_1)\}\alpha\lambda(t_2)\exp\{\alpha\Lambda(t_2)\}\cdots\alpha\lambda(t_n)\exp\{\alpha\Lambda(t_n)\} \cdot$

$\exp\{-(\beta + n\alpha)\Lambda(t)\}]$

$= \frac{\Gamma(\beta/\alpha + n)}{\Gamma(\beta/\alpha)}(\prod_{i=1}^{n} \alpha\lambda(t_i)\exp\{\alpha\Lambda(t_i)\})\exp\{-(\beta + n\alpha)\Lambda(t)\}$

其中

$0 \equiv t_0 < t_1 < t_2 < \cdots < t_n < t, n = 0,1,2\cdots$

我们现在将讨论事件数量的分布。下面的第一个一般结论，根据重要的事件数边缘分布和条件分布，可给出任意数量的连续非重叠时间间隔内事件数的联合分布。从这个结果可以看出，对于不同时间间隔的事件数量，还可以获得所有其他联合和条件分布。在下文中，记 $\Lambda(t) \equiv \int_0^t \lambda(u)\mathrm{d}u$。

定理 8.1 假设 $t > 0$ 且 $0 \equiv u_0 < u_1 < u_2 < \cdots < u_m$。

(1) $P(N(t) = n) = \dfrac{\Gamma(\beta/\alpha + n)}{\Gamma(\beta/\alpha)n!}(1 - \exp\{-\alpha\Lambda(t)\})^n (\exp\{-\alpha\Lambda(t)\})^{\beta/\alpha}$

(2) $P(N(u_2) - N(u_1) = n)$

$= \dfrac{G(b/\alpha + n)}{G(b/\alpha)n!}\left(\dfrac{1 - \exp\{-\alpha[L(u_2) - L(u_1)]\}}{1 + \exp\{-\alpha L(u_2)\} - \exp\{-\alpha[L(u_2) - L(u_1)]\}}\right)^n$

$\cdot \left(\dfrac{\exp\{-\alpha L(u_2)\}}{1 + \exp\{-\alpha L(u_2)\} - \exp\{-\alpha[L(u_2) - L(u_1)]\}}\right)^{\frac{b}{\alpha}}$

(3) $P(N(u_i) - N(u_{i-1}) = n_i, i = 1, 2, \cdots, m)$

$= \prod_{i=1}^{m}\left[\dfrac{\Gamma(\beta/\alpha + \sum_{k=1}^{i} n_k)}{\Gamma(\beta/\alpha + \sum_{k=1}^{i-1} n_k)n_i!}(1 - \exp\{-\alpha[\Lambda(u_i) - \Lambda(u_{i-1})]\})^{n_i}\right.$

$\left. \times (\exp\{-\alpha[\Lambda(u_i) - \Lambda(u_{i-1})]\})^{\sum_{k=1}^{i-1} n_k + \frac{\beta}{\alpha}}\right],$

其中,当 $i = 1$ 时,$\sum_{k=1}^{i-1} n_k = 0$。

(4) $(P(N(u_2) - N(u_1) = n_2) | N(u_1) = n_1)$

$= \dfrac{\Gamma(\beta/\alpha + n_1 + n_2)}{\Gamma(\beta/\alpha + n_1)n_2}(1 - \exp\{-\alpha[\Lambda(u_2) - \Lambda(u_1)]\})^{n_2} \cdot$

$(\exp\{-\alpha[\Lambda(u_2) - \Lambda(u_1)]\})^{n_1 + \beta/\alpha}$

证明:下面将依次给出上述 4 式的证明过程。

式 (1) 的证明:利用 $(T_1, T_2, \cdots, T_{N(t)}, N(t))$ 的联合分布由命题 8.2 中和式 (8.3) 可得

$P(N(t) = n) = \int_0^t \cdots \int_0^{t_3} \int_0^{t_2} f_{T,1\leq i \leq N(t), N(t)}(t_1, t_2, \cdots, t_n, n)\mathrm{d}t_1\mathrm{d}t_2\cdots\mathrm{d}t_n$

$= \left[\dfrac{\Gamma(\beta/\alpha + n)}{\Gamma(\beta/\alpha)}\int_0^t \cdots \int_0^{t_3}\int_0^{t_2}\left(\prod_{i=1}^{n}\alpha\lambda(t_i)\exp\{\alpha\Lambda(t_i)\}\right)\mathrm{d}t\mathrm{d}t_1\cdots\mathrm{d}t_n \times \exp\{-(\beta + n\alpha)\Lambda(t)\}\right]$

$= \dfrac{\Gamma(\beta/\alpha + n)}{\Gamma(\beta/\alpha)n!}(\exp\{\alpha\Lambda(t)\} - 1)^n \exp\{-(\beta + n\alpha)\Lambda(t)\}$

$= \dfrac{\Gamma(\beta/\alpha + n)}{\Gamma(\beta/\alpha)n!}(\exp\{\alpha\Lambda(t)\} - 1)^n \exp\{-\alpha\Lambda(t)\}^{n + \beta/\alpha}$

$= \dfrac{\Gamma(\beta/\alpha + n)}{\Gamma(\beta/\alpha)n!}(1 - \exp\{-\alpha\Lambda(t)\})^n (\exp\{-\alpha\Lambda(t)\})^{\beta/\alpha}$ \hfill (8.4)

式 (4) 的证明:首先得到 $P(N(u_2) - N(u_1) = n_2 | N(u_1) = n_1)$ 的条件分布。根据命题 8.1,给定 $N(u_1) = n_1$,则未来的过程为 $\{N_{u_1}(t), t \geq 0\}$ 为带有参数集 $(\lambda(u_1 + t), \alpha, \beta + n_1\alpha)$ 的 GPP 过程。因此,分别将式 (8.4) 中的 β 和 $\beta + n_1\alpha$ 替换,$\Lambda(t)$ 和 $\int_0^{u_2 - u_1}\lambda(u_1 + s)\mathrm{d}s = \Lambda(u_2) - \Lambda(u_1)$ 替换,可得

$$P(N(u_2) - N(u_1) = n_2 \mid N(u_1) = n_1)$$

$$= \frac{\Gamma(\beta/\alpha + n_1 + n_2)}{\Gamma(\beta/\alpha + n_1)n_2!}(1 - \exp\{-\alpha[\Lambda(u_2) - \Lambda(u_1)]\})^{n_2} \cdot \quad (8.5)$$

$$(\exp\{-\alpha[\Lambda(u_2) - \Lambda(u_1)]\})^{n_1+\beta/\alpha}$$

式 (2) 的证明,推导 $N(u_2) - N(u_1)$ 的边缘分布,观察可知当 $r > 0$ 且 $0 < q < 1$,即

$$\sum_{k=0}^{\infty} \binom{k+r-1}{k} q^k = (1-q)^{-r} \quad (8.6)$$

时,明显可知

$$P(N(u_2) - N(u_1) = n_2) = \sum_{n_1=0}^{\infty} P(N(u_2) - N(u_1) = n_2 \mid N(u_1) = n_1) P(N(u_1) = n_1)$$

$$= \sum_{n_1=0}^{\infty} \frac{\Gamma(\beta/\alpha + n_2 + n_1)}{\Gamma(\beta/\alpha + n_2)n_1!}(\exp\{-\alpha[\Lambda(u_2) - \Lambda(u_1)]\} - \exp\{-\alpha\Lambda(u_2)\})^{n_1} \cdot$$

$$\frac{\Gamma(\beta/\alpha + n_2)}{\Gamma(\beta/\alpha)n_2!}(1 - \exp\{-\alpha[\Lambda(u_2) - \Lambda(u_1)]\})^{n_2}(\exp\{-\alpha\Lambda(u_2)\})^{\beta/\alpha}$$

$$= \frac{\Gamma(\beta/\alpha + n_2)}{\Gamma(\beta/\alpha)n_2!}\left(\frac{1 - \exp\{-\alpha[\Lambda(u_2) - \Lambda(u_1)]\}}{1 + \exp\{-\alpha\Lambda(u_2)\} - \exp\{-\alpha[\Lambda(u_2) - \Lambda(u_1)]\}}\right)^{n_2}$$

$$\cdot \left(\frac{\exp\{-\alpha\Lambda(u_2)\}}{1 + \exp\{-\alpha\Lambda(u_2)\} - \exp\{-\alpha[\Lambda(u_2) - \Lambda(u_1)]\}}\right)^{\beta/\alpha}$$

式 (3) 的证明:求得系统的联合分布 $P(N(u_i) - N(u_{i-1}) = n_i, i = 1,2,\cdots,m)$,由式 (8.4) 和 (8.5) 可知 $P(N(u_1) = n_1, N(u_2) - N(u_1) = n_2)$ 的联合分布为

$$P(N(u_1) = n_1, N(u_2) - N(u_1) = n_2)$$

$$= \frac{\Gamma(\beta/\alpha + n_1)}{\Gamma(\beta/\alpha)n_1!}(1 - \exp\{-\alpha\Lambda(u_1)\})^{n_1}(\exp\{-\alpha\Lambda(u_1)\})^{\beta/\alpha} \cdot$$

$$\frac{\Gamma(\beta/\alpha + n_1 + n_2)}{\Gamma(\beta/\alpha + n_1)n_2!}(1 - \exp\{-\alpha[\Lambda(u_2) - \Lambda(u_1)]\})^{n_2} \cdot$$

$$(\exp\{-\alpha[\Lambda(u_2) - \Lambda(u_1)]\})^{n_1+\beta/\alpha}$$

根据 GPP 的属性可知

$$P(N(u_3) - N(u_2) = n_3 \mid N(u_1) = n_1, N(u_2) - N(u_1) = n_2)$$

$$= P(N(u_3) - N(u_2) = n_3 \mid N(u_2) = n_1 + n_2)$$

根据命题 8.1,给定 $N(u_2) = n_1 + n_2$;未来过程 $\{N_{u_2}(t), t \geq 0\}$ 为带有参数集 $(\lambda(u_2 + t), \alpha, \beta + (n_1 + n_2)\alpha)$ 的 GPP。因此,$P(N(u_3) - N(u_2) = n_3 \mid N(u_1) = n_1, N(u_2) - N(u_1) = n_2)$ 的条件分布为

$$P(N(u_3) - N(u_2) = n_3 \mid N(u_1) = n_1, N(u_2) - N(u_1) = n_2)$$

$$= \frac{\Gamma(\beta/\alpha + n_1 + n_2 + n_3)}{\Gamma(\beta/\alpha + n_1 + n_2)n_3!}(1 - \exp\{-\alpha[\Lambda(u_3) - \Lambda(u_2)]\})^{n_3} \cdot$$

$$(\exp\{-\alpha[\Lambda(u_3)-\Lambda(u_2)]\})^{n_1+n_2+\beta/\alpha}$$

由此，相应的联合分布可以通过以下方式获得：

$$P(N(u_1)=n_1,N(u_2)-N(u_1)=n_2,N(u_3)-N(u_2)=n_3)$$
$$=P(N(u_3)-N(u_2)=n_3\mid N(u_1)=n_1,N(u_2)-N(u_1)=n_2)\cdot$$
$$P(N(u_1)=n_1,N(u_2)-N(u_1)=n_2)$$

应用递归方法，最终可得

$$P(N(u_i)-N(u_{i-1})=n_i,i=1,2,\cdots,m)$$

$$=\prod_{i=1}^{m}\left[\frac{\Gamma(\beta/\alpha+\sum_{k=1}^{i}n_k)}{\Gamma(\beta/\alpha+\sum_{k=1}^{i}n_k)n_i!}(1-\exp\{-\alpha[\Lambda(u_i)-\Lambda(u_{i-1})]\})^{n_i}\cdot\right.$$

$$\left.(\exp\{-\alpha[\Lambda(u_i)-\Lambda(u_{i-1})]\})^{\sum_{k=1}^{i-1}n_k+\beta/\alpha}\right]$$

注释 8.1

（1）定理 8.1 中的边缘分布和条件分布服从负二项分布。

（2）事件数量在不同时间间隔内的联合分布和相关的条件分布可由定理 8.1 中的结果（3）的证明定理 1 的过程得到。例如，可从 $(N(u_i)-N(u_{i-1}),i=1,2,3,4)$ 的联合分布得到 $(N(u_4)-N(u_3),N(u_2)-N(u_1))$ 的联合分布。

（3）GPP 的重启特质可以有效地用于表征具有参数 λ 和初始 0 时刻的 $(N(0)=0)$ 的 Yule 过程。特别地，假设 $N(u-)=n$，未来随机过程具有参数集 $(\lambda,1,n)$。

正如命题 8.1 所述，给定 $N(u-)=n$，GPP 的条件随机过程 $\{N_u(t),t\geq0\}$ 仍为 GPP。上述章节已说明，HPP 和 NHPP 也有重启特征。然而，重要的是，要理解 HPP 和 NHPP 的未来进程分别是"非条件"HPP 与 NHPP。也就是说，在没有关于这些过程历史的任何信息的情况下，可以用同样的方式完美地描述 HPP 和 NHPP 的未来过程。这种更强的属性使相关分析在许多应用中变得更加简单。

如何定义 GPP？如果从任意时刻 u 开始的未来过程是"非条件"GPP，就像在 HPP 和 NHPP 的情况一样，那么，这个属性将在各种应用中被有效地实现。例如，从 u 时刻开始观察 GPP，而在 u 之前的过程没有任何历史的信息（见 8.2 节）。以此来判断该过程是否满足 GPP 的要求。

对于固定时刻 $u>0$，定义 $N_u\equiv N(u+t)-N(u)$，此时，$\{N_u(t),t\geq0\}$ 表示从该 u 时刻开始的未来过程，假设 T_{ui} 为从 0 开始在区间 (u,∞) 中直至第 i 次事件发生的到达时间，$u\leq T_{u1}\leq T_{u2}\leq\cdots$。在描述过程 $\{N(t),t>0\}$ 的特征时，仅指定未来过程的随机强度 λ_t^u 就足够了，该随机强度由下式定义：

$$\lambda_t^u\equiv\lim_{\Delta t\to0}\frac{P(N_u(t,t+\Delta t)=1\mid H_{[u,u+t)})}{\Delta t}$$

$$=\lim_{\Delta t\to0}\frac{E(N_u(t,t+\Delta t)\mid H_{[u,u+t)})}{\Delta t}$$

式中：$N_u(t_1,t_2)$ $(t_1 < t_2)$ 表示 $[u+t_1, u+t_2]$ 中的事件数；$H_{[u,u+t)}$ 是在 u 中的历史信息过程。注意：$H_{[u,u+t)}$ 可以完全由间隔 $[u, u+t)$ 期间的事件数量和连续到达时间定义。下面的定理意味着非条件 GPP 的未来过程也是 GPP。

定理 8.2 随机强度由下式给出：

$$\lambda_t^u = (\alpha | N(u+t)-) - N(u-) + \beta) \psi(t,u)$$

其中

$$\psi(t,u) \equiv \frac{\lambda(u+t)\exp\{\alpha\Lambda(u+t)\}}{1+\exp\{\alpha\Lambda(u+t)\}-\exp\{\alpha\Lambda(u)\}}$$

则 $\{N_u(t), t \geq 0\}$ 的未来进程为 GPP，其参数集为 $(\psi(t,u), \alpha, \beta)$。

证明：假设 $H_{[0,u)} \equiv H_{u-}$ 为 $[0,u)$ 区间上的历史信息，那么，就可以等价地用 $N(u-)$ 和在区间 $[0,u)$ 上事件到达时间序列 $0 < T_1 < T_2 < \cdots < T_{N(u-)} < u$ 定义，即 $H_{[0,u)} = \{N(u-), T_1, T_2, \cdots, T_{N(u-)}\}$。由此可得在区间 $[u, u+t)$ 上的历史过程为 $H_{[u,u+t)} = \{N((u+t)-) - N(u-), T_{u1}, T_{u2}, \cdots, T_{u(N((u+t)-)-N(u-))}\}$，观察可得

$$\begin{aligned}\lambda_t^u &\equiv \lim_{\Delta t \to 0}\frac{P(N_u(t,t+\Delta t)=1|H_{[u,u+t)})}{\Delta t}\\ &= E_{H_{[0,u)}|H_{[u,u+t)}}\left[\lim_{\Delta t \to 0}\frac{P(N_u(t,t+\Delta t)=1)|H_{[0,u)}, H_{[u,u+t)}}{\Delta t}\right]\end{aligned} \quad (8.7)$$

式中：$E_{H_{[0,u)}|H_{[u,u+t)}}[\cdot]$ 代表关于 $(H_{[0,u)}|H_{[u,u+t)})$ 条件分布的期望。根据式 (8.1) 中随机强度的定义：

$$\begin{aligned}\lim_{\Delta t \to 0}&\frac{P(N_u(t,t+\Delta t)=1|H_{[0,u)}, H_{[u,u+t)})}{\Delta t}\\ &= \lambda_{u+t}\\ &= (\alpha(N(u-) + [N((u+t)-) - N(u-)]) + \beta)\lambda(u+t)\end{aligned} \quad (8.8)$$

现在，为了得到式 (8.7) 中的条件期望，首先推导联合条件分布：

$$H_{[0,u)} | H_{[u,u+t)} = (T_1, T_2, \cdots, T_{N(u-)}, N(u-) | T_{u1}, T_{u2}, \cdots, T_{u(N((u+t)-)-N(u-))}, N((u+t)-) - N(u-))$$

则 $(T_1, T_2, \cdots, T_{N(u-)}, T_{u1}, T_{u2}, \cdots, T_{u((N(u+t)-)-N(u-))}, N(u-), N((u+t)-) - N(u-))$ 的联合分布为

$$\begin{aligned}&f_{T_i, 1 \leq i \leq N(u-), T_{uj}, 1 \leq j \leq N((u+t)-)-N(u-), N((u+t)-)-N(u-)}\\ &\quad (t_1, t_2, \cdots, t_{n1}, t_{u1}, t_{u2}, \cdots, t_{un2}, n_1, n_2)\\ &= [\beta\lambda(t_1)\exp\{-\beta\Lambda(t_1)\}(\beta+\alpha)\lambda(t_2)\exp\{-(\beta+\alpha)[\Lambda(t_2)-\Lambda(t_1)]\}] \cdot\\ &\quad (\beta+2\alpha)\lambda(t_3)\exp\{-(\beta+2\alpha)[\Lambda(t_3)-\Lambda(t_2)]\} \cdot \cdots \cdot\\ &\quad (\beta+(n_1-1)\alpha)\lambda(t_{n1})\exp\{-(\beta+(n_1-1)\alpha)[\Lambda(t_{n1})-\Lambda(t_{n_1-1})]\} \cdot\\ &\quad \exp\{-(\beta+n_1\alpha)[\Lambda(u_1)-\Lambda(u)]\}] \cdot\\ &\quad [(\beta+n_1\alpha)\lambda(t_{u1})\exp\{-(\beta+n_1\alpha)[\Lambda(t_{u1})-\Lambda(u)]\} \cdot\\ &\quad (\beta+n_1\alpha+\alpha)\lambda(t_{u_2})\exp\{-(\beta+n_1\alpha+\alpha)[\Lambda(t_{u_2})-\Lambda(t_{u1})]\} \cdot \cdots \cdot\end{aligned}$$

$$(\beta + n_1\alpha + (n_2-1)\alpha)\lambda(t_{un2})\exp\{-(\beta + n_1\alpha + (n_2-1)\alpha)[\Lambda(t_{un2}) - \Lambda(t_{u(n2-1)})]\} \cdot$$
$$\exp\{-(\beta + n_1\alpha + n_2\alpha)[\Lambda(u+t) - \Lambda(t_{un2})]\}]$$
$$= \left[\frac{\beta}{\alpha}(1+\frac{\beta}{\alpha})(2+\frac{\beta}{\alpha})\cdots((n_1-1)+\frac{\beta}{\alpha}) \cdot\right.$$
$$\alpha\lambda(t_1)\exp\{\alpha\Lambda(t_1)\}\alpha\lambda(t_2)\exp\{\alpha\Lambda(t_2)\}\cdots\alpha\lambda(t_{n1})\exp\{\alpha\Lambda(t_{n1})\}\right] \cdot$$
$$\left[\left(n_1+\frac{\beta}{\alpha}\right)\left(n_1+1+\frac{\beta}{\alpha}\right)\left(n_1+2+\frac{\beta}{\alpha}\right)\cdots\left(n_1+(n_2-1)+\frac{\beta}{\alpha}\right) \cdot\right.$$
$$\alpha\lambda(t_{u1})\exp\{\alpha\Lambda(t_{u1})\}\alpha\lambda(t_{u2})\exp\{\alpha\Lambda(t_{u2})\}\cdots\alpha\lambda(t_{un2})\exp\{\alpha\Lambda(t_{un2})\} \cdot$$
$$\exp\{-(\beta + n_1\alpha + n_2\alpha)\Lambda(u+t)\}]$$
$$= \left[\frac{\Gamma(\beta/\alpha + n_1)}{\Gamma(\beta/\alpha)}(\prod_{i=1}^{n_1}\alpha\lambda(t_i)\exp\{\alpha\Lambda(t_i)\}) \cdot\right.$$
$$\frac{\Gamma(\beta/\alpha + n_1 + n_2)}{\Gamma(\beta/\alpha + n_1)}(\prod_{j=1}^{n_2}\alpha\lambda(t_{uj})\exp\{\alpha\Lambda(t_{uj})\}) \cdot$$
$$\exp\{-(\beta + n_1\alpha + n_2\alpha)\Lambda(u+t)\}] \tag{8.9}$$

根据式（8.9），$(T_{u1}, T_{u2}, \cdots, T_{u(N((u+1)-) - N(u-))}, N(u-), N((u+t)-) - N(u-))$ 的联合分布为

$$\left[\frac{\Gamma(\beta/\alpha + n_1)}{\Gamma(\beta/\alpha)}\right]\int_0^u\cdots\int_0^{t_3}\int_0^{t_2}(\prod_{i=1}^{n_1}\alpha\lambda(t_i)\exp\{\alpha\Lambda(t_i)\})\mathrm{d}t_1\mathrm{d}t_2\cdots\mathrm{d}t_{n_1} \cdot$$
$$\frac{\Gamma(\beta/\alpha + n_1 + n_2)}{\Gamma(\beta/\alpha + n_1)}(\prod_{j=1}^{n_2}\alpha\lambda(t_{uj})\exp\{\alpha\Lambda(t_{uj})\}) \cdot$$
$$\exp\{-(\beta + n_1\alpha + n_2\alpha)\Lambda(u+t)\}]$$
$$= \left[\frac{\Gamma(\beta/\alpha + n_1)}{\Gamma(\beta/\alpha)n_1!}(\exp\{\alpha\Lambda(u)\} - 1)^{n_1} \cdot\right.$$
$$\frac{\Gamma(\beta/\alpha + n_1 + n_2)}{\Gamma(\beta/\alpha + n_1)}(\prod_{j=1}^{n_2}\alpha\lambda(t_{uj})\exp\{\alpha\Lambda(t_{uj})\}) \cdot$$
$$\exp\{-(\beta + n_1\alpha + n_2\alpha)\Lambda(u+t)\}]$$

通过应用式（8.6），$(T_{u1}, T_{u2}, \cdots, T_{u(N((u+t)-) - N(u-))}, N((u+t)-) - N(u-))$ 的联合分布为

$$\frac{\Gamma(\beta/\alpha + n_1 + n_2)}{\Gamma(\beta/\alpha + n_2)}(\prod_{i=1}^{n_1}\alpha\lambda(t_i)\exp\{\alpha\Lambda(t_i)\})(\exp\{-\alpha\Lambda(u+t)\})^{n_1} \cdot \tag{8.10}$$
$$(1 + \exp\{-\alpha\Lambda(u+t)\} - \exp\{-\alpha(\Lambda(u+t) - \Lambda(u))\})^{\beta/\alpha + n_2}$$

值得注意的是：
$$\lim_{\Delta t \to 0}\frac{P(N_u(t, t+\Delta t) = 1 \mid H_{[0,u)}, H_{[u,u+t)})}{\Delta t}$$

式 (8.8) 中给出的仅包含 $N(u-)$ 在历史的元素中：
$$H_{[0,u)} = \{N(u-), T_1, T_2, \cdots, T_{N(u-)}\}$$

因此，式 (8.7) 中的条件期望应只考虑随机变量 $N(u-)$。根据式 (8.10)，可得条件分布为

$$(N(u-) \mid T_{u1}, T_{u2}, \cdots, T_{u(N((u+t)-) - N(u-))}, N((u+t)-) - N(u-))$$

由下面的负二项分布给出：

$$\frac{\Gamma(\beta/\alpha + n_2 + n_1)}{\Gamma(\beta/\alpha + n_2) n_1!} (\exp\{-\alpha(\Lambda(u+t) - \Lambda(u))\} - \exp\{-\alpha \Lambda(u+t)\})^{n_1} \cdot$$
$$(1 + \exp\{-\alpha \Lambda(u+t)\} - \exp\{-\alpha(\Lambda(u+t) - \Lambda(u))\})^{\beta/\alpha + n_2}$$

最后，根据式 (8.7) 可得

$$\lambda_t^u = (\alpha(E[N(u-) \mid T_{u_1}, T_{u_2}, \cdots, T_{u(N((u+t)-) - N(u-))}, N((u+t)-) - N(u-)] \\ + [N((u+t)-) - N(u)]) + \beta) \lambda(u+t)$$

其中

$$E[N(u-) \mid T_{u1}, T_{u2}, \cdots, T_{u(N((u+1)-) - N(u-))}, N((u+t)-) - N(u-)]$$
$$= \left(\frac{\beta}{\alpha} + [N((u+t)-) - N(u-)]\right)$$
$$\frac{\exp\{-\alpha(\Lambda(u+t) - \Lambda(u))\} - \exp\{-\alpha \Lambda(u+t)\}}{1 + \exp\{-\alpha \Lambda(u+t)\} - \exp\{-\alpha(\Lambda(u+t) - \Lambda(u))\}}$$

因此，有

$$\lambda_t^u = (\alpha[N((u+t)-) - N(u-)] + \beta)\psi(t,u)$$

其中

$$\psi(t,u) \equiv \frac{\lambda(u+t)\exp\{\alpha\Lambda(u+t)\}}{1 + \exp\{\alpha\Lambda(u+t)\} - \exp\{\alpha\Lambda(u)\}}$$

注释 8.2 已知对于参数集为 $(\lambda(t), \alpha, \beta)$，$P(N(t) = n)$ 的 GPP 过程 $\{N(t), t \geq 0\}$，可得（见定理 8.1）

$$P(n(t) = n) = \frac{\Gamma(\beta/\alpha + n)}{\Gamma(\beta/\alpha) n!} (1 - \exp\{-\alpha\Lambda(t)\})^n (\exp\{-\alpha\Lambda(t)\})^{\beta/\alpha} \quad (8.11)$$

现在，由于定理 8.2 中描述的性质，任意时间间隔 $[u, u+t]$ 内事件数的分布 $P(N(t+u) - N(u) = n)$ 可以通过以下方式获得。注意：$\{N_u(t), t \geq 0\}$ 的参数函数 $\psi(t,u)$ 与 $\{N(t), t \geq 0\}$ 的 $\lambda(t)$ 对应，因此，为了使用式 (8.11)，得到

$$\int_0^t \psi(w,u) dw = \frac{1}{\alpha} \ln(1 + \exp\{\alpha\Lambda(u+t)\} - \exp\{\alpha\Lambda(u)\})$$

其对应式 (8.11) 中的 $\Lambda(t)$。因此，使用式 (8.11)，有

$$P(N(u+t) - N(t) = n)$$
$$= \frac{\Gamma(\beta/\alpha + n)}{\Gamma(\beta/\alpha) n!} \left(\frac{\exp\{\alpha\Lambda(u+t)\} - \exp\{\alpha\Lambda(u)\}}{1 + \exp\{\alpha\Lambda(u+t)\} - \exp\{\alpha\Lambda(u)\}}\right)^n \cdot \quad (8.12)$$
$$\left(\frac{1}{1 + \exp\{\alpha\Lambda(u+t)\} - \exp\{\alpha\Lambda(u)\}}\right)^{\beta/\alpha}$$

可以看出，式（8.12）中的结果与定理 8.1 中的结果（2）一致。

8.2 到达时间的条件分布

在本节中，给定 $N(v) - N(u), v > u$，我们将推导出"任意时间间隔"$(u,v]$ 中到达时间的条件分布。如果随机过程 $\{N(t), t \geq 0\}$ 是强度函数为 $\lambda(t)$ 的 NHPP，众所周知，假定 $N(t) = n$，则在 $(0,t]$ 中，条件到达时间分布为

$$n! \prod_{i=1}^{n} \left(\frac{\lambda(t_i)}{\Lambda(t)}\right), 0 < t_1 < t_2 < \cdots < t_n < t \tag{8.13}$$

在此总结和推导出任意时间间隔 $(u,v], v > u$ 中到达时间的条件分布。如前所述，假设 T_{ui} 为从 0 时刻开始在 (u, ∞) 区间内的故障事件发生的时间序列，$u \leq T_{u1} \leq T_{u2} \leq \cdots$。当从任意时间点开始的未来过程是"非条件的"（无任何历史信息）NHPP，其参数为 $\lambda(u + t), t \geq 0$，给定 $N(v) - N(u) = n, (T_{u1}, T_{u2}, \cdots, T_{u(N(v)-N(u))})$ 为区间 $(u,v]$ 上条件到达时间分布，通过使用式（8.13）可得

$$n! \prod_{i=1}^{n} \left(\frac{\lambda(u + (t_{ui} - u))}{\int_0^{v-u} \lambda(u + w) dw}\right) = n! \prod_{i=1}^{n} \left(\frac{\lambda(t_{ui})}{\Lambda(v) - \Lambda(u)}\right), u < t_{u1} < t_{u2} < \cdots < t_{un} < v$$

$$\tag{8.14}$$

在下文中，我们将应用类似的方法推导 GPP 中到达时间的条件分布。

定理 8.3 假定 $N(v) - N(u) = n$，到达时间 $(T_{u1}, T_{u2}, \cdots, T_{u(N(v)-N(u))})$ 在区间 $(u,v]$ 上，$v > u$ 的条件联合分布为

$$f_{T_{u1}, T_{u2}, \cdots, T_{u(N(v)-N(u))} | N(v)-N(u)}(t_{u1}, t_{u2}, \cdots, t_{un} | n)$$

$$= n! \prod_{i=1}^{n} \left(\frac{\alpha \lambda(t_{ui}) \exp\{\alpha \Lambda(t_{ui})\}}{\exp\{\alpha \Lambda(v)\} - \exp\{\alpha \Lambda(u)\}}\right) \tag{8.15}$$

其中，$u < t_{u1} < t_{u1} < \cdots < t_{un} < v$。

证明： 首先，得到在区间 $(0,t]$ 上的到达时间为 $T_1, T_2, \cdots, T_{N(t)}$，给定 $N(t) = n$，可从命题 8.2 中获得 $(T_1, T_2, \cdots, T_{N(t)}, N(t))$ 的联合分布为

$$f_{T_1, T_2, \cdots, T_{N(t)}, N(t)}(t_1, t_2, \cdots, t_n, n)$$

$$= \frac{\Gamma(\beta/\alpha + n)}{\Gamma(\beta/\alpha)} \left(\prod_{i=1}^{n} \alpha \lambda(t_i) \exp\{\alpha \Lambda(t_i)\}\right) \exp\{-(\beta + n\alpha)\Lambda(t)\}$$

其中

$$P(N(t) = n) = \frac{\Gamma(\beta/\alpha + n)}{\Gamma(\beta/\alpha) n!} (1 - \exp\{-\alpha \Lambda(t)\})^n (\exp\{-\alpha \Lambda(t)\})^{\beta/\alpha}$$

因此，假定 $N(t) = n$ 在区间 $(0,t]$ 上，到达时间 $T_1, T_2, \cdots, T_{N(t)}$ 的条件分布为

$$f_{T_1, T_2, \cdots, T_{N(t)} | N(t)}(t_1, t_2, \cdots, t_n | n)$$

$$= n! \prod_{i=1}^{n} \left(\frac{\alpha \lambda(t_i) \exp\{\alpha \Lambda(t_i)\}}{\exp\{\alpha \Lambda(t)\} - 1}\right), 0 < t_1 < t_2 < \cdots < t_n < t \tag{8.16}$$

接着研究在 $(u,u+t]$，$t>0$ 区间内的任意时刻的事件到达时间的条件分布，基于以上研究结果，根据定理 8.2 可得，非条件过程 $\{N(t),t\geq 0\}$ 参数集为 $\{\psi(t,u),\alpha,\beta\}$ 的 GPP，其中

$$\psi(t,u) \equiv \frac{\lambda(u+t)\exp\{\alpha\Lambda(u+t)\}}{1+\exp\{\alpha\Lambda(u+t)\}-\exp\{\alpha\Lambda(u)\}}$$

因此，应用式（8.16）中的结果，在区间 $(u,u+t]$ 上，条件到达时间分布为

$$(T_{u1},T_{u2},\cdots,T_{u(N(u+t)-N(u))})$$

假定 $N(u+t)-N(u)=n$，则

$$f_{T_{u1},T_{u2},\cdots,T_{u(N(u+t)-N(u))}|N(u+t)-N(u)}(t_{u1},t_{u2},\cdots,t_{un}\mid n)$$

$$=n!\prod_{i=1}^{n}\left(\frac{\alpha\psi(t_{ui}-u,u)\exp\{\alpha\int_{0}^{t_{ui}-u}\psi(w,u)\mathrm{d}w\}}{\exp\{\alpha\int_{0}^{t}\psi(w,u)\mathrm{d}w\}-1}\right)$$

$$=n!\prod_{i=1}^{n}\left(\frac{\alpha\lambda(t_{ui})\exp\{\alpha\Lambda(t_{ui})\}}{\exp\{\alpha\Lambda(u+t)\}-\exp\{\alpha\Lambda(u)\}}\right),u<t_{u1}<t_{u2}<\cdots<t_{un}<u+t$$

令 $u+t\equiv v$，我们得到了想要的结果。

注释 8.3 从定理 8.3 可知，给定 $N(v)-N(u)=n$，随机变量 $T_{u1},T_{u2},\cdots,T_{un}$ 与 n 个独立同分布随机变量对应的顺序统计量具有相同的分布密度，其为

$$\left(\frac{\alpha\lambda(x)\exp\{\alpha\Lambda(x)\}}{\exp\{\alpha\Lambda(v)\}-\exp\{\alpha\Lambda(u)\}}\right),u<x\leq v$$

在定理 8.3 中，已导出假定 $N(v)-N(u)$ 时到达时间在区间 $(u,v]$ 内的条件联合分布。有些情况下，我们也关注，给定前一时间间隔的事件历史 $\{N(u),T_1,T_2,\cdots,T_{N(u)}\}$ 及 $(0,u]$，从而提出的到达时间在区间 $(u,v]$ 内的条件联合分布，以及 $N(v)-N(u)$。也就是说，$(N(u-)\mid T_{u1},T_{u2},\cdots,T_{u((N(u+t)-)-N(u-))},N((u+t)-)-N(u-))$ 在某些情况下也是非常重要的（见例 8.1）。假设 $\{N(t),t\geq 0\}$ 是具有强度函数 $\lambda(t)$ 的 NHPP。然后，由于 NHPP 的独立增量属性，易知

$$(T_{u1},T_{u2},\cdots,T_{u(N(v)-N(u))}\mid T_1,T_2,\cdots,T_{N(u)},N(u),N(v)-N(u))$$
$$=_D(T_{u1},T_{u2},\cdots,T_{u(N(v)-N(u))}\mid N(v)-N(u))$$

式中："D" 代表两边分布相等，它也由式（8.14）给出。然而，由于 GPP 不具备独立增量属性，条件联合分布为

$$(T_{u1},T_{u2},\cdots,T_{u(N((u+t)-)-N(u-))}\mid T_1,T_2,\cdots,T_{N(u)},N(u),N(v)-N(u))$$

将取决于前一时间间隔 $(0,u]$ 的历史，即 $\{N(u),T_1,T_2,\cdots,T_{N(u)}\}$；在某种程度上，考虑到 8.1 节中定义的 GPP 具有马尔可夫属性，首先可以想到它应该只依赖于前一个时间间隔内事件历史元素中的 $N(u)$，即

$$(T_{u1},T_{u2},\cdots,T_{u(N(v)-N(u))}\mid T_1,T_2,\cdots,T_{N(u)},N(u),N(v)-N(u))$$
$$=_D(T_{u1},T_{u2},\cdots,T_{u(N(v)-N(u))}\mid N(u),N(v)-N(u))$$

然而，下面的结果表明，给定 $N(v)-N(u)$，区间 $(u,v]$ 中到达时间的条件

联合分布不依赖于前一时间间隔的事件历史。

定理 8.4 对于区间 $(u,v]$ 中到达时间的联合条件分布，下列属性成立：

$$(T_{u1}, T_{u2}, \cdots, T_{u(N(v)-N(u))} \mid T_1, T_2, \cdots, T_{N(u)}, N(u), N(v) - N(u))$$
$$=_D (T_{u1}, T_{u2}, \cdots, T_{u(N(v)-N(u))} \mid N(v) - N(u))$$

因此 $(T_{u1}, T_{u2}, \cdots, T_{u(N(v)-N(u))} \mid T_1, T_2, \cdots, T_{N(u)}, N(u), N(v) - N(u))$ 联合分布条件（PDF）为

也已在式（8.15）给出。

证明：从定理 8.2 的证明，$(T_{u1}, T_{u2}, \cdots, T_{u(N(v)-N(u))} \mid T_1, T_2, \cdots, T_{N(u)}, N(u), N(v) - N(u))$ 的联合分布

由以下过程给出

$$f_{T_i, 1 \leq i \leq N(u), T_{uj}, 1 \leq j \leq N(v)-N(u), N(u), N(v)-N(u)}(t_1, t_2, \cdots, t_{u1}, t_{u1}, \cdots, t_{un2}, n_1, n_2)$$

$$= \left[\frac{\Gamma(\beta/\alpha + n_1)}{\Gamma(\beta/\alpha)} \left(\prod_{i=1}^{n_1} \alpha\lambda(t_i) \exp\{\alpha\Lambda(t_i)\} \right) \cdot \right.$$

$$\frac{\Gamma(\beta/\alpha + n_1 + n_2)}{\Gamma(\beta/\alpha + n_1)} \left(\prod_{j=1}^{n_2} \alpha\lambda(t_{uj}) \exp\{\alpha\Lambda(t_{uj})\} \right) \cdot$$

$$\left. \exp\{-(\beta + n_1\alpha + n_2\alpha)\Lambda(v)\} \right] \quad (8.17)$$

而 $(T_1, T_2, \cdots, T_{N(u)}, N(v) - N(u))$ 的联合分布为

$$f_{T_i, 1 \leq i \leq N(u), N(u), N(v)-N(u)}(t_1, t_2, \cdots, t_{n1}, n_1, n_2)$$

$$= \left[\frac{\Gamma(\beta/\alpha + n_1)}{\Gamma(\beta/\alpha)} \left(\prod_{i=1}^{n_1} \alpha\lambda(t_i) \exp\{\alpha\Lambda(t_i)\} \right) \cdot \right.$$

$$\frac{\Gamma(\beta/\alpha + n_1 + n_2)}{\Gamma(\beta/\alpha + n_1)} \int_u^v \int_u^{t_{u3}} \int_u^{t_{u2}} \left(\prod_{j=1}^{n_2} \alpha\lambda(t_{uj}) \exp\{\alpha\Lambda(t_{uj})\} \right) dt_{u1} dt_{u2} \cdots dt_{un2} \cdot$$

$$\exp\{-(\beta + n_1\alpha + n_2\alpha)\Lambda(v)\}$$

$$= \left[\frac{\Gamma(\beta/\alpha + n_1)}{\Gamma(\beta/\alpha)} \left(\prod_{j=1}^{n_2} \alpha\lambda(t_i) \exp\{\alpha\Lambda(t_i)\} \right) \cdot \right.$$

$$\frac{\Gamma(\beta/\alpha + n_1 + n_2)}{\Gamma(\beta/\alpha + n_1) n_2!} (\exp\{\alpha\Lambda(v)\} - \exp\{\alpha\Lambda(u)\})^{n_2} \cdot$$

$$\left. \exp\{-(\beta + n_1\alpha + n_2\alpha)\Lambda(v)\} \right] \quad (8.18)$$

然后根据式（8.17）和式（8.18）得出结果。

注释 8.4 从定理 8.4 可知，假定 $N(v) - N(u)$，$(T_{u1}, T_{u2}, \cdots, T_{u(N(v)-N(u))})$ 和 $\{T_1, T_2, \cdots, T_{N(u)}, N(u)\}$ 条件独立。

例 8.1 假设来自 GPP 的每个事件具有参数集 $\{\lambda(t), \alpha, \beta\}$，并且可被分类为类型 1 或类型 2 事件，假设一个事件被分类为类型 1 的概率取决于它发生的时间。更具体地说，假设一个事件发生在时间 t，若独立于其他所有事件，它被分

类为 1 类事件的概率为 $p(t)$，2 类事件的概率为 $1 - p(t)$。假定 $N_i(t)$ 表示在时间 t 之前发生的 i 型事件的数量，$i = 1,2$。假设事件历史在前一个时间间隔 $(0, u]$ 内 $\{N(u), T_1, T_2, \cdots, T_{N(u)}\}$ 可观测，则关注如何得到的 $N_i(v) - N_i(u), v > u$，$i = 1,2$ 的分布。假设 $\{N(u) = m, T_1 = t_1, T_1 = t_2, \cdots, T_m = t_m\}$，考虑条件分布 $N_1(v) - N_1(u)$，并观察可知

$$P(N_1(v) - N_1(u) = n) \mid T_1 = t_1, T_2 = t_2, \cdots, T_m = t_m, N(u) = m$$
$$= E_{(N(v)-N(u) \mid T_1=t_1, T_2=t_2, \cdots, T_m=t_m, N(u)=m)}[P(N_1(v) - N_1(u) = n)$$
$$\mid T_1 = t_1, T_2 = t_2, \cdots, T_m = t_m, N(u) = m, N(v) - N(u))] \quad (8.19)$$

其中，$N(v) - N(u) \mid T_1 = t_1, T_2 = t_2, \cdots, T_m = t_m, N(u) = m)$ 的条件分布的期望为 $E_{(N(v)-N(u) \mid T_1=t_1, T_2=t_2, \cdots, T_m=t_m, N(u)=m)}[\cdot]$。

可以看出

$$(N(v) - N(u) \mid T_1 = t_1, T_2 = t_2, \cdots, T_m = t_m, N(u) = m)$$
$$=_D (N(v) - N(u) \mid N(u) = m)$$

式 (8.19) 中的期望值可以写成

$$E_{(N(v)-N(u) \mid N(u)=m)}[P(N_1(v) - N_1(u) = n \mid T_1 = t_1, T_2 = t_2, \cdots, T_m$$
$$= t_m, N(u) = m, N(v) - N(u))] \quad (8.20)$$

此外，根据关于分类的假设（即分类只取决于发生时间）和性质（见定理 8.4）可知

$$(T_{u1}, T_{u2}, \cdots, T_{u(N(v)-N(u))} \mid T_1, T_2, \cdots, T_{N(u)}, N(u), N(v) - N(u))$$
$$= D(T_{u1}, T_{u2}, \cdots, T_{u(N(v)-N(u))} \mid N(v) - N(u))$$

使下式成立

$$P(N_1(v) - N_1(u) = n \mid T_1 = t_1, T_2 = t_2, \cdots, T_m = t_m, N(u) = m, N(v) - N(u) = k)$$
$$= P(N_1(v) - N_1(u) = n \mid N(v) - N(u) = k)$$

现在让我们考虑一个发生在区间 $(u, v]$ 中的任意事件。如果它发生在时间 $x \in (u, v]$，那么，它为类型 1 事件的概率将是 $p(x)$。因此，根据定理 8.3（也见注释 8.3），它是 1 型事件的概率为

$$\phi(u, v) \equiv \left(\frac{\alpha \int_u^v p(x) \lambda(x) \exp\{\alpha \Lambda(x) \mathrm{d}x\}}{\exp\{\alpha \Lambda(v)\} - \exp\{\alpha \Lambda(u)\}} \right)$$

独立于其他事件。因此，有

$$P(N_1(v) - N_1(u) = n \mid N(v) - N(u) = k) = \binom{k}{n} (\phi(u,v))^n (1 - \phi(u,v))^{k-n}$$

另一方面，从定理 8.1 来看

$$P(N(v) - N(u) = k \mid N(u) = m)$$
$$= \frac{\Gamma(\beta/\alpha + m + k)}{\Gamma(\beta/\alpha + m) k!} (1 - \exp\{-\alpha[\Lambda(v) - \Lambda(u)]\})^k (\exp\{-\alpha[\Lambda(v) - \Lambda(u)]\})^{m+\beta/\alpha}$$

最后，从式 (8.20) 可知

$$P(N_1(v) - N_1(u) = n \mid T_1 = t_1, T_2 = t_2, \cdots, T_m = t_m, N(u) = m)$$

$$= \sum_{k=n}^{\infty} \binom{k}{n} (\varphi(u,v))^n (1 - \varphi(u,v))^{k-n} \cdot$$

$$\frac{\Gamma(\beta/\alpha + m + k)}{\Gamma(\beta/\alpha + m) k!} (1 - \exp\{-\alpha[\Lambda(v) - \Lambda(u)]\})^k \cdot$$

$$(\exp\{-\alpha[\Lambda(v) - \Lambda(u)]\})^{m+\beta/\alpha}$$

$$= \sum_{l=0}^{\infty} \frac{1}{l! n!} (\varphi(u,v))^n (1 - \varphi(u,v))^l \cdot$$

$$\frac{\Gamma(\beta/\alpha + m + n + l)}{\Gamma(\beta/\alpha + m)} (1 - \exp\{-\alpha[\Lambda(v) - \Lambda(u)]\})^{n+l} \cdot$$

$$(\exp\{-\alpha[\Lambda(v) - \Lambda(u)]\})^{m+\beta/\alpha}$$

$$= \Big[\sum_{l=0}^{\infty} \frac{\Gamma(\beta/\alpha + m + n + l)}{\Gamma(\beta/\alpha + m + n) l!} ((1 - \varphi(u,v))(1 - \exp\{-\alpha[\Lambda(v) - \Lambda(u)]\}))^l \Big] \cdot$$

$$\frac{\Gamma(\beta/\alpha + m + n)}{\Gamma(\beta/\alpha + m) n!} ((\varphi(u,v))(1 - \exp\{-\alpha[\Lambda(v) - \Lambda(v)]\}))^n \cdot$$

$$(\exp\{-\alpha[\Lambda(v) - \Lambda(u)]\})^{m+\beta/\alpha}$$

$$= \frac{\Gamma(\beta/\alpha + m + n)}{\Gamma(\beta/\alpha + m) n!} \cdot$$

$$\Big(\frac{\varphi(u,v) - \varphi(u,v)\exp\{-\alpha[\Lambda(v) - \Lambda(u)]\}}{\varphi(u,v) + \exp\{-\alpha[\Lambda(v) - \Lambda(u)]\} - \varphi(u,v)\exp\{-\alpha[\Lambda(v) - \Lambda(u)]\}}\Big)^n \cdot$$

$$\Big(\frac{\exp\{-\alpha[\Lambda(v) - \Lambda(u)]\}}{\varphi(u,v) + \exp\{-\alpha[\Lambda(v) - \Lambda(u)]\} - \varphi(u,v)\exp\{-\alpha[\Lambda(v) - \Lambda(u)]\}}\Big)^{m+\beta/\alpha}$$

注意：$P(N_1(v) - N_1(u) = n)$ 的非条件分布也可以用类似但更简单的方法获得。关于 GPP 独立细化的更一般的结果将在第 10 章中讨论。

8.3　复合 GPP

随机过程 $\{W(t), t \geq 0\}$ 被认为是一个复合 GPP，如果它可以表示为

$$W(t) = \sum_{i=1}^{N(t)} X_i, t \geq 0 \tag{8.21}$$

式中：$\{N(t), t \geq 0\}$ 是 GPP 过程；$\{X_i, i \geq 1\}$ 是独立且同分布的随机变量族，独立于 $\{N(t), t \geq 0\}$。由式（8.21）中定义的复合过程的实际应用（NHPP $\{N(t), t \geq 0\}$）可以在 Ross（2003）中找到。

在下面的讨论中，我们将考虑更一般的情况，而不是式（8.21）中定义的基本复合过程。让我们考虑一个任意时间间隔 $(u, u+t], t \geq 0$ 内的复合过程，即

$$W_u(t) = \sum_{i=1}^{N_u(t)} X_{i,t} \geq 0$$

其中，如前所示 $N_u(t) \equiv N(u+t) - N(u)$。首先我们将得到 $W_u(t)$ 的一些非条件性质，然后再考虑一些条件性质。

假设 $M_X(s) \equiv E[e^{sX_i}]$。下面的结果给出了矩母函数，$W_u(t)$ 的均值和方差如下。

定理 8.5 由 $M_{W_u(t)}(s)$ 表示的 $W_u(t)$ 的矩母函数由下式给出

$$M_{W_u(t)}(s) = (1 - [\exp\{\alpha \Lambda(u+t)\} - \exp\{\alpha \Lambda(u)\}](M_X(s)-1))^{-\beta/\alpha}$$

$W_u(t)$ 的均值和方差由下式给出

$$E[W_u(t)] = \frac{\beta}{\alpha}(\exp\{\alpha \Lambda(u+t)\} - \exp\{\alpha \Lambda(u)\})E[X]$$

且

$$\mathrm{Var}[W_u(t)] = \frac{\beta}{\alpha}(\exp\{\Lambda(u+t)\} - \exp\{\alpha \Lambda(u)\})E[X^2]$$
$$+ \frac{\beta}{\alpha}([\exp\{\alpha \Lambda(u+t)\} - \exp\{\alpha \Lambda(u)\}]E[X])^2$$

证明：根据定理 8.2，随机过程 $\{N(t), t \geq 0\}$ 为带有参数集 $\{\psi(t,u), \alpha, \beta\}$ 的 GPP，即

$$\psi(t,u) \equiv \frac{\lambda(u+t)\exp\{\alpha \Lambda(u+t)\}}{1 + \exp\{\alpha \Lambda(u+t)\} - \exp\{\alpha \Lambda(u)\}}$$

考虑条件 $N_u(t)$，有

$$M_{W_u(t)} = \sum_{n=0}^{\infty} E[e^{sW_u(t)} \mid N_u(t) = n]P(N_u(t) = n)$$

$$= \sum_{n=0}^{\infty} E[e^{s(X_1 + X_2 + \cdots + X_n)} \mid N_u(t) = n]P(N_u(t) = n)$$

$$= \sum_{n=0}^{\infty} E[e^{s(X_1 + X_2 + \cdots + X_n)}]P(N_u(t) = n)$$

$$= \sum_{n=0}^{\infty} (M_X(s))^n \frac{\Gamma(\beta/\alpha + n)}{\Gamma(\beta/\alpha)n!} \left(\frac{\exp\{\alpha \Lambda(u+t)\} - \exp\{\alpha \Lambda(u)\}}{1 + \exp\{\alpha \Lambda(u+t)\} - \exp\{\alpha \Lambda(u)\}}\right)^n \cdot$$

$$\left(\frac{1}{1 + \exp\{\alpha \Lambda(u+t)\} - \exp\{\alpha \Lambda(u)\}}\right)^{\beta/\alpha}$$

$$= (1 - [\exp\{\alpha \Lambda(u+t)\} - \exp\{\alpha \Lambda(u)\}](M_X(s)-1))^{-\beta/\alpha} \quad (8.22)$$

通过对式 (8.22) 求导可得

$$M_{W_u(t)}(s)' = \frac{\beta}{\alpha}[\exp\{\alpha \Lambda(u+t)\} - \exp\{\alpha \Lambda(u)\}]M_X(s)' \cdot$$

$$(1 - [\exp\{\alpha \Lambda(u+t)\} - \exp\{\alpha \Lambda(u)\}](M_X(s)-1))^{-\beta/\alpha-1}$$

二阶导数为

$$M_{W_u(t)}(s)'' = \frac{\beta}{\alpha}[\exp\{\alpha\Lambda(u+t)\} - \exp\{\alpha\Lambda(u)\}]M_X(s)'' \cdot$$
$$(1 - [\exp\{\alpha\Lambda(u+t)\} - \exp\{\alpha\Lambda(u)\}])(M_X(s) - 1))^{-\beta/\alpha-1}$$
$$+ \frac{\beta}{\alpha}\left(\frac{\beta}{\alpha} + 1\right)([\exp\{\alpha\Lambda(u+t)\} - \exp\{\alpha\Lambda(u)\}]M_X(s)')^2 \cdot$$
$$(1 - [\exp\{\alpha\Lambda(u+t)\} - \exp\{\alpha\Lambda(u)\}](M_X(s) - 1))^{-\beta/\alpha-2}$$

最后，分别令一阶导数 $M_{W_u(t)}(s)'|_{s=0}$ 和二阶导数 $M_{W_u(t)}(s)''|_{s=0}$ 为零，则可得均值 $E[W_u(t)]$ 和方差 $\mathrm{Var}[W_u(t)]$。

以上内容研究了非条件复合随机过程 $\{W_u(t), t \geq 0\}$。接着给定在 $(0, u]$ 内历史信息 $\{N(u), T_1, T_2, \cdots, T_{N(u)}\}$ 的条件复合过程 $\{W_u(t), t \geq 0\}$ 的条件属性，在某些情况下更重要。例如，$\{W_u(t)\}$ 可以理解为区间 $(u, u+t)$ 期间的累计索赔，亦可以观察在前一时间间隔内 $(0, u]$ 发生的事件。注意：当计数过程 $\{N(t), t \geq 0\}$ 为 NHPP，那么，条件复合过程显然具有与无条件过程相同的随机性质。相对于 GPP，条件复合过程具有以下性质。

定理 8.6 给出 $\{N(u) = n, T_1 = t_1, T_2 = t_2, \cdots, T_n = t_n\}$，$\{W_u(t)\}$ 的条件矩母函数，记为 $M_{W_u(t)|T_1=t_1, T_2=t_2, \cdots, T_n=t_n, N(u)=n}(s)$，如下式：

$$M_{W_u(t)|T_1=t_1, T_2=t_2, \cdots, T_n=t_n, N(u)=n}(s)$$
$$= (\exp\{\alpha[\Lambda(u+t) - \Lambda(u)]\} - M_X(s)(\exp\{\alpha[\Lambda(u+t) - \Lambda(u)]\} - 1))^{-(\beta/\alpha+n)}$$

进一步，$\{W_u(t)\}$ 的条件均值和方差为

$$E[Wu(t) | T_1 = t_1, T_2 = t_2, \cdots, T_n = t_n, N(u) = n]$$
$$= \left(\frac{\beta}{\alpha} + n\right)(\exp\{\alpha[\Lambda(u+t) - \Lambda(u)]\} - 1)E[X]$$

方差为

$$\mathrm{Var}[Wu(t) | T_1 = t_1, T_2 = t_2, \cdots, T_n = t_n, N(u) = n]$$
$$= \left(\frac{\beta}{\alpha} + n\right)(\exp\{\alpha[\Lambda(u+t) - \Lambda(u)]\} - 1)E[X^2]$$
$$+ \left(\frac{\beta}{\alpha} + n\right)((\exp\{\alpha[\Lambda(u+t) - \Lambda(u)]\} - 1)E[X])^2$$

证明：根据命题 8.1 可知，条件未来过程 $\{N(t), t \geq 0\}$ 为 GPP，其参数为 $\{\lambda(t+u), \alpha, \beta+n\alpha\}, t \geq 0$，则类似于定理 8.5 的证明：

$$M_{W_u(t)|T_1=t_1, T_2=t_2, \cdots, T_n=t_n, N(u)=n}(s)$$
$$= E[e^{sWu(t)} | T_1 = t_1, T_2 = t_2, \cdots, T_n = t_n, N(u) = n]$$
$$= \sum_{m=0}^{\infty} E[e^{sWu(t)} | T_1 = t_1, T_2 = t_2, \cdots, T_n = t_n, N(u) = n, N_u(t) = m] \cdot$$
$$P(N_u(t) = m | T_1 = t_1, T_2 = t_2, \cdots, T_n = t_n, N(u) = n)$$
$$= \sum_{m=0}^{\infty} E[e^{s(X_1+X_2+\cdots+X_m)}] \cdot$$

$$P(N_u(t) = m \mid T_1 = t_1, T_2 = t_2, \cdots, T_n = t_n, N(u) = n)$$

$$= \sum_{m=0}^{\infty} (M_X(s))^m \frac{\Gamma(\beta/\alpha + n + m)}{\Gamma(\beta/\alpha + n)m!} (1 - \exp\{-\alpha[\Lambda(u+t) - \Lambda(u)]\})^m \cdot$$

$$(\exp\{-\alpha[\Lambda(u+t) - \Lambda(u)]\})^{n+\beta/\alpha}$$

$$= (\exp\{\alpha[\Lambda(u+t) - \Lambda(u)]\} - M_X(s)(\exp\{\alpha[\Lambda(u+t) - \Lambda(u)]\} - 1))^{-(\beta/\alpha+n)}$$

然后，按照与定理 8.5 证明过程中相同的步骤，可以得到所希望的结果。

8.4 可靠性应用

在可靠性领域，已经提出并应用了许多不同类型的修理模型。当系统的故障率增加时，系统的性能会随着时间而恶化。这最终可能导致系统效能下降，同时增加运营成本。为了最大化运行效率或最小化运行成本，文献中已经研究并深入讨论了许多修理和更换策略。从实践应用角度来研究的维修模型包括 Sherif 和 Smith（1981）、Valdez-Flores 和 Feldman（1989）、王（2002）和 Tadj 等（2011）。Nakagawa（2005）从理论角度概述了维修理论。更多的理论和复杂的模型也被开发出来（Mi，1994；Ebrahimi，1997；Aven，1996；Aven 和 Jensen，2000；Cha 2001、2003；Badía 等，2001）。

正如第 4 章已经提到的，要牢记在可靠性应用中，计数过程的每种特定类型通常对应于特定的维修类型，反之亦然。众所周知，两种基本和重要的修复类型是"完全"和"最小"维修。通过完全修复，使系统恢复到完好如新的状态。这意味着，在这种情况下，故障时间是独立且相同分布的，因此，具有完全修复的可修复系统的失效过程是由更新过程描述的。

另一方面，我们所说的"最小修复"是指修复后的物品状态恢复到与旧状态一样。更准确地说，如果系统具有生存函数 $\bar{F}(t)$ 在 X 时刻处出现故障，则这种类型的维修意味着被修复系统的存活函数可由下式给出

$$\bar{F}_x(t) \equiv \frac{\bar{F}(x+t)}{\bar{F}(x)} = \exp\left\{-\int_0^t r(x+u)\mathrm{d}u\right\}$$

式中：$r(t)$ 是系统的故障率函数，因此，该类型的维修将系统恢复到故障之前的状态。众所周知（另见第 2 章和第 4 章），最小维修的可修复系统的故障过程是 NHPP，其速率为

$$\lambda(t) = r(t) = -\frac{\mathrm{dln}(\bar{F}(t))}{\mathrm{d}t}$$

我们现在将根据 GPP 定义一种新的维修类型。根据定义 8.1，回想一下 GPP 的随机强度由下式给出

$$\lambda_t \equiv \lim_{t\to 0} \frac{P(N(t, t+\Delta t) = 1 \mid H_{t-})}{\Delta t} = (\alpha N(t-) + \beta)\lambda(t) \quad (8.23)$$

在此，将事件定义为失效，其在区间 $(0,t]$ 内的失效次数为 $N(t)$，假设 GPP 系统的参数集为 $(\lambda(t),\alpha,1)$，其中参数 $\beta=1$，因此系统的失效率为 $\lambda(t)$，即 $\beta=1$ 时系统的故障首达时间为

$$\overline{F}(t)=\exp\left\{-\int_0^t \lambda(u)\mathrm{d}u\right\}, t\geq 0$$

现在假设一个系统在时间 x_1（第一次故障）发生故障并立即修复，其维修模式为式（8.23）中定义的随机强度，且 $\beta=1$，则可修系统的生存函数为

$$\overline{F}_{x_1}^{[1]}\equiv \exp\left\{-\int_0^t (\lambda(x_1+u)+\alpha\lambda(x_1+u))\mathrm{d}u\right\}$$

式中：$\overline{F}_s^{[n]}(t)$ 代表系统的（剩余）生存函数，在 s 时刻对其维修已进行了 n 次维修，$n=1,2,\cdots$。现在假设一个系统在 x_2 发生了故障，$x_2>x_1$，x_2 为第二次故障时间并且采用与式（8.23）中的随机强度参数 $\beta=1$ 时相对应的修理类型进行修理。修复后的系统对应的生存函数为

$$\overline{F}_{x_2}^{[2]}\equiv \exp\left\{-\int_0^t (\lambda(x_2+u)+2\alpha\lambda(x_2+u))\mathrm{d}u\right\}$$

以类似的方式，可得

$$\overline{F}_s^{[n]}(t)\equiv \exp\left\{-\int_0^t (\lambda(s+u)+n\alpha\lambda(s+u))\mathrm{d}u\right\}$$

在下面的讨论中，为了方便起见，我们将这种修理称为"GPP 修理"，首先给出其正式定义。

定义 8.3（GPP 修理）若系统的故障率为 $\lambda(t)$，随机过程 $\{N(t),t\geq 0\}$ 是参数集为 $(\lambda(t),\alpha,1)$ 的 GPP，则称带有参数 α 的 GPP 维修为可维修的 GPP。

显然，GPP 修复后的系统状态比故障前更差。因此，GPP 修复比最小修复更差。注意：参数 α 代表修复的程度。很明显，$\alpha=0$ 对应最小修复，$\alpha>0$ 意味着修复比最小修复差。此外，随着 α 的增加，相应的修复变得越来越差。几个可以应用 GPP 修复的实际情况将在第 9 章中详细讨论。

现在，研究上述定义的 GPP 维修的简单替换策略。假设故障率为 $\lambda(t)$ 的系统在时间 0 开始运行，并在每次故障时进行 GPP 修复。假设系统寿命的分布函数存在，即 $\int_0^\infty \lambda(t)\mathrm{d}t=\infty$，不失一般性，$\lim_{t\to\infty}\lambda(t)>0$。假设系统在 T 时刻被一个相同的新系统替换，修理和替换过程重复发生。记 GPP 修理的费用为 $c_{\mathrm{GPP}}>0$，替换的费用是 c_r，则在这种情况下，根据定理 8.1 可得一个更新周期内 GPP 修理的期望次数为

$$E[N(T)]=\frac{1}{\alpha}(\exp\{\alpha\varLambda(T)\}-1)$$

其中，$\varLambda(t)=\int_0^t \lambda(x)\mathrm{d}x$。根据更新报酬定理（见定理 3.8），长期平均成本率函数 $C(T)$，作为 T 的函数，由下式得到

$$C(T) = \frac{1/\alpha(\exp\{\alpha\Lambda(T)\} - 1)c_{\text{GPP}} + c_r}{T} \tag{8.24}$$

问题是如何找到式（8.24）中的最优 T，下述定理解决了这个优化问题。

定理 8.7 如果 $\lambda(t)$ 满足

$$\lambda'(t) + \alpha\lambda^2(t) > 0, \forall t > 0 \tag{8.25}$$

那么，存在唯一最解 $T^* \in (0, \infty)$，其为以下等式的解：

$$T\lambda(T)\exp\{\alpha\Lambda(T)\} - \frac{1}{\alpha}\exp\{\alpha\Lambda(T)\} - \left(\frac{c_r}{c_{\text{GPP}}} - \frac{1}{\alpha}\right) = 0 \tag{8.26}$$

证明：对式（8.26）求微分可得

$$C'(T) = \frac{c_{\text{GPP}}}{T^2}\left[T\lambda(T)\exp\{\alpha\Lambda(T)\} - \frac{1}{\alpha}\exp\{\alpha\Lambda(T)\} - \left(\frac{c_r}{c_{\text{GPP}}} - \frac{1}{\alpha}\right)\right]$$

令

$$\Phi(T) = T\lambda(T)\exp\{\alpha\Lambda(T)\} - \frac{1}{\alpha}\exp\{\alpha\Lambda(T)\} - \left(\frac{c_r}{c_{\text{GPP}}} - \frac{1}{\alpha}\right)$$

此时，可得 $\Phi(0) - c_r/c_{\text{GPP}} < 0$ 且 $\lim_{T\to\infty}\Phi(T) = \infty$，如果满足条件式（8.25），则

$$\Phi'(T) = T\lambda'(T)\exp\{\alpha\Lambda(T)\} + \alpha T\lambda^2(T)\exp\{\alpha\Lambda(T)\}$$
$$= T\exp\{\alpha\Lambda(T)\}[\lambda'(T) + \alpha\lambda^2(T)] > 0, \forall T > 0$$

因此，$\Phi(\tau)$ 严格地随着 $\lim_{T\to\infty}\Phi(T) = \infty$ 而增加，方程存在唯一解 $T^* \in (0, \infty)$，满足条件 $\Phi(T^*) = 0$。明显，当 $T < T^*$ 时，T^* 使得 $C'(T^*) = 0$，$C'(T) < 0$；当 $T > T^*$ 时，$C'(T) > 0$。所以，获得的 T^* 为所述更换策略的最优值。

注释 8.5 假设 $\lambda(t)$ 单调递增函数，那么，显然其满足式（8.25）中的条件，因而存在唯一的最优 T^*。然而，式（8.25）中的条件不一定要求 $\lambda(t)$ 递增，即使递减函数 $\lambda(t)$ 也能满足条件式（8.25）。

现在假设故障率函数 $\lambda(t)$ 为递减函数。如果对系统的每个故障执行的修复类型是最小修复，则长期平均成本率函数可简单地由下式给出

$$C(T) = \frac{c_m\Lambda(T) + c_r}{T}$$

式中：c_m 为最小维修成本。当失效率函数 $\lambda(t)$ 递减时，成本函数 $C(T)$ 严格递增，这种情况下的最优替换时间是 $T^* = \infty$。但是，当对系统的每个故障执行的修复类型是 GPP 修复时，情况会发生巨大变化，如下例所示。

例 8.2 假设系统的故障率函数定义为

$$\lambda(t) = \begin{cases} 1/4(t-2)^2 + 1, & 0 < t < 2 \\ 1, & t > 2 \end{cases}$$

可知系统失效率函数是递减的。进一步假设系统故障执行 GPP 维修，参数 $\alpha = 0.8$，相关成本参数分别为 $c_{\text{GPP}} = 0.8$ 和 $c_r = 1$。

显而易见，当 $t > 2$ 时上式明显满足要求，当 $0 < t < 2$ 时，有

$$\lambda'(t) + \alpha\lambda^2(t) = \frac{1}{20}((t-2)^4 + 8(t-2)^2 + 10(t-2) + 16)$$

$$= \frac{1}{20}((t-2)^4 + 8[(t-2) + 5/8]^2 + 103/8) > 0, \forall t \in (0,2)$$

因此，满足条件式（8.25）。现在很清楚最优 T^* 由方程的唯一解给出

$$T\lambda(T) - 1.25 = 0$$

T^* 不能大于 2.0。因此，存在最佳替换时间 T^* 在 $0 < t < 2$ 之间。图 8.1 所示为长期平均成本率。

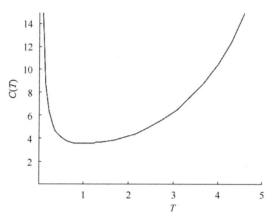

图 8.1　长期运行的平均成本率

在传统的预防性维护建模中，当故障率递减时（无恶化），没必要采取预防性维修。例如，当每个故障都被最低限度地修复时，就是这种情况。但是，如例 8.2 所示，对于 GPP 维修，即故障率函数在下降时，需要应用预防性维护策略。

8.5　混合泊松过程子类的特征

在本节中，我们将把 GPP 描述为混合泊松过程的一个子类。为了方便讨论，让我们回忆一下第 4 章中给出的混合泊松过程的一般定义（定义 4.6）。设 Z 为非负随机变量，其概率密度为 $\pi(z)$。如果

$$(\{N(t), t \geq 0\} \mid Z = z) \sim \text{NHPP}(\lambda(t,z))$$

则该计数过程 $\{N(t), t \geq 0\}$ 称为混合泊松过程或条件泊松过程，而 $(\{N(t), t \geq 0\} \mid Z = z) \sim \text{NHPP}(\lambda(t,z))$ 是指计数过程 $\{N(t), t \geq 0\}$ 在给定参数 $Z = z$ 时服从参数为 $\lambda(t,z)$ 的 NHPP 过程。

以下定理提供了 GPP 作为混合泊松过程的子类的特征。

定理 8.8　假设

$$(\{N^*(t), t \geq 0\} \mid Z = z) \sim \text{NHPP}(zv(t))$$

其中
$$v(t) = \lambda(t)\exp\{\alpha\Lambda(t)\}$$

随机变量 Z 的概率分布为
$$f_Z(z) = \frac{b^a z^{a-1}}{\Gamma(a)}\exp\{-bz\}, z \geq 0, a = \frac{\beta}{\alpha}, b = \frac{1}{\alpha}$$

让 $\{N(t), t \geq 0\}$ 为参数集为 $(\lambda(t), \alpha, \beta)$ 的 GPP，则 $\{N(t), t \geq 0\}$ 和 $\{N^*(t), t \geq 0\}$ 具有相同的随机特性。

证明：定义随机过程 $\{N^*(t), t \geq 0\}$ 的随机强度为
$$\lambda_t^* \equiv \lim_{\Delta t \to 0}\frac{P(N^*(t, t + \Delta t) = 1 \mid H_{t-}^*)}{\Delta t} = \lim_{\Delta t \to 0}\frac{E(N^*(t, t + \Delta t) \mid H_{t-}^*)}{\Delta t}$$

式中：$N^*(t_1, t_2), t_1 < t_2$ 表示随机过程 $\{N^*(t), t \geq 0\}$ 在 $[t_1, t_2)$ 中的事件数；H_{t-}^* 是相应的历史，足以说明 $\{N^*(t), t \geq 0\}$ 的随机强度与 $\{N(t), t \geq 0\}$ 相同。观察可知

$$\begin{aligned}\lambda_t^* &= \lim_{\Delta t \to 0}\frac{P(N^*(t, t + \Delta t) = 1 \mid H_{t-}^*)}{\Delta t}\\ &= E_{(Z \mid H_{t-}^*)}\left[\lim_{\Delta t \to 0}\frac{P(N^*(t, t + \Delta t) = 1 \mid H_{t-}^*, Z)}{\Delta t}\right]\end{aligned} \quad (8.27)$$

式中：$E_{(Z \mid H_{t-}^*)}[\cdot]$ 代表对 $(Z \mid H_{t-}^*)$ 的条件分布的期望。注意：
$$\lim_{\Delta t \to 0}\frac{P(N^*(t, t + \Delta t) = 1 \mid H_{t-}^*, Z = z)}{\Delta t} = zv(t)$$

因为 $(\{N(t), t \geq 0\} \mid Z = z) \sim \text{NHPP}(zv(t))$，以此推导 $(Z \mid H_{t-}^*)$ 的条件分布，观察到 $(T_1, T_2, \cdots, T_{N^*(t-)}, N^*(t-) \mid Z = z)$ 的条件分布为
$$z^n \Big(\prod_{i=1}^n v(t_i)\Big)\exp\Big\{-z\int_0^t v(x)\mathrm{d}x\Big\}, 0 < t_1 < t_2 < \cdots < t_n < t, n = 0, 1, 2, \cdots$$

因此可得，$(Z \mid T_1 = t_1, T_2 = t_2, \cdots, T_{N^*(t-)} = t_n, N^*(t-) = n)$ 的条件分布为
$$\frac{z^n\big(\prod_{i=1}^n v(t_i)\big)\exp\big\{-z\int_0^t v(x)\mathrm{d}x\big\}f_Z(z)}{\int_0^\infty z^n\big(\prod_{i=1}^n v(t_i)\big)\exp\big\{-z\int_0^t v(x)\mathrm{d}x\big\}f_Z(z)\mathrm{d}z} = \frac{z^n\exp\big\{-z\int_0^t v(x)\mathrm{d}x\big\}f_Z(z)}{\int_0^\infty z^n\exp\big\{-z\int_0^t v(x)\mathrm{d}x\big\}f_Z(z)\mathrm{d}z}$$

然后，通过计算 $Zv(t)$ 的条件分布 $(Z \mid T_1 = t_1, T_2 = t_2, \cdots, T_{N^*(t-)} = t_n, N^*(t-) = n)$ 的数学期望，可得
$$\frac{\int_0^\infty z^{n+1}\exp\big\{-z\int_0^t v(x)\mathrm{d}x\big\}f_Z(z)\mathrm{d}z}{\int_0^\infty z^n\exp\big\{-z\int_0^t v(x)\mathrm{d}x\big\}f_Z(z)\mathrm{d}z}v(t) = (n + a)\frac{1}{b + \int_0^t v(x)\mathrm{d}x}v(t)$$

因此，从式 (8.27) 可得
$$\lambda_t^* = (N^*(t-) + a)\frac{1}{b + \int_0^t v(x)\mathrm{d}x}v(t)$$

此时，重新定义参数，令 $v(t) = \lambda(t)\exp\{\alpha\Lambda(t)\}$，$a = \beta/\alpha$，$b = 1/\alpha$，可得
$$\lambda_t^* = (N^*(t-) + \beta)\lambda(t)$$
则该随机过程为 GPP，其参数集为 $(\lambda(t),\alpha,\beta)$。

参考文献

Asfaw ZG, Linqvist B (2015) Extending minimal repair models for repairable systems: a comparison of dynamic and heterogeneous extensions of a nonhomogeneous Poisson process. Reliab Eng Syst Saf 140:153–158

Aven T (1996) Condition based replacement policies—a counting process approach. Reliab Eng Syst Saf 51:275–281

Aven T, Jensen U (1999) Stochastic models in reliability. Springer, New York

Aven T, Jensen U (2000) A general minimal repair model. J Appl Probab 37:187–197

Babykina G, Couallier V (2014) Modelling pipe failures in water distribution systems: accounting for harmful repairs and a time-dependent covariate. Int J Performability Eng 10:31–42

Badía FG, Berrade MD, Campos CA (2001) Optimization of inspection intervals based on cost. J Appl Probab 38:872–881

Barbu VS, Limnios N (2008) Semi-Markov chains and hidden semi-Markov models toward applications (their use in reliability and DNA analysis). Springer, New York

Cha JH (2001) Burn-in procedures for a generalized model. J Appl Probab 38:542–553

Cha JH (2003) A further extension of the generalized burn-in model. J Appl Probab 40:264–270

Cha JH (2014) Characterization of the generalized Polya process and its applications. Adv Appl Probab 46:1148–1171

Cha JH, Finkelstein M (2009) On a terminating shock process with independent wear increments. J Appl Probab 46:353–362

Cha JH, Finkelstein M (2011) On new classes of extreme shock models and some generalizations. J Appl Probab 48:258–270

Cox DR (1962) Renewal theory. Methuen, London

Ebrahimi N (1997) Multivariate age replacement. J Appl Probab 34:1032–1040

Finkelstein M, Cha JH (2013) Stochastic modelling for reliability: shocks, burn-in and heterogeneous populations. Springer, London

Kao PC (1997) An introduction to stochastic processes. Duxbury Press, Belmont

Konno H (2010) On the exact solution of a generalized Polya process. Advances in Mathematical Physics, vol 2010, Article ID 504267, 12 p. https://doi.org/10.1155/2010/504267

Le Gat Y (2014) Extending the Yule process to model recurrent pipe failures in water supply networks. Urban Water J 11:617–630

Limnios N, Oprişan G (2001) Semi-Markov processes and reliability. Birkhäuser, Boston

Lindqvist B (2006) On statistical modelling and analysis of repairable systems. Stat Sci 21:532–551

Mi J (1994) Burn-in and maintenance policies. Adv Appl Probab 26:207–221

Nakagawa T (2005) Maintenance theory of reliability. Springer, London

Ross SM (1996) Stochastic processes. Wiley, New York

Ross SM (2003) Introduction to probability models, 8th edn. Academic Press, San Diego

Sherif YS, Smith ML (1981) Optimal maintenance models for systems subject to failure—a review. Naval Res Logistics 28:47–74

Tadj L, Ouali M, Yacout S, Ait-Kadi D (2011) Replacement models with minimal repair. Springer, London

Valdez-Flores C, Feldman RM (1989) A survey of preventive maintenance models for stochastically deteriorating single-unit systems. Naval Res Logistics 36:419–446

Wang H (2002) A survey of maintenance policies of deteriorating systems. Eur J Oper Res 139:469–489

第9章 GPP 的应用

在第8章描述了一种新的计数过程——GPP，并且已经讨论了其在的可靠性领域的简单应用。GPP过程与非齐次泊松过程（NHPP）的关键区别在于，前者不具有独立增量的性质，这非常吸引人，因为许多现实世界的问题可以通过相关事件来描述。例如，在各种冲击模型中，系统对冲击的敏感度随着以前经历的冲击次数的增加而增加，GPP对这一现象进行了建模。作为另一个例子，随着系统故障数量的增加，系统的未来可靠性性能会退化得更快。

如第8章所讨论的，可靠性中的NHPP用于对系统的相应故障/修复过程建模，也用于对外部冲击的到达过程建模。因此，它被有效地应用于各种冲击和维护模型。在这一章中，我们用GPP作为这些模型的NHPP的"替代品"，可以考虑更多不受独立增量假设限制的一般问题。

在第一部分中，我们考虑了一些由外部冲击控制的GPP基本冲击模型。我们详细讨论了相应的经典极端冲击模型和散粒噪声冲击模型。在第二部分中，我们考虑了一个基于GPP的先进维修优化模型。我们相信，结合前一章的研究，可以充分论证发展成熟的一元GPP理论（多元GPP见下一章）及其主要应用。

9.1 极端冲击模式

9.1.1 随机模型及主要结果

各种冲击模型已广泛应用于可靠性领域的各种背景（Montoro-Cazorla 和 Pérez-Ocón，2011；Chakravarthy，2012；Huynh 等，2012；Frostig 和 Kenzin，2009；Cha 和 Finkelstein，2010）。在文献中，大多数冲击模型都是基于泊松冲击过程假设发展起来的（参见第4章和第5章；Nakagawa，2007；Finkelstein 和 Cha，2013；参考文献）。由于 NHPP 相对简单，是众多工程和生物应用中最受欢迎的计数过程，特别是冲击建模方面。各种泊松冲击模型通常在数学上是易于处理的，并允许对所关注的概率进行相当简单和紧凑的表达（Al-Hameed 和 Proschan，1973；Esary 等，1973；Cha 和 Mi，2007，Cha 和 Finkelstein，2009、2011 等）。值得一提的是，虽然由更新过程控制的冲击模型具有简单的概率性质，但计算比较复杂，应该使用近似值和数值方法（Kalashnikov，1997；Finkelstein，2003）。

众所周知，NHPP 具有独立增量的性质，这种特征与其他性质一起能够进行相当简单的概率推理。然而，事实上，对于描述现实生活中的大多数问题来说，增量独立性的假设，可能过于严格。例如，在各种冲击模型中，系统对冲击的敏感度随着之前经历的冲击次数的增加而增加。因此，在最初的生命周期中发生的轻微甚至可以忽略不计的冲击，随着时间的推移，会变得有害，甚至是灾难性的。因此，我们将 GPP 作为相应冲击模型的基本模型。在第 8 章，GPP 是通过其随机强度来定义的，该强度考虑了以前的冲击次数，这样，它创建了一个相当简单但有效的模型，该模型依赖于历史。以这种方式定义的 GPP 具有正相关性质，这意味着，在无限小的时间间隔内，事件发生的敏感度随着前一时间间隔内事件数量的增加而增加。该属性与各种应用中的历史相关性有关，因为在这些应用中，NHPP 独立增量的假设通常只能在特定情况下使用。

在这一节中，我们将重点放在极端冲击模型的情况下，当冲击过程服从 GPP（Cha 和 Finkelstein，2016）。该模型中的每一次冲击都被认为是系统的临界（灾难性）冲击的相关概率为 $p(t)$，而无害概率为 $q(t) = 1 - p(t)$（独立于"其他一切"）。一个系统的生存概率（没有致命冲击）是人们最关注的。这是一个经典的可靠性问题，为众所周知的 NHPP 冲击过程（见第 4 章）提供了解决方案（Beichelt 和 Fisher，1980；Block 等，1985；Finkelstein，2008）。然而，GPP 应用问题更为复杂，应仔细推导出相应的解决方案。

如第 8 章所述，GPP 过程的随机强度 λ_t 可定义如下。

定义 9.1 如果计数过程 $\{N(t), t \geq 0\}$ 称为 GPP，其参数集为 $(\lambda(t), \alpha, \beta)$，$\alpha \geq 0, \beta > 0$，需满足以下条件：

（1）$N(0) = 0$；

（2）$\lambda_t = (\alpha N(t-) + \beta)\lambda(t)$。

正如第 8 章所提到的，GPP 过程的参数 $(\lambda(t), \alpha = 0, \beta = 1)$ 退化为 $\lambda(t)$ 时是 NHPP，因此，GPP 可以理解为 NHP 的广义模型。

现在考虑一个受 GPP 冲击影响的系统，其参数为 $(\lambda(t), \alpha, \beta)$。让它在没有冲击的情况下"绝对可靠"，和以前一样，$T_0 = 0 \leq T_1 \leq T_2 \leq \cdots$ 表示 GPP 的到达时间序列。假设在 t 时刻发生的冲击导致系统故障的概率为 $p(t)$，对系统无害的概率为 $q(t) = 1 - p(t)$，独立于其他一切。这种冲击模型在文献中通常称为"极端冲击模型"（或另见 4.4 节中的 NHPP 冲击模型）。首先，在极端冲击模型的框架内，分析其各种应用背景，我们比较关注在受 GPP 冲击条件下系统的生存概率。为了推导生存概率，我们从第 8 章推导出以下补充结果。

引理 9.1 对于带有参数集 $(\lambda(t), \alpha, \beta), \alpha \geq 0, \beta > 0$ 的 GPP 过程，下列属性成立：

（1）$N(t)$ 的分布如下：

$$P(N(t) = n) = \frac{\Gamma(\beta/\alpha + n)}{\Gamma(\beta/\alpha)n!}(1 - \exp\{-\alpha \Lambda(t)\})^n$$

$$\cdot (\exp\{-\alpha \Lambda(t)\})^{\frac{\beta}{\alpha}}, n = 0, 1, 2, \cdots$$

(2) $E[N(t)] = \beta/\alpha(\exp\{\alpha\Lambda(t)\} - 1)$;

(3) 假设 $N(t) = n$ 时,$(T_1, T_2, \cdots, T_{N(t)})$ 的联合条件分布为

$$f_{(T_1,T_2,\cdots,T_{N(t)}\mid N(t))}(t_1,t_2,\cdots,t_n\mid n) = n!\prod_{i=1}^{n}\frac{\alpha\lambda(t_i)\exp\{\alpha\Lambda(t_i)\}}{\exp\{\alpha\Lambda(t)\} - 1}, 0 \leq t_1 \leq t_2 \leq \cdots \leq t_n$$

其中

$$\Lambda(t) \equiv \int_0^t \lambda(u)\mathrm{d}u$$

关于 (1) 和 (3) 的证明, 见定理 8.1 和定理 8.3 的证明。(2) 中的等式可以从 (1) (负二项式分布的平均值) 获得。

因此, GPP 的速率定义为

$$\lim_{\Delta t \to 0}\frac{1}{\Delta t}P(N(t+\Delta t) - N(t) = 1) = \frac{\mathrm{d}E[N(t)]}{\mathrm{d}t} = \beta\lambda(t)\exp\{\alpha\Lambda(t)\}$$

因此, 当基准故障率为常数时, $\lambda(t) = \lambda$, 该速率呈指数增长, 这反映了先前事件对当前时刻事件发生概率的累积影响。很容易看出, 当假设 $\beta = 1$ 且 $\alpha \to 0$ 时, 所有获得的表达式都可化简为 NHPP 的表达式。

现在我们准备好获得在 GPP 冲击下运行的系统的生存概率。

定理 9.1 当系统承受的极端冲击模型为所描述的 GPP 过程时其生存函数由下式给出

$$P(T_s > t) = \frac{1}{\left(1 + \int_0^t \alpha p(v)\lambda(v)\exp\{\alpha\Lambda(v)\}\mathrm{d}v\right)^{\frac{\beta}{\alpha}}}$$

而相应的故障率为

$$\lambda_s(t) = \frac{\beta p(t)\lambda(t)\exp\{\alpha\Lambda(t)\}}{\left(1 + \int_0^t \alpha p(v)\lambda(v)\exp\{\alpha\Lambda(v)\}\mathrm{d}v\right)} \tag{9.1}$$

证明:观察可知

$$P(T_s > t\mid T_1, T_2, \cdots, T_{N(t)}, N(t)) = \prod_{i=1}^{N(t)} q(T_i)$$

其中, 当 $N(t) = 0$ 时, 则 $\prod_{i=1}^{N(t)}(\cdot) = 1$, 此时, 可由下式得到

$$P(T_s > t) = E[P(T_s > t\mid T_1, T_2, \cdots, T_{N(t)}, N(t))] = E\left[\prod_{i=1}^{N(t)} q(T_i)\right]$$

$$= E\left\{E\left[\prod_{i=1}^{N(t)} q(T_i)\mid N(t)\right]\right\} \tag{9.2}$$

由引理 9.1 (3) 可知, 给定 $N(t) = n$ 时, $(T_1, T_2, \cdots, T_n)$ 的联合分布与 $(V_{(1)}, V_{(2)}, \cdots, V_{(n)})$ 的联合分布相同, 其中 $V_{(1)} \leq V_{(2)} \leq \cdots \leq V_{(n)}$ 是独立同分布的随机变量的顺序统计量, 且 $V_1, V_2, \cdots, V_n$ 具有共同的概率密度:

$$\frac{\alpha\lambda(v)\exp\{\alpha\Lambda(v)\}}{\exp\{\alpha\Lambda(v)\} - 1}, 0 \leq v \leq t$$

以此可得

$$E\left[\prod_{i=1}^{N(t)} q(T_i) \mid N(t) = n\right] = E\left[\prod_{i=1}^{n} q(V_{(i)})\right] = E\left[\prod_{i=1}^{n} q(V_i)\right]$$
$$= \left(\int_0^t q(v) \frac{\alpha\lambda(v)\exp\{\alpha\Lambda(v)\}}{\exp\{\alpha\Lambda(t)\} - 1} dv\right)^n$$

然后，根据式（9.2）和引理9.1（1）可得

$$P(T_s > t) = \sum_{n=0}^{\infty} \left(\int_0^t q(v) \frac{\alpha\lambda(v)\exp\{\alpha\Lambda(v)\}}{\exp\{\alpha\Lambda(v)\} - 1} dv\right)^n \cdot$$

$$\frac{\Gamma(\beta/\alpha + n)}{\Gamma(\beta/\alpha)n!}(1 - \exp\{-\alpha\Lambda(t)\})^n (\exp\{-\alpha\Lambda(t)\})^{\beta/\alpha}$$

$$= \sum_{n=0}^{\infty} \frac{\Gamma(\beta/\alpha + n)}{\Gamma + (\beta/\alpha)n!} \left(\int_0^t \alpha q(v) \lambda(v) \exp\{-\alpha(\Lambda(t) - \Lambda(v))\} dv\right)^n \cdot$$

$$(\exp\{-\alpha\Lambda(t)\})^{\beta/\alpha}$$

$$= \frac{(\exp\{-\alpha\Lambda(t)\})^{\beta/\alpha}}{\left(1 - \int_0^t \alpha q(v) \lambda(v) \exp\{-\alpha(\Lambda(t) - \Lambda(v))\} dv\right)^{\beta/\alpha}}$$

$$= \frac{1}{\left(\exp\{\alpha\Lambda(t)\} - \int_0^t \alpha q(v) \lambda(v) \exp\{\alpha\Lambda(v)\} dv\right)^{\beta/\alpha}}$$

$$= \frac{1}{\left(1 + \int_0^t \alpha q(v) \lambda(v) \exp\{\alpha\Lambda(v)\} dv\right)^{\beta/\alpha}}$$

因此，相应的故障率 $\lambda_s(t)$ 为

$$\lambda_s(t) = \frac{d}{dt}(-\ln P(T_s > t)) = \frac{\beta p(t)\lambda(t)\exp\{\alpha\Lambda(t)\}}{\left(1 + \int_0^t \alpha p(v)\lambda(v)\exp\{\alpha\Lambda(t)\} dv\right)}$$

注释9.1 除了上述极端冲击模型之外，还需回顾一下累积冲击模型和组合冲击模型（另见5.1节，对于冲击的NHPP的描述）。因此，如前所述，让一个系统受到具有参数集 $(\lambda(t),\alpha,\beta)$ 的GPP冲击，假设第 i 次冲击使得系统老化的随机增量为 $W_i, i = 1,2,\cdots,$，其独立于冲击过程。因此，系统在时间 t 的累积老化由下列复合随机变量给出

$$W(t) = \sum_{i=1}^{N(t)} W_i$$

其中，根据惯例，当 $N(t) = 0$ 时，$W(t) = 0$。假设当累积老化超过随机边界 $R: W(t) > R$ 时，系统失效。因此，系统在这种情况下的生存函数由下式给出

$$P(T > t) = P(W(t) \leq R)$$

为简单起见，假设随机边界 R 的分布是均值为 θ 的指数分布，其中 R 与冲击过程和 $W_i, i = 1,2,\cdots,$ 无关；然后，由于指数分布的无记忆特性，在 t 时刻发

生的冲击以概率 $P(R < W_{N(t)})$ 的导致系统立即失效,并且以概率 $P(R \geq W_{N(t)})$ 不会引起系统的任何变化。因此,当前情况下系统的累积损伤相当于概率为 $p(t) = P(R < W_{N(t)}) = P(R < W_1)$ 的极端冲击模型。

以类似的方式,现在假设第 i 次冲击,如在本节的极端冲击模型中一样,以概率 $p(t)$ 导致立即的系统故障,但是与该模型不同的是,其以概率 $q(t)$ 产生随机增量 $W_i, i = 1,2,\cdots$。当临界冲击发生或随机累积损伤 $W(t)$ 达到随机边界 R 时,故障发生。同样,为简单起见,假设随机边界 R 的分布是均值为 θ 的指数分布。然后,应用上述对累积冲击模型的解释,很容易得出这样的结论:在时间 t 内冲击以概率 $p(t) + q(t)P(R < W_1)$ 导致系统立即失效,并且以概率 $q(t)P(R \geq W_1)$ 存活。因此,我们的极端冲击模型结果可以通过适当修改应用于此类情况。

失效率的概念对于可靠性和生存分析至关重要。例如,它的形状提供了系统故障随时间变化的趋势,因此可以描述它的老化特性。然而,根据式(9.1)中给出的故障率 $\lambda_s(t)$ 函数"读取"系统的故障机制并不容易,因此很难对其进行解释。这种解释在我们模型的各种应用中非常重要。因此,我们需要更深入的分析,这将在下一节中继续讨论。

在研究下一节之前,我们将简要讨论受 GPP 冲击过程影响的系统的平均剩余寿命的概念。一方面,用 $T_s(u) = (T_s(u) - u | T_s > u)$ 表示 t 时刻的剩余寿命,$\lambda_s(t|u)$ 为其故障率函数,则 $\lambda_s(t|u) = \lambda_s(t+u)$ 且 $P(T_s(u) > t) = P(T_s(u) > t+u)/P(T_s > u)$,这是"黑盒"模型中寿命变量的标准形式。另一方面,现在假设冲击过程 $\{N(t), 0 < t < u\}$ 在区间 $(0, u]$ 是可以观测的。在这种情况下,必须根据相关历史进行修改:

$$T_s(u; \{N(t), 0 < t \leq u\}) = (T_s - u | T_s > u, \{N(t), 0 < t \leq u\})$$

如果冲击过程是 NHPP 过程,那么,根据独立增量特性,前一个间隔中的冲击过程历史不会影响剩余寿命时间,$T_s(u; \{N(t), 0 < t \leq u\}) =_D T_s(u)$。然而,当冲击过程是 GPP 时,情况因 GPP 的非独立增量属性而变化。假定 $N_u(t) = N(t+u) - N(u)$,根据定义 9.1(亦可参见第 8 章中讨论的"重启属性"),给定 $\{N(t), 0 < t \leq u\}$,则未来条件过程 $\{N_u(t), t \geq 0\}$ 服从随机 GPP 过程且参数集为 $(\lambda(u+t), \alpha, \beta + N(u)\alpha)$。因此,根据定理 9.1 可知,系统的生存函数为

$$P(T_s(u; \{N(t), 0 < t \leq u\}) > t)$$

$$= \frac{1}{\left(1 + \int_0^t \alpha p(u+v)\lambda(u+v)\exp\{\alpha[\Lambda(v+u) - \Lambda(u)]\}dv\right)^{\frac{\beta}{\alpha}+N(u)}}$$

系统的相应故障率可以定义为

$$\lambda_s(t|u; \{N(t), 0 < t \leq u\})$$

$$= \frac{(N(u)\alpha + \beta)p(t+u)\lambda(t+u)\exp\{\alpha[\Lambda(t+u) - \Lambda(u)]\}}{\left(1 + \int_0^t \alpha p(u+v)\lambda(t+u)\exp\{\alpha[\Lambda(t+u) - \Lambda(u)]\}dv\right)}$$

注意：很明显，$P(T_s(u;\{N(t),0<t\leq u\})>t)$ 随着 $N(u)$ 的增加严格单调递减，而 $\lambda_s(t|u;\{N(t),0<t\leq u\})$ 单调增加。

9.1.2 基于计数过程的随机分析和解释

在本节中，我们对故障率 $\lambda_s(t)$ 进行随机分析，并提供有意义的解释。为了更好地理解 GPP 案例，首先讨论极端冲击模型中的冲击到达时间序列与故障率为 $\lambda(t)$ 的 NHPP。众所周知，这种情况下的生存函数由下式给出（见第4章），即

$$P(T_s>t) = \exp\left(-\int_0^t p(u)\lambda(u)\mathrm{d}u\right)$$

相应的故障率函数为

$$\lambda_s(t) = \frac{\mathrm{d}}{\mathrm{d}t}(-\ln P(T_s>t)) = p(t)\lambda(t) \tag{9.3}$$

直观地，式（9.3）（乘以 $\mathrm{d}t$）定义了 t' 时刻发生冲击的故障概率乘以在时间 $(t,t+\mathrm{d}t)'$ 内发生冲击的概率。类似地，由于 GPP 的强度为 $\beta\lambda(t)\exp\{\alpha\Lambda(t)\}$，可以给出产品的故障率为

$$\tilde{\lambda}_s(t) = p(t)\beta\lambda(t)\exp\{\alpha\Lambda(t)\} \tag{9.4}$$

然而，这与式（9.1）中的系统故障率不一致，这意味着，需要对 GPP 案例进行更彻底的分析。

尽管式（9.3）适用于 NHPP 的事实是众所周知的（Kalbfleisch 和 Prentice，1980；Finkelstein，2008），对于进一步讨论，我们需要用一种新的合适的方式重新解释它。

为此，让我们考虑普通 NHPP $\{N(t),t\geq 0\}$ 函数的独立细化过程，具有细化概率 $p(t)$：$\{N_p(t),t\geq 0\}$ 且 $\{N_q(t),t\geq 0\}$（可参见定理4.6）。如果在时间 t 发生的事件被归类为 1 类事件（灾难性冲击），则定义为 $I(t)=1$；如果是类型 2 事件（无害冲击），则为 $I(t)=2$。那么，系统故障率可以表示为

$$\begin{aligned}\lambda_s(t) &= \lim_{\Delta t\to 0}\frac{1}{\Delta t}P(t<T_s\leq t+\Delta t|T_s>t)\\ &= \lim_{\Delta t\to 0}\frac{1}{\Delta t}P(N_p(t+\Delta t)-N_p(t)|N_p(t)=0)\\ &= \mathrm{im}_{\Delta t\to 0}\frac{1}{\Delta t}P(N_p(t+\Delta t)-N_p(t)=1,I(t)=1|N_p(t)=0)\\ &= \mathrm{im}_{\Delta t\to 0}\frac{1}{\Delta t}P(N(t+\Delta t)-N(t)|N_p(t)=0)p(t)\end{aligned}$$

$$(9.5)$$

其中，最后一步的等式成立，因为细化的发生与其他事情无关。此外，由于 NHPP 的独立增量属性，有

$$\lim_{\Delta t\to 0}\frac{1}{\Delta t}P(N(t+\Delta t)-N(t)=1|N_p(t)=0)$$

$$= \lim_{\Delta t \to 0} \frac{1}{\Delta t} P(N(t + \Delta t) - N(t) = 1) = \lambda(t)$$

因此，基于式（9.5），$\lambda_s(t) = p(t)\lambda(t)$，与式（9.3）相同。

回到 GPP 冲击过程的例子，记 $\{N_q(t), t \geq 0\}$ 和 $\{N(t), t \geq 0\}$ 为 GPP 独立的细化过程，细化概率为 $p(t)$。需再次强调 GPP 过程的重要性质：GPP 显然不具有独立增量性质，因此，有

$$\lim_{\Delta t \to 0} \frac{1}{\Delta t} P(N(t + \Delta t) - N(t) = 1 \mid N_p(t) = 0)$$

$$\neq \lim_{\Delta t \to 0} \frac{1}{\Delta t} P(N(t + \Delta t) - N(t) = 1)$$

因此，在应用式（9.5）中建议的方法时，应进行更仔细的推理。这个不等式的左边是条件强度函数（条件是在 $[0,t)$ 无致命性冲击发生）。我们现在将推导该式的具体表达式，首先完成以下准备。

引理 9.2 假设冲击过程为 GPP，其参数集为 $(\lambda(t), \alpha, \beta), \alpha > 0, \beta > 0$，则

$$P(N_q(t) = n \mid N_p(t) = 0)$$

$$= \frac{\Gamma(\beta/\alpha + n)}{\Gamma(\beta/\alpha) n!} \left(\int_0^t \alpha q(v) \lambda(v) \exp\{-\alpha(\Lambda(t) - \Lambda(v))\} dv \right)^n$$

$$\times \left(1 - \int_0^t \alpha q(v) \lambda(v) \exp\{-\alpha(\Lambda(t) - \Lambda(v))\} dv \right)^{\beta/\alpha}, n = 0, 1, 2, \cdots$$

且

$$E[N_q(t) \mid N_p(t) = 0] = \frac{\beta \int_0^t q(v) \lambda(v) \exp\{-\alpha(\Lambda(t) - \Lambda(v))\} dv}{1 - \int_0^t \alpha q(v) \lambda(v) \exp\{-\alpha(\Lambda(t) - \Lambda(v))\} dv}$$

证明：观察可知

$$P(N_p(t) = 0, N_q(t) = n) = P(N_p(t) = 0, N_q(t) = n \mid N(t) = n) P(N(t) = n)$$

从引理 9.1 (3)，给定 $N(t) = n$，到达时间序列 $0 \leq T_1 \leq T_2 \leq \cdots \leq T_n \leq t$ 与 n 个独立同分布的随机变量的阶次统计量具有相同的分布，其概率密度为

$$\frac{\alpha \lambda(x) \exp\{\alpha \Lambda(x)\}}{\exp\{\alpha \Lambda(t)\} - 1}, 0 < x \leq t$$

则

$$P(N_p(t) = 0, N_q(t) = n \mid N(t) = n) = E\left(\prod_{i=1}^n q(V_{(i)}) \right) = [E(q(V_1))]^n$$

$$= \left(\frac{\int_0^t q(x) \alpha \lambda(x) \exp\{\alpha \Lambda(x)\} dx}{\exp\{\alpha \Lambda(t)\} - 1} \right)^n = \left(\frac{\int_0^t q(x) \alpha \lambda(x) \exp\{-\alpha(\Lambda(t) - \Lambda(x))\} dx}{\exp\{\alpha \Lambda(t)\} - 1} \right)^n$$

其中，在定理 9.1 中 $V_{(i)}$ 由下式定义，则有

$$P(N_p(t) = 0, N_q(t) = n) = P(N_p(t) = 0, N_q(t) = n \mid N(t) = n) \cdot P(N(t) = n)$$

$$= \frac{\Gamma(\beta/\alpha + n)}{\Gamma(\beta/\alpha)n!} \Big(\int_0^t \alpha q(v)\lambda(v)\exp\{-\alpha(\Lambda(t)-\Lambda(v))\}\mathrm{d}v \Big) n \Big(\exp\{-\alpha\Lambda(t)\} \Big)^{\beta/\alpha}$$

并且可以容易地获得以下边缘概率：

$$P(N_p(t) = 0) = \left(\frac{\exp\{-\alpha\Lambda(t)\}}{1 - \int_0^t \alpha q(v)\lambda(v)\exp\{-\alpha(\Lambda(t)-\Lambda(v))\}\mathrm{d}v} \right)^{\beta/\alpha}$$

最终，可得

$$P(N_q(t) = n \mid N_p(t) = 0)$$
$$= \frac{\Gamma(\beta/\alpha + n)}{\Gamma(\beta/\alpha)n!} \Big(\int_0^t \alpha q(v)\lambda(v)\exp\{-\alpha(\Lambda(t)-\Lambda(v))\}\mathrm{d}v \Big)^n$$
$$\cdot \Big(1 - \int_0^t \alpha q(v)\lambda(v)\exp\{-\alpha(\Lambda(t)-\Lambda(v))\}\mathrm{d}v \Big)^{\beta/\alpha}$$

和

$$E[N_q(t) \mid N_p(t) = 0] = \frac{\beta \int_0^t q(v)\lambda(v)\exp\{-\alpha(\Lambda(t)-\Lambda(v))\}\mathrm{d}v}{1 - \int_0^t \alpha q(v)\lambda(v)\exp\{-\alpha(\Lambda(t)-\Lambda(v))\}\mathrm{d}v}$$

注意：条件强度函数由下式给出

$$\lim_{\Delta t \to 0} \frac{1}{\Delta t} P(N(t+\Delta t) - N(t) = 1, I(t) = 1 \mid N_p(t) = 0)$$
$$= \lim_{\Delta t \to 0} \frac{1}{\Delta t} E_{(N_q(t) \mid N_p(t)=0)} P[N(t+\Delta t) - N(t) = 1 \mid N_p(t) = 0, N_q(t)]$$
$$= E_{(N_q(t) \mid N_p(t)=0)} \Big[\lim_{\Delta t \to 0} \frac{1}{\Delta t} P[N(t+\Delta t) - N(t) = 1 \mid N_p(t) = 0, N_q(t)] \Big]$$

式中：$E_{(N_q(t) \mid N_p(t)=0)}[\cdot]$ 为条件分布 $(N_q(t) \mid N_p(t) = 0)$ 的期望，即

$$\lim_{\Delta t \to 0} \frac{1}{\Delta t} P[N(t+\Delta t) - N(t) = 1 \mid N_p(t) = 0, N_q(t) = n] = (\alpha + n\beta)\lambda(t)$$

因此，使用引理 9.2，有

$$\lim_{\Delta t \to 0} \frac{1}{\Delta t} P[N(t+\Delta t) - N(t) = 1 \mid N_p(t) = 0] = (\alpha E[N_q(t) \mid N_p(t) = 0] + \beta)\lambda(t)$$
$$= \frac{\beta\lambda(t)\exp\{\alpha\Lambda(t)\}}{\exp\{\alpha\Lambda(t)\} - \int_0^t \alpha q(v)\lambda(v)\exp\{\alpha\Lambda(v)\}\mathrm{d}v} = \frac{\beta\lambda(t)\exp\{\alpha\Lambda(t)\}}{1 + \int_0^t \alpha q(v)\lambda(v)\exp\{\alpha\Lambda(v)\}\mathrm{d}v}$$

因此，根据式 (9.5) 可得系统故障率为

$$\lambda_s(t) = p(t) \cdot \frac{\beta\lambda(t)\exp\{\alpha\Lambda(t)\}}{\Big(1 + \int_0^t \alpha p(v)\lambda(v)\exp\{\alpha\Lambda(v)\}\mathrm{d}v \Big)}$$

这与式 (9.1) 中给出的故障率相同。因此，使用计数过程方法可得式 (9.1) 中获得的故障率表达式。当前的计数过程推理为进一步进行有意义的分析奠定了基础。

将 $\lambda_s(t)$ 与式 (9.4) 进行比较,可得
$$\lambda_s(t) < p(t)\beta\lambda(t)\exp\{\alpha\Lambda(t)\}, t > 0$$
这是因为对于所有的 $t > 0$,有
$$\lim_{\Delta t \to 0} \frac{1}{\Delta t} P(N(t+\Delta t) - N(t) = 1 \mid N_p(t) = 0)$$
$$< \lim_{\Delta t \to 0} \frac{1}{\Delta t} P(N(t+\Delta t) - N(t) = 1)$$

该不等式为什么会成立?为此,首先需要回顾随机序的概念,为了进一步介绍,我们以适当的形式陈述一些初步引理。

定义 9.2 (Shaked 和 Shantikumar,2007) 设 X 和 Y 为两个非负离散随机变量,其相应的累积分布函数为 $F_X(n)$ 和 $F_Y(n)$,概率密度函数为 $f_X(n)$ 和 $f_Y(n)$,失效率函数为 $r_X(n)$ 和 $r_Y(n)$。

(1) 如果 $f_X(n)/f_Y(n)$ 随着变量 X 和 Y 减少(在此假设 $a>0$,$a/0$ 时其值为 ∞),那么,X 在似然比阶上小于 Y,记为 $X \leq_{lr} Y$。

(2) 如果对于所有 $n \geq 0$,$r_Y(n) \leq r_X(n)$,则故障率顺序中 X 小于 Y,记为 $X \leq_{fr} Y$。

(3) 如果对于所有 $n \geq 0$,$F_X(n) \geq F_Y(n)$,则在通常的随机顺序中 $X < Y$,记为 $X \leq_{st} Y$。

引理 9.3 (Shaked 和 Shantikumar,2007)

(1) 假设 $X \leq_{lr} Y \Rightarrow X \leq_{fr} Y \Rightarrow X \leq_{st} Y$ 成立;

(2) 假设 $X \leq_{st} Y$ 且任意 $g(\cdot)$ 为递增(递减)函数,则 $g(X) \leq [\geq]_{st} Ig(y)$;

(3) 假设 $X <_{st} Y$,则 $E[X] = E[Y]$。

观察可知
$$\frac{P(N(t) = k \mid N_p(t) = 0)}{P(N(t) = k)} = \frac{P(N_q(t) = k \mid N_p(t) = 0)}{P(N(t) = k)}$$
$$= \left(\frac{\int_0^t \alpha q(v)\lambda(v)\exp\{-\alpha(\Lambda(t)-\Lambda(v))\}dv}{1-\exp\{-\alpha\Lambda(t)\}}\right)^k$$
$$\times \left(\frac{1-\int_0^t \alpha q(v)\lambda(v)\exp\{-\alpha(\Lambda(t)-\Lambda(v))\}dv}{\exp\{-\alpha\Lambda(t)\}}\right)^{\beta/\alpha}$$

是随着 k 递减的,因为第一括号内的数量小于 1。因此,$(N(t) \mid N_p(t) = 0) \leq_{lr} (N(t))$,利用这个结果和引理 9.3,可得
$$\lim_{\Delta t \to 0} \frac{1}{\Delta t} P(N(t+\Delta t) - N(t) \mid N_p(t) = 0)$$
$$= \lim_{\Delta t \to 0} \frac{1}{\Delta t} E_{(N(t) \mid N_p(t)=0)}[E[I(N(t+\Delta t) - N(t) = 1 \mid N_p(t) = 0, N(t))]]$$
$$= E_{(N(t) \mid N_p(t)=0)}\left[\lim_{\Delta t \to 0} \frac{1}{\Delta t}[P(N(t+\Delta t) - N(t) = 1 \mid N(t))]\right]$$

$$\leq E_{N(t)}\left[\lim_{\Delta t\to 0}\frac{1}{\Delta t}P(N(t+\Delta t)-N(t)=1\mid N(t))\right]$$

$$=\lim_{\Delta t\to 0}\frac{1}{\Delta t}P(N(t+\Delta t)-N(t)=1)$$

其中，当给定 $N(t)$ 时，事件 $I(N(t+\Delta t)-N(t)=1)$ 不依赖 $\{N_p(t)=0\}$，则第二个等式成立，否则不等式成立，即

$$\lim_{\Delta t\to 0}\frac{1}{\Delta t}P(N(t+\Delta t)-N(t)=1\mid N(t))$$

是 $N(t)$ 的递增函数，因为 $(N(t)\mid N_p(t)=0)\leq_{lr}(N(t))$ 且根据引理 9.3（通过依次应用引理 9.3 (1)、(2) 和 (3)）。

现对 GPP 的相关结构进行更详细的分析，这将有助于更深入地理解 GPP 和上述分析。为此，我们首先需要清楚正向相关性（PQD）的基本概念：两个随机变量 X 和 Y，在正象限相关的，如果不等式对于所有的 x 和 y，$P(X>x,Y>y)\geq P(X>x)P(Y>y)$ 成立（Lehmann, 1966）。

基于 PQD 概念，可定义一个新的概念——正向相关增量属性。

定义 9.3 正象限相关增量属性。

随机过程 $\{N(t),t\geq 0\}$ 具有正象限相关增量属性（PQDIP），如果

$$\begin{aligned}&P(X(t_4)-X(t_3)>x,X(t_2)-X(t_1)>y)\\&\geq P(X(t_4)-X(t_3)>x)P(X(t_2)-X(t_1)>y)\end{aligned} \quad (9.6)$$

对于所有 $x,y,t_1<t_2<t_3<t_4$。

直观地，不等式 (9.6) 意味着，对所有 $t_1<t_2<t_3<t_4$，与具有相同单变量边际分布的独立随机变量的向量进行比较，$X(t_4)-X(t_3)$ 和 $X(t_2)-X(t_1)$ 可同时取得最大值。

很容易看出，如果一个随机过程 $\{X(t),t\geq 0\}$ 有 PQDIP，则对于所有 $t_1<t_2<t_3<t_4$，$\mathrm{Cov}(X(t_4)-X(t_3),X(t_2)-X(t_1))\geq 0$。

此时，证明 GPP 拥有 PQDIP。回顾，根据定义 9.1，GPP 的参数集为 $(\lambda(t),\alpha,\beta),\alpha>0,\beta>0$。如果我们将时间以 $u\geq 0$ 为增量递增会如何？下面的引理提供了这个问题的答案。

引理 9.4 对于固定 $u\geq 0$，令 $N_u(t)=N(u+t)-N(u)$，则计数过程 $\{N_u(t),t\geq 0\}$ 具有修正的参数集 $\{\psi(t,u),\alpha,\beta\}$，其中

$$\psi(t,u)=\frac{\lambda(u+t)\exp\{\alpha\Lambda(u+t)\}}{1+\exp\{\alpha\Lambda(u+t)\}-\exp\{\alpha\Lambda(u)\}}$$

证明：参见定理 8.2。

下列重要定理表明 GPP 具有 PQDIP。

定理 9.2 GPP 过程 $\{N(t),t\geq 0\}$ 具有正象限相关增量属性。

证明：式 (9.6) 等价于

$$P(X(t_4) - X(t_3) \leq x, X(t_2) - X(t_1) \leq y)$$
$$\geq P(X(t_4) - X(t_3) \leq x) P(X(t_2) - X(t_1) \leq y)$$

此外，由于引理9.4中陈述的性质，它足以表明

$$P(N(u_3) - N(u_2) \leq x, N(u_1) \leq y) \geq P(N(u_3) - N(u_2) \leq x) P(N(u_1) \leq y)$$

或者，对于所有 x、y 和 $u_1 < u_2 < u_3$，其等价为

$$P(N(u_3) - N(u_2) \leq x \mid N(u_1) \leq y) \geq P(N(u_3) - N(u_2) \leq x)$$

观察可知

$$P(N(u_3) - N(u_2) \leq x \mid N(u_1) \leq y) = E_{(N(u_1) \mid N(u_1) < y)}[P(N(u_3) - N(u_2) \leq x \mid N(u_1))]$$

并且

$$P(N(u_3) - N(u_2) \leq x) = E[P(N(u_3) - N(u_2) \leq x \mid N(u_1))]$$

根据定理8.1，可以得到

$$P(N(u_3) - N(u_2) = k \mid N(u_1) = n) = \frac{\Gamma(\beta/\alpha + n + k)}{\Gamma(\beta/\alpha + n) k!} \cdot$$
$$\left(\frac{1 - \exp\{-\alpha(\Lambda(u_3) - \Lambda(u_2))\}}{1 - \exp\{-\alpha(\Lambda(u_3) - \Lambda(u_2))\} + \exp\{-\alpha(\Lambda(u_3) - \Lambda(u_1))\}}\right)^k \cdot$$
$$\left(\frac{\exp\{-\alpha(\Lambda(u_3) - \Lambda(u_1))\}}{1 - \exp\{-\alpha(\Lambda(u_3) - \Lambda(u_2))\} + \exp\{-\alpha(\Lambda(u_3) - \Lambda(u_1))\}}\right)^{n + \beta/\alpha}$$

当 $n_1 < n_2$ 时，有

$$\frac{P(N(u_3) - N(u_2) = k \mid N(u_1) = n_1)}{P(N(u_3) - N(u_2) = k \mid N(u_1) = n_2)} = \frac{\Gamma(\beta/\alpha + n_2) \Gamma(\beta/\alpha + n_1 + k)}{\Gamma(\beta/\alpha + n_1) \Gamma(\beta/\alpha + n_2 + k)} \cdot$$
$$\left(\frac{\exp\{-\alpha(\Lambda(u_3) - \Lambda(u_1))\}}{1 - \exp\{-\alpha(\Lambda(u_3) - \Lambda(u_2))\} + \exp\{-\alpha(\Lambda(u_3) - \Lambda(u_1))\}}\right)^{n_1 - n_2}$$

其中

$$\frac{\Gamma + (\beta/\alpha + n_1 + k)}{\Gamma + (\beta/\alpha + n_2 + k)}$$
$$= \frac{1}{(k + (n_2 - 1) + \beta/\alpha) \cdot (k + (n_2 - 2) + \beta/\alpha) \cdots (k + (n_2 - (n_2 - n_1)) + \beta/\alpha)}$$

随着 k 递减。这意味着，似然比排序的意义上，$(N(u_3) - N(u_2) = k \mid N(u_1) = n_1)$ 的分布随机小于 $(N(u_3) - N(u_2) = k \mid N(u_1) = n_2)$（见第2章），并且根据引理9.3，相应的条件分布满足

$$P(N(u_3) - N(u_2) \leq x \mid N(u_1) = n_1) \geq P(N(u_3) - N(u_2) \leq x \mid N(u_1) = n_2)$$

所以，$P(N(u_3) - N(u_2) \leq x \mid N(u_1) = n)$ 是 n 的递减函数。

另外，很容易看出随机变量 $(N(u_1) \mid N(u_1) \leq y)$ 在似然比排序的意义上随机小于 $N(u_1)$。因此，应用引理9.3并结合上述结果，可得

$$P(N(u_3) - N(u_2) \leq x | N(u_1) \leq y)$$
$$= E_{(N(u_1) | N(u_1) \leq y)}[P(N(u_3) - N(u_2) \leq x | N(u_1))]$$
$$\geq E[P(N(u_3) - N(u_2) \leq x | N(u_1))]$$
$$= P(N(u_3) - N(u_2) \leq x)$$

9.2 散粒噪声过程和诱导生存模型

9.2.1 散粒噪声过程的特性

文献（见4.5节，Lund等，2004；Rice，1977）中对"标准"散粒噪声过程的定义如下：

$$X(t) = \sum_{j=1}^{N(t)} D_j h(t - T_j)$$

式中：T_j 为计数（冲击）过程 $\{N(t), t \geq 0\}$ 的第 j 个冲击到达时间；$D_j, (j = 1, 2, \cdots)$ 为冲击强度。当 $t > 0$ 时，$h(t)$ 是一个随 t 的非负且非递增的确定性函数；当 $t < 0$ 时，则 $h(t) = 0$。在本节中，假设 $\{N(t), t \geq 0\}$ 和 $\{D_j, j = 1, 2, \cdots\}$ 相互独立。显然，如果 $D_j \equiv 1$，$h(t) \equiv 1$，则 $X(t) = N(t)$。其简化形式为

$$X(t) = \sum_{j=1}^{N(t)} h(t - T_j)$$

上式可以粗略地认为是计数过程 $\{N(t), t \geq 0\}$ 的概括（虽然严格来说，$X(t)$ 不是一个计数过程），在这个意义上，当 $h(t)$ 减少时，它对该过程中先前的事件（计数）赋予不同的、与时间相关的权重：事件发生后，经过的时间越长，其值就越少。

显然，$X(t)$ 不具有独立增量属性。应该注意的是，在散粒噪声过程的大多数应用中，假设基础冲击过程 $\{N(t), t \geq 0\}$ 是泊松（齐次或非齐次，见4.5节和5.3节），而在现实生活中，冲击过程通常不具有独立增量特性。例如，心脏病的发作率取决于患者先前经历过多少次心脏病发作。类似的考虑可能是正确的，如地震。因此，一个更合适的模型应当考虑冲击过程历史，比如先前发生的事件数量的模型。定义9.1中定义的GPP完全符合这一意图。此外，可以表明，这一过程具有正相关增量特性，这意味着，在无限小的时间间隔内，事件发生的可能性随着前一时间间隔内事件数量的增加而增加。因此，在接下来的内容中，我们将假设系统受到参数集为 $(\lambda(t), \alpha, \beta)$ 的 $\{N(t), t \geq 0\}$ 随机过程的GPP冲击的影响，在介绍下一节讨论的相应生存模型之前，首先描述散粒噪声过程的一些特性（Cha 和 Finkelstein，2017）。

首先以一般形式导出 $X(t)$ 的精确单变量分布（对于每个固定 t），记 $f_D(x)$ 为随机变量 D_j 的概率分布，则

$$P(X(t) \leq x) = P\left(\sum_{j=1}^{N(t)} D_j h(t - T_j) \leq x\right)$$
$$= E\left[P\left(\sum_{j=1}^{N(t)} D_j h(t - T_j) \leq x \mid N(t)\right)\right] \quad (9.7)$$

注意：由于引理 9.1 (2)，到达时间序列的条件联合分布 $T_1, T_2, \cdots, T_n$，给定 $\{N(t) = n\}$，与 n 个独立同分布随机变量 $V_1, V_2, \cdots, V_n$ 顺序统计量的 GPP 过程的联合分布服从相同分布，即

$$\frac{\alpha \lambda(x) \exp\{\alpha \Lambda(x)\}}{\exp\{\alpha \Lambda(t)\} - 1}, 0 \leq x \leq t$$

则式 (9.7) $N(t) = n$ 时，可得

$$P\left(\sum_{j=1}^{N(t)} D_j h(t - T_j) \leq x \mid N(t) = n\right)$$
$$= P\left(\sum_{j=1}^{N(t)} D_j h(t - V_{(j)}) \leq x\right) = P\left(\sum_{j=1}^{N(t)} D_j h(t - V_j) \leq x\right) = P\left(\sum_{j=1}^{n} Z_j \leq x\right)$$

式中：$V_{(j)}$ 是 $V_1, V_2, \cdots, V_n$ 的 j 阶统计量且 $Z_j \equiv D_j h(t - V_j)$ ($j = 1, 2, \cdots$) 为具有以下分布形式的随机变量：

$$F_Z(z) = P(Z_j < z) = P(D_j h(t - V_j) \leq z) = \int_0^\infty P\left(h(t - V_j) \leq \frac{z}{u}\right) f_D(u) \mathrm{d}u$$

注意：如果 $\frac{z}{u} > h(0)$ 或 $u < \frac{z}{h(0)}$，则 $P\left(h(t - V_j) \leq \frac{z}{u}\right) = 1$。再者，若 $\frac{z}{u} > h(t)$ 或 $u > \frac{z}{h(t)}$，则 $P\left(h(t - V_j) \leq \frac{z}{u}\right) = 0$。因此，如果 $h(t)$ 严格递减（$h^{-1}(t)$ 存在），则

$$F_Z(z) = \int_0^{z/h(0)} f_D(u) \mathrm{d}u + \int_{z/h(0)}^{z/h(t)} P\left(V_j \leq t - h^{-1}\left(\frac{z}{u}\right)\right) f_D(u) \mathrm{d}u$$
$$= \int_0^{z/h(0)} f_D(u) \mathrm{d}u + \int_{z/h(0)}^{z/h(t)} \int_0^{t - h^{-1}\left(\frac{z}{u}\right)} \frac{\alpha \lambda(x) \exp\{\alpha \Lambda(x)\}}{\exp\{\alpha \Lambda(t)\} - 1} \mathrm{d}x f_D(u) \mathrm{d}u$$
$$= \int_0^{z/h(0)} f_D(u) \mathrm{d}u + \int_{z/h(0)}^{z/h(t)} \frac{\exp\left\{\alpha \Lambda\left(t - h^{-1}\left(\frac{z}{u}\right)\right)\right\} - 1}{\exp\{\alpha \Lambda(t)\} - 1} f_D(u) \mathrm{d}u$$

因此，有

$$P\left(\sum_{j=1}^{N(t)} D_j h(t - T_j) \leq x \mid N(t) = n\right) = F_Z^{(n)}(x)$$

式中：$F_Z^{(n)}(x)$ 是 $F_Z(x)$ 与其自身的 n 倍卷积。最后，根据式 (9.7) 和引理 9.1，有

$$P(X(t) \leq x) = \sum_{n=0}^{\infty} F_Z^{(n)}(x) \frac{\Gamma(\beta/\alpha + n)}{\Gamma(\beta/\alpha) n!}$$
$$(1 - \exp\{-\alpha \Lambda(t)\})^n (\exp\{-\alpha \Lambda(t)\})^{\frac{\beta}{\alpha}}$$

或者，可通过 $X(t)$ 矩母生成函数（MGF）来表征，该函数具有相当简单的形式。以下定理给出了散粒噪声过程的 MGF 表达式。

定理 9.3 记 $M_{X(t)}(s)$ 为 $X(t)$ 的矩母函数，由下式给出

$$M_{X(t)}(s) = \left(\frac{1}{\exp\{\alpha\Lambda(t)\} - \int_0^\infty \int_0^t \exp\{suh(t-x)\}\alpha\lambda(x)\exp\{\alpha\Lambda(x)\}\mathrm{d}xf_D(u)\mathrm{d}u} \right)^{\beta/\alpha}$$

证明： 观察可知

$$M_{X(t)}(s) = E[\exp\{sX(t)\}] = E\left[\exp\left\{s\sum_{j=1}^{N(t)} D_j h(t-T_j)\right\}\right]$$

$$= E\left\{E\left[\exp\left\{s\sum_{j=1}^{N(t)} D_j h(t-T_j)\right\} \mid N(t)\right]\right\}$$

因此，有

$$E\left[\exp\left\{s\sum_{j=1}^{N(t)} D_j h(t-T_j)\right\} \mid N(t) = n\right] = E\left[\exp\left\{s\sum_{j=1}^{n} D_j h(t-V_{(j)})\right\}\right]$$

$$= E\left[\exp\left\{s\sum_{j=1}^{n} D_j h(t-V_j)\right\}\right] = \left(E\left[\exp\{sD_1 h(t-V_1)\}\right]\right)^n$$

$$= \left[\int_0^\infty \int_0^t \exp\{suh(t-x)\}\frac{\alpha\lambda(x)\exp\{\alpha\Lambda(x)\}}{\exp\{\alpha\Lambda(t)\}-1}\mathrm{d}xf_D(u)\mathrm{d}u\right]^n$$

使用引理 9.1，可得

$$M_{X(t)}(s) = \sum_{n=0}^\infty \left[\int_0^\infty \int_0^t \exp\{suh(t-x)\}\frac{\alpha\lambda(x)\exp\{\alpha\Lambda(x)\}}{\exp\{\alpha\Lambda(t)\}}\mathrm{d}xf_D(u)\mathrm{d}u\right]^n$$

$$\cdot \frac{\Gamma(\beta/\alpha+n)}{\Gamma(\beta/\alpha)n!}(1-\exp\{-\alpha\Lambda(t)\})^n(\exp\{-\alpha\Lambda(t)\})^{\beta/\alpha}$$

$$= \sum_{n=0}^\infty \frac{\Gamma(\beta/\alpha+n)}{\Gamma(\beta/\alpha)n!}\left[\int_0^\infty \int_0^t \exp\{suh(t-x)\}\alpha\lambda(x)\exp\{-\alpha[\Lambda(t)-\Lambda(x)]\}\mathrm{d}xf_D(u)\mathrm{d}u\right]^n$$

$$\cdot \left[1-\int_0^\infty \int_0^t \exp\{suh(t-x)\}\alpha\lambda(x)\exp\{-\alpha[\Lambda(t)-\Lambda(x)]\}\mathrm{d}xf_D(u)\mathrm{d}u\right]^{\frac{\beta}{\alpha}}$$

$$\cdot \left(\frac{\exp\{-\alpha\Lambda(t)\}}{1-\int_0^\infty \int_0^t \exp\{suh(t-x)\alpha\lambda(x)\exp\{-\alpha[\Lambda(t)-\Lambda(x)]\}\mathrm{d}xf_D(u)\mathrm{d}u\}}\right)$$

$$= \left(\frac{1}{\exp\{\alpha\Lambda(t)\} - \int_0^\infty \int_0^t \exp\{suh(t-x)\alpha\lambda(x)\exp\{\alpha\Lambda(x)\}\mathrm{d}xf_D(u)\mathrm{d}u\}}\right)^{\frac{\beta}{\alpha}}$$

推论 9.1 $X(t)$ 的均值和方差分别由下式给出

$$E[X(t)] = E[D_1]\int_0^t h(t-x)\beta\lambda(x)\exp\{\alpha\Lambda(x)\}\mathrm{d}x$$

和

$$\mathrm{Var}[X(t)] = \alpha\beta \left(E[D_1]\int_0^t h(t-x)\lambda(x)\exp\{\alpha\Lambda(x)\}\mathrm{d}x\right)^2$$
$$+ \left(E[D_1^2]\int_0^t [h(t-x)]^2\beta\lambda(x)\exp\{\alpha\Lambda(x)\}\mathrm{d}x\right)$$

证明： 根据定理 9.3 可知

$$M'_{X(t)}(s) = \left(\exp\{\alpha\Lambda(t)\} - \int_0^\infty\int_0^t \exp\{suh(t-x)\}\alpha\lambda(x)\exp\{\alpha\Lambda(x)\}\mathrm{d}xf_D(u)\mathrm{d}u\right)^{-(\beta/\alpha+1)} \cdot$$
$$\left(\int_0^\infty\int_0^t uh(t-x)\exp\{suh(t-x)\}\beta\lambda(x)\exp\{\alpha\Lambda(x)\}\mathrm{d}xf_D(u)\mathrm{d}u\right)$$

和

$$M''_{X(t)}(s) = \left(\exp\{\alpha\Lambda(t)\} - \int_0^\infty\int_0^t \exp\{suh(t-x)\}\alpha\lambda(x)\exp\{\alpha\Lambda(x)\}\mathrm{d}xf_D(u)\mathrm{d}u\right)^{-(\beta/\alpha+2)}$$
$$\cdot \beta(\alpha+\beta)\left(\int_0^\infty\int_0^t uh(t-x)\exp\{suh(t-x)\}\lambda(x)\exp\{\alpha\Lambda(x)\}\mathrm{d}xf_D(u)\mathrm{d}u\right)^2$$
$$+ \left(\exp\{\alpha\Lambda(t)\} - \int_0^\infty\int_0^t \exp\{suh(t-x)\}\alpha\lambda(x)\exp\{\alpha\Lambda(x)\}\mathrm{d}xf_D(u)\mathrm{d}u\right)^{-(\beta/\alpha+1)}$$
$$\cdot \left(\int_0^\infty\int_0^t [uh(t-x)]^2\exp\{suh(t-x)\}\beta\lambda(x)\exp\{\alpha\Lambda(x)\}\mathrm{d}xf_D(u)\mathrm{d}u\right)$$

因此，有

$$E[X(t)] = M'_{X(t)}(s)\big|_{s=0} = \int_0^\infty\int_0^t uh(t-x)\beta\lambda(x)\exp\{\alpha\Lambda(x)\}\mathrm{d}xf_D(u)\mathrm{d}u$$
$$= E[D_1]\int_0^t h(t-x)\beta\lambda(x)\exp\{\alpha\Lambda(x)\}\mathrm{d}x$$

和

$$E[X(t)2] = M''_{X(t)}(s)\big|_{s=0} = \beta(\alpha+\beta)\left(E[D_1]\int_0^t h(t-x)\lambda(x)\exp\{\alpha\Lambda(x)\}\mathrm{d}x\right)^2$$
$$+ (E[D_1^2]\int_0^t [h(t-x)]^2\beta\lambda(x)\exp\{\alpha\Lambda(x)\}\mathrm{d}x)$$

由此可知

$$\mathrm{Var}[X(t)] = \alpha\beta(E[D_1]\int_0^t h(t-x)\lambda(x)\exp\{\alpha\Lambda(x)\}\mathrm{d}x)^2$$
$$+ E[D_1^2]\int_0^t [h(t-x)]^2\beta\lambda(x)\exp\{\alpha\Lambda(x)\mathrm{d}x\}$$

注释 9.2 使用引理 9.1 (2)，$X(t)$ 的期望可进一步写为

$$E[X(t)] = E[D_1]\int_0^t h(t-x)\beta\lambda(x)\exp\{\alpha\Lambda(x)\}\mathrm{d}x$$
$$= E[D_1]\int_0^t h(t-x)\frac{\alpha\lambda(x)\exp\{\alpha\Lambda(x)\}}{\exp\{\alpha\Lambda(t)\}-1}\mathrm{d}x\frac{\beta}{\alpha}(\exp\{\alpha\Lambda(t)\}-1)$$
$$= E[D_1]\int_0^t h(t-x)\frac{\alpha\lambda(x)\exp\{\alpha\Lambda(x)\}}{\exp\{\alpha\Lambda(t)\}-1}\mathrm{d}x \cdot E[N(t)]$$

式中：$E[D_1]$ 是初始时刻冲击的数学期望；$\int_0^t h(t-x) \dfrac{\alpha\lambda(x)\exp\{\alpha\Lambda(x)\}}{(\exp\{\alpha\Lambda(t)-1\})}\mathrm{d}x$ 为发生一次事件 $h(t-V)$ 的数学期望，其中 V 为事件发生在 $(0,t]$ 的到达时间；$E[N(t)]$ 为在区间内总的冲击事件数。当 $\alpha=0, \beta=1, \lambda(t)=\lambda$ 时，GPP 冲击过程成为齐次泊松过程，即

$$E[X(t)] = \lambda E[D_1]\int_0^t h(x)\mathrm{d}x$$

$$\mathrm{Var}[X(t)] = \lambda E[D_1^2]\int_0^t [h(x)]^2\mathrm{d}x$$

这是众所周知的关系（见定理 4.9 和 Lund 等（2004））。

9.2.2 随机故障模型

在前面的小节中，我们已经定义了散粒噪声过程 $X(t)$ 及基础 GPP 冲击过程 $\{N(t), t\geq 0\}$，并获得了该过程的一些基本性质。如前所述，它是通过相应的随机强度来定义的，该随机强度考虑了以前的冲击次数，这样，它以一种相当简单但有效的方式考虑了冲击过程的历史。如前所述，GPP 具有正相关增量属性，这意味着，在无限小的时间间隔内，事件发生的可能性随着前一时间间隔内事件数量的增加而增加。这个性质肯定与各种应用有关，在这些应用中，NHPP 独立增量的假设通常只是为了简单起见而使用。

记 T 为系统在散粒噪声过程中的寿命，为简单起见，假设它是系统故障的唯一原因。由散粒噪声过程模拟的外部冲击的累积影响可以用不同的方式进行概率描述。在本文中，我们按照 Lemoine 和 Wenocur（1986）的有意义的方法，假设相应的故障（危险）率过程（Kebir, 1991; Singpurwalla, 1995）（条件是 $\{N(t), T_1, T_2, \cdots, T_{N(t)}\}$ 和 $\{D_1, D_2, \cdots, D_{N(t)}\}$ 已知）与 $X(t)$ 成比例（也参见 5.3 节中关于外部冲击的 NHPP 的情况）。这是一个合理的假设，描述了系统在无限小的时间间隔内的故障概率与应力水平的比例关系，即

$$r_t \equiv kX(t) = k\sum_{j=1}^{N(t)} D_j h(t-T_j), t\geq 0 \tag{9.8}$$

式中：r_t 为过程相应的故障（危险）率；$k>0$ 是比例常数。一般来说，由风险率过程 r_t 描述的系统的生存概率，可用下式表述（Aven 和 Jensen, 1999、2000）：

$$P(T>t) = E\left[\exp\left\{-\int_0^t r_t \mathrm{d}t\right\}\right]$$

然而，通常很难"描述出不确定性"，并以可接受的形式获得这种预期的明确表达式。模型式（9.8）则提供了一个其可以精确表示的重要的例子。

当强度函数为 $\lambda(t)$ 的冲击过程 $\{N(t), t\geq 0\}$ 是 NHPP 时，可由 Lemoine 和 Wenocur（1986）推导出下列系统生存概率的表达式：

$$P(T>t) = \exp\{-\Lambda(t)\}\exp\left\{\int_0^t L(kH(t-x))\lambda(x)\mathrm{d}x\right\}$$
$$= \exp\left\{-\int_0^t\left(1-\int_0^\infty \exp\{-ukH(t-x)\}f_D(u)\mathrm{d}u\right)\lambda(x)\right\} \quad (9.9)$$

式中：$\Lambda(t) = \int_0^t \lambda(u)\mathrm{d}u$；$H(t) = \int_0^t h(u)\mathrm{d}u$ 且 L 为关于冲击强度分布拉普拉斯变换的算子。接下来，我们可以把这一结果推广到冲击过程 $\{N(t), t \geq 0\}$ 为 GPP 的情况下，这是一个复杂且有意义的总结，可以应用于未来研究的各种具体情况。

定理 9.4 系统生存函数和故障率函数分别由下式给出

$$P(T>t) = \left(\frac{1}{\exp\{\alpha\Lambda(t)\} - \int_0^\infty \int_0^t \exp\{-kuH(t-x)\}\alpha\lambda(x)\exp\{\alpha\Lambda(x)\}\mathrm{d}xf_D(u)\mathrm{d}u}\right)^{\frac{\beta}{\alpha}}$$
(9.10)

且

$$r(t) = \frac{\int_0^\infty \int_0^t kuh(t-x)\exp\{-kuH(t-x)\}\beta\lambda(x)\exp\{\alpha\Lambda(x)\}\mathrm{d}xf_D(u)\mathrm{d}u}{\exp\{\alpha\Lambda(t)\} - \int_0^\infty \int_0^t \exp\{-kuH(t-x)\}\alpha\lambda(x)\exp\{\alpha\Lambda(x)\}\mathrm{d}xf_D(u)\mathrm{d}u}$$
(9.11)

证明： 观察可知
$$P(T>t|N(s), 0\leq s\leq t, D_1, D_2, \cdots, D_{N(t)})$$
$$= \exp\left\{-k\int_0^t \sum_{j=1}^{N(x)} D_j h(x-T_j)\mathrm{d}x\right\} = \exp\left\{-k\sum_{j=1}^{N(t)} D_j H(t-T_j)\right\}$$

其中，$H(t) = \int_0^t h(u)\mathrm{d}u$，则

$$P(T>t) = E\left[\exp\left\{-k\sum_{j=1}^{N(t)} D_j H(t-T_j)\right\}\right]$$
$$= E\left[E\left[\exp\left\{-k\sum_{j=1}^{N(t)} D_j H(t-T_j)\right\}\Big|N(t)\right]\right] \quad (9.12)$$

其中

$$E\left[\exp\left\{-k\sum_{j=1}^{N(t)} D_j H(t-T_j)\right\}\Big|N(t)=n\right]$$
$$= E\left[\exp\left\{-k\sum_{j=1}^n D_j H(t-V_{(j)})\right\}\right] = E\left[\exp\left\{-k\sum_{j=1}^n D_j H(t-V_j)\right\}\right]$$

并且，如前所述随机变量 $V_1, V_2, \cdots, V_n$ 是独立且同分布的，且

$$\frac{\alpha\lambda(x)\exp\{\alpha\Lambda(x)\}}{\exp\{\alpha\Lambda(x)\}-1}, 0\leq x\leq t$$

则

$$E\left[\exp\left\{-k\sum_{j=1}^{N(t)}D_jH(t-T_j)\right\}\mid N(t)=n\right] = \left(E[\exp\{-kD_1H(t-V_1)\}]\right)^n$$

$$= \left(\int_0^\infty\int_0^t\exp\{-kuH(t-x)\}\frac{\alpha\lambda(x)\exp\{\alpha\Lambda(x)\}}{\exp\{\alpha\Lambda(t)\}-1}\mathrm{d}xf_D(u)\mathrm{d}u\right)^n$$

然后，根据式（9.12）可得

$$P(T>t) = \sum_{n=0}^\infty \left(\int_0^\infty\int_0^t\exp\{-kuH(t-x)\}\frac{\alpha\lambda(x)\exp\{\alpha\Lambda(x)\}}{\exp\{\alpha\Lambda(t)\}-1}\mathrm{d}xf_D(u)\mathrm{d}u\right)^n$$

$$\cdot\frac{\Gamma(\beta/\alpha+n)}{\Gamma(\beta/\alpha)n!}(1-\exp\{-\alpha\Lambda(t)\})^n(\exp\{-\alpha\Lambda(t)\})^{\frac{\beta}{\alpha}}$$

$$= \sum_{n=0}^\infty \frac{\Gamma(\beta/\alpha+n)}{\Gamma(\beta/\alpha)n!}\left(\int_0^\infty\int_0^t\exp\{-kuH(t-x)\}\alpha\lambda(x)\exp\{-\alpha[\Lambda(t)-\Lambda(x)]\}\mathrm{d}xf_D(u)\mathrm{d}u\right)^n$$

$$\cdot\left(1-\int_0^\infty\int_0^t\exp\{-kuH(t-x)\}\alpha\lambda(x)\exp\{-\alpha[\Lambda(t)-\Lambda(x)]\}\mathrm{d}xf_D(u)\mathrm{d}u\right)^{\frac{\beta}{\alpha}}$$

$$\cdot\left(\frac{1}{\exp\{\alpha\Lambda(t)\}-\int_0^\infty\int_0^t\exp\{-kuH(t-x)\}\alpha\lambda(x)\exp\{\alpha\Lambda(x)\}\mathrm{d}xf_D(u)\mathrm{d}u}\right)^{\frac{\beta}{\alpha}}$$

$$= \left(\frac{1}{\exp\{\alpha\Lambda(t)\}-\int_0^\infty\int_0^t\exp\{-kuH(t-x)\}\alpha\lambda(x)\exp\{\alpha\Lambda(x)\}\mathrm{d}xf_D(u)\mathrm{d}u}\right)^{\frac{\beta}{\alpha}}$$

系统的故障率为

$$r(t) = \frac{\mathrm{d}}{\mathrm{d}t}[-\ln P(T>t)]$$

$$= \frac{k\int_0^\infty\int_0^t uh(t-x)\exp\{-kuH(t-x)\}\beta\lambda(x)\exp\{\alpha\Lambda(x)\}\mathrm{d}xf_D(u)\mathrm{d}u}{\exp\{\alpha\Lambda(t)\}-\int_0^\infty\int_0^t\exp\{-kuH(t-x)\}\alpha\lambda(x)\exp\{\alpha\Lambda(x)\}\mathrm{d}xf_D(u)\mathrm{d}u}$$

当 $\beta=1$，$\alpha\rightarrow 0$ 时，令 $\exp\{x\}=\lim_{\alpha\rightarrow 0}(1+\alpha x)^{1/\alpha}$，则式（9.10）为式（9.9）的特例。

定理 9.2 中定义失效率函数可通过相应的生存概率推导出来。这对分析和解释其概率推理极其有用。然而，首先我们得注意以下几点。

因为式（9.8）中的"条件失效率 r_t"是一个随机量，所以人们可能期望获得其（见推论 9.1）非条件失效率，即

$$E[r_t] = E[kX(t)] = kE[D_1]\int_0^t h(t-x)\beta\lambda(x)\exp\{\alpha\Lambda(x)\}\mathrm{d}x$$

但是，对比式（9.11），我们看到 $E[r_t]\neq r(t)$，进一步分析

$$k\int_0^\infty\int_0^t uh(t-x)\exp\{-kuH(t-x)\}\beta\lambda(x)\exp\{\alpha\Lambda(x)\}\mathrm{d}xf_D(u)\mathrm{d}u$$

$$< k \int_0^\infty \int_0^t u h(t-x) \beta \lambda(x) \exp\{\alpha \Lambda(x)\} \mathrm{d}x f_D(u) \mathrm{d}u$$

$$= k E[D_1] \int_0^t h(t-x) \beta \lambda(x) \exp\{\alpha \Lambda(x)\} \mathrm{d}x = E[r_t]$$

并且

$$\exp\{\alpha \Lambda(t)\} - \int_0^\infty \int_0^t \exp\{-kuH(t-x)\} \alpha \lambda(x) \exp\{\alpha \Lambda(x)\} \mathrm{d}x f_D(u) \mathrm{d}u$$

$$> \exp\{\alpha \Lambda(t)\} - \int_0^\infty \int_0^t \alpha \lambda(x) \exp\{\alpha \Lambda(x)\} \mathrm{d}x f_D(u) \mathrm{d}u = 1$$

以下不等式成立，$E[r_t] > r(t)$。实际上，当失效率具备条件特征（满足条件 $T > t$），则其可通过条件期望得到：

$$r(t) = E[r_1 | T > t] = E\left[k \sum_{j=1}^{N(t)} D_j h(t - T_j) \Big| T > t\right]$$

获得的不等式在实践中非常有用，它通常提供了一个推理合理且形式简单的 $r(t)$ 的上界（参见 Finkelstein (2008) 及 Finkelstein 和 Cha (2013) 对异质群体中这类不等式的讨论与解释）。

在推导失效率时，根据定理 9.4 的证明可知

$$P(T > t | T_1, T_2, \cdots, T_{N(t)}, N(t); D_1, D_2, \cdots, D_{N(t)}) = \exp\left\{-k \sum_{j=1}^{N(t)} D_j H(t - T_j)\right\}$$

另一方面，可以看出 $T_1, T_2, \cdots, T_{N(t)}, N(t)$ 的联合分布，由命题 8.2 给出

$$f_{T_1, T_2, \cdots, N(t)}(t_1, t_2, \cdots, t_n, n)$$

$$= \frac{\Gamma(\beta/\alpha + n)}{\Gamma(\beta/\alpha)} \prod_{j=1}^n [\alpha \lambda(t_j) \exp\{\alpha \Lambda(t_j)\}] \exp\{-(\beta + n\alpha) \Lambda(t)\},$$

$$0 < t_1 \leq t_2 \cdots \leq t_n \leq t$$

因此，$(T > t, T_1 = t_1, T_2 = t_2, \cdots, T_n = t_n, N(t) = n; D_1 = u_1, D_2 = u_2, \cdots, D_n = u_n)$ 的联合概率为

$$\exp\left\{-k \sum_{j=1}^n u_j H(t - t_j)\right\} \frac{\Gamma(\beta/\alpha + n)}{\Gamma(\beta/\alpha)}$$

$$\prod_{j=1}^n [\alpha \lambda(t_j) \exp\{\alpha \Lambda(t_j)\} f_D(u_j)] \exp\{-(\beta + n\alpha) \Lambda(t)\}$$

$$= \frac{\Gamma(\beta/\alpha + n)}{\Gamma(\beta/\alpha)} \prod_{j=1}^n [\exp\{-ku_j H(t - t_j)\} \alpha \lambda(t_j) \exp\{\alpha \Lambda(t_j)\} f_D(u_j)]$$

$$\cdot \exp\{-(\beta + n\alpha) \Lambda(t)\}, 0 < t_1 \leq t_2 \leq \cdots \leq t_n \leq t$$

假设 $(W_1, W_2, \cdots, W_n)$ 为 $(T_1, T_2, \cdots, T_n)$ 的任意随机排列，则 $(T > t, W_1 = w_1, W_2 = w_2, \cdots, W_n = w_n, N(t) = n; D_1 = u_1, D_2 = u_2, \cdots, D_n = u_n)$ 的联合概率为

$$\frac{\Gamma(\beta/\alpha + n)}{\Gamma(\beta/\alpha) n!} \prod_{j=1}^n [\exp\{-ku_j H(t - w_j)\} \alpha \lambda(w_j) \exp\{\alpha \Lambda(w_j)\} f_D(u_j)] \cdot$$

$$\exp\{-(\beta+n\alpha)\Lambda(t)\}, 0 < w_i \leq t, i = 1,2,\cdots,n$$

因此，有

$$P(N(t) = n, T > t) = \frac{\Gamma(\beta/\alpha + n)}{\Gamma(\beta/\alpha)n!}$$

$$\left(\int_0^\infty \int_0^t \exp\{-kuH(t-w)\}\alpha\lambda(w)\exp\{\alpha\Lambda(w)\}\mathrm{d}w f_D(u)\mathrm{d}u\right)^n \cdot \qquad (9.13)$$

$$\exp\{-(\beta+n\alpha)\Lambda(t)\}$$

则 $(W_1 = w_1, W_2 = w_2, \cdots, W_n = w_n, N(t) = n; D_1 = u_1, D_2 = u_2, \cdots, D_n = u_n)$ $N(t) = n, T > t$ 的联合分布为

$$\prod_{j=1}^n \left[\frac{\exp\{-ku_j H(t-w_j)\}\alpha\lambda(w_j)\exp\{\alpha\Lambda(w_j)\}f_D(u_j)}{\int_0^\infty \int_0^t \exp\{-kuH(t-w)\}\alpha\lambda(w)\exp\{\alpha\Lambda(w)\}\mathrm{d}w f_D(u)}\right]$$

此时，有

$$r(t) = E\left[k\sum_{j=1}^{N(t)} D_j h(t - T_j) \mid T > t\right] = E\left[k\sum_{j=1}^{N(t)} D_j h(t - W_j) \mid T > t\right]$$

$$= E_{N(t) \mid T>t}\left[E\left[k\sum_{j=1}^{N(t)} D_j h(t - W_j) \mid N(t), T > t\right]\right]$$

其中

$$E\left[k\sum_{j=1}^{N(t)} D_j h(t - W_j) \mid N(t) = n, T > t\right]$$

$$= \frac{n\int_0^\infty \int_0^t kuh(t-x)\exp\{-kuH(t-x)\}\alpha\lambda(x)\exp\{\alpha\Lambda(x)\}\mathrm{d}x f_D(u)\mathrm{d}u}{\left(\int_0^\infty \int_0^t \exp\{-kuH(t-w)\}\alpha\lambda(w)\exp\{\alpha\Lambda(w)\}\mathrm{d}w f_D(u)\mathrm{d}u\right)}$$

此外，根据式 (9.13) 可知

$$P(N(t) = n \mid T > t)$$

$$= P(T > t)^{-1} \frac{\Gamma(\beta/\alpha + n)}{\Gamma(\beta/\alpha)} \left(\int_0^\infty \int_0^t \exp\{-kuH(t-w)\}\alpha\Lambda(w)\exp\{\alpha\Lambda(w)\}\mathrm{d}w f_D(u)\mathrm{d}u\right)^n$$

$$\cdot \exp\{-(\beta+n\alpha)\Lambda(t)\}$$

$$= \frac{\Gamma(\beta/\alpha + n)}{\Gamma(\beta/\alpha)n!} \left(\int_0^\infty \int_0^t \exp\{-kuH(t-w)\}\alpha\lambda(w)\exp\{-\alpha[\Lambda(t)-\Lambda(w)]\}\mathrm{d}w f_D(u)\mathrm{d}u\right)^n$$

$$\cdot \left(1 - \int_0^\infty \int_0^t \exp\{-kuH(t-w)\}\alpha\lambda(w)\exp\{-\alpha[\Lambda(t)-\Lambda(w)]\}\mathrm{d}w f_D(u)\mathrm{d}u\right)^{\frac{\beta}{\alpha}}$$

因此，有

$$E[N(t) \mid T > t] = \frac{\beta}{\alpha}\left(\frac{\int_0^\infty \int_0^t \{\exp\{-kuH(t-x)\}\alpha\lambda(x)\exp\{\alpha\Lambda(x)\}\mathrm{d}x f_D(u)\mathrm{d}u\}}{\exp\{\alpha\Lambda(t)\} - \int_0^\infty \int_0^t \exp\{-kuH(t-x)\}\alpha\lambda(x)\exp\{\alpha\Lambda(x)\}\mathrm{d}x f_D(u)\mathrm{d}u}\right)$$

最终，可知

$$r(t) = E_{N(t)|T>t}\left[E\left[k\sum_{j=1}^{N(t)} D_j h(t-W_j) \mid N(t), T>t\right]\right]$$

$$= E[N(t)|T>t] \cdot \frac{k\int_0^\infty \int_0^t uh(t-x)\exp\{-kuH(t-x)\}\alpha\lambda(x)\exp\{\alpha\Lambda(x)\}\mathrm{d}x f_D(u)\mathrm{d}u}{\left(\int_0^\infty \int_0^t \exp\{-kuH(t-w)\}\alpha\lambda(w)\exp\{\alpha\Lambda(w)\}\mathrm{d}w f_D(u)\mathrm{d}u\right)}$$

$$= \frac{k\int_0^\infty \int_0^t uh(t-x)\exp\{-kuH(t-x)\}\beta\lambda(x)\exp\{\alpha\Lambda(x)\}\mathrm{d}x f_D(u)\mathrm{d}u}{\exp\{\alpha\Lambda(t)\} - \int_0^\infty \int_0^t \exp\{-kuH(t-x)\}\alpha\lambda(x)\exp\{\alpha\Lambda(x)\}\mathrm{d}x f_D(u)\mathrm{d}u}$$

例 9.1 设 GPP 的参数集由 $\alpha = 1, \beta = 1$ 和 $\lambda(t) = \dfrac{1}{t+1}, t \geq 0$ 给出。此外，记 $D_j(j = 1,2,\cdots)$ 为冲击强度，等于常数 ρ 且 $h(t) = 1, t \geq 0$。在这种设置下，我们可以用一种简化的、封闭的形式表示重要结果。具体来说，由推论 9.1 可知，$X(t)$ 相应的均值和方差分别为

$$E[X(t)] = E[D_1]\int_0^t h(t-x)\beta\lambda(x)\exp\{\alpha\Lambda(x)\}\mathrm{d}x = \rho t$$

和

$$\mathrm{Var}[X(t)] = \alpha\beta\left(E[D_1]\int_0^t h(t-x)\lambda(x)\exp\{\alpha\Lambda(x)\}\mathrm{d}x\right)^2$$
$$+ \left(E[D_1^2]\int_0^t [h(t-x)]^2\beta\lambda(x)\exp\{\alpha\Lambda(x)\}\mathrm{d}x\right)$$
$$= \rho^2 t^2 + \rho^2 t = \rho^2 t(t+1)$$

此外，根据定理 9.4 可得

$$P(T > t) = \left(\frac{1}{\exp\{\alpha\Lambda(t)\} - \int_0^\infty \int_0^t \exp\{-kuH(t-x)\}\alpha\lambda(x)\exp\{\alpha\Lambda(x)\}\mathrm{d}x f_D(u)\mathrm{d}u}\right)^{\frac{\beta}{\alpha}}$$

$$= \frac{1 - \exp\zeta - (ept)}{(t+1) - (kp)^{-1}(1 - \exp irpt\zeta)}$$

和

$$r(t) = \frac{\int_0^\infty \int_0^t kuh(t-x)\exp\{-kuH(t-x)\}\beta\lambda(x)\exp\{\alpha\Lambda(x)\}\mathrm{d}x f_D(u)\mathrm{d}u}{\exp\{\alpha\Lambda(t)\} - \int_0^\infty \int_0^t \exp\{-kuH(t-x)\alpha\lambda(x)\}\exp\{\alpha\Lambda(x)\}\mathrm{d}x f_D(u)\mathrm{d}u}$$

$$= \frac{1 - \exp\{-k\rho t\}}{(t+1) - (k\rho)^{-1}(1 - \exp\{-k\rho t\})}$$

9.2.3 考虑历史信息的剩余寿命

在本节中，我们将讨论受以 GPP 为基础冲击过程的散粒噪声过程冲击的系

统剩余寿命的概念。一方面，记 $T(u) = (T - u | T > u)$ 为 u 时刻的剩余寿命，故障率函数为 $\lambda(t|u)$，则 $\lambda(t|u) = \lambda(t+u)$ 和 $P(T(u) > t) = P(T > t+u)/P(T > u)$，为"黑盒"模型中寿命函数的标准关系。另一方面，现在假设冲击过程 $\{N(s), 0 < s \leq u\}$ 在区间 $(0,u]$ 可观测，但 $\{D_j, j = 1,2,\cdots, N(u)\}$ 没有观察到，这在实践中经常发生。事实上，在许多实际情况下，冲击可以很容易地记录下来，而它们的大小是"隐藏的"。在这种情况下，必须考虑相关历史的相应修改，即

$$T(u; \{N(s), 0 \leq s \leq u\}) = (T - u | T > u, \{N(s), 0 < s \leq u\})$$

很明显，区间 $(0,u]$ 内的冲击总数为 $N(u)$，由于 GPP 的相关增量特性，影响未来的冲击过程。除此之外，值得注意的是，由于散粒噪声过程的"形式"，故障的首次到达时间 $\{T_j, j = 1,2,\cdots, N(u)\}$ 也会影响剩余寿命。以下有意义的定理定义了相应的历史相关剩余寿命分布。

定理 9.5 $T(u; \{N(s), 0 < s \leq u\})$ 的生存函数为

$$P(T > u + t | T > u, T_j = t_j, j = 1, 2, \cdots, n, N(u) = n)$$

$$= \prod_{j=1}^{n} \left[\frac{\int_0^\infty \exp\{-kvH(u+t-t_j)\} f_D(v) dv}{\int_0^\infty \exp\{-kvH(u-t_j)\} f_D(v) dv} \right]$$

$$\cdot \left(\exp\alpha[\Lambda(u+t)] - \Lambda(u)\} - \int_0^\infty \int_u^{u+t} \exp\{-kvH(u+t-x)\} \alpha\lambda(x) \exp\{\alpha[\Lambda(x) - \Lambda(u)]\} dx f_D(v) dv \right)^{-\left(\frac{\beta}{\alpha}+n\right)}$$

证明： 令 $\{n(s), 0 < s \leq u\}$ 是计数过程 $\{N(s), 0 < s \leq u\}$ 的实现。后者完全可以用 $\{T_j, j = 1,2,\cdots,N(u), N(u)\}$ 来表征，定义 $T_{uj}, j = 1,2,\cdots,N_u(t)$ 为时间间隔 $(u, u+t]$ 内的冲击的到达时间序列。令 $\{D_{uj}, j = 1,2,\cdots,N_u(t)\}$ 表示相应的初始冲击强度。注意：

$$P(T(u; \{n(s), 0 < s \leq u\}) > t$$
$$= P(T > u + t | T > u, T_j = t_j, j = 1, 2, \cdots, n, N(u) = n)$$
$$= E_{(D_1, D_2, \cdots, D_n; N_u(s), 0 < s \leq t, D_{u1}, D_{u2}, \cdots, D_{uN_u(t)} | T > u, T_j = t_j, j = 1,2,\cdots,n, N(u) = n)}$$
$$[P(T > u + t | T > u, T_j = t_j, j = 1, 2, \cdots, n, N(u) = n);$$
$$D_1, D_2, \cdots, D_n; N_u(s), 0 < s \leq t, D_{u1}, D_{u2}, \cdots, D_{uN_u(t)}]$$

其中

$$P(T > u + t | T > u, T_j = t_j, j = 1,2,\cdots,n, N(u) = n; D_1, D_2, \cdots, D_n;$$
$$N_u(s), 0 \leq s \leq t, D_{u1}, D_{u2}, \cdots, D_{uN(t)})$$

$$= \exp\left\{-k\sum_{j=1}^{n} D_j[H(u+t-t_j)] - k\sum_{j=1}^{N_u(t)} D_{uj}h(x - T_{uj}) dx\right\}$$

$$= \exp\left\{-k\sum_{j=1}^{n} D_j[H(u+j-t_j) - H(u-t_j)] - k\sum_{j=1}^{N_u(t)} D_{uj}H(u+t-T_{uj})\right\}$$

注意：以下多元随机变量的条件联合分布可以分为两个条件联合分布：

$(D_1, D_2, \cdots, D_n; N_u(s), 0 \leq s \leq t, D_{u1}, D_{u2}, \cdots, D_{uN_u(t)} | T > u, T_j = t_j, j = 1, 2, \cdots, n, N(u) = n)$

$= (D_{u1}, D_{u2}, \cdots, D_{uN_u(t)} | T > u, T_j = t_j, j = 1, 2, \cdots, n, N(u) = n)$ 的联合分布

$\times (N_u(s), 0 \leq s \leq t, D_{u1}, D_{u2}, \cdots, D_{uN_u(t)} | T > u, T_j = t_j, j = 1, 2, \cdots, n, N(u) = n)$ 的联合分布

因此，可得

$P(T(u; \{n(s), 0 < s \leq u\}) > t)$

$= E_{(D_1, D_2, \cdots, D_{un}) | T > u, T_j = t_j, j = 1, 2, \cdots, n, N(u) = n} \left[\exp\left\{ -k \sum_{j=1}^{n} D_j [H(u+t-t_j) - H(u-t_j)] \right\} \right] \cdot$

$E_{(N_u(s), 0 \leq s \leq t, D_{u1}, D_{u2}, \cdots, D_{uN_u(t)}) | T > u, T_j = t_j, j = 1, 2, \cdots, n, N(u) = n} \left[\exp\left\{ -k \sum_{j=1}^{N_u(t)} D_{uj} H(u+t-T_{uj}) \right\} \right]$

首先，$(T > u, T_1 = t_1, T_2 = t_2, \cdots, T_n = t_n, N(u) = n; D_1 = v_1, D_2 = v_2, \cdots, D_n = v_n)$ 的联合分布为

$$\frac{\Gamma(\beta/\alpha + n)}{\Gamma(\beta/\alpha)} \prod_{j=1}^{n} \left[\exp\{-kv_j H(u-t_j)\} \alpha \lambda(t_j) \exp\{\alpha \Lambda(t_j)\} f_D(v_j) \right] \exp\{-(\beta + n\alpha) \Lambda(u)\}$$

$0 < t_1 \leq t_2 \leq \cdots \leq t_n \leq u$

因此，$(D_1, D_2, \cdots, D_n | T > u, T_j = t_j, 1, 2, \cdots, n, N(u) = n)$ 的条件联合分布为

$$\prod_{j=1}^{n} \left[\frac{\exp\{-kv_j H(u-t_j)\} f_D(v_j)}{\int_0^\infty \exp\{-kvH(u-t_j)\} f_D(v) dv} \right]$$

因此，可得

$E_{(D_1, D_2, \cdots, D_n | T > u, T_j = t_j, j = 1, 2, \cdots, n, N(u) = n)} \left[\exp\left\{ -k \sum_{j=1}^{n} D_j [H(u+t-t_j) - H(u-t_j)] \right\} \right]$

$= \prod_{j=1}^{n} \left[\dfrac{\int_0^\infty \exp\{-kv_j[H(u+t-t_j) - H(u-t_j)]\} \exp\{-kv_j H(u-t_j)\} f_D(v_j) dv_j}{\int_0^\infty \exp\{-kvH(u-t_j)\} f_D(v) dv} \right]$

$= \prod_{j=1}^{n} \left[\dfrac{\int_0^\infty \exp\{-kvH(u+t-t_j)\} f_D(v) dv}{\int_0^\infty \exp\{-kvH(u-t_j)\} f_D(v) dv} \right]$

另一方面，注意条件联合分布：

$(N_u(s), 0 \leq s \leq t, D_{u1}, D_{u2}, \cdots, D_{uN_u(t)} | T > u, T_j = t_j, j = 1, 2, \cdots, n, N(u) = n)$

$=_D (N_u(s), 0 \leq s \leq t, D_{u1}, D_{u2}, \cdots, D_{uN_u(t)} | N(u) = n)$ 的联合分布

$= (N_u(s), 0 \leq s \leq t | N(u) = n)$ 的联合分布

$\times (D_{u1}, D_{u2}, \cdots, D_{uN_u(t)})$ 的联合分布

因此，可得

$$E_{(N_u(s),0<s\leqslant t,D_{u1},D_{u2},\cdots,D_{uN_u(t)}\mid T>u,T_j=t_j,j=1,2,\cdots,n,N(u)=n)}\left[\exp\left\{-k\sum_{j=1}^{N_u(t)}D_{uj}H(u+t-T_{uj})\right\}\right]$$

$$=E_{(N_u(s),0<s\leqslant t,D_{u1},D_{u2},\cdots,D_{uN_u(t)}\mid N(u)=n)}\left[\exp\left\{-k\sum_{j=1}^{N_u(t)}D_{uj}H(u+t-T_{uj})\right\}\right]$$

$$=E\left[\exp\left\{-k\sum_{j=1}^{N_u(t)}D_{uj}H(u+t-T_{uj})\right\}\mid N(u)=n\right]$$

$$=E(N_u(t)\mid N(u)=n)\left[E\left[\exp\left\{k\sum_{j=1}^{N_u(t)}D_{uj}H(u+t-T_{uj})\right\}\mid N(u)=n,N_u(t)\right]\right]$$

这里，根据定理 8.4，给定 $N(u)=n,N_u(t)=m$ 的 $T_{uj},j=1,2,\cdots,m$ 条件联合分布与 n 个独立随机变量 $V_{u1},V_{u2},\cdots,V_{um}$ 的序统计量的联合分布相同，即

$$\frac{\alpha\lambda(x)\exp\{\alpha\Lambda(x)\}}{\exp\{\alpha\Lambda(u+t)\}-\exp\{\alpha\Lambda(u)\}},\ u<x\leqslant u+t$$

因此，通过类似于定理 9.4 证明中的论点：

$$E\left[\exp\left\{-k\sum_{j=1}^{N_u(t)}D_{uj}H(u+t-T_{uj})\right\}\mid N(u)=n,N_u(t)=m\right]$$

$$=\left(\int_0^\infty\int_u^{u+t}\exp\{-kvH(u+t-x)\}\frac{\alpha\lambda(x)\exp\{\alpha\Lambda(x)\}}{\exp\{\alpha\Lambda(u+t)\}-\exp\{\alpha\Lambda(u)\}}\mathrm{d}xf_D(v)\mathrm{d}v\right)^m$$

给定 $N(u)=n$，未来的进程 $\{N_u(s),s\geqslant 0\}$ 服从 GPP 过程，其参数为 $(\lambda(u+s),\alpha,\beta+n\alpha)$。因此，可得

$$E_{(N_u(t)\mid N(u)=n)}\left[E\left[\exp\left\{-k\sum_{j=1}^{N_u(t)}D_{uj}H(u+t-T_{uj})\right\}\mid N(u)=n,N_u(t)\right]\right]$$

$$=\sum_{m=0}^\infty\left(\int_0^\infty\int_u^{u+t}\exp\{-kvH(u+t-x)\}\frac{\alpha\lambda(x)\exp\{\alpha\Lambda(x)\}}{\exp\{\alpha\Lambda(u+t)\}-\exp\{\alpha\Lambda(u)\}}\mathrm{d}xf_D(v)\mathrm{d}v\right)^m\cdot$$

$$\frac{\Gamma(\beta/\alpha+n+m)}{\Gamma(\beta/\alpha+n)m!}(1-\exp\{-\alpha[\Lambda(u+t)-\Lambda(u)]\})^m(\exp\{-\alpha[\Lambda(u+t)-\Lambda(u)]\})^{\frac{\beta}{\alpha}}$$

$$=\sum_{m=0}^\infty\frac{\Gamma(\beta/\alpha+n+m)}{\Gamma(\beta/\alpha+n)m!}\left(\int_0^\infty\int_u^{u+t}\exp\{-kvH(u+t-x)\}\alpha\lambda(x)\exp\{-\alpha[\Lambda(u+t)-\Lambda(x)]\}\mathrm{d}xf_D(v)\mathrm{d}v\right)^m\cdot$$

$$(1-\int_0^\infty\int_u^{u+t}\exp\{-kvH(u+t-x)\}\alpha\lambda(x)\exp\{-\alpha[\Lambda(u+t)-\Lambda(x)]\}\mathrm{d}xf_D(v)\mathrm{d}v)^{\frac{\beta}{\alpha}+n}\cdot$$

$$(\exp\{\alpha[\Lambda(u+t)-\Lambda(u)]\}-\int_0^\infty\int_u^{u+t}\exp\{-kvH(u+t-x)\}\alpha\lambda(x)\exp\{-\alpha[\Lambda(x)-\Lambda(u)]\}\mathrm{d}xf_D(v)\mathrm{d}v)^{-(\frac{\beta}{\alpha}+n)}$$

$$=(\exp\{\alpha[\Lambda(u+t)-\Lambda(u)]\}-\int_0^\infty\int_u^{u+t}\exp\{-kvH(u+t-x)\}\alpha\lambda(x)\exp\{\alpha[\Lambda(x)-\Lambda(u)]\}\mathrm{d}xf_D(v)\mathrm{d}v)^{-(\frac{\beta}{\alpha}+n)}$$

证毕。

注释 9.3 $P(T>u+t\mid T>u,T_j=t_j,j=1,2,\cdots,n,N(u)=n)$ 类似于定理 9.5，其随着 n 的增大递减。

9.3 服从GPP维修过程的二元更换策略

在可靠性维修模型中,"完全"和"最小"维修是两个重要的维修类型。完全维修将系统状态恢复到新的状态。因此,在这种情况下,系统的故障间隔时间形成了更新过程。通过最小维修,系统恢复到故障前的状态。在这种情况下,系统的内部失效时间形成非齐次泊松过程。通常,在基于最小维修过程的研究中,系统根据某些维护规则(如周期性地)需要进行替换,并且最小维修一般发生在替换间隔中。

一般来说,当系统由许多组件组成时,在这种维护模式下,最小的维修实际上是合理的。因此,在这种情况下,系统的整体故障率(FR)不会因为用新的组件替换故障组件而改变。然而,当系统中的部件发生故障时,系统中的运行条件通常会由于电应力、温度升高等而变得更加严酷。反过来,这又会导致剩余部件承受额外应力或损坏(更多详细示例,请参见 Lee 和 Cha(2016))。例如,Lee 和 Cha(2016)所述:

(1)"桥梁或电梯中的静止钢丝绳的故障会立即增加未发生故障的钢丝绳上的应力,并在修复发生故障的钢丝绳之前导致一些损坏;(2)当一个电气设备因外部冲击(电击或机械冲击)而发生故障时,未发生故障的部件也受到这种外部冲击的影响,其可靠性性能变得比以前更差"。在这种情况下,修复后,系统的整体可靠性水平变得比故障前更差。因此,在这些情况下,在第8章定义的 GPP 修复可用于模拟此类系统的故障和修复过程。为了方便起见,我们回顾一下第8章中给出的 GPP 修正的定义。

设 $N(t)$ 为时间间隔 $(0,t]$ 内"失效"的次数。

定义9.4 GPP 维修。

当系统故障率为 $\lambda(t)$,如果随机过程 $\{N(t), t \geq 0\}$ 为 GPP,其参数集为 $(\lambda(t), \alpha, 1)$,则该修理类型称为参数是 α 的 GPP 维修。

在本节中,假设 GPP 修复过程中采用双变量预防性替换策略,并对其相应的最佳预防性更换策略进行研究。在第8章中,讨论了 GPP 维修过程一个简单的预防性替换策略(Cha, 2014),在系统寿命达到 T 时更换系统的位置,并且在两次更换之间的故障时进行 GPP 维修。在此模型下,简要讨论了预防性替换政策的优化问题。但是,在 GPP 修复过程中,随着系统经历的故障数量增加,系统的可靠性性能将下降得更快。因此,如果系统已经比预定的更换时间较早地经历了足够多的故障,则需要进行提前更换。基于这种推理,我们将考虑以下预防性替换政策(Lee 和 Cha, 2017)。

预防性维修策略:

系统在时间 $T(T > 0)$ 或第 n 次故障($n = 1, 2, \cdots$)进行替换,以先发生的为准,并在两次更换之间的故障中进行 GPP 修理,修理和更换的时间可以忽略不计。

记 $c(n,T)$ 为对应的长期预期成本率函数，c_{GPP} 为 GPP 修理，c_r 为替换引起的费用。然后，使用第 8 章中描述的 GPP 的性质，长期成本率函数如下（Lee 和 Cha，2017）。

定理 9.6 成本率函数 $c(n,T)$ 由下式给出

$$c(n,T) = \frac{c_{\mathrm{GPP}}\left[(n-1) - \sum_{j=0}^{n-1}(n-1-j)\frac{\Gamma(1/\alpha+j)}{\Gamma(1/\alpha)j!}(1-\exp\{-\alpha\Lambda(T)\})^j(\exp\{-\alpha\Lambda(T)\})^{\frac{1}{\alpha}}\right] + c_r}{\sum_{j=0}^{n-1}\int_0^T \frac{\Gamma(1/\alpha+j)}{\Gamma(1/\alpha)j!}(1-\exp\{-\alpha\Lambda(T)\})^j(\exp\{-\alpha\Lambda(T)\})^{\frac{1}{\alpha}}\mathrm{d}t}$$

$$n = 1,2,\cdots, T > 0$$

(9.14)

证明： 在式（9.14）中，根据引理 9.1（1）可知

$$P(S_n > t) = \sum_{j=0}^{n-1}\frac{\Gamma(1/\alpha+j)}{\Gamma(1/\alpha)j!}(1-\exp\{-\alpha\Lambda(t)\})^j(\exp\{-\alpha\Lambda(t)\})^{\frac{1}{\alpha}}$$

其中 S_n 是新系统的第 n 次故障时间，因此分母对应于 $E[\min(S_n,T)]$，这是一个更新周期的预期长度。用 N_{GPP} 表示一个更新周期中 GPP 维修的次数，则 $E[N_{\mathrm{GPP}}|S_n \leq T] = n-1$，且

$$E[N_{\mathrm{GPP}}|S_n > T] = E(N(T)|N(T) \leq n-1) = \sum_{j=0}^{n-1}j\frac{P(N(T)=j)}{P(N(T) \leq n-1)}$$

由此可得

$$E[N_{\mathrm{GPP}}] = \left[(n-1) - \sum_{j=0}^{n-1}(n-1-j)\frac{\Gamma(1/\alpha+j)}{\Gamma(1/\alpha)j!}(1-\exp\{-\alpha\Lambda(T)\})^j(\exp\{-\alpha\Lambda(T)\})^{\frac{1}{\alpha}}\right]$$

我们的目标是找到最优解 (n^*,T^*)，即

$$c(n^*,T^*) = \min_{T>0, n=1,2,\cdots}c(n,T)$$

为求二元最优解 (n^*,T^*)，可分两步进行。第一步，对于一个固定的 $T>0$，找到最优解 $n^*(T)$，即

$$c(n^*(T),T) = \min_{n=1,2,\cdots}c(n,T) \tag{9.15}$$

第二步，寻找 T^* 最优解

$$c(n^*(T^*),T^*) = \min_{T>0}c(n^*(T),T)$$

然后，可给出最优维护策略 $(n^*(T^*),T^*)$。

式（9.15）中所描述的 $n^*(T)$ 的性质，可以在 Lee 和 Cha（2017）看到其证明过程。

定理 9.7 假设

$$\Phi(n;T) = \frac{\sum_{j=n}^{\infty}P(N(T)=j)\sum_{j=0}^{n-1}\int_0^T P(N(t)=j)\mathrm{d}t}{\int_0^T P(N(t)=n)\mathrm{d}t}$$

$$- \left[(n-1) - \sum_{j=0}^{n-1}(n-1-j)P(N(T)=j)\right], n = 1,2,\cdots$$

(1) $\Phi(n;T)$ 随 n 严格递增，$\Phi(\infty;T) = \lim_{n\to\infty}\Phi(n;T) = \infty$；

(2) 情况 1：如果 $\Phi(1;T) < \frac{c_r}{c_{GPP}}$，则存在 $n_1 \geq 2$，使得

$$\Phi(n_1;T) > \frac{c_r}{c_{GPP}} \text{ 和 } \Phi(n_1-1;T) < \frac{c_r}{c_{GPP}} \text{ 或者，反之若存在 } n_2 \geq 2，使得$$

$$\Phi(n_2;T) = \frac{c_r}{c_{GPP}}$$

在前一种情况下，唯一的 $n^*(T)$ 由 $n^*(T) = n_1$ 给出。在后一种情况下，有两个最佳解 $n^*(T)'s: n^*(T) = n_2$ 和 $n^*(T) = n+1$。

情况 2：如果当 $\Phi(1;T) > \frac{c_r}{c_{GPP}}$ 时，$n^*(T) = 1$；如果 $\Phi(1;T) = \frac{c_r}{c_{GPP}}$，则 $n^*(T) = 1$ 和 $n^*(T) = 2$。

根据定理 9.7，可以得到 $n^*(T)$，那么，第二步，我们只需求解 T^*，即

$$c(n^*(T^*),T^*) = \min_{T>0} c(n^*(T),T)$$

这些优化程序的说明可以在 Lee 和 Cha（2017）中找到。

9.4 预防性维护模型和优化

9.4.1 模型参数释义

在前一节中，我们考虑了 GPP 维修系统的预防性更换政策。在本节中，我们将考虑该类系统的预防性维护策略。本节的讨论基于 Lee 和 Cha（2016）的研究。

维护一般可分为两种：修复性维护（CM）和预防性维护（PM）。对于一个劣化的可修复系统，在故障发生时进行维修措施，使系统从故障中恢复，而预防性维修措施在计划的时间进行，以提高系统的可靠性性能。大多数可修复系统的周期预防性维修模型都是在假设两个预防性维修系统之间的故障过程是 NHPP 过程的前提下进行的研究，这意味着，每个故障对应的维修是最小的 Nguyen 和 Murthy，1981；Nakagawa，1986；Park 等，2000；Cheng 和 Chen，2003；Cheng 等，2014）。

然而，实际上，如前一节所述，修复故障组件后，系统的整体状态通常会比故障前的状态更差。在这种情况下，基于 GPP 维修过程的预防性维护模型将更合适。

在本节接下来的内容中，我们基于 GPP 维修过程构建了两个预防性维护模型，将修复性维修、预防性维修和更换结合在一起。在这两种模式中，一个系统都是在周期时间 $iT, i=1,2,\cdots,N-1$ 进行预防性维护；在 NT 处更换。利用 GPP 的性质，可以随机描述预防性维护所带来的可靠性改进。PM 之间发生的系统故

障采用 GPP 维修模型进行维修。因此，相应的预防性维护策略由两个预防性维护参数表征 (N,T)。对于每一个模型，我们研究了最优预防性维护策略 (N^*, T^*) 的详细特性，即使长期预期成本率最小化。

为了构建实用的预防性维护模型，我们将从预防性维修建模的角度解释定义 9.4 中的 GPP 修复的参数 α。如前所述，一方面，当 $\alpha = 0$（最小维修过程）时，随机强度仅由固有故障率 $\lambda(t)$ 给出，不依赖于故障历史。另一方面，当 $\alpha > 0$ 时，随机强度在每个故障点变化。因此，在 GPP 修复过程中，在每个故障之后，系统的状态比故障之前更差。回想一下，故障强度函数 $\phi(t)$（计数过程的速率）的定义如下（参见式 (2.25)）:

$$\phi(t) = \lim_{\Delta t \to 0} \frac{E[N(t,t+\Delta t)]}{\Delta t} = \frac{\mathrm{d}E[N(t)]}{\mathrm{d}t}$$

这是 t 时刻每单位时间的平均故障数 $E[N(t)]$，可以用 $E[N(t)] = \int_0^t \phi(s)\mathrm{d}s$ 表示，再者，根据随机强度 λ_t 的定义（参见定义 2.3），$\phi(t)$ 也可以表示为

$$\phi(t) = \lim_{\Delta t \to 0} \frac{E[N(t,t+\Delta t)]}{\Delta t} = \lim_{\Delta t \to 0} E\left[\frac{E[N(t,t+\Delta t)|H_{t-}]}{\Delta t}\right] = E[\lambda_t]$$

因此，可以看出，$\phi(t)$ 为 λ_t 的平均值（假设历史过程均可被观测）。在定义 9.4 中定义的 GPP 修复过程的条件下，根据引理 9.1 (2)，可得

$$\phi(t) = \lambda(t)\exp\{\alpha\Lambda(t)\}, t \geq 0$$

对于最小维修过程 $\alpha = 0$，$\phi(t)$ 显然由 $\phi(t) = \lambda(t)$，$t \geq 0$ 给出。图 9.1 描述了当 $\lambda(t) = 0.05t^2 + 0.5$ 时函数 $\phi(t)$ 随不同参数集 $\alpha(\alpha = 0, 0.2, 0.4, 0.6)$ 的变化。如图 9.1 所示，α 值越大，劣化越快，而 α 值越小，劣化越慢。因此，在 GPP 修复过程中，参数 α 决定了系统的"劣化率"。

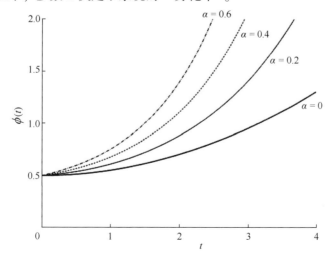

图 9.1　当 $\lambda(t) = 0.05t^2 + 0.5$ 时故障强度函数随不同参数的变化

9.4.2 两种周期性预防性维护策略

在本节中,构建可修复退化系统的两个周期预防性维修模型(模型1和模型2)。在两个周期预防性维护模型中,修复性维修、预防性维护和替换按照一般周期性预防维护策略执行。

一般周期性预防性维修策略:

系统定期进行预防性维护,$i=1,2,\cdots,N-1$,并在 NT 处更换。发生在两次预防性维修周期之间的故障采用一般 GPP 维修策略,维修和更换的持续时间可忽略不计。

CM 行为是指在系统发生故障时,使其从故障中恢复的行为。假设每个故障的对应的修复类型是 GPP 修复。预防性维修行为在计划的周期时间内定期执行,以提高系统可靠性能。预防性维修措施的典型例子包括换油或润滑(用于机械系统)、检查和调整、清洁、减少增加的应力或损坏、更换或修理某些部件等。一般来说,预防性维护措施的效果可以通过故障强度函数(或故障率函数)进行建模,可将其分为以下3类。

(1)故障强度(或故障率)降低(Cheng 等,2014;Lie 和 Chun,1986;Pongpech 和 Murthy,2006)。

(2)减缓劣化过程,即劣化速度的降低(Canfield,1986;Park 等,2000;Cheng 等,2007)。

(3)役龄回退(Kijima,1989;Levitin 和 Lisnianski,2000)。

通常,预防性维修模型包含多个类别(混合预防性维护模型)。如 Lin 等(2000)、El-Ferik 和 Ben-Daya(2006)、Sheu 和 Chang(2009)。

在1类预防性维修建模中,主要依据类别(1)和(2)对维修行为的效果建模,而2类预防性维修建模中其类别(1)和(3)是已知的。通过更换,系统返回到如新的状态。

对于每个模型,我们的目标是找到最佳维护策略参数 (N^*,T^*) 使得长期平均成本率最小化。在这些预防性维护模型中,假设系统的初始故障过程(没有周期性预防性维护)服从参数集为 $(\lambda(t),\alpha_0,1)$ 的 GPP。

1. 模型1

模型1的假设:

假设故障过程在区间 $(iT,(i+1)T]$ 为 GPP 过程,其参数集为 $(\lambda(iT+t),\alpha_{PM},1),i=1,2,\cdots,(N-1)$,其中 $0<\alpha_{PM}<\alpha_0$。

在 T 时刻,执行第一次 PM。然后,根据上述假设,系统在区间 $(T,2T]$ 内的失效过程内将服从参数集为 $(\lambda(T+t),\alpha_{PM},1)$ 的 GPP,在间隔 $(2T,3T]$ 内将服从参数集为 $(\lambda(2T+t),\alpha_{PM},1)$ 的 GPP,以此类推。

根据上述假设,在预防性维护间隔 $(iT,(i+1)T],i=1,2,\cdots,N-1$ 中,

故障过程服从相应的参数为 $(\lambda(iT+t),\alpha_{PM},1)$ 的分段 GPP。因此，根据上述假设，在第 i 个 PM 周期 $(iT,(i+1)T]$ 内分段随机强度记为 $\lambda_t^{PM(i)}$（从时间 t 到时间 T），即

$$\lambda_t^{PM(i)} = (\alpha_0 N_{iT}(t-) + 1)\lambda(t), t \in (0,T], i = 0$$
$$\lambda_t^{PM(i)} = (\alpha_{PM} N_{iT}(t-) + 1)\lambda(iT+t), t \in (0,T], i = 1,2,\cdots,N-1$$

(9.16)

其中，在以上 PM 模型中，$N_{iT}(t)$ 是 $(iT,iT+t],0 < t \le T, i = 0,1,2,\cdots,$ $N-1$ 中的失效次数。结合式（9.16）中的分段随机强度 $\lambda_t^{PM(i)}$，图 9.2 描述了与历史相关的变化随机强度 λ_t^{PM}。图 9.2 是一个通过假设故障发生在 "x" 且 "x" 可知的例子。

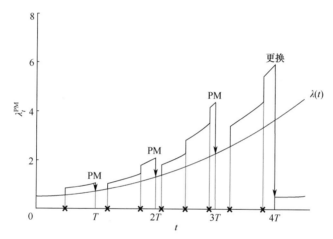

图 9.2 在 1 类 PM 模型中的平均随机强度函数随参数的变化
$(\lambda(t) = 0.05t^2 + 0.5, \alpha_0 = 0.5, \alpha_{PM} = 0.3, T = 2, N = 4)$

为了比较预防性维护与无预防性维护和最小维修情况下的效果，让我们定义上述预防性维护/预防性维护下系统的故障强度函数 $\phi^{PM}(t)$ 如下：

$$\phi^{PM}(t) = E[\lambda_t^{PM}], t \in (0,NT]$$

它是 λ_t^{PM}（相对于历史的所有可能实现）的平均值，并且还表示在时间 t 时每单位时间的平均故障数。在图 9.3 中，当没有预防性维护和应用最小修复过程时，故障强度函数为 $\phi^{PM}(t)$。

从图 9.3 可以看出，$\phi^{PM}(t)$ 介于最小维修过程的强度函数和没有 PM 时的强度函数之间。

图 9.4 显示了由于 PM 引起的更详细的故障强度变化，并且可以基于此解释 PM 的影响逐步变化。因此，就在 T 时刻执行第一次预防性维护之后，（步骤 1）故障强度值降低到最小维修过程 $\lambda(T)$（故障强度降低），然后（步骤 2）劣化参数降低到 α_{PM}（退化过程的劣化）。

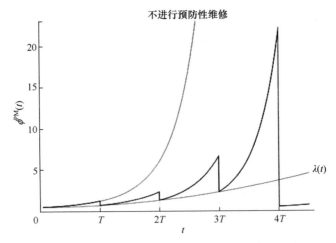

图9.3 在1类PM模型中的故障强度函数随参数的变化
($\lambda(t) = 0.05t^2 + 0.5$, $\alpha_0 = 0.5$, $\alpha_{PM} = 0.3$, $T = 2$, $N = 4$)

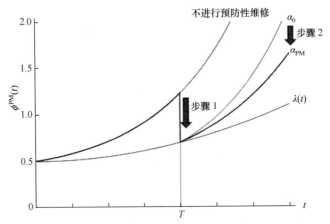

图9.4 在1类PM模型中的随机强度函数随参数的变化
$\lambda(t) = 0.05t^2 + 0.5$, $\alpha_0 = 0.5$, $\alpha_{PM} = 0.3$, $T = 2$, $N = 4$

此时，可获得模型1的预期成本率为 (N,T) 的函数，记为 $C_1(N,T)$。令 c_{GPP} 为GPP修理的费用，c_{PM} 为预防性维护的费用，c_r 为更换费用。令 N_{GP} 为在更新周期中执行的GPP维修总数。注意：一个更新周期的长度为 NT，则明显可知，长期平均成本率函数可表示为

$$C_1(N,T) = \frac{c_{GPP}E[N_{GP}] + c_{PM}(N-1) + c_r}{NT}$$

根据引理9.1（2），GPP过程内第 i 个预防性维修周期 $(iT, (i+1)T]$ 的期望维修次数为

$$\frac{1}{\alpha_0}\left(\exp\left\{\alpha_0 \int_0^T \lambda(t)\,\mathrm{d}t\right\} - 1\right), i = 0$$

和

$$\frac{1}{\alpha_{PM}}\Big(\exp\Big\{\alpha_{PM}\int_0^T \lambda(iT+t)dt\Big\}-1\Big), i=1,2,\cdots,N-1$$

因此，长期预期成本率为

$$C_1(N,T) = \frac{1}{NT}\Big(c_{GPP}\Big[\frac{1}{\alpha_0}\Big(\exp\Big\{\alpha_0\int_0^T \lambda(t)dt\Big\}-1\Big)+$$

$$\sum_{i=2}^N \frac{1}{\alpha_{PM}}\Big(\exp\Big\{\alpha_{PM}\int_0^T \lambda((i-1)T+t)dt\Big\}-1\Big)\Big]+c_{PM}(N-1)+c_r\Big)$$

$N = 1, 2, \cdots, T > 0$

根据惯例，如果 $N=1$，则 $\sum_{i=2}^N (\cdot) = 0$。

2. 模型2

在模型2中，预防性维护行为的效果将通过以下方式进行建模。
（1）失效率回退模型。
（2）役龄回退。

劣化参数 α_0 将保持不变。如前所述，故障过程在预防性维护间隔内 $(iT,(i+1)T], i=1,2,\cdots,N-1$，将服从分段GPP。设 $v_n(T)$ 为第 n 次预防性维护后GPP的起始固有年龄，取决于 n 和 T。这意味着，第 n 次预防性维护后的固有故障率函数由 $\lambda(v_n(T)+t)$ 而不是 $\lambda(nT+t)$ 给出，第 n 次预防性维护后的故障强度值由 $\phi^{PM}(nT) = \lambda(v_n(T))$ 给出。模型2对预防性维修建模的影响详细假设如下。

模型2的假设：

在 $((i-1)T,iT]$ 期间的失效过程服从参数为 $(\lambda(v_{i-1}(T)+t),\alpha_0,1), i=1,2,\cdots,N$ 的GPP，其中 $v_0(T)=0$ 且 $v_{j-1}(T)<v_j(T), j=1,2,\cdots,N-1$，并且 $v_j(T)$ 在 T 中不递减。

注意：上面定义的起始年龄与Kijima（1989）提出的虚拟年龄概念非常相似。在模型2中，$v_n(T)$ 满足 $v_{j-1}(T)<v_j(T), j=1,2,\cdots,N-1$，并且 $v_j(T)$ 在 T 中不是递减的假设。在此考虑一些满足这个假设的特定模型。关于 $v_n(T)$ 的实例模型，分别类似于Kijima的役龄模型：① $v_n(T) = v_{n-1}(T) + \theta T$；② $v_n(T) = \theta(v_{n-1}(T)+T)$，$n=1,2,\cdots$。$v_0(T)=0$，其中因子 $\theta, 0<\theta<1$，代表PM效果的高低。一般来说，Kijima的模型1实际上更合适，因为这种情况下的虚拟年龄在 $n\to\infty$ 时无界，在进一步的考虑和举例中，我们将考虑这种类型的虚拟年龄模型。PM模型2的随机强度 λ_t^{PM} 如图9.5所示，假设故障发生在标记为"$\times$"的点上。

与模型1类似，图9.6描述了PM模型2在没有采取PM和最小修复过程情况下的故障强度函数 ϕ_t^{PM}。

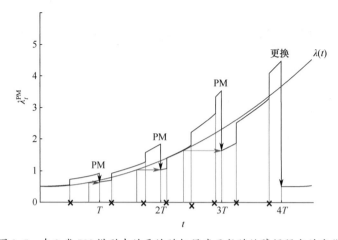

图 9.5 在 2 类 PM 模型中的平均随机强度函数随故障间隔点的变化
($\lambda(t) = 0.05t^2 + 0.5$, $\alpha_0 = 0.5$, $\alpha_{PM} = 0.3$, $T = 2$, $N = 4$)

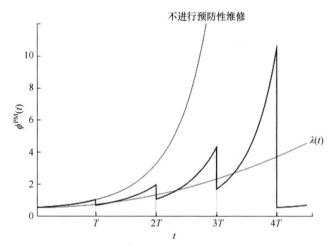

图 9.6 在 2 类 PM 模型中的故障强度函数随故障间隔点的变化
($\lambda(t) = 0.05t^2 + 0.5$, $\alpha_0 = 0.5$, $\alpha_{PM} = 0.3$, $T = 2$, $N = 4$)

图 9.7 更详细地显示了由于 PM 引起的失效强度变化,并且可以逐步解释 PM 的影响。

因此,在 T 时刻执行 PM 之后,步骤 1 故障强度值降低到最小修复过程 $\lambda(T)$ (故障强度回退模型),然后步骤 2 老化降低到 $v_1(T) = 0.8T$ (役龄回退模型)。

我们现在将获得模型 2 的预期成本率 $C_2(N, T)$。注意:在模型 2 中,在第 i 个区间 $((i-1)T, iT]$ 内的期望修理次数,从引理 9.1 (2) 可得

$$\frac{1}{\alpha_0}\left(\exp\left\{\alpha_0 \int_0^T \lambda(v_{i-1}(T) + t)\,dt\right\} - 1\right), i = 1, 2, \cdots, N$$

因此,长期预期成本率 $C_2(N, T)$ 由下式给出

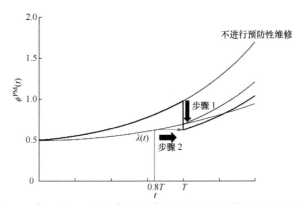

图 9.7 在 2 类 PM 模型中的故障强度函数随故障间隔点的变化
（$\lambda(t) = 0.05t^2 + 0.5$，$\alpha_0 = 0.5$，$\alpha_{PM} = 0.3$，$T = 2$，$N = 4$）

$$C_2(N,T) = \frac{c_{GPP}\sum_{i=1}^{N}(\frac{1}{\alpha_0}(\exp\{\alpha_0\int_0^T \lambda(v_{i-1}(T)+t)dt\}-1))+c_{PM}(N-1)+c_r}{NT}$$

$N = 1,2,\cdots, T > 0$

9.4.3 预防性维修模型的优化

对于每个 k，$k = 1,2$，讨论如何找到最优策略参数 (N_k^*, T_k^*)，即
$$C_k(N_k^*, T_k^*) = \min_{T>0, N=1,2,\cdots} C_k(N,T), k = 1,2$$
为了获得最优解 (N_k^*, T_k^*)，我们将按照以下两个阶段的进行计算。在第一阶段，对于一个固定的 $T > 0$，我们找到 $N_k^*(T)$ 满足以下条件：
$$C_k(N_k^*(T), T) = \min_{N=1,2,\cdots} C_k(N,T) \tag{9.17}$$
第二阶段，我们搜索 T_k^* 可得
$$C_k(N_k^*(T_k^*), T_k^*) = \min_{T>0} C_k(N_k^*(T), T) \tag{9.18}$$
以下定理提供了式（9.17）第一阶段最优的 $N_k^*(T)$ 的性质。定理 9.8 的证明已在 Lee 和 Cha（2016）中给出。

定理 9.8 假设 $\lambda(t)$ 是严格增凸的，给定的 $T > 0$，对于模型 1，有
$$L_1(N;T) = N\frac{1}{\alpha_{PM}}\left(\exp\left\{\alpha_{PM}\int_0^T \lambda(NT+t)dt\right\}-1\right)$$
$$- \sum_{i=1}^{N-1}\frac{1}{\alpha_{PM}}\left(\exp\left\{\alpha_{PM}\int_0^T \lambda(iT+t)dt\right\}-1\right)$$
$$- \frac{1}{\alpha_0}\left(\exp\left\{\alpha_0\int_0^T \lambda(t)dt\right\}-1\right), N = 1,2,\cdots,$$

对于模型 2，有
$$L_2(N;T) = N\frac{1}{\alpha_0}\left(\exp\left\{\alpha_0\int_0^T \lambda(v_N T+t)dt\right\}-1\right)$$
$$- \sum_{i=1}^{N-1}\frac{1}{\alpha_0}\left(\exp\left\{\alpha_0\int_0^T \lambda(v_{i-1}(T)+t)dt\right\}-1\right), N = 1,2,\cdots$$

那么，对于 $k=1,2$，可得

(1) $L_k(N;T)$ 随 N 严格递增，且
$$L_k(\infty;T) = \lim_{N\to\infty} L_k(N;T) = \infty$$

(2) 情况①：如 $L_k(1;T) < \dfrac{c_r - c_{\text{PM}}}{c_{\text{GPP}}}$，那么，存在 $n \geq 2$，可得
$$L_k(n-1;T) < \dfrac{c_r - c_{\text{PM}}}{c_{\text{GPP}}}$$

和
$$L_k(n;T) \geq \dfrac{c_r - c_{\text{PM}}}{c_{\text{GPP}}}$$

并且 $N_k^*(T) = n$ 或 $N_k^*(T) = n$ 且 $N_k^*(T) = n+1$，分别取决于 $L_k(n;T) > \dfrac{c_r - c_{\text{PM}}}{c_{\text{GPP}}}$ 或 $L_k(n;T) = \dfrac{c_r - c_{\text{PM}}}{c_{\text{GPP}}}$。

情况②：如果 $L_k(1;T) > \dfrac{c_r - c_{\text{PM}}}{c_{\text{GPP}}}$，则 $N_k^*(T) = 1$；如果 $L_k(1;T) \dfrac{c_r - c_{\text{PM}}}{c_{\text{GPP}}}$，则 $N_k^*(T) = 1$ 和 $N_k^*(T) = 2$。

注意：根据定理9.8中的 $L_k(N;T)$ 可以表示为
$$L_k(N;T) = \dfrac{C_k(N+1,T) - C_k(N,T)}{\dfrac{c_{\text{GPP}}}{N(N+1)T}} - \dfrac{c_{\text{PM}} - c_r}{c_{\text{GPP}}}$$

因此，有
$$C_k(N+1,T) - C_k(N,T) > (=,<) \Leftrightarrow L_k(N;T) > (=,<) \dfrac{c_r - c_{\text{PM}}}{c_{\text{GPP}}}$$

由于定理 9.8 的结果（1），在情况 1 中，$C_k(N,T)$ 先减小后严格增大，存在 $N_k^*(T) \geq 2$，其是否唯一取决于给定的条件。在情况 2 中，$C_k(N,T)$ 严格增加，因此，$N_k^*(T) = 1$ 还是 $N_k^*(T) = 1$ 且 $N_k^*(T) = 2$，取决于给定的条件。

我们现在将讨论如何简化第二阶段。在第二阶段，如果能找到一个正的 T 值，如 T_U，则
$$\min_{T\in[0,T_U]} C_k(N_k^*(T),T) < \min_{T\in[T_U,\infty]} C_k(N_k^*(T),T)$$

那么，在第二阶段寻找 T_k^*（式（9.18））可以在缩减在参数集 $[0,T_U]$ 中执行，而不是 $[0,\infty]$。因此，寻找搜索 T_k^* 可以只限于集合 $[0,T_U]$。

下面的定理证明 T_k^* 上限的存在，Lee 和 Cha（2016）也给出了证明。

定理9.10 假设两个模型的 $\lambda(t)$ 值都在严格增加，另外假设模型1的 $\lambda(t)$ 如下：
$$\dfrac{\int_T^{2T} \lambda(t)\,\mathrm{d}t}{\int_0^T \lambda(t)\,\mathrm{d}t} > \dfrac{\alpha_0}{\alpha_{\text{PM}}}, \quad T > 0 \qquad (9.19)$$

最优 T_k^* 的上界为 T_U，且 $T_U = \max(T_1, T_2)$，其中 T_1 是下式的唯一解：

$$L_k(1;T) = \frac{c_r - c_{PM}}{c_{GPP}}$$

并且，T_2 是下式的唯一解：

$$\exp\left\{\alpha_0 \int_0^T \lambda(t)\,dt\right\}\{\alpha_0 \lambda(T)T - 1\} = \frac{\alpha_0 c_r}{c_{GPP}} - 1$$

求最优解集 (N_k^*, T_k^*) 的数值例子在 Lee 和 Cha（2016）中也有提及。

注释9.4 在定理9.10中，条件式（9.19）并不严苛，例如，威布尔失效率 $\lambda(t) = \theta\gamma t^{\gamma-1}$，条件式（9.19）变为

$$\frac{\int_T^{2T} \lambda(t)\,dt}{\int_0^T \lambda(t)\,dt} = 2^\gamma - 1 > \frac{\alpha_0}{\alpha_{PM}}, \theta > 0$$

特别是当 α_0 和 α_{PM} 之间的差异不是很大时，其值取决于参数 γ、α_0、α_{PM}，这在 PM 的实际应用中是经常发生的情况。

参考文献

Al-Hameed MS, Proschan F (1973) Nonstationary shock models. Stochastic Processes their Appl 1:383–404

Aven T, Jensen U (1999) Stochastic models in reliability. Springer, New York

Aven T, Jensen U (2000) A general minimal repair model. J Appl Probab 37:187–197

Beichelt F, Fischer K (1980) General failure model applied to preventive maintenance policies. IEEE Trans Reliab 29:39–41

Block HW, Borges WS, Savits TH (1985) Age-dependent minimal repair. J Appl Probab 22:370–385

Canfield RV (1986) Cost optimization of periodic preventive maintenance. IEEE Trans Reliab 35:78–81

Cha JH (2014) Characterization of the generalized Polya process and its applications. Adv Appl Probab 46:1148–1171

Cha JH, Finkelstein M (2009) On a terminating shock process with independent wear increments. J Appl Probab 46:353–362

Cha JH, Finkelstein M (2010) Burn-in by environmental shocks for two ordered subpopulations. Eur J Oper Res 206:111–117

Cha JH, Finkelstein M (2011) On new classes of extreme shock models and some generalizations. J Appl Probab 48:258–270

Cha JH, Finkelstein M (2016) New shock models based on the generalized Polya process. Eur J Oper Res 251:135–141

Cha JH, Finkelstein M (2017) On a new shot noise process and the induced survival model. Meth Computing Appl Probab. https://doi.org/10.1007/s11009-017-9550-y

Cha JH, Mi J (2007) Study of a stochastic failure model in a random environment. J Appl Probab 44:151–163

Chakravarthy SR (2012) Maintenance of a deteriorating single server system with Markovian arrivals and random shocks. Eur J Oper Res 222:508–522

Cheng CY, Chen MC (2003) The periodic preventive maintenance policy for deteriorating systems by using improvement factor model. Int J Appl Sci Eng 1:114–122

Cheng CY, Chen M, Guo R (2007) The optimal periodic preventive maintenance policy with degradation rate reduction under reliability limit. In: Proceedings of IEEE international conference on Industrial Engineering and Engineering Management (IEEM2007), 649–653

Cheng CY, Zhao X, Chen M, Sun TH (2014) A failure-rate-reduction periodic preventive maintenance model with delayed initial time in a finite time period. Qual Technol Quant Manage 11:245–254

El-Ferik S, Ben-Daya M (2006) Age-based hybrid model for imperfect preventive maintenance. IIE Trans 38:365–375

Esary JD, Marshal AW, Proschan F (1973) Shock models and wear processes. Ann Probab 1:627–649

Finkelstein M (2003) Simple bounds for terminating Poisson and renewal processes. J Stat Plann Inference 113:541–548

Finkelstein M (2008) Failure rate modelling for reliability and risk. Springer, London

Finkelstein M, Cha JH (2013) Stochastic modelling for reliability: shocks, burn-in and heterogeneous populations. Springer, London

Frostig E, Kenzin M (2009) Availability of inspected systems subject to shocks -A matrix algorithmic approach. Eur J Oper Res 193:168–183

Huynh KT, Castro IT, Barros CB (2012) Modeling age-based maintenance strategies with minimal repairs for systems subject to competing failure modes due to degradation and shocks. Eur J Oper Res 218:140–151

Kalashnikov V (1997) Geometric sums: bounds for rare events with applications. Kluwer Academic Publishers, New York

Kalbfleisch JD, Prentice RL (1980) The statistical analyses of failure time data. Wiley, New York

Kebir Y (1991) On hazard rate processes. Naval Res Logis 38:865–877

Kijima M (1989) Some results for repairable systems with general repair. J Appl Probab 26:89–102

Lee H, Cha JH (2016) New stochastic models for preventive maintenance and maintenance optimization. Eur J Oper Res 255:80–90

Lee H, Cha JH (2017) A bivariate optimal replacement policy for a system subject to a generalized failure and repair process. Submitted Manuscript

Lehmann EL (1966) Some concepts of dependence. Ann Math Statist 37:1137–1153

Lemoine AJ, Wenocur ML (1986) A note on shot-noise and reliability modeling. Oper Res 34:320–323

Levitin G, Lisnianski A (2000) Optimization of imperfect preventive maintenance for multi-state systems. Reliability Eng Sys Saf 67:193–203

Lie CH, Chun YH (1986) An algorithm for preventive maintenance policy. IEEE Trans Reliab 35:71–75

Lin D, Zuo MJ, Yam RCM (2000) General sequential imperfect preventive maintenance models. Int J Reliab Qual Saf Eng 7:253–266

Lund R, McCormic W, Xiao U (2004) Limiting properties of Poisson shot noise processes. J Appl Probab 41:911–918

Montoro-Cazorla D, Pérez-Ocón R (2011) Two shock and wear systems under repair standing a finite number of shocks. Eur J Oper Res 214:298–307

Nakagawa T (1986) Periodic and sequential preventive maintenance policies. J Appl Probab 23:536–542

Nakagawa T (2007) Shock and damage models in reliability theory. Springer, London

Nguyen DG, Murthy DNP (1981) Optimal preventive maintenance policies for repairable systems. Oper Res 29:1181–1194

Park DH, Jung GM, Yum JK (2000) Cost minimization for periodic maintenance policy of a system subject of slow degradation. Reliab Eng Sys Saf 68:105–112

Pongpech J, Murthy DNP (2006) Optimal periodic preventive maintenance policy for leased equipment. Reliab Eng Sys Saf 91:772–777

Rice J (1977) On generalized shot noise. Adv Appl Probab 9:553–565

Shaked M, Shanthikumar JG (2007) Stochastic orders. Springer, New York

Sheu SH, Chang CC (2009) An extended periodic imperfect preventive maintenance model with age-dependent failure type. IEEE Trans Reliab 58:397–405

Singpurwalla N (1995) Survival in dynamic environment. Stat Sci 10:86–103

第 10 章 多元 GPP

在这一章中,我们介绍最近发展的"广义多元波利亚过程"(MVGPP),并讨论它的性质。首先,定义和研究二元波利亚过程,并简要讨论相应的可靠性应用。将二元波利亚过程推广到多元情形。最后定义一个关于多元计数过程的一个新概念,并在此基础上分析了 MVGPP 的相关结构。

10.1 定义和基本性质: 二元情况

到目前为止,在前面的章节中,已经介绍了各种单变量计数过程并讨论了它们的性质。但是,在许多情况下和应用中都会出现随机相关的多元事件序列。例如,在排队论中,二元计数过程通常为输入和输出过程(Daley, 1968)。在可靠性应用中,系统不同部分的连续故障通常是正相关的。在金融领域,一个集团的单个金融公司破产也可能会影响该集团其他金融公司(Allen 和 Gale, 2000)。在计量经济学中,多变量计数过程经常被用来构建多变量市场事件模型(Bowsher, 2006)。在保险中,两种类型的索赔可以用二元计数过程来建模(Partrat, 1994)。更多的例子,见 Cox 和 Lewis (1972)。虽然 Cox 和 Lewis (1972) 建立了一般的理论框架,但实际可用的多元计数过程还没有发展到与单变量情况相同的程度,因此,在期望的实际应用和可用的模型之间存在很大的差距。基于此,在 2016 年 Cha 和 Girogio 提出了一类新的多元计数过程,称为"多元广义波利亚过程"(MVGPP)。MVGPP 将前几章中考虑的单变量 GPP 扩展到多变量情况。Cha 和 Giorgio (2016) 的研究表明,这一过程具有吸引人的特性,允许在各种应用中进行数学处理。本章介绍了 Cha 和 Giorgio (2016) 提出的 MVGPP,并讨论了它的性质。

在本章中,我们定义了二元 GPP 并讨论它的基本性质。令 $\{N(t), t \geq 0\}$,其中 $N(t) = (N_1(t), N_2(t))$,为我们关注的二元过程,并定义相应的"合并"计数过程 $\{M(t), t \geq 0\}$,其中 $M(t) = N_1(t) + N_2(t)$。然后,我们可定义计数过程的边缘分布 $\{N_i(t), t \geq 0\}$,为方便起见,将它们称为 i 型积分过程,$i = 1, 2$。此外,来自 i 型点过程 $\{N_i(t), t \geq 0\}$ 的事件也称为 i 型事件。在本章中,我们将考虑一个规则(也称为有序)多元计数过程。回想一下单变量计数过程 $\{N(t), t \geq 0\}$,它称为"规则的"(或"有序的"),即

$$P(N(t + \Delta t) - N(t) > 1) = o(\Delta t), \forall t \geq 0$$

规则性是指多个事件在一个小区间内不发生。注意：多元过程中的"规则性"应该更精确地进行定义（Cox 和 Lewis，1972）。正如第 4 章中简要讨论的，在多变量计数过程中有两种类型的规律性：①边缘规则性；②则性。对于多变量计数过程，如果它的边缘过程是规则的单变量计数过程，则这个过程是边缘规则的。如果"合并"过程是规则的，则多元过程称为规则的。当然，这种规则性意味着边缘规律性。在本文中，将假设多元过程 $\{N(t),t\geq 0\}$ 为我们关注的规则性过程。

假设 $H_{P_{t-}} = \{M(u), 0 \leq u < t\}$ 为在区间 $(0,t]$ 上合并过程的历史记录（内部筛选），即 $(0,t]$ 中所有点事件的集合。观察可知，$H_{P_{t-}}$ 可以等效地用 $M(t-)$ 和在区间 $(0,t]$ 中事件到达点序列为 $0 \leq T_1 \leq T_2 \leq \cdots \leq T_{M(t-)} < t$ 定义，其中，$M(t-)$ 是 $(0,t]$ 中的事件总数，在区间 $(0,t]$ 上 T_i 是 $\{M(t),t\geq 0\}$ 事件从 0 到 i^{th} 到达的时间。同样，定义边缘过程 $H_{it-} = \{N_i(u), 0 \leq u < t\}, i = 1,2$ 的边缘历史。然后，$H_{it-} = \{N_i(u), 0 \leq u < t\}$ 也可以完全用 $N_i(t-)$ 和在区间 $(0,t]$ 上事件到达时间序列为 $0 \leq T_{i1} \leq T_{i2} \leq \cdots \leq T_{iN_i(t-)} < t, i = 1,2$ 定义，其中，$N_i(t-)$，$i = 1,2$ 是在区间 $(0,t]$ 上计数过程 i 类型的事件总数。

描述单变量计数过程的一种简单的数学方法是通过随机强度（或强度过程）的概念（Aven 和 Jensen，1999、2000；Finkelstein 和 Cha，2013），这在本书中多处使用。尽管多变量计数过程可以用不同的方式定义，最简单的方式是通过随机强度方法来完成。"规则二元边缘过程"可以由下列等式指定，即

$$\lambda_{1t} \equiv \lim_{\Delta t \to 0} \frac{P(N_1(t,t+\Delta t) \geq 1 \mid H_{1t-}; H_{2t-})}{\Delta t} = \lim_{\Delta t \to 0} \frac{P(N_1(t,t+\Delta t) = 1 \mid H_{1t-}; H_{2t-})}{\Delta t}$$

$$\lambda_{2t} \equiv \lim_{\Delta t \to 0} \frac{P(N_2(t,t+\Delta t) \geq 1 \mid H_{1t-}; H_{2t-})}{\Delta t} = \lim_{\Delta t \to 0} \frac{P(N_1(t,t+\Delta t) = 1 \mid H_{1t-}; H_{2t-})}{\Delta t}$$

$$\lambda_{12t} \equiv \lim_{\Delta t \to 0} \frac{P(N_1(t,t+\Delta t)N_2(t,t+\Delta t) \geq 1 \mid H_{1t-}; H_{2t-})}{\Delta t} \quad (10.1)$$

式中：$N_i(t_1,t_2), t_1 < t_2$ 为 $[t_1,t_2), i = 1,2$ 中的事件数，可参见 Cox 和 Lewis（1972）。式（10.1）中的函数称为完全强度函数。对于规则过程，$\lambda_{12t} = 0$，为了定义一个规则的过程，只需要指定 λ_{1t} 和 λ_{2t}（式（10.1））就足够了。现在，基于随机强度的概念，我们定义二元 GPP 过程。

定义 10.1 如果（GPP）二元计数过程 $\{N(t),t \geq 0\}$ 称为 BVGPP 的参数集 $\{\lambda_1(t), \lambda_2(t), \alpha, \beta, \lambda_i(t) \geq 0, \forall t \geq 0, i = 1,2, \alpha \geq 0, \beta > 0\}$，则满足以下条件：

(1) $N_1(0) = 0, N_2(0) = 0$；

(2) $\lambda_{1t} = (\alpha(N_1(t-) + N_2(t-)) + \beta)\lambda_1(t)$；

(3) $\lambda_{2t} = (\alpha(N_1(t-) + N_2(t-)) + \beta)\lambda_2(t)$。

二元广义 Polya 过程用 BVGPP 表示，其参数为 $(\lambda_1(t), \lambda_2(t), \alpha, \beta)$。定义 10.1 中的条件（2）和（3）以非常直观的方式定义了过程的相关结构。也就是

说，任何类型的事件在前一个时间间隔中的出现都会增加在下一个时间间隔中两种类型事件出现的概率。在实践中，可以经常观察到二元计数过程（或多元计数过程）中的这种相关性。例如，在可靠性应用中，系统两个部件的连续故障经常是正相关的（见例 10.1）。在下面的例子中，我们将考虑 BVGPP 在可靠性中应用的一个例子。

例 10.1 （相关的故障和维修过程）正如第 8 章所提到的，在可靠性应用中，"每个计数过程对应一个特定的修理类型，反之亦然"。因此，基于 BVGPP，可以构建与之相关的新型故障和修复过程。假设一个系统由两部分组成（第 1 部分和第 2 部分），这两部分具有各自的故障率 $r_i(t) = \beta\lambda_i(t), i = 1,2$。我们现在考虑以下 3 种不同类型的故障和修复过程。在下文中，只要系统的任何部分出现故障，就会对故障件进行修理。此外，我们假设修复是瞬时的，修复时间可以忽略不计。

1. 第一类维修过程

在这种模型下，每一个出现故障的部件都会立即得到"最小维修"，这意味着修复后的零件的可靠性性能与故障前的性能相同。此外，假设该故障不影响整个系统的可靠性性能。该故障和修复过程可表示如下。

(1) $N_1(0) = 0, N_2(0) = 0$。

(2) $\lambda_{1t} = \beta\lambda_1(t)$。

(3) $\lambda_{2t} = \beta\lambda_2(t)$。

2. 第二类修复过程

(1) $N_1(0) = 0, N_2(0) = 0$。

(2) $\lambda_{1t} = (\alpha N_1(t-) + \beta)\lambda_1(t)$。

(3) $\lambda_{2t} = (\alpha N_2(t-) + \beta)\lambda_2(t)$。

3. 第三类维修过程

定义 10.1 定义了该故障和修复过程。

显然，第一类维修过程定义了"独立的最小维修流程"（IMRP）。在这个模型下，联合故障过程可以用两个独立的非齐次泊松过程描述，其速率为 $r_i(t)$，$i = 1,2$。在第三类修理过程中，任何零件修理后，两个零件的可靠性性能都比故障前差（因此，导致对故障的敏感度增加）。当任何一个零件的故障对两个零件都有负面影响时，可以采用这种类型的修复过程。例如，在电力系统中，一个部件的故障可能会引起突然的电涌，从而影响整个系统，然后增加系统中突然出现过电流峰值的机会。从这个意义上说，我们定义了一种"比最小修复过程更差"的相关计数过程。与之不同的是，第二类修复过程定义了"比最小修复过程更差的独立修复过程"。

显然，我们更关注本章的第三类修复过程。假设系统经历上面定义类型的修复过程。人们会首先关注，特定时间 t 之前每个部件的修理次数。因此，在这种情况下，我们需要考虑 $P(N_1(t) = n_1, N_2(t) = n_2)$ 的联合分布。在某些情况下，每个零件的维修次数可能会受到限制（如由于备件数量的限制），如零件 A 和 B，分别为 l_1 和 l_2。在这种情况下，系统维修过程下正常工作到 t 时刻的概率由 $P(N_1(t) \leq l_1, N_2(t) \leq l_2)$ 给出。

一般来说，系统的可靠性性能随着时间的推移而恶化，最终导致低效率，同时导致高运行成本。现在假设系统根据第三类修复流程对每个故障进行修复。在这种模式下，由于两个部件之间的依赖性，系统的"任一部件"出现故障都会使"两个部件"的可靠性性能下降。例如，尽管大多数失效都发生在第 1 部分，但是由于依赖性，对两个零件失效的敏感性增加了。考虑基于 $N_1(t) + N_2(t)$ 的替换策略可能是合理的。我们可以考虑一个维护策略，每当 $N_1(t) + N_2(t)$ 达到 $n(n > 1)$ 时，用一个新的系统进行替换。在第三类修复过程中构建也可以替换策略的变异模型。

例 10.2 （金融业的依赖破产）在金融领域，一个集团中的一家金融公司的破产也可能会影响不同集团中其他公司的破产。在这种情况下，一个特定地区的几起事件（破产）蔓延到金融行业的其他地方，导致全球金融市场出现连续的违约和破产浪潮，这称为"金融传染"（Allen 和 Gale，2000）。记 $N_i(t)$，$i = 1, 2$ 为在区间 $(0, t]$ 上破产总数。通过使用定义 10.1 中的 BVGPP 构建随机过程 $\{(N_1(t), N_2(t)), t \geq 0\}$ 的模型，我们可以对以下金融现象进行建模：其中任何组中破产的发生，增加了下一个区间中所有组中破产发生的可能性。

在下文中，我们将导出 BVGPP 的重要性质，为此，首先回顾单变量 GPP 和重启过程的定义（见第 8 章和 Cha (2014)）。

定义 10.2 （GPP）一元计数过程，$\{N(t), t \geq 0\}$ 称为 GPP 过程，其参数集为 $(\gamma(t), \alpha, \beta), \alpha \geq 0, \beta > 0$，如果

(1) $N(0) = 0$；

(2) $\lambda_t = \lim_{\Delta t \to 0} P(N(t, t + \Delta t) \geq 1 | H_{t-})/\Delta t = (\alpha N(t-) + \beta)\gamma(t)$，其中 H_{t-} 是 $[0, t)$ 中进程的历史记录，$N(t_1, t_2), t_1 < t_2$ 分别为 $[t_1, t_2)$ 中的事件数。

在下文中，记 GPP $(\lambda(t), \alpha, \beta)$ 为定义 10.2 中的 GPP。在第 8 章，定义了以下重启属性，并用于导出 GPP 的属性。重新启动属性的概念现在可以直接扩展到多元过程，并且无须修改。

定义 10.3 （重启性质）令在任意 $t > 0$ 时刻，如果条件未来随机过程从 t 开始，给定时间 t 之前的历史，服从相同的类型，其可能具有不同的过程参数集，则该过程称为具有重启特性。具有重启特性的随机过程称为重启过程。

第 8 章给出了几个单变量重启过程的例子，正如第 8 章所提到的 GPP 拥有以下形式的重启属性：令 $\{N(t), t \geq 0\}$，参数集为 $(\lambda(t), \alpha, \beta)$，并且表示事件在区间 $[0, t)$ 的相应到达点序列为 $0 \leq S_1 \leq S_2 \leq \cdots \leq S_{N(t-)} < t$。对于任意时间 $u > 0$，给定 u 之前的历史信息 $\{N(u-) = n, S_1 = s_1, S_2 = s_2, \cdots, S_n = s_n\}$，条

件随机过程为 $\{N_u(t), t \geq 0\}$，其中，$N_u(t) = N(u+t) - N(u)$，也是带参数集的 $(\lambda(u+t), \alpha, \beta + n\alpha), t \geq 0$ 的 GPP 过程。

除了 BVGPP 的一些基本性质之外，下面的命题提供了一些关于总体过程和边缘过程之间的结构关系的重要见解。这种结构关系对于进一步分析 BVGPP 至关重要。对于我们的讨论，首先需要对该过程进行详细定义。

定义 10.4（$p(t)$ 细化过程）令 $\{N(t), t \geq 0\}$ 为单变量计数过程，用 $\{N_{p(\cdot)}(t), t \geq 0\}$ 表示以概率 $p(t)$ 保留过程的每一点，以概率 $q(t) = 1 - p(t)$ 删除得到的点过程，两者相互独立。用 $\{N_{q(\cdot)}(t), t \geq 0\}$ 表示由删除的点构成的点过程。那么，过程是 $\{N_{p(\cdot)}(t), t \geq 0\}$ 和 $\{N_{q(\cdot)}(t), t \geq 0\}$ 可定义概率 $p(t)$ 的 $\{N(t), t \geq 0\}$ 细化的操作。

为了方便起见，我们将使用以下符号：$N_{ui}(t) = N_i(u+t) - N_i(u)$，$\Lambda_i(t) = \int_0^t \lambda_i(u)\mathrm{d}u, i = 1, 2$，$\lambda(t) = \lambda_1(t) + \lambda_2(t)$，$\Lambda(t) = \int_0^t \lambda(u)\mathrm{d}u = \Lambda_1(t) + \Lambda_2(t)$ 和 $p_i(t) = \dfrac{\lambda_i(t)}{\lambda(t)}, i = 1, 2$。

命题 10.1 假设 $\{N(t), t \geq 0\}$ 为 BVGPP 过程，其参数 $(\lambda_1(t), \lambda_2(t), \alpha, \beta)$，则

(1) $\{M(t), t \geq 0\}$ 是参数为 $(\lambda(t), \alpha, \beta)$ 的 GPP 过程；

(2) $\{N(t), t \geq 0\}$ 过程，是通过概率 $p_1(t)$ - 细化构造的 $\{M(t), t \geq 0\}$，$\{(M_{p1(\cdot)}(t), M_{p2(\cdot)}(t)), t \geq 0\}$；

(3) 给定 (H_{1u-}, H_{2u-})，$\{N(t), t \geq 0\}$，其中 $N_u(t) = (N_{u1}(t), N_{u2}(t))$ 是参数集为 $(\lambda_1(u+t), \lambda_2(u+t), \alpha, \beta + \alpha(n_1 + n_2))$ 的 BVGPP 过程，其中 n_i 为 $N_i(t-)$ 的取值，$i = 1, 2$；

(4) 对于任意 $u \geq 0$，$\{N(t), t \geq 0\}$ 为"非条件"的 BVGPP，参数集为 $(\psi_1(t, u), \psi_2(t, u), \alpha, \beta)$，其中

$$\psi_i(t, u) = \frac{\lambda_i(u+t)\exp\{\alpha\Lambda(u+t)\}}{1 + \exp\{\alpha\Lambda(u+t)\} - \exp\{\alpha\Lambda(u)\}}, i = 1, 2$$

证明：根据定义 10.1 和定义 10.2 可知属性（1）和（2）成立。对于属性（3），给定 (H_{1u-}, H_{2u-}) 和 $\{M_u(t), t \geq 0\}$，其中 $M_u(t) = M(u+t) - M(u)$ 是服从参数集为 $(\lambda(u+t), \alpha, \beta + \alpha(n_1 + n_2))$ 的 GPP 过程，其具备重启属性。由此，采用 $p_1(u+t)$ 方式细化 $\{M_u(t), t \geq 0\}$ 和 $\{N_u(t), t \geq 0\}$ 可以推导出属性（2）。对于属性（4），注意：$\{M_u(t), t \geq 0\}$ 是参数集为 $(\psi(t, u), \alpha, \beta)$ 的非条件 GPP，见定理 8.2，其中

$$\psi(t, u) = \frac{\lambda(u+t)\exp\{\alpha\Lambda(u+t)\}}{1 + \exp\{\alpha\Lambda(u+t) - \exp\{\alpha\Lambda(u)\}\}}$$

然后，通过将 $p_1(u+t)$ 代入 $\{M_u(t), t \geq 0\}$，当 $i = 1, 2$ 时，可得

$$\lambda_{it}^u = \lim_{\Delta t \to 0} \frac{P(N_{ui}(t, t + \Delta t) = 1 | H_{1\,[u, u+t)}; H_{2\,[u, u+t)})}{\Delta t}$$

$$= (\alpha[(N_1((u+t)-) - N_1(u-)) + (N_2((u+t)-) - N_2(u-))] + \beta)$$
$$\psi(t,u)p_i(u+t)$$

其中，$N_{ui}(t_1,t_2), t_1 < t_2$，表示不同类型事件在 $[u+t_1, u+t_2)$ 中的事件数，$H_{i[u,u+t]}$ 为第 i 型维修过程在 $[u+t)$ 上的历史。

注释10.1 命题10.1的属性（3）意味着 BVGPP 是一个重启过程（有条件地基于该过程的历史）。此外，命题1的性质（4）说，BVGPP 可"无条件地"在任何时间重新开始。

命题10.1中（3）和（4）的重启性质将用于获得事件数的联合分布。以下定理提供了这些联合分布。

定理10.1 假设 $t > 0$ 且 $0 = u_0 < u_1 < \cdots < u_m$，即

(1) $P(N_i = n_i, i = 1, 2) =$

$$\frac{\Gamma(\beta/\alpha + n_1 + n_2)}{\Gamma(\beta/\alpha) n_1! n_2!} (\alpha \int_0^t \lambda_1(x) \exp\{-\alpha[\Lambda(t) - \Lambda(x)]\} dx)^{n_1}$$
$$\cdot (\alpha \int_0^t \lambda_2(x) \exp\{-\alpha[\Lambda(t) - \Lambda(x)]\} dx)^{n_2} (\exp\{-\alpha\Lambda(t)\})^{\frac{\beta}{\alpha}}$$

(2) $P(N_i(u_2) - N_i(u_1) = n_i, i = 1, 2)$

$$= \frac{\Gamma(\beta/\alpha + n_1 + n_2)}{\Gamma(\beta/\alpha) n_1! n_2!} \left(\frac{\alpha \int_{u_1}^{u_2} \lambda_1(x) \exp\{\alpha\Lambda(x)\} dx}{1 + \exp\{\alpha\Lambda(u_2)\} - \exp\{\alpha\Lambda(u_1)\}} \right)^{n_1}$$
$$\cdot \left(\frac{\alpha \int_{u_1}^{u_2} \lambda_2(x) \exp\{\alpha\Lambda(x)\} dx}{1 + \exp\{\alpha\Lambda(u_2)\} - \exp\{\alpha\Lambda(u_1)\}} \right)^{n_2}$$
$$\cdot \left(\frac{1}{1 + \exp\{\alpha\Lambda(u_2)\} - \exp\{\alpha\Lambda(u_1)\}} \right)^{\frac{\beta}{\alpha}}$$

(3) $P(N_i(u_j) - N_i(u_{j-1}) = n_{ij}, i = 1, 2, j = 1, 2, \cdots, m)$

$$= \prod_{k=1}^{m} \left[\frac{\Gamma(\beta/\alpha + \sum_{j=1}^{k} \sum_{i=1}^{2} n_{ij})}{\Gamma(\beta/\alpha + \sum_{j=1}^{k} (\sum_{i=1}^{2} n_{ij})) n_{1k}! n_{2k}!} \right.$$
$$(\alpha \int_{u_{k-1}}^{u_k} \lambda_1(x) \exp\{-\alpha[\Lambda(u_k) - \Lambda(x)]\} dx)^{n_{1k}} \cdot$$
$$(\alpha \int_{u_{k-1}}^{u_k} \lambda_2(x) \exp\{-\alpha[\Lambda(u_k) - \Lambda(x)]\} dx)^{n_{2k}} \cdot$$
$$\left. (\exp\{-\alpha[\Lambda(u_k) - \Lambda(u_{k-1})]\})^{\beta/\alpha + \sum_{j=1}^{k-1} (\sum_{i=1}^{2} n_{ij})} \right]$$

其中，当 $k = 1$ 时，有

$$\sum_{j=1}^{k-1} (\cdot) = 0$$

证明： 属性（1），观察可知

$$P(N_i(t) = n_i, i = 1,2) = P(N_i(t) = n_i, i = 1,2 \mid M(t) = n_1 + n_2) \times P(M(t) = n_1 + n_2)$$

当 $\{M(t), t \geq 0\}$ 是参数集为 $(\lambda(t), \alpha, \beta)$ 的 GPP 过程时，从定理 8.1 可知

$$P(M(t) = n_1 + n_2) = \frac{\Gamma(\beta/\alpha + n_1 + n_2)}{\Gamma(\beta/\alpha)(n_1 + n_2)!}(1 - \exp\{-\alpha\Lambda(t)\})^{n_1+n_2}(\exp\{-\alpha\Lambda(t)\})^{\beta/\alpha}$$

根据定理 8.3 可知，假定 $M(t) = n_1 + n_2$，到达时间序列 $0 < T_1 < T_2 < \cdots < T_{n1+n2} \leq t$ 与对应于 n 个独立随机变量具有相同的分布，其概率密度为

$$\left(\frac{\alpha\lambda(x)\exp\{\alpha\Lambda(x)\}}{\exp\{\alpha\Lambda(x)\} - 1}\right), 0 < x \leq t$$

因此，如果在 $(0,t]$ 中发生了一个事件，它将是类型 1 事件的概率由下式给出

$$\phi(t) = \left(\frac{\alpha\int_0^t \lambda_1(x)\exp\{\alpha\Lambda(x)\}\mathrm{d}x}{\exp\{\alpha\Lambda(x)\} - 1}\right)$$

因为

$$P(N_i(t) = n_i, i = 1,2 \mid M(t) = n_1 + n_2) = \binom{n_1 + n_2}{n_1}(\phi(t))^{n_1}(1 - \phi(t))^{n_2}$$

所以可得

$$P(N_i(t) = n_i, i = 1,2) = \frac{\Gamma(\beta/\alpha + n_1 + n_2)}{\Gamma(\beta/\alpha)n_1!n_2!}\left(\alpha\int_0^t \lambda_1(x)\exp\{-\alpha[\Lambda(t) - \Lambda(x)]\}\mathrm{d}x\right)^{n_1} \cdot$$

$$\left(\alpha\int_0^t \lambda_2(x)\exp\{-\alpha[\Lambda(t) - \Lambda(x)]\}\mathrm{d}x\right)^{n_2}(\exp\{-\alpha\Lambda(t)\})^{\beta/\alpha}$$

属性（2）： 通过应用命题 10.1（4）重启属性和上述属性（1），并通过使用下式：

$$\int_0^t \psi_1(w, u_1) + \psi(w, u_1)\mathrm{d}w = \frac{1}{\alpha}\ln(1 + \exp\{\alpha\Lambda(u_1 + t)\} - \exp\{\alpha\Lambda(u_1)\})$$

我们可以立即获得想要的结果。

性质（3）： 观察可知

$$P(N_i(u_j) - N_i(u_{j-1}) = n_{ij}, i = 1,2, j = 1,2)$$
$$= P(N_i(u_2) - N_i(u_1)) = n_{i2}, i = 1,2 \mid N_i(u_1) - N_i(u_0) = n_{i1}, i = 1,2) \cdot$$
$$P(N_i(u_1) - N_i(u_0) = n_{i1}, i = 1,2)$$

其中 $u_0 = 0$，根据命题 10.1 中的性质（3）可知，假定 $N_i(u_1) - N_i(u_0) = n_{i1}, i = 1,2, \{N_{u1}(t), t \geq 0\}$ 为参数 $\lambda_1(u_1 + t), \lambda_2(u_1 + t), \alpha, \beta + \alpha(n_{11} + n_{21})$ 的 BVGPP，然后，通过应用上述性质（1），有

$$P(N_i(u_2) - N_i(u_1)) = n_{i2}, i = 1,2 \mid N_i(u_1) - N_i(u_0) = n_{i1}, i = 1,2)$$
$$= \frac{\Gamma(\beta/\alpha + n_{11} + n_{21} + n_{12} + n_{22})}{\Gamma(\beta/\alpha + n_{11} + n_{21})n_{12}!n_{22}!}\left(\alpha\int_{u_1}^{u_2} \lambda_1(x)\exp\{-\alpha[\Lambda(u_2) - \Lambda(x)]\}\mathrm{d}x\right)^{n_{12}} \cdot$$

$$\left(\alpha\int_{u_1}^{u_2}\lambda_2(x)\exp\{-\alpha[\Lambda(u_2)-\Lambda(x)]\}dx\right)^{n_{22}}(\exp\{-\alpha[\Lambda(u_2)-\Lambda(u_1)]\})^{\frac{\beta}{\alpha}+n_{11}+n_{21}}$$

因此可得

$$P(N_i(u_j) - N_i(u_{j-1})) = n_{ij}, i=1,2, j=1,2)$$

$$= \prod_{k=1}^{2}\left[\frac{\Gamma(\beta/\alpha + \sum_{j=1}^{k}(\sum_{i=1}^{2}n_{ij}))}{\Gamma(\beta/\alpha + \sum_{j=1}^{k}(\sum_{i=1}^{2}n_{ij}))n_{1k}!n_{2k}!}\left(\alpha\int_{u_{k-1}}^{u_k}\lambda_1(x)\exp\{-\alpha[\Lambda(u_k)-\Lambda(x)]\}dx\right)^{n_{1k}}\cdot\right.$$

$$\left(\alpha\int_{u_{k-1}}^{u_k}\lambda_2(x)\exp\{-\alpha[\Lambda(u_k)-\Lambda(x)]\}dx\right)^{n_{2k}}\cdot$$

$$\left.(\exp\{-\alpha[\Lambda(u_k)-\Lambda(u_{k-1})]\})^{\frac{\beta}{\alpha}+\sum_{j=1}^{k-1}(\sum_{i=1}^{2}n_{ij})}\right]$$

其中，当 $k=1$ 时，$\sum_{j=1}^{k-1}(\cdot) = 0$，通过采用类似的递归方法，可得到想要的结果。

注释10.2 （1）注意：$N_1(t)$ 和 $N_2(t)$ 的联合分布是负多项式分布，$N_i(t)$ 的边缘分布由负二项分布给出

$$P(N_i(t) = n_i) = \frac{\Gamma(\beta/\alpha + n_i)}{\Gamma(\beta/\alpha)n_i!}\left(\frac{\alpha\int_0^t\lambda_i(x)\exp\{-\alpha[\Lambda(t)-\Lambda(x)]\}dx}{\alpha\int_0^t\lambda_i(x)\exp\{-\alpha[\Lambda(t)-\Lambda(x)]\}dx + \exp\{-\alpha\Lambda(t)\}}\right)^{n_i}\cdot$$

$$\left(\frac{\exp\{-\alpha\Lambda(t)\}}{\alpha\int_0^t\lambda_i(x)\exp\{-\alpha[\Lambda(t)-\Lambda(x)]\}dx + \exp\{-\alpha\Lambda(t)\}}\right)^{\frac{\beta}{\alpha}}$$

其中，$i=1,2$。

（2）利用定理 10.1 的性质（3），不同时间间隔内事件数的联合分布，$P(N_1(t)=n_1,N_2(s)=n_2,t>s$ 也可以获得。然而，通过使用下一节中建议的 BVGPP 的特征，可以更方便地获得这样的分布。

10.2 特征和其他特性

在本节中，我们将为相关性计数过程定义一个新的相关概念，并分析 BVGPP 的相关结构。进一步，将深入分析与 BVGPP 的条件分布和边缘分布。对于所有这些，我们将使用一种"新颖的方式"描述定义 10.1 中的 BVGPP：通过采用特殊的参数，即二元泊松分布和独立单元泊松分布的混合分布，其参数包括 $\lambda_1(t)$ 和 $\lambda_2(t)$。这一新的表征将极大地简化 BVGPP 进一步性质的推导。在研究

过程中，假设参数为 $(v_1(t), v_2(t), f_Z(z))$ 的 BVGPP 各部件的独立单变量泊松分布且强度为 $zv_1(t)$、$zv_2(t)$，的随机变量 Z 的混合分布 PDF 为 $f_Z(z)$。以下定理描述了基于 MBVPP 的 BVGPP。

定理 10.2 假设

$$v_i(t) = \lambda_i(t) \exp\{\alpha(\Lambda_1(t) + \Lambda_2(t))\}, i = 1, 2$$

且

$$f_Z(z) = \frac{b^a z^{a-1}}{\Gamma(a)} \exp\{-bz\}$$

其中

$$a = \frac{\rho}{\alpha}, b = \frac{1}{\alpha}$$

则 BVGPP $(\lambda_1(t), \lambda_2(t), \alpha, \beta)$ 和 MBVPP $(v_1(t), v_2(t), f_Z(z))$ 具有相同的随机性质。

证明：MBVPP $(v_1(t), v_2(t), f_Z(z))$ 的相应二元过程可记为 $\{(N_1^*(t), N_2^*(t)), t \geq 0\}$，在此我们将使用相同的符号 H_{it-}, $i = 1, 2$，表示区间 $[0, t)$ 上相应的历史信息，事件的到达点序列为 $0 < T_{i1} < T_{i2} < \cdots < T_{nN_i^*(t-)} \leq t$，$i = 1, 2$。可以证明，MBVPP 的完全随机强度函数 λ_{1t}^*、λ_{2t}^* 和 λ_{12t}^* 与 BVGPP 的 $(\lambda_1(t), \lambda_2(t), \alpha, \beta)$ 相同。显而易见，当 $\lambda_{12t}^* = 0$ 时，MBVPP $(v_1(t), v_2(t), f_Z(z))$ 过程随机强度函数 λ_{12t}^* 可知。此时，推导 MBVPP $(v_1(t), v_2(t), f_Z(z))$ 的 λ_{1t}^*，即

$$f_Z(z) = \frac{1}{\Gamma(a)} b^a z^{a-1} \exp\{-bz\}, a > 0, b > 0$$

观察可知

$$\lambda_{1t}^* = \lim_{\Delta t \to 0} \frac{P(N_1^*(t, t+\Delta t) = 1 \mid H_{1t-}; H_{2t-})}{\Delta t}$$

$$= E_{(Z \mid H_{1t-}; H_{2t-})} \left[\lim_{\Delta t \to 0} \frac{P(N_1^*(t, t+\Delta t) = 1 \mid H_{1t-}; H_{2t-}, Z)}{\Delta t} \right] \quad (10.2)$$

式中：$E_{(Z \mid H_{1t-}; H_{2t-})}$ 为 $(Z \mid H_{1t-}; H_{2t-})$ 的条件分布的期望，观察可知

$$\lim_{\Delta t \to 0} \frac{P(N_1^*(t, t+\Delta t) = 1 \mid H_{1t-}; H_{2t-}, Z = z)}{\Delta t} = zv_1(t)$$

当 $Z = z$ 时，两个 NHPP 是独立的，并且拥有独立 NHPP 的增量属性。推导 $(Z \mid H_{1t-}; H_{2t-})$ 的条件分布，根据 4.4.2 节可知，$(T_{i1}, T_{i2}, \cdots, T_{iN_i^*(t-)}, N_i^*(t-), i = 1, 2 \mid Z = z)$ 的条件分布为

$$\prod_{i=1,2} \left[z^{n_i} \left(\prod_{j=1}^{n_i} v_i(t_{ij}) \right) \exp\left\{ -z \int_0^t v_i(x) dx \right\} \right], 0 < t_{i1} < t_{i2} < \cdots < t_{in_1} < t, n_i = 0, 1, 2, \cdots$$

因此，$(Z \mid T_{i1} = t_{i1}, T_{i2} = t_{i2}, \cdots, T_{iN_i^*(t-)} = t_{in_i}, N_i^*(t-) = n_i, i = 1, 2)$ 的条件

分布为

$$\frac{\prod_{i=1,2}[z^{n_i}(\prod_{j=1}^{n_i}v_i(t_{ij}))\exp\{-z\int_0^t v_i(x)\mathrm{d}x\}]f_Z(z)}{\int_0^\infty \prod_{i=1,2}[v^{n_i}(\prod_{j=1}^{n_i}v_i(t_{ij}))\exp\{-v\int_0^t v_i(x)\mathrm{d}x\}]f_Z(v)\mathrm{d}v}$$

$$=\frac{z^{n_1+n_2}\exp\{-z\int_0^t v_1(x)+v_2(x)\mathrm{d}x\}f_Z(z)}{\int_0^\infty v^{n_1+n_2}\exp\{-v\int_0^t v_1(x)+v_2(x)\mathrm{d}x\}f_Z(v)\mathrm{d}v}$$

由此可见，$(Z|H_{1t-};H_{2t-})$ 的条件分布依赖于过去的历史 $N_1^*(t-) + N_2^*(t-)$，即

$$(Z|H_{1t-};H_{2t-}) =_D (Z|N_1^*(t-) + N_2^*(t-))$$

式中：$=_D$ 为等效分布，然后，通过推导 $Zv_1(t)$ 的条件分布的期望

$$(Z|T_{i1}=t_{i1},T_{i2}=t_{i2},\cdots,T_{iN_i^*(t-)}=t_{in},N_i^*(t-)=n_i,i=1,2)$$

可得

$$=\frac{\int_0^\infty z^{n_1+n_2+1}\exp\{-z\int_0^t v_1(x)+v_2(x)\mathrm{d}x\}f_Z(z)\mathrm{d}z}{\int_0^\infty v^{n_1+n_2}\exp\{-v\int_0^t v_1(x)+v_2(x)\mathrm{d}x\}f_Z(v)\mathrm{d}v}v_1(t)$$

$$=(n_1+n_2+a)\frac{1}{b+\int_0^t v_1(x)+v_2(x)\mathrm{d}x}v_1(t)$$

因此，从式（10.2）开始，可得

$$\lambda_{1t}^* = ((N_1^*(t-)+N_2^*(t-)+a))\frac{1}{b+\int_0^t v_1(x)+v_2(x)\mathrm{d}x}v_1(t)$$

现在，重新参数化，令 $v_i(t)=\lambda_i(t)\exp\{\alpha\int_0^t \lambda_1(x)+\lambda_2(x)\mathrm{d}x\}, i=1,2, a=\frac{\beta}{\alpha}$ 且 $b=\alpha^{-1}$

可得

$$\lambda_{1t}^* = (\alpha(N_1^*(t-)+N_2^*(t-))+\beta)\lambda_1(t)$$

通过应用类似的推理，还可以得到

$$\lambda_{2t}^* = (\alpha(N_1^*(t-)+N_2^*(t-))+\beta)\lambda_2(t)$$

在下面的讨论中，为了方便起见，我们用 $\{(N_1^*(t),N_2^*(t)),t\geq 0\}$ 表示参数为 $v_i(t)=\lambda_i(t)\exp\{\alpha\int_0^t(\lambda_1(x)+\lambda_2(x))\mathrm{d}x\}, i=1,2, f_Z(z)=\varGamma+\left(\frac{\beta}{\alpha}\right)^{-1}\alpha^{-\alpha/\beta}z^{\alpha/\beta-1}\exp\{-\alpha^{-1}z\}$ 的 MBVPP $(\lambda_1(t),\lambda_2(t),\alpha,\beta)$。但是，和定理 10.2 的证明一样，

相同的符号 H_{it-}，$i = 1,2$，为区间 $[0,t]$ 上相应的历史，$0 < T_{i1} < T_{i2} < \cdots < T_{nN_i^*(t-)} \leq t$，$i = 1,2$ 为事件的到达点序列。

根据定义 10.1，BVGPP 在两个内部过程中发生的事件之间具有正相关性。我们现在将更精确地定义计数过程的相关性，然后分析 BVGPP 的依赖性结构。为此，我们从两个随机变量的依赖概念开始讨论。如果不等式成立（Lehmann，1966），两个随机变量 U_1 和 U_2 是正象限相关的（PQD），即

$$P(U_1 > u_1, U_2 > u_2) \geq P(U_1 > u_1)P(U_2 > u_2) \quad (\text{适用于所有 } u_1 \text{ 和 } u_2)$$

(10.3)

直观地说，不等式（10.3）意味着，与具有相同单变量边缘分布的两个独立随机变量相比，U_1 和 U_2 更有可能同时具有大值。可以看出，如果 U_1 和 U_2 是 PQD，那么，协方差 $\text{Cov}(U_1, U_2) \geq 0$（Lehmann，1966）。因此，PQD 是一种比协方差更强的相关类型。现在我们用一种更一般的方式扩展这个概念，定义二元计数过程正相关的概念。

定义 10.5（正相相关二元过程）如果二元计数过程 $\{(U_1(t), U_2(t)), t \geq 0\}$ 是正相相关二元过程（PQDBP），则

$$P(U_1(t_2) - U_1(t_1) > n_1, U_2(s_2) - U_2(s_1) > n_2)$$
$$\geq P(U_1(t_2) - U_1(t_1) > n_1)P(U_2(s_2) - U_2(s_1) > n_2)$$

对于所有的 n_1 和 n_2，及满足 $t_2 > t_1, s_2 > s_1$。

现在分析 BVGPP 的相关结构。为此，我们需要以下初步引理。它的证明可以在 Joe（1997）和 Cuadras（2002）中找到。

引理 10.1 设 X 为随机变量，$g(x)$ 和 $h(x)$ 为实值函数。

(1) 如果 $g(x)$ 和 $h(x)$ 同时递增或同时递减，则 $E[g(X)h(X)] \geq E[g(X)]E[h(X)]$。

(2) 如果 $g(x)$ 递增，而 $h(x)$ 递减，或者 $g(x)$ 递减，而 $h(x)$ 递增，则 $E[g(X)h(X)] \leq E[g(X)]E[h(X)]$。

下面的结果陈述了 BVGPP 的相关结构。

定理 10.3 若 BVGPP 是一个正相关的二元过程：

$$P(N_1(t_2) - N_1(t_1) > n_1, N_2(s_2) - N_2(s_1) > n_2)$$
$$\geq P(N_1(t_2) - N_1(t_1) > n_1)P(N_2(s_2) - N_2(s_1) > n_2)$$

适用于所有 n_1 和 n_2，满足 $t_2 > t_1, s_2 > s_1$。

证明：根据定理 10.2，足以证明：

$$P(N_1^*(t_2) - N_1^*(t_1) > n_1, N_2^*(s_2) - N_2^*(s_1) > n_2)$$
$$\geq P(N_1^*(t_2) - N_1^*(t_1) > n_1)P(N_2^*(s_2) - N_2^*(s_1) > n_2)$$

注意：

$$P(N_1^*(t_2) - N_1^*(t_1) > n_1, N_2^*(s_2) - N_2^*(s_1) > n_2)$$
$$\geq E[P(N_1^*(t_2) - N_1^*(t_1) > n_1)P(N_2^*(s_2) - N_2^*(s_1) > n_2 | Z)]$$

(10.4)

易知

$$P(N_1^*(t_2) - N_1^*(t_1) > n_1), (N_2^*(s_2) - N_2^*(s_1) > n_2 | Z = z)$$

$$= \sum_{n=n_1+1}^{\infty} \frac{\left(z\int_{t_1}^{t_2} v_1(x)\,dx\right)^n}{n!} \exp\left\{-z\int_{t_1}^{t_2} v_1(x)\,dx\right\} \cdot$$

$$\sum_{n=n_2+1}^{\infty} \frac{\left(z\int_{s_1}^{s_2} v_2(x)\,dx\right)^n}{n!} \exp\left\{-z\int_{s_1}^{s_2} v_1(x)\,dx\right\}$$

对于 $z_1 < z_2$，式（10.5）随着 n 递减，即

$$\left(\frac{\left(z\int_{t_1}^{t_2} v_1(x)\,dx\right)^n}{n!} \exp\left\{-z_1\int_{t_1}^{t_2} v_1(x)\,dx\right\}\right) \times \left(\frac{\left(z\int_{t_1}^{t_2} v_2(x)\,dx\right)^n}{n!} \exp\left\{-z_2\int_{t_1}^{t_2} v_1(x)\,dx\right\}\right)^{-1} \tag{10.5}$$

这意味着，式（10.5）分母中的泊松分布在"似然比阶"的意义上随机大于式（10.5）分子中的泊松分布（Shaked 和 Shanthikumar，2007）。也就是说，式（10.5）分母中的泊松分布也随机大于式（10.5）分子中的泊松分布。在"通常的随机顺序"的意义上，分母中式泊松分布的生存函数应该大于分子中的泊松分布的生存函数（见第2章），即

$$g(z) = \sum_{n=n_1+1}^{\infty} \frac{\left(z\int_{t_1}^{t_2} v_1(x)\,dx\right)^n}{n!} \exp\left\{-z\int_{t_1}^{t_2} v_1(x)\,dx\right\}$$

随着 z 递增，证明过程类似，即

$$h(z) = \sum_{n=n_2+1}^{\infty} \frac{\left(z\int_{s_1}^{s_2} v_2(x)\,dx\right)^n}{n!} \exp\left\{-z\int_{s_1}^{s_2} v_2(x)\,dx\right\}$$

也随着 z 递增，然后，根据式（10.4）和引理10.1可得

$$P(N_1^*(t_2) - N_1^*(t_1) > n_1, N_2^*(s_2) - N_2^*(s_1) > n_2) = E[g(Z)h(Z)] \geq E[g(Z)]E[h(Z)]$$
$$\geq P(N_1^*(t_2) - N_1^*(t_1) > n_1)P(N_2^*(s_2) - N_2^*(s_1) > n_2)$$

证毕。

此时，给定 $N_1(t)$ 和 $N_2(t)$ 时，在 BVGPP 两类过程中到达时间在区间 $[0,t]$ 内的条件联合分布为

$$(T_{i1}, T_{i2}, \cdots, T_{in_i}, i = 1,2 | N_i(t) = n_i, i = 1,2)$$

在定理10.3中，我们观察到 BVGPP 在两个相关过程之间具有很强的依赖性。然而，有些令人惊讶的是，下面的结果表明，当 $N_i(t) = n_i, i = 1,2$ 时，1型事件和2型事件的到达时间联合分布是相互独立的。

定理10.4 $(T_{i1}, T_{i2}, \cdots, T_{in_i}, i = 1,2 | N_i(t) = n_i, i = 1,2)$ 的到达时间条件联合分布为

$$f_{(T_{i1},T_{i2},\cdots,T_{in_i},i=1,2\mid N_i^*(t),i=1,2)}(t_{11},\cdots,t_{1n_1},t_{21},\cdots,t_{2n_2}\mid n_1,n_2)$$

$$=\prod_{i=1}^{2}\left[n_i!\prod_{j=1}^{n_i}\left(\frac{\lambda_i(t_{ij})\exp\{\alpha\int_0^{t_{ij}}\lambda_1(x)+\lambda_2(x)\mathrm{d}x\}}{\int_0^t\lambda_i(v)\exp\{\alpha\int_0^v\lambda_1(x)+\lambda_2(x)\mathrm{d}x\}\mathrm{d}v}\right)\right]$$

证明：根据定理 10.2 BVGPP $(\lambda_1(t),\lambda_2(t),\alpha,\beta)$ 的到达时间的联合条件分布与 MBVPP $(v_1(t),v_2(t),f_Z(z))$ 相同，其中 $v_i \equiv \lambda_i(t)\exp\{\alpha\int_0^t(\lambda_1(x)+\lambda_2(x))\mathrm{d}x\}$, $i=1,2$, $f_Z(z)=\Gamma(\beta/\alpha)^{-1}\alpha^{-\alpha/\beta}z^{\alpha/\beta-1}\exp\{-\alpha^{-1}z\}$。

观察到 MBVPP 中的到达时间条件联合分布（PDF）可以表示为

$$f_{(T_{i1},T_{i2},\cdots,T_{in_i},i=1,2\mid N_i^*(t),i=1,2,Z)}(t_{11},\cdots,t_{1n_1},t_{21},\cdots,t_{2n_2}\mid n_1,n_2)$$

$$=E_{(Z\mid N_i^*(t),i=1,2)}[f_{(T_{i1},T_{i2},\cdots,T_{in_i},i=1,2\mid N_i^*(t),i=1,2,Z)}(t_{11},\cdots,t_{1n_1},t_{21},\cdots,t_{2n_1}\mid n_1,n_2,z)]$$

式中，$f_{(T_{i1},T_{i2},\cdots,T_{in_i},i=1,2\mid N_i^*(t),i=1,2,Z)}(t_{11},\cdots,t_{1n_1},t_{21},\cdots,t_{2n_2}\mid n_1,n_2)$ 为到达时间的条件联合分布，到达时间记为 $(T_{i1},T_{i2},\cdots,T_{in_i},i=1,2\mid N_i(t)=n_i,i=1,2)$。

如果过程 $\{N(t),t\geq 0\}$ 是速率为 $\lambda(t)$ 的 NHPP，则给定 $N(t)=n$ 时，到达时间 $S_1,S_2,\cdots,S_{N(t)}$ 在区间 $(0,t]$ 条件分布（定理 4.5）为

$$n!\prod_{i=1}^{n}\left(\frac{\lambda(s_i)}{\Lambda(t)}\right), 0\leq s_1\leq s_2\leq\cdots\leq s_n<t \tag{10.6}$$

因此，有

$$f_{(T_{i1},T_{i2},\cdots,T_{in_i},i=1,2\mid N_i^*(t),i=1,2,Z)}(t_{11},\cdots,t_{1n_1},t_{21},\cdots,t_{2n_2}\mid n_1,n_2,z)$$

$$=\prod_{i=1}^{2}\left[n_i!\prod_{j=1}^{n_i}\left(\frac{zv_i(t_{ij})}{\int_0^t zv_i(v)\mathrm{d}v}\right)\right]$$

$$=\prod_{i=1}^{2}\left[n_i!\prod_{j=1}^{n_i}\left(\frac{\lambda_i(t_{ij})\exp\{\alpha\int_0^{t_{ij}}\lambda_1(x)+\lambda_2(x)\mathrm{d}x\}}{\int_0^t\lambda_i(v)\exp\{\alpha\int_0^v\lambda_1(x)+\lambda_2(x)\mathrm{d}x\}\mathrm{d}v}\right)\right]$$

它与 z 无关。因此，我们现在有了想要的结果。

注释 10.3 从定理 10.4 可知

$(T_{i1},T_{i2},\cdots,T_{in},i=1,2\mid N_i(t)=n_i,i=1,2)$ 的联合分布

$$=\prod_{i=1}^{2}(T_{i1},T_{i2},\cdots,T_{in_i}\mid N_i(t)=n_i)$$ 的联合分布

因此，如前所述，当 $N_i(t)=n_i,i=1,2$ 时，1 型事件和 2 型事件的到达时间联合分布上是独立的。

在此讨论该过程边缘分布和条件分布。如注释 10.2 所述，$N_i(t)$ 的边缘分布由负二项分布给出，这意味着，边缘过程 $\{N_i(t),t\geq 0\}$ 很有可能是 GPP。以下

定理为这个猜想提供了答案。注意：在某些情况下，我们关注 $\{N_1(t),t \geq 0\}$ 的条件过程，当给出 2 类过程 H_{2s_-} 历史信息 $s > 0$ 时。

定理 10.5 对于参数为 $(\lambda_1(t),\lambda_2(t),\alpha,\beta)$ 的 BVGPP，则有

(1) $\{N_i(t),t \geq 0\}$ 的边缘分布为 $(\gamma_i(t),\alpha,\beta)$ 的 GPP，其中

$$r_i(t) = \frac{\lambda_i(t)\exp\{\alpha\int_0^t(\lambda_1(x)+\lambda_2(x))\mathrm{d}x\}}{\alpha\int_0^t\lambda_i(v)\exp\{\alpha\int_0^v(\lambda_1(x)+\lambda_2(x))\mathrm{d}x\}\mathrm{d}v + 1}, i = 1,2$$

(2) 给定 H_{2s_-}，$s > 0$，$\{N_i(t),t \geq 0\}$ 的条件分布为 $(\psi_i(t),\alpha,\alpha n_1 + \beta)$ 的 GPP，其中

$$\psi(t) = \frac{\lambda_1(t)\exp\{\alpha\int_0^t\lambda_1(x)+\lambda_2(x)\mathrm{d}x\}}{\alpha\left(\int_0^t\lambda_1(v)\exp\{\alpha\int_0^v(\lambda_1(x)+\lambda_2(x))\mathrm{d}x\}\mathrm{d}v + \int_0^t\lambda_2(v)\exp\{\alpha\int_0^v(\lambda_1(x)+\lambda_2(x))\mathrm{d}x\}\mathrm{d}v\right)+1}, i = 1,2$$

其中 n_2 和 $N_2(s-)$ 相对应。

证明： 根据定理 10.2，指定 MBVPP $(v_1(t),v_2(t),f_Z(z))$ 的边缘过程 $\{N_i^*(t),t \geq 0\}$，$i = 1,2$ 的随机强度就足够了，其中

$$v_i(t) = \lambda_i(t)\exp\{\alpha\int_0^t(\lambda_1(x)+\lambda_2(x))\mathrm{d}x\}, i = 1,2$$

$$f_Z(z) = \Gamma\left(\frac{\beta}{\alpha}\right)^{-1}\alpha^{-\frac{\beta}{\alpha}}z^{-\frac{\beta}{\alpha}}\exp\{-\alpha^{-1}z\}$$

$$\lambda_{it}^{0*} = \lim_{\Delta t \to 0}P(N_i^*(t,t+\Delta t) = 1 | H_{it_-})/\Delta t$$

$$= E(Z|H_{it_-})[\lim_{\Delta t \to 0}P(N_i^*(t,t+\Delta t) = 1 | H_{it_-},Z)/\Delta t], i = 1,2$$

显而易见

$$\lim_{\Delta t \to 0}P(N_i^*(t,t+\Delta t) = 1 | H_{it_-},Z = z)/\Delta t = zv_i(t), i = 1,2$$

对于 $i = 1$，$(Z|H_{1t_-})$ 的条件分布由下式给出

$$\frac{\left[z^{n_1}(\prod_{j=1}^{n_1}v_1(t_{1j}))\exp\{-z\int_0^t v_1(x)\mathrm{d}x\}\right]f_Z(z)}{\int_0^\infty \left[v^{n_1}(\prod_{j=1}^{n_1}v_1(t_{1j}))\exp\{-v\int_0^t v_1(x)\mathrm{d}x\}\right]f_Z(z)\mathrm{d}v}$$

$$= \frac{z^{n_1}\exp\{-z\int_0^t v_1(x)\mathrm{d}x\}f_Z(z)}{\int_0^\infty v^{n_1}\exp\{-v\int_0^t v_1(x)\mathrm{d}x\}f_Z(z)\mathrm{d}v}$$

因此，通过取 $Zv_1(t)$ 相对于 $(Z|H_{1t_-})$ 的条件分布的数学期望，可得

$$(\alpha n_1 + \beta)\frac{v_1(t)}{\alpha\int_0^t v_1(v)\mathrm{d}v + 1}$$

由此可得

$$\lambda_{1t}^{0*} = (\alpha N_1^*(t-) + \beta) \frac{\lambda_1(t)\exp\{\alpha\int_0^t \lambda_1(x) + \lambda_2(x)\mathrm{d}x\}}{\alpha\int_0^t \lambda_1(v)\exp\{\alpha\int_0^v \lambda_1(x) + \lambda_2(x)\mathrm{d}x\}\mathrm{d}v + 1}$$

第 2 型过程的边缘随机强度 λ_{2t}^{0*} 也可以类似地获得。

为了表征 $\{N_1(t),t \geq 0\}$ 条件过程给出 2 型过程的 H_{2s-}，我们可以得到如下的条件随机强度函数：

$$\lim_{\Delta t \to 0} P(N_i^*(t,t+\Delta t) = 1 \mid H_{it-}; H_{2s-})/\Delta t$$
$$= E_{(Z\mid H_{it-}; H_{2s-})}\left[\lim_{\Delta t \to 0} P(N_i^*(t,t+\Delta t) = 1 \mid H_{1t-}; H_{2s-}, Z)/\Delta t\right]$$

则

$$(\alpha N_1^*(t-) + \alpha n_2 + \beta) \cdot$$

$$\frac{\lambda_1(t)\exp\{\alpha\int_0^t (\lambda_1(x) + \lambda_2(x))\mathrm{d}x\}}{\alpha\left(\int_0^t \lambda_1(v)\exp\{\alpha\int_0^v \lambda_1(x) + \lambda_2(x)\mathrm{d}x\}\mathrm{d}v + \int_0^s \lambda_2(v)\exp\{\alpha\int_0^v \lambda_1(x) + \lambda_2(x)\mathrm{d}x\}\mathrm{d}v\right) + 1}$$

这意味着相应的条件过程是 GPP。

10.3 多元过程的推广

在本节中，我们将前几节的讨论扩展到多元情况。假设 $\{N(t),t \geq 0\}$，$N(t) = (N_1(t),N_2(t),\cdots,N_m(t))$ 为我们关注的多元过程，并定义相应的"汇集"计数过程为 $\{M(t),t \geq 0\}$，其中 $M(t) = (N_1(t) + N_2(t) + \cdots + N_m(t))$。然后，我们可以定义边缘计数过程，$\{N_i(t),t \geq 0\}, i = 1,2,\cdots,m$，以及相应的边缘过程的边缘历史：$H_{it-}, i = 1,2,\cdots,m$；如前所述，我们正在考虑一个"规则"过程，为了说明多变量过程，定义以下随机强度函数集就足够了，即

$$\lambda_{it} = \lim_{\Delta t \to 0} \frac{P(N_i(t,t+\Delta t) = 1 \mid H_{1t-}; H_{2t-}; \cdots; H_{mt-})}{\Delta t}, i = 1,2,\cdots,m$$

现在我们正式定义多元 MVGPP。

定义 10.6（多元广义波利亚过程）如果多元计数过程 $\{N(t),t \geq 0\}$ 被称为参数集 $(\lambda_1(t),\lambda_2(t),\cdots,\lambda_m(t),\alpha \geq 0,\beta > 0)$ 的 MVGPP，则

(1) $N_i(0) = 0, i = 1,2,\cdots,m$；

(2) $\lambda_{it} = (\alpha(\sum_{i=1}^m N_i(t-)) + \beta)\lambda_i(t), i = 1,2,\cdots,m$。

对于 MVGPP，我们可以很容易地获得与相应的二元过程相似（但更一般）的性质。为此，首先定义 $\lambda(t) = \sum_{i=1}^m \lambda_i(t)$，$\Lambda(t) = \int_0^t \lambda(v)\mathrm{d}v$，$p_i(t) = \frac{\lambda_i(t)}{\lambda(t)} = $

$1,2,\cdots,m$。

此外，记 MVGPP$(v_1(t),v_2(t),\cdots,v_m(t),f_Z(z))$ 是多元混合 NHPP（m 维）与各自强度为 $zv_i(t),i=1,2,\cdots,m$，给定 $Z=z$，相应的 Z 混合分布密度为 $f_Z(z)$。其主要性质可用下述命题描述。

命题 10.2 若 $\{N(t),t\geq 0\}$ 是参数集为 $(\lambda_1(t),\lambda_2(t),\cdots,\lambda_m(t),\alpha,\beta)$ 的 MVGPP，则

(1) $\{M(t),t\geq 0\}$ 为 $(\lambda(t),\alpha,\beta)$ 的 GPP；

(2) $\{N(t),t\geq 0\}$ 过程由细化过程 $\{M(t),t\geq 0\}$ 组成，其特征为 $p_i(t),i=1,2,\cdots,m$，$\{N_{p1(\cdot)}(t),N_{p2(\cdot)}(t),\cdots,N_{pm(\cdot)}(t),t\geq 0\}$；

(3) 过程 $\{N_u(t),t\geq 0\}$ 既包含有条件的过程也包含无条件的过程；

(4) MVBPP 过程的参数集为 $(\lambda_1(t),\lambda_2(t),\cdots,\lambda_m(t),\alpha,\beta)$，MMVPP 过程的参数集 $(v_1(t),v_2(t),\cdots,v_m(t),f_Z(z))$ 有共同的随机属性，其中，$v_i(t)=\lambda_i(t)\exp\{\alpha\Lambda(t)\},i=1,2,\cdots,m$，$f_Z(z)=\Gamma\left(\dfrac{\beta}{\alpha}\right)^{-1}\alpha^{-\frac{\alpha}{\beta}}z^{\frac{\alpha}{\beta}-1}\exp\{-\alpha^{-1}z\}$。

基于上述基本性质，得到了事件数的联合分布、到达时间联合条件分布和边缘过程等结果，其方法类似于 10.1 节和 10.2 节中的描述。例如，事件数在区间 $(0,t]$ 内的联合分布由以下负多项式分布给出：

$$P(N_i(t))=n_i,i=1,2,\cdots,m$$

$$=\frac{\Gamma\left(\dfrac{\beta}{\alpha}+\sum_{i=1}^{m}n_i\right)}{\Gamma\left(\dfrac{\beta}{\alpha}\right)\prod_{i=1}^{m}n_i}\left[\prod_{i=1}^{m}\left(\alpha\int_0^t\lambda_i(x)\exp\{-\alpha[\Lambda(t)-\Lambda(x)]\}dx\right)^{n_i}\right](\exp\{-\alpha\Lambda(t)\})^{\frac{\beta}{\alpha}}$$

$(T_{i1},T_{i2},\cdots,T_{in_i},i=1,2,\cdots,m\mid N_i(t-)=n_i,i=1,2,\cdots,n_m)$ 的联合到达时间条件分布为

$$f_{(T_{i1},T_{i2},\cdots,T_{in_i},i=1,2,\cdots,m\mid N_i(t-),i=1,2,\cdots,m)}(t_{i1},\cdots,t_{in_1},i=1,2,\cdots,m\mid n_1,n_2,\cdots,n_m)$$

$$=\prod_{i=1}^{m}\left[n_i!\prod_{j=1}^{n_i}\left(\frac{\lambda_i(t_{ij})\exp\left\{\alpha\int_0^{t_{ij}}\sum_{i=1}^{m}\lambda_i(x)dx\right\}}{\int_0^t\lambda_i(v)\exp\left\{\alpha\int_0^v\sum_{i=1}^{m}\lambda_i(x)dx\right\}dv}\right)\right],0<t_{i1}<t_{i2}<\cdots<t_{in_i}\leq t$$

$i=1,2,\cdots,m$

关于 MVGPP 的相关性，我们需要一个新的概念。如果不等式（10.7）成立（Joe, 1997），则随机变量 $U_1,U_2,\cdots,U_m$ 为正相相关（Positively Upper Orthant Dependent, PUOD），即

$$P(U_i>u_i,i=1,2,\cdots,m)\geq\prod_{i=1}^{m}P(U_i>u_i),i=1,2,\cdots,m \quad (10.7)$$

如上所示，不等式（10.7）所示与具有相同单变量边缘分布的独立随机变量向量相比，$U_1,U_2,\cdots,U_m$ 更有可能同时具有大值；同样，可以看出，如果 U_1,U_2,

$\cdots,U_m$ 为 PUOD，则对于任意 $1 < i_1 < i_2 < \cdots < i_r \leqslant m$，有

$$P(U_{ij} > u_{ij}, i = 1,2,\cdots,r) \geqslant \prod_{j=1}^{r} P(U_{ij} > u_{ij}), j = 1,2,\cdots,r$$

因此，PUOD 是一个多元正相依的概念，它推广了二元 PQD。现在我们为多元计数过程定义类似的概念。

定义 10.7 （正相关多元过程）多元计数过程 $\{(U_1(t),\cdots,U_m(t)), t \geqslant 0\}$ 是正的上正相关多元过程，如果

$$P(U_i(t_{i2}) - U_i(t_{i1}) > n_i, i = 1,2,\cdots,m) \geqslant \prod_{i=1}^{m} P(U_i(t_{i2}) - U_i(t_{i1}) > n_i)$$

$t_{i2} > t_{i1}, i = 1,2,\cdots,m$

我们现在将分析具有相关结构的 MVGPP。

定理 10.7 MVGPP 是一个正的上正相关多元过程：

$$P(N_i(t_{i2}) - N_i(t_{i1}) > n_i, i = 1,2,\cdots,m) \geqslant \prod_{i=1}^{m} P(U_i(t_{i2}) - U_i(t_{i1}) > n_i)$$

$t_{i2} > t_{i1}, i = 1,2,\cdots,m$

证明：由命题 10.2（4）可知

$$P(N_i^*(t_{i2}) - N_i^*(t_{i1}) > n_i, i = 1,2,\cdots,m) \geqslant \prod_{i=1}^{m} P(N_i^*(t_{i2}) - N_i(t_{i1}) > n_i)$$

其中，$N_i^*(t)$ 是对应 MMVPP 中计数的随机变量。注意：

$$P(N_i^*(t_{i2}) - N_i^*(t_{i1}) > n_i, i = 1,2,\cdots,m)$$
$$= E[P((N_i^*(t_{i2}) - N_i(t_{i1})) > n_i, i = 1,2,\cdots,m | Z)]$$

和

$$P(N_i^*(t_{i2}) - N_i^*(t_{i1}) > n_i, i = 1,2,\cdots,m | Z = z)$$
$$= \prod_{i=1}^{m} \left[\sum_{n=n_i+1}^{\infty} \frac{\left(z \int_{t_{i1}}^{t_{i2}} v_i(x) dx\right)^n}{n!} \exp\left\{-z \int_{t_{i1}}^{t_{i2}} v_i(x) dx\right\} \right]$$
$$= \prod_{i=1}^{m} g_i(z)$$

其中

$$g_i(z) = \sum_{n=n_i+1}^{\infty} \frac{\left(z \int_{t_{i1}}^{t_{i2}} v_i(x) dx\right)^n}{n!} \exp\left\{-z \int_{t_{i1}}^{t_{i2}} v_i(x) dx\right\}, i = 1,2,\cdots,m$$

还要注意的是，$g_i(z)$ 在 z 方向上是递增的（定理 10.3），因此，通过递归的应用引理 10.1 可证明：

$$P(N_i^*(t_{i2}) - N_i^*(t_{i1}) > n_i, i = 1,2,\cdots,m)$$
$$= E\left[\prod_{i=1}^{m} g_i(Z)\right] \geqslant \cdots \geqslant E[g_1(Z)g_2(Z)] \prod_{i=3}^{m} E[g_i(Z)] \geqslant \prod_{i=3}^{m} E[g_i(Z)]$$

$$= \prod_{i=1}^{m} P(N_i(t_{i2}) - N_i(t_{i1}) > n_i)$$

证明完毕。

参考文献

Allen F, Gale D (2000) Financial contagion. J Polit Econ 108:1–34
Aven T, Jensen U (1999) Stochastic models in reliability. Springer, New York
Aven T, Jensen U (2000) A general minimal repair model. J Appl Probab 37:187–197
Bowsher CG (2006) Modelling security market events in continuous time: intensity based, multivariate point process models. J Econometrics 141:876–912
Cha JH (2014) Characterization of the generalized Polya process and its applications. Adv Appl Probab 46:1148–1171
Cha JH, Giorgio M (2016) On a class of multivariate counting processes. Adv Appl Probab 48:443–462
Cox DR, Lewis PAW (1972) Multivariate point processes. In: LeCam LM (ed) Proceedings of the sixth Berkeley symposium in mathematical statistics, pp 401–448
Cuadras CM (2002) On the covariance between functions. J Multivar Anal 81:19–27
Daley DJ (1968) The correlation structure of the output process of some single server queueing systems. Ann Math Stat 39:1007–1019
Finkelstein M, Cha JH (2013) Stochastic modelling for reliability: shocks, burn-in and heterogeneous populations. Springer, London
Joe H (1997) Multivariate models and dependence concepts. Chapman and Hall, London
Lehmann EL (1966) Some concepts of dependence. Ann Math Stat 37:1137–1153
Partrat C (1994) Compound model for two dependent kinds of claims. Insur Math Econ 15:219–231
Shaked M, Shanthikumar JG (2007) Stochastic orders. Springer, New York

第 11 章 混合泊松过程的应用

当同质群体采取最小维修（基于信息的最小维修）时，可采用混合泊松过程构建其可靠性模型。所以对于每一个同质的亚群来说，最好采用最小维修过程模型。由于实际中大多数总体是异质的，当来自异质总体的系统采取最小维修策略时，混合泊松过程可以用于各种可靠性建模。具体来说，当观察到故障和修复历史时，它更新关于产品的相应脆弱变量的信息，更加准确地预测其未来的故障。这也可以解释为贝叶斯更新。在本章中，我们将说明混合泊松过程在各种可靠性问题中的应用，如最佳更换策略、最佳老练和保修策略。

11.1 更换策略的应用

11.1.1 异构的更换策略与动机

在这一节中，我们研究混合群体中劣化个体的非周期更换策略。从由两个随机排序的子群组成的混合种群中随机选择一个产品，并假设该产品的子群类型是未知的。这里，通过"两个随机排序的子种群"，是指两个子群中的一个具有相对（随机）较长寿命的产品（称为"强子群"），而另一个子种群由相对较短寿命的产品组成（称为"弱子群"）。在运行过程中，对每一个故障都进行最小维修（基于信息的最小维修），并在固定的时间内进行更换。由于子群是随机排序的，因此，产品运行年龄应取决于被选择的子群体中的情况。如果在现场运行期间可以获得一个系统的操作历史，其中可能包含关于相应子群体的一些重要信息，那么，使用该信息确定其替换策略是合理的。更具体地说，来自强亚群的产品和来自弱亚群的产品在现场运行期间将表现出不同的故障模式。例如，在现场运行中，来自弱亚群的产品比来自强亚群的产品更容易失效。此信息用于决定运行产品属于哪个子群体，以及选择什么替换策略。因此，在本节将要研究的新的更换策略中，与传统的更换模型一样，在系统开始运行之前，不确定相应系统将被更换的年龄，而是基于在其初始运行期间观察到的产品的故障/维修历史来确定（见下文）。如果以子群体类型而采取的决定可知，来自弱子群的产品比来自强子群的产品被更早地替换。

假设种群由随机排序的两个子群混合而成。用 Y_W 表示来自"弱子群"的产品的寿命，分别用 $F_1(t)$ 为 $f_1(t)$ 和 $\lambda_1(t)$ 表示其绝对连续的 CDF、PDF 和故障率函数。类似地，来自"强子群"的项目的寿命为 Y_s，分别用 $F_2(t)$ 为 $f_2(t)$ 和 $\lambda_2(t)$ 表示 CDF、PDF 和失败率函数。强和弱子群的精确定义将在引入必要的符号后给出。在初始时刻（即在 $t=0$ 时），产品取自其弱群的比例为 π，强群的比例为 $1-\pi$，这意味着，脆弱变量 Z 在这种情况下具有离散的概率分布：

$$\pi(z) = \begin{cases} \pi, z=1 \\ 1-\pi, z=2 \end{cases}$$

其中，$z=i$ 对应于"弱"和"强"亚群，$i=1,2$。为了方便研究，将令 $\pi_1 = \pi$ 和 $\pi_1 = 1-\pi$。混合（种群）的生存函数（S_f）由下式给出

$$\overline{F}_m(t) = \pi_1 \overline{F}_1(t) + \pi_2 \overline{F}_2(t)$$

其中，$\overline{F}_i(t) = 1 - \overline{F}_i(t), i=1,2$，则（观察到的或总体）混合失效率函数可定义为

$$\lambda_m(t) = \frac{\pi_1 f_1(t) + \pi_2 f_2(t)}{\pi_1 \overline{F}_1(t) + \pi_2 \overline{F}_2(t)} = \pi_1 \lambda_1(t) + \pi_2 \lambda_2(t)$$

其中

$$\pi_1(t) = \frac{\pi_1 \overline{F}_1(t)}{\pi_1 \overline{F}_1(t) + \pi_2 \overline{F}_2(t)}, \pi_2(t) = \frac{\pi_2 \overline{F}_2(t)}{\pi_1 \overline{F}_1(t) + \pi_2 \overline{F}_2(t)}$$

讨论中，在某种程度上我们假设子群体在失效率序上是有序的（Shaked 和 Shanthikumar，2007），即

$$\lambda_1(t) > \lambda_2(t), t > 0 \tag{11.1}$$

因此，通过式（11.1），弱和强亚群现可根据其失效率而被精确地定义。此外，很容易想到亚群失效率是严格递增的，即产品是劣化的，这是最优替换模型中的一个常用假设。

上述已知亚群的假设实际上是合理的。大多数情况下，制造品的总体由两个随机排序的子总体组成，即具有正常寿命的子总体（主分布）和具有相对较短寿命的子总体（畸形分布）。在实践中，有缺陷的资源和组件、主观错误、不稳定的生产环境造成的不受控制的重要质量因素，属于"畸形分布"的产品可以与主要分布的产品同时生产（Jensen 和 Petersen，1982；Kececioglu 和 Sun，2003）。

从上述混合群体中随机选择一个产品。在运行过程中，每一次故障都以最低成本 c_m 进行修复，并在固定的时间以成本 c_r 进行更换。稍后将定义一个新的非定期 T' 更换策略，但首先，假设将传统的"定期更换策略"应用于产品。也就是说，运行中的产品在每一次故障时都被最低限度地修复，并在 T 时被替换。然后，长期平均成本率（即单位时间 T 平均成本的极限，见 4.3 节）由下式给出

$$c(T) = \frac{c_m E[N(T)] + c_r}{T} \tag{11.2}$$

式中：$N(T)$ 是发生在 $(0,T]$ 所选产品的最小维修次数。

回到异质假设，假设所选产品来自弱子群体，那么，相应的条件期望由

$E[N(t)|Z=1] = \int_0^T \lambda_1(u)\mathrm{d}u$ 给出。如果是来自强亚群，则为 $E[N(t)|Z=2] = \int_0^T \lambda_2(u)\mathrm{d}u$。因此，长期平均成本率变为

$$c(T) = \frac{\pi_1\left(c_m \int_0^T \lambda_1(u)\mathrm{d}u\right) + \pi_2\left(c_m \int_0^T \lambda_2(u)\mathrm{d}u\right) + c_r}{T} \qquad (11.3)$$

注意： 在这种情况下，应用的最小修复是"在亚群水平上的最小修复"（基于信息的最小修复，参见4.6节），可由 $\lambda_i(t), i = 1,2$ 定义而不是 $\lambda_m(t)$。关于这种基于信息的最小修复的实例可见 Cha 和 Badia（2016）。

然而，由于来自两个随机排序的子群体的产品的性能不同，因此，根据选择运行中的产品的子群体来应用不同的替换策略是合理的。例如，如果我们用 T_1 表示来自强亚群的产品（被认为是）的替换周期，用 T_2 表示来自弱亚群的产品的替换周期，那么，不同的替换周期 $T_1 \leqslant T_2$ 可以应用。如何从不同的亚群中区分这些产品呢？为此，可以利用初始现场运行过程中项目的历史信息。

出于上述考虑，我们利用在初始运行期间观察到的系统历史信息决策非定期更换策略。假设 $N_{[0,t]}$ 为 $[0,t]$ 区间内的历史信息 $\{N(s), 0 \leqslant s \leqslant t\}$ 且 $n_{[0,t]}$ 是相应历史的实现，其中，$N(s)$ 是 s 时刻之前的失效次数。观察可知，$N_{[0,t]}$ 完全可以由 $[0,t]$ 区间内 $N(t)$ 定义，在 $[0,t]$ 区间内故障时间序列为 $0 \leqslant S_1 \leqslant S_2 \leqslant \cdots \leqslant S_{N(t)}$，$N[0,t] = (N(t), S_1, S_2, \cdots, S_{N(t)})$，其中 S_i 为区间 $[0,t]$ 内的第 i 次失效时间。我们现在定义异构周期更换策略。

异构周期更换策略： 从混合群体中随机选择一个新产品，并将其开始现场运行。如前所述，设 Z 为所选产品对应的脆弱变量。固定 $T_1 < T_2$ 且假设系统在 $[0,T_1]$ 运行。对于固定 $0 \leqslant \gamma \leqslant 1$，设定历史运行信息为

$$N = \{n_{[0,T_1]} | P(Z=2|N_{[0,T_1]} = n_{[0,T_1]}) \geqslant \gamma\} \qquad (11.4)$$

假设 $N'_{[0,T_1]}$ 为产品在 $[0,T_1]$ 区间内运行的历史信息，$n'_{[0,T]}$ 为相应的实现。若给定 $N'_{[0,T_1]} = n'_{[0,T_1]}$，则应用以下替换策略。

（1）如果 $n'_{[0,T_1]} \in N$，则系统应该运行较长的时间，但在 T_2 时刻会被从混合群体中随机抽取的一个新的系统替代；

（2）否则，它会在 T_1 时刻立即被一个从混合群体中随机选择的新产品所取代。

因此，区间 $[0,T_1]$ 担当"试驾"期的角色，这为我们提供了运行历史记录，其中包含有关运行中与产品相应子群体的信息。定义 $c(\gamma, T_1, T_2), T_1 \leqslant T_2$，为上面定义的非定期更换策略的长期平均成本率，可找到 (γ^*, T_1^*, T_2^*) 满足

$$c(\gamma^*, T_1^*, T_2^*) = \min_{0 \leqslant \gamma \leqslant 1, 0 \leqslant T_1 \leqslant T_2} c(\gamma, T, T)$$

注释11.1 上述非周期替换策略可以如下选择性执行。假设 $T_1 < T_2$ 且假设系统在 $[0,T_1]$ 运行。当 $0 \leqslant \eta \leqslant 1$，$\eta = 1 - \gamma$ 时，定义历史信息集

$$N^a = \{n_{[0,T_1]} | P(Z=1 | N_{[0,T_1]} = n_{[0,T_1]}) > \eta\}$$

给定系统在 $[0, T_1]$ 区间内运行的历史信息 $N'_{[0,T_1]} = n'_{[0,T_1]}$，则应用以下替换策略。

（1）如果 $n'_{[0,T_1]} \in N^a$，在 T_1 时刻，它会立即被从混合群体中随机选择的新产品所取代；

（2）否则，系统会继续运行，直至 T_2 时刻被随机从混合群体中的一个新的系统替代。

注意：上面定义的非周期更换策略可由三参数 (γ, T_1, T_2) 表征。现在我们考虑确定最优策略参数，使非周期替换策略的长期平均成本率函数最小。长期平均成本率函数的详细表达式将在下面的定理中给出。为了方便描述结果，我们首先需要定义一些额外的符号。注意：N 中的元素是具有 $(n, s_1, s_2, \cdots, s_n)$ 格式的向量（具有不同的维数）；其中 n 和 s_i 分别是 $N(T_1)$ 和 S_i 的实现。那么，集合 N 可以正式表示为

$$N = \bigcup_{n=0}^{\infty} N_n$$

式中：N_n 是 $(n, s_1, s_2, \cdots, s_n)$ 元素的集合，满足 $(n, s_1, s_2, \cdots, s_n) \in N$，向量中的第一个分量固定为 n'。相反地，定义 N_n^c 是 $(n, s_1, s_2, \cdots, s_n)$ 元素的集合，满足 $(n, s_1, s_2, \cdots, s_n) \notin N$，向量中的第一个分量固定为 n'。进一步定义

$$N^c = \bigcup_{n=0}^{\infty} N_n^c$$

它是对应于在 T_1 时刻替换的所有历史的集合。再者，当 $n \geq 1$ 时，N_n^- 和 N_n^{c-} 分别由下式定义

$$N_n^- = \{(s_1, s_2, \cdots, s_n) | (n, s_1, s_2, \cdots, s_n) \in N_n\}$$

和

$$N_n^{c-} = \{(s_1, s_2, \cdots, s_n) | (n, s_1, s_2, \cdots, s_n) \in N_n^c\}$$

在下文中，按照惯例，当 $n = 0$ 时，$\prod_{j=1}^{n}(\cdot) = 1$。

定理 11.1 下列假设成立。

（1）对于 $n \geq 1$，集合 N_n 具有以下特征：

$$N_n = \left\{(s_1, s_2, \cdots, s_n) \,\bigg|\, \prod_{j=1}^{n} \frac{\lambda_1(s_j)}{\lambda_2(s_j)} \exp\left\{-\int_0^{T_1} (\lambda_1(u) - \lambda_2(u)) du\right\} \leq \frac{\pi_2}{\pi_1} \frac{1-\gamma}{\gamma}\right\}$$

此时 $n = 0$ 且 $\in N_0$，

$$\exp\left\{-\int_0^{T_1} (\lambda_1(u) - \lambda_2(u)) du\right\} \leq \frac{\pi_2}{\pi_1} \frac{1-\gamma}{\gamma}$$

此时 $n = 0$ 且 $\notin N_0$，

（2）长期平均成本率函数 $c(\gamma, T_1, T_2)$ 由下式给出

$$c(\gamma,T_1,T_2) = \left[\frac{c_m\left(\sum_{i=1}^{2}\alpha_i(\gamma,T_1)\Lambda_i(T_1)+\sum_{i=1}^{2}\beta_i(\gamma,T_1)\Lambda_i(T_2)\right)+c_r}{\left(\sum_{i=1}^{2}\alpha_i(\gamma,T_1)T_1+\sum_{i=1}^{2}\beta_i(\gamma,T_1)T_2\right)}\right]$$

(11.5)

其中

$$\Lambda_1(t)=\int_0^t\lambda_1(u)\mathrm{d}u, \Lambda_2(t)=\int_0^t\lambda_2(u)\mathrm{d}u$$

$$\alpha_i(\gamma,T_1)=\left(\pi_i\cdot\left[\exp\left\{-\int_0^{T_1}\lambda_1(u)\mathrm{d}u\right\}\cdot I\left(\exp\left\{-\int_0^{T_1}(\lambda_1(u)-\lambda_2(u))\mathrm{d}u\right\}>\frac{\pi_2}{\pi_1}\frac{1-\gamma}{\gamma}\right)\right.\right.$$

$$\left.\left.+\sum_{n=1}^{\infty}\int\cdots\int_{(s_1,s_2,\cdots,s_n)\in N_n^{c-}}\prod_{j=1}^{n}\lambda_i(s_j)\exp\left\{-\int_0^{T_1}\lambda_i(u)\mathrm{d}u\right\}\mathrm{d}s_1\mathrm{d}s_2\cdots\mathrm{d}s_n\right]\right)$$

其中, $i=1,2$。

$$\beta_i(\gamma,T_1)=\left(\pi_i\cdot\left[\exp\left\{-\int_0^{T_1}\lambda_1(u)\mathrm{d}u\right\}\cdot I\left(\exp\left\{-\int_0^{T_1}(\lambda_1(u)-\lambda_2(u))\mathrm{d}u\right\}>\frac{\pi_2}{\pi_1}\frac{1-\gamma}{\gamma}\right)\right.\right.$$

$$\left.\left.+\sum_{n=1}^{\infty}\int\cdots\int_{(s_1,s_2,\cdots,s_n)\in N_n^{v-}}\prod_{j=1}^{n}\lambda_i(s_j)\exp\left\{-\int_0^{T_1}\lambda_i(u)\mathrm{d}u\right\}\mathrm{d}s_1\mathrm{d}s_2\cdots\mathrm{d}s_n\right]\right)$$

其中, $i=1,2$。

证明：首先，我们定义集合 $\boldsymbol{N}_n$ 的特征（根据集合 $\boldsymbol{N}_n^c$ ）。根据命题4.2，对于亚群 i 历史的联合分布 $N_{[0,T_1]}=\boldsymbol{n}_{[0,T_1]}=(n,s_1,s_2,\cdots s_n)$，有

$$\prod_{j=1}^{n}\lambda_i(s_j)\exp\left\{-\int_0^{T_1}\lambda_1(u)\mathrm{d}u\right\}$$

其中, $\prod_{j=1}^{n}(\cdot)=1$，对于 $n=0, i=1,2$。那么, $(Z=2\mid N_{[0,T_1]}=\boldsymbol{n}_{[0,T_1]})$ 条件概率为

$$P(Z=2\mid N_{[0,T_1]}=\boldsymbol{n}_{[0,T_1]})$$

$$=\frac{\pi_2\prod_{j=1}^{n}\lambda_2(s_j)\exp\left\{-\int_0^{T_1}\lambda_2(u)\mathrm{d}u\right\}}{\pi_1\prod_{j=1}^{n}\lambda_2(s_j)\exp\left\{-\int_0^{T_1}\lambda_1(u)\mathrm{d}u\right\}+\pi_2\prod_{j=1}^{n}\lambda_2(s_j)\exp\left\{-\int_0^{T_1}\lambda_1(u)\mathrm{d}u\right\}}$$

因此，可以看出，不等式

$$P(Z=2\mid N_{[0,T_1]}=\boldsymbol{n}_{[0,T_1]})\geqslant\gamma$$

等价于

$$\prod_{j=1}^{n}\frac{\lambda_1(s_j)}{\lambda_2(s_j)}\exp\left\{-\int_0^{T_1}(\lambda_1(u)-\lambda_2(u))\mathrm{d}u\right\}\leqslant\frac{\pi_2}{\pi_1}\frac{1-\gamma}{\gamma}$$

其可谓集合 $\boldsymbol{N}_n$ 的特征表示。其他集合可以用类似的方式来表征。

我们现在将推导异构周期性替换策略的长期平均成本率函数，定义分别如下：

$$\alpha_1(\gamma, T_1) = P(Z=1, N'_{[0,T_1]} \in N^c), \alpha_2(\gamma, T_1) = P(Z=2, N'_{[0,T_1]} \in N^c)$$
$$\beta_1(\gamma, T_1) = P(Z=1, N'_{[0,T_1]} \in N^c), \beta_2(\gamma, T_1) = P(Z=2, N'_{[0,T_1]} \in N)$$

观察可知

$$P(N'_{[0,T_1]} \in N^c \mid Z=i)$$
$$= \sum_{n=0}^{\infty} P(N'_{[0,T_1]} \in N^c, N(T_1)' = n \mid Z=i)$$
$$= \exp\left\{-\int_0^{T_1} \lambda_i(u)\,du\right\} \cdot J\left(\exp\left\{-\int_0^{T_1}(\lambda_1(u)-\lambda_2(u))\,du\right\} > \frac{\pi_2}{\pi_1}\frac{1-\gamma}{\gamma}\right)$$
$$+ \sum_{n=1}^{\infty} \int \cdots \int_{(s_1,s_2,\cdots,s_n) \in N_n^{c-}} \prod_{j=1}^{n} \lambda_i(s_j) \exp\left\{-\int_0^{T_1} \lambda_i(u)\,du\right\} ds_1 ds_2 \cdots ds_n, i=1,2$$

其中，$N(T_1)'$ 对应于系统在运行过程中第一个部分对应的历史信息 $N'_{[0,T_1]}$。由此给出

$$\alpha_i(\gamma, T_1) = \left(\pi_i \cdot \left[\exp\left\{-\int_0^{T_1} \lambda_i(u)\,du\right\} \cdot I\left(\exp\left\{-\int_0^{T_1}(\lambda_1(u)-\lambda_2(u))\,du\right\} > \frac{\pi_2}{\pi_1}\frac{1-\gamma}{\gamma}\right)\right.\right.$$
$$\left.\left.+ \sum_{n=1}^{\infty} \int \cdots \int_{(s_1,s_2,\cdots,s_n) \in N_n^{c-}} \prod_{j=1}^{n} \lambda_i(s_j) \exp\left\{-\int_0^{T_1} \lambda_i(u)\,du\right\} ds_1 ds_2 \cdots ds_n\right]\right)$$

其中 $i=1,2$。其他因子 $\beta_1(\gamma, T_1)$ 和 $\beta_2(\gamma, T_1)$ 可以通过类似的方式获得

$$\beta_i(\gamma, T_1) = \left(\pi_i \cdot \left[\exp\left\{-\int_0^{T_1} \lambda_i(u)\,du\right\} \cdot I\left(\exp\left\{-\int_0^{T_1}(\lambda_1(u)-\lambda_2(u))\,du\right\} > \frac{\pi_2}{\pi_1}\frac{1-\gamma}{\gamma}\right)\right.\right.$$
$$\left.\left.+ \sum_{n=1}^{\infty} \int \cdots \int_{(s_1,s_2,\cdots,s_n) \in N_n^{-}} \prod_{j=1}^{n} \lambda_i(s_j) \exp\left\{-\int_0^{T_1} \lambda_i(u)\,du\right\} ds_1 ds_2 \cdots ds_n\right]\right)$$

从上述结果可以清楚地看出，一个周期的平均长度为

$$\left(\sum_{i=1}^{2} \alpha_i(\gamma, T_1)\right) T_1 + \left(\sum_{i=1}^{2} \beta_i(\gamma, T_1)\right) T_2$$

一个周期内最小维修的平均次数为

$$\left(\sum_{i=1}^{2} \alpha_i(\gamma, T_1) \Lambda_i(T_1)\right) \left(\sum_{i=1}^{2} \beta_i(\gamma, T_1) \Lambda_i(T_2)\right)$$

因此，长期平均成本率函数为

$$c(\gamma, T_1, T_2) = \left[\frac{c_m \left(\sum_{i=1}^{2} \alpha_i(\gamma, T_1)\Lambda_i(T_1) + \sum_{i=1}^{2} \beta_i(\gamma, T_1)\Lambda_i(T_2)\right) + c_r}{\left(\sum_{i=1}^{2} \alpha_i(\gamma, T_1)T_1 + \sum_{i=1}^{2} \beta_i(\gamma, T_1)T_2\right)}\right]$$

混合模型的初始设置似乎"太笼统"，无法得出明确的结果。因此，我们将重点讨论一个更具体的模型。现在假设亚群失效率由下式给出

$$\lambda_1(t) = \phi \lambda_2(t), t \geq 0 \tag{11.6}$$

式中：$\phi > 1$（因此排序（11.1）成立）。这种模型在文献中通常称为"比例危险

模型"（Leemis, 1995; Ebeling, 1997）或"比例风险模型"（Kalbfleisch 和 Prentice, 2002）（另见 Leemis (1995) 和 Ebeling (1997)）。注意：在式（11.6）下，概率

$$P(Z = 2 \mid N_{[0,T_1]} = \boldsymbol{n}_{[0,T_1]})$$

不依赖于 n 到达时间序列 $(s_1, s_2, \cdots, s_n)$，反与 n 相关，因此，式（11.4）中的集合 $\boldsymbol{N}$ 由一组整数来表征，并且非周期性替换策略只能根据 $N(T_1)'$ 来定义（因此，不需要"完整历史"），其中 $N(T_1)'$ 对应于历史 $N'_{[0,T_1]}$ 中的第一个部分。具体来说，给定 $N'(T) = n'$，将应用以下替换策略。

（1）若 $n' \in \boldsymbol{N}$，则系统运行至年龄 T_2 被替换；

（2）否则，系统运行至年龄 T_1 被替换。

在这种情况下，得到以下结果的"封闭解"。

公理 11.1 假设 $\lambda_1(t) = \phi \lambda_2(t), t \geq 0, \phi > 1$。

（1）式（11.4）中的集合 $\boldsymbol{N}$ 被表征为下面的非负整数集合

$$\boldsymbol{N} = \left\{ n : n \leq \frac{1}{\ln \phi} \left(\ln \left(\frac{\pi_2}{\pi_1} \frac{1-\gamma}{\gamma} \right) + (\phi - 1) \int_0^{T_1} \lambda_2(u) \mathrm{d}u \right) \right\}$$

（2）令

$$n(\gamma, T_1) = \left\lfloor \frac{1}{\ln \phi} \left(\ln \left(\frac{\pi_2}{\pi_1} \frac{1-\gamma}{\gamma} \right) + (\phi - 1) \int_0^{T_1} \lambda_2(u) \mathrm{d}u \right) \right\rfloor$$

式中：$\lfloor \alpha \rfloor$ 表示不超过 α 的最大整数。长期平均成本率函数 $c(\gamma, T_1, T_2)$ 由式（11.5）给出，其中，若 $\boldsymbol{N} = \phi$，则 $\alpha_i(\gamma, T_1) = \pi_i (i = 1, 2)$，且 $\beta_i(\gamma, T_1) = 0 (i = 1, 2)$，否则

$$\alpha_i(\gamma, T_1) = \pi_i \left(1 - \sum_{n=0}^{n(\gamma, T_1)} \frac{(\Lambda_i(T_1))^n}{n!} \exp\{\Lambda_i(T_1)\} \right), i = 1, 2$$

和

$$\beta_i(\gamma, T_1) = \pi_i \left(\sum_{n=0}^{n(\gamma, T_1)} \frac{(\Lambda_i(T_1))^n}{n!} \exp\{\Lambda_i(T_1)\} \right), i = 1, 2$$

证明：众所周知，如果一个产品采取最小维修策略，那么，相应的计数过程（由故障数量定义）是非齐次泊松过程，其速率等于一个产品的故障率函数（参见 4.3 节）。$(N(t) \mid Z = i), i = 1, 2$ 的条件分布为

$$P(N(t) = n \mid Z = i) = \frac{(\Lambda_i(t))^n}{n!} \exp\{-\Lambda_i(t)\}, n = 0, 1, 2, \cdots; i = 1, 2$$

结果可以直接从定理 11.1 中得出，为简洁起见，将省略证明。

我们现在将比较非定期更换策略和常规定期更换策略。让 T^* 成为传统定期更换策略的最佳解决方案：

$$c(T^*) = \min_{T > 0} c(T)$$

其中，$c(T)$ 由式（11.3）给出。注意："常规定期更换政策 T"对应于"$\{\gamma, T, T^*\}$ 非定期更换政策"的特殊情况，其中 $\gamma \in [0,1]$，因此，有

$$\min_{0\leqslant\gamma\leqslant1,T_1>0,T_2>0} c(\gamma,T_1,T_2) \leqslant c(\gamma^*,T_1^*,T_2^*) = c(T^*) = \min_{T>0} c(T) \quad (11.7)$$

式中：γ' 是 $[0,1]$ 中的任意值。从式（11.7）可以得出结论，异构周期性替换策略优于常规周期性替换策略。

11.1.2 最佳更换政策

在本节中，基于式（11.1）中的通用模型，我们考虑寻找最优非周期替换策略的解 $\{\gamma^*,T_1^*,T_2^*\}$ 满足

$$c(\gamma^*,T_1^*,T_2^*) = \min_{0\leqslant\gamma\leqslant1,0<T_1<T_2} c(\gamma,T_1,T_2) \quad (11.8)$$

虽然式（11.5）中成本率函数 $c(\gamma,T_1,T_2)$ 看起来非常复杂，但可以提取其中有关最佳替换策略的有用属性，从而极大地简化其优化过程。很明显，优化策略的参数空间由下式给出

$$P = \{(\gamma,T_1,T_2)|0\leqslant\gamma\leqslant1,0<T_1\leqslant T_2\leqslant\infty\}$$

为了找到最佳的 $c\{\gamma^*,T_1^*,T_2^*\}$，首先，我们找到对于每个固定 γ 和 T_1 的最优解 $T_2^*(\gamma,T_1)$，即

$$c(\gamma^*,T_1^*,T_2^*(\gamma,T_1)) = \min_{T_2\in[T_1,\infty]} c(\gamma,T_1,T_2) \quad (11.9)$$

将最小化 $c(\gamma,T_1,T_2)$ 的问题简化到最小化 $c(\gamma^*,T_1,T_2^*(\gamma,T_1))$，从而使之成为关于 γ 和 T_1 的二维优化问题。再进一步，我们修正 γ，找到最优 $T_1^*(\gamma)$ 满足

$$c(\gamma^*,T_1^*(\gamma),T_2^*(\gamma,T_1^*(\gamma))) = \min_{T_1>0} c(\gamma,T_1,T_2^*(\gamma,T_1)) \quad (11.10)$$

最终，我们搜索 γ^* 满足

$$c(\gamma^*,T_1^*(\gamma^*),T_2^*(\gamma,T_1^*(\gamma))) = \min_{T_1>0} c(\gamma,T_1^*(\gamma^*),T_2^*(\gamma,T_1^*(\gamma^*)))$$

那么，最优的 (γ^*,T_1^*,T_2^*) 满足由式（11.8）中 $(\gamma^*,T_1^*(\gamma_1))$ 和 $T_2^*(\gamma^*,T_1^*(\gamma^*))$，上述研究表明：

$c(\gamma^*,T_1^*(\gamma^*),T_2^*(\gamma,T_1^*(\gamma))) \leqslant c(\gamma,T_1^*(\gamma^*),T_2^*(\gamma,T_1^*(\gamma^*))),\forall \gamma\in[0,1]$
$\leqslant c(\gamma,T_1,T_2^*(\gamma,T_1)),\forall T_1>0,\gamma\in[0,1]$
$\leqslant c(\gamma,T_1,T_2),\forall T_2\geqslant T_1>0,\gamma\in[0,1]$

以下定理可以大大简化上述优化过程。如上所述，假设

$$\Lambda_i(t) = \int_0^t \lambda_i(u)\mathrm{d}u, i=1,2$$

定理 11.2 假设 $\lambda_i(t)$ 严格递增到无穷，$i=1,2$。最优周期性替换策略的属性如下。

（1）若 U_1^* 是方程的唯一解，即

$$c_m\lambda_1(u)\mathrm{d}u - c_m\Lambda_1(u) = c_r$$

那么，优化策略的参数空间 P 简化为

$$P' = \{(\gamma, T_1, T_2) | 0 \leq \gamma \leq 1, 0 \leq T_1 \leq v_0, v_0 \leq T_2 \leq v_1\}$$
$$U\{(\gamma, T_1, T_2) | 0 \leq \gamma \leq 1, v_0 \leq T_1 \leq v_1, T_2 \geq T_1\}$$

其中，$0 < v_0 < v_1 < \infty$ 是这个方程的两个解，即

$$\frac{c_m \Lambda_2(v) + c_r}{v} = c_m \lambda_1(U_1^*)$$

（2）令 $T_2^*(\gamma, T_1)$ 是 T_2 使 $c(\gamma, T_1, T_2)$ 为 (γ, T_1) 时最小化的固定值，即

$$c(\gamma, T_1, T_2^*(\gamma, T_1)) = \min_{T_2 \in [T_1, \infty)} c(\gamma, T_1, T_2)$$

且

$$\psi(u) = c_m(\alpha_1(\gamma, T_1) + \alpha_2(\gamma, T_1))T_1(\beta_1(\gamma, T_1)\lambda_1(u) + \beta_2(\gamma, T_1)\lambda_2(u))$$
$$+ c_m(\beta_1(\gamma, T_1) + \alpha_2(\gamma, T_1)) \cdot$$
$$[\beta_1(\gamma, T_1)(\lambda_1(u)u - \Lambda_1(u)) + \beta_2(\gamma, T_1)(\lambda_1(u)u - \Lambda_2(u))]$$

如果

$$\psi(T_1) \geq c_m[\beta_1(\gamma, T_1) + \beta_2(\gamma, T_1)](\alpha_1(\gamma, T_1)\Lambda_1(T_1) + \alpha_2(\gamma, T_1)\Lambda_2(T_1))$$
$$+ (\beta_1(\gamma, T_1) + \beta_2(\gamma, T_1))c_r$$

则 $T_2^*(\gamma, T_1) = T_1$；否则，$T_2^*(\gamma, T_1)$ 是方程的唯一解，即

$$\psi(T_2) = c_m[\beta_1(\gamma, T_1) + \beta_2(\gamma, T_1)](\alpha_1(\gamma, T_1)\Lambda_1(T_1) + \alpha_2(\gamma, T_1)\Lambda_2(T_1))$$
$$+ (\beta_1(\gamma, T_1) + \beta_2(\gamma, T_1))c_r$$

证明： Cha（2016）给出了定理 11.2 的证明。

基于定理 11.2，之前建议的优化过程可以大大简化。首先，式（11.9）中的 $T_2^*(\gamma, T_1)$ 可以根据定理 11.2 的性质（2）得到。此外，图 11.1 给出了 (T_1, T_2) 联合优化空间压缩过程。

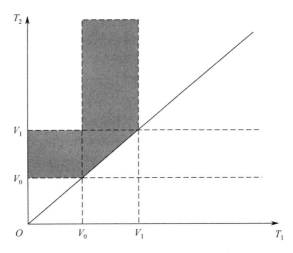

图 11.1　对于固定 γ 的 (T_1, T_2) 退化参数空间

因此，简化的策略参数空间 P' 表明 T_1^* 和 T_2^* 有"一致（相对于 γ 和 T_2 的上限）"的上届，$T_1^*:T_1^* \in (0,v_1]$。据此，第二阶段寻找式（11.10）中的 $T_1^*(\gamma)$ 可以简化为：固定 γ 求最优 $T_1^*\gamma$，满足

$$c(\gamma^*,T_1^*(\gamma^*),T_2^*(\gamma,T_1^*(\gamma))) = \min_{T_1 \in (0,v_1]} c(\gamma,T_1^*(\gamma^*),T_2^*(\gamma,T_1))$$

在上面的程序中，由于定理 11.2，我们可以找到唯一解 $T_2^*(\gamma,T_1)$ 在第一阶段，而不需要在一个无界的间隔 $[T_1,\infty)$ 中搜索它；在第二阶段，将 T_1 从"0"移动到"v_1"，而不是从"0"移动到"∞"就足够了。因此，与前面描述的初始程序相比，上述优化程序大大简化。因此，上述程序是有效的。寻找最佳 (γ^*,T_1^*,T_2^*) 更详细的算法及相应的数值例子，见 Cha（2016）。

Cha（2016）给出了几个数值例子来说明所提出的非周期替换策略的应用。

11.2 老练应用

11.2.1 基于信息的老练程序

老练已被广泛接受，并成为筛选初始故障的有效方法。通常情况下，老练是指在实际运行之前，对一个产品进行一段固定时间的模拟使用。也就是说，在交付给客户之前，产品在最接近现运行工作条件下运行。不符合规定可靠性标准的产品将被报废。对可靠性工程这一重要领域的介绍可以在（Jensen 和 Petersen，1982）、（Kuo 和 Kuo，1983）以及（Finkelstein 和 Cha，2013）中找到。

在本文中，我们研究了可修复物品的老练过程。如前一节所述，假设物品来自异质（即混合）群体，其中群体由强亚群（包含可靠性高的物品）和弱亚群（包含可靠性差的物品）组成，并且物品在老化过程中是可修复的。因此，在这种情况下，老练程序的目标应该是从整个群消除薄弱环节。可修复产品的运行历史通常包含关于产品可靠性特征的重要信息，该信息可用于建立合理的排除程序。更具体地说，来自强亚群（可靠性高）和来自弱亚群（可靠性差）的产品将表现出不同的失败模式。例如，在老练期间 $[0,b]$，来自弱势群体的产品比来自强势群体的产品更容易失效。此信息可用于决定是否应早老练过程中将该产品淘汰。

在上述推理的推动下，将提出一种基于信息的老练程序，并在本节中给出相关讨论。由于故障和维修过程可以用随机过程来描述，从概率的角度来看，这种情况下的"运行历史"对应于相应技术过程的"随机轨迹"。因此，这种老练过程利用了包含在相应随机计数过程中"观察轨迹"的信息。

如前所述，假设一个种群由两个随机排序的子种群组成。用 T_s 表示"强子群体"中某个产品第一次失败的时间，用 $F_1(t)$、$f_1(t)$、$r_1(t)$ 表示其绝对连续的 CDF、PDF 和失效率函数。同样地，第一次失效前的时间，对应于来自"弱亚

群"的一个产品的首次失效时间为 T_W，其 CDF、PDF 和故障率分别为 $F_2(t)$、$f_2(t)$、$r_2(t)$。如前所述，在这种情况下，脆弱变量 Z 具有离散的概率分布：

$$\pi(z) = \begin{cases} \pi, z = 1 \\ 1-\pi, z = 2 \end{cases}$$

其中 $z = i, i = 1,2$ 对应于"强"和"弱"亚群，为了方便起见，在下面，我们将令 $\pi_1 = \pi$ 和 $\pi_2 = 1 - \pi$。在前面的部分中，假设群体的产品采用最小维系策略（基于信息的最小化修复）。假设采用最小维修的子群体在失效率排序的意义上是有序的（因此，弱和强子群），排序可被定义

$$\lambda_2(t) > \lambda_1(t), t \geq 0$$

基于上述动机，现在定义一个基于信息的老练程序，我们使用产品在老练程序中运行时的历史。设 $H_{[0,b]}$ 为 $[0,b]$ 中的运行历史记录（$\{N(t), 0 \leq t \leq b\}$）且 $h_{[0,b]}$ 是相应历史的实现，其中 $N(t)$ 是时间 t 的故障数。观察 $H_{[0,b]}$ 可以完全用 $[0,b]$ 中的 $N(b)$ 和故障到达时间 $0 < S_1 < S_2 < \cdots < S_{N(b)}$ 来定义，其中 S_i 是从 $[0,b]$ 中第 i 次失效的时间，$H_{[0,b]} = (N(b), S_1, S_2, \cdots, S_{n(b)})$。基于信息的老练程序的定义如下。

基于信息的老练程序：从混合群体中随机选择一个新产品运行，并且其在时间 $[0,b]$ 内运行，在老练过程中，采取最小维修策路。对于一个给定的 α 值，$0 < \alpha < 1$，定义历史信息

$$\boldsymbol{H}_p = \{\boldsymbol{h}_{[0,b]} | P(Z = 1 | H_{[0,b]} = \boldsymbol{h}_{[0,b]}) \geq \alpha\}$$

$H'_{[0,b]}$ 为老化产品在 $[0,b]$ 中的历史记录，$h'_{[0,b]}$ 是相应的实现。然后，给定 $H'_{[0,b]} = \boldsymbol{h}'_{[0,b]}$，淘汰政策现在可以定义如下。

（1）如果 $\boldsymbol{h}'_{[0,b]} \in \boldsymbol{H}_p$，则该产品投入现场运行；

（2）否则，进行淘汰。

因此，通过上述程序，如果从"强亚群"中选择该产品的概率大于 α（阈值水平），则该产品通过淘汰策略并被投入现场操作。如果该概率小于 α，则该产品被淘汰，并且从混合群体中随机选择另一个新产品来应用老练，以此类推。观察上面定义的基于信息的老练程序完全由两个参数的集合 (b, α) 来表征。

我们现在将讨论使相应成本函数最小化的最佳老练程序。假设老练成本与总老练时间成正比，比例常数为 c_0。让 c_{sm} 为在老练过程中最小维修的成本，分别用 c_1 和 c_2 表示当一个强的或弱的产品被老练程序丢弃（消除）时产生的相应成本或损失 $c_1 > c_2$。定义 $k(b, \alpha)$ 为获得成功通过老练程序的第一个产品所产生的总老练成本。那么，获得一个可用于现场作业的产品所需的预期总老化成本由 $E[k(b, \alpha)]$ 给出。假设 τ 是现场运行期间的任务时间（通常，该任务时间只是保修期），c_m 是现场运行中最小维修的成本，实地作业期间的费用是由任务时间间隔内最低限度维修的总费用决定的。将 $N_b(\tau)$ 定义为通过老练程序的产品在任务时间 τ 内的最小维修总数。因此，每个产品的总预期成本为 $c(b, \alpha)$，定义为

$$c(b,\alpha) = E[k(b,\alpha)] + c_m E[N_b(\tau)] \tag{11.11}$$

则该老练问题的目的是找到最佳的联合老练参数 (b^*, α^*) 满足

$$c(b^*, \alpha^*) = \min_{b \geq 0, 0 \leq \alpha \leq 1} c(b, \alpha)$$

以下结果给出了式 (11.11) 中平均成本函数的详细表达式。为了方便描述这个结果，我们需要额外的符号。注意：H_p 向量中元素（具有不同的维度）的格式为 $(n, s_1, s_2, \cdots, s_n)$；其中 n 和 s_i 分别是 $N(b)$ 和 S_i 的实现。那么，集合 H_p 可以正式表示为 $H_p = \bigcup_{n=0}^{\infty} H_{pn}$，其中 H_{pn} 是元素的集合 $(n, s_1, s_2, \cdots, s_n)$ 满足 $(n, s_1, s_2, \cdots, s_n) \in H_p$，向量中的第一个分量固定为 n'。相反，将 H_p^c 定义为元素集 $(n, s_1, s_2, \cdots, s_n)$ 满足 $(n, s_1, s_2, \cdots, s_n) \notin H_p$，向量中的第一个分量固定为 n'。我们进一步定义 $H_e = \bigcup_{n=0}^{\infty} H_{pn}^c$，它是对应于老练消除的所有历史的集合。再者，对于 $n \geq 1$，S_{pn} 和 S_{pn}^c 定义分别为

$$S_{pn} = \{(s_1, s_2, \cdots, s_n) \mid (n, s_1, s_2, \cdots, s_n) \in H_{pn}\}$$

和

$$S_{pn}^c = \{(s_1, s_2, \cdots, s_n) \mid (n, s_1, s_2, \cdots, s_n) \in H_{pn}^c\}$$

在下文中，按照惯例，当 $n = 0$ 时，$\prod_{j=1}^{n}(\cdot) = 1$。根据属性 (1) 和 (2) 可得到集合 H_{pn} 的平均成本函数 $c(b, \alpha)$。

定理 11.3 若下式成立：

(1) 集合 H_{pn} 定义如下，对于固定 $n \geq 1$ 时，H_{pn} 的特征为

$$H_{pn} = \left\{(n, s_1, s_2, \cdots, s_n) \,\middle|\, \prod_{j=1}^{n} \frac{\lambda_2(s_j)}{\lambda(s_j)} \leq \frac{\pi_1}{\pi_2} \frac{1-\alpha}{\alpha} \exp\left\{-\int_0^b (\lambda_1(u) - \lambda_2(u)) du\right\}\right\}$$

对于 $n = 0$ 且 $n = 0 \in H_{p0}$，若

$$\frac{\pi_1}{\pi_2} \frac{1-\alpha}{\alpha} \exp\left\{-\int_0^b (\lambda_1(u) - \lambda_2(u)) du\right\} \geq 1$$

$n = 0 \notin H_{p0}$，反之亦然。

(2) 基于 (1)，式 (11.11) 中的平均成本函数可表示为

$$\begin{aligned}
c(b, \alpha) &= c_0 b + c_{sm} \sum_{i=1}^{2} m(1, i) p(i \mid 1) \\
&+ \left(\frac{1}{p(1)} - 1\right)\left[c_0 b + c_{sm} \sum_{i=1}^{2} m(2, i) p(i \mid 2) + c_1 p(1 \mid 2) + c_2 p(2 \mid 2)\right] \\
&+ c_m \sum_{i=1}^{2} (\Lambda_i(b+\tau) - \Lambda_i(b)) \cdot p(i \mid 1)
\end{aligned}$$

$$\tag{11.12}$$

其中

$$m(1,i) = \frac{1}{p(\boldsymbol{H}_p|i)} \cdot$$

$$\sum_{n=1}^{\infty} \left(n \int \cdots \int_{(s_1,s_2,\cdots,s_n) \in s_{pn}} \prod_{j=1}^{n} \lambda_i(s_j) \exp\left\{ -\int_0^b \lambda_i(u) \mathrm{d}u \right\} \mathrm{d}s_1 \mathrm{d}s_2 \cdots \mathrm{d}s_n \right)$$

$$m(2,i) = \frac{1}{p(\boldsymbol{H}_e|i)} \cdot$$

$$\sum_{n=1}^{\infty} \left(n \int \cdots \int_{(s_1,s_2,\cdots,s_n) \in S_{pn}^c} \prod_{j=1}^{n} \lambda_i(s_j) \exp\left\{ -\int_0^b \lambda_i(u) \mathrm{d}u \right\} \mathrm{d}s_1 \mathrm{d}s_2 \cdots \mathrm{d}s_n \right)$$

$$p(\boldsymbol{H}_p|i) = \exp\left\{ -\int_0^b \lambda_i(u)\mathrm{d}u \right\} I\left(\frac{\pi_1}{\pi_2} \frac{1-\alpha}{\alpha} \exp\left(-\int_a^b (\lambda_1(u)-\lambda_2(u))\mathrm{d}u \right) \geqslant 1 \right)$$

$$\sum_{n=1}^{\infty} \left(n \int \cdots \int_{(s_1,s_2,\cdots,s_n) \in S_{pn}} \prod_{j=1}^{n} \lambda_i(s_j) \exp\left\{ -\int_0^b \lambda_i(u) \mathrm{d}u \right\} \mathrm{d}s_1 \mathrm{d}s_2 \cdots \mathrm{d}s_n \right)$$

$$p(\boldsymbol{H}_e|i) = \exp\left\{ -\int_0^b \lambda_i(u)\mathrm{d}u \right\} I\left(\frac{\pi_1}{\pi_2} \frac{1-\alpha}{\alpha} \exp\left(-\int_a^b (\lambda_1(u)-\lambda_2(u))\mathrm{d}u \right) < 1 \right)$$

$$\sum_{n=1}^{\infty} \left(n \int \cdots \int_{(s_1,s_2,\cdots,s_n) \in S_{pn}^c} \prod_{j=1}^{n} \lambda_i(s_j) \exp\left\{ -\int_0^b \lambda_i(u) \mathrm{d}u \right\} \mathrm{d}s_1 \mathrm{d}s_2 \cdots \mathrm{d}s_n \right)$$

$$p(1) = \sum_{i=1}^{2} \pi_i p(H_p|i), \quad p(2) = \sum_{i=1}^{2} \pi_i p(H_e|i)$$

$$p(i|1) = \frac{\sum_{i=1}^{2} \pi_i p(H_p|i)}{p(1)}, \quad p(i|2) = \frac{\sum_{i=1}^{2} \pi_i p(H_e|i)}{p(1)}$$

证明：首先，我们描述集合的特征 $\boldsymbol{H}_{pn}$（根据 $\boldsymbol{H}_{pn}^c$）。根据命题4.2，历史信息的条件分布 $H_{[0,b]} = \boldsymbol{h}_{[0,b]} = (n,s_1,s_2,\cdots,s_n)$ 的 i 子集（$Z=i$）为

$$\prod_{j=1}^{n} \lambda_i(s_j) \exp\left\{ -\int_0^b \lambda_i(u)\mathrm{d}u \right\} \tag{11.13}$$

其中，当 $n=0,1,2$ 时，$\prod_{j=1}^{n}(\cdot) = 1$，则条件概率 $(Z=1|H_{[0,b]}=\boldsymbol{h}_{[0,b]})$ 为

$$P(Z=1|H_{[0,b]}=\boldsymbol{h}_{[0,b]})$$

$$= \frac{\pi_1 \prod_{j=1}^{n} \lambda_1(s_j) \exp\left\{ -\int_0^b \lambda_1(u)\mathrm{d}u \right\}}{\pi_1 \prod_{j=1}^{n} \lambda_1(s_j) \exp\left\{ -\int_0^b \lambda_1(u)\mathrm{d}u \right\} + \pi_2 \prod_{j=1}^{n} \lambda_2(s_j) \exp\left\{ -\int_0^b \lambda_2(u)\mathrm{d}u \right\}}$$

因此，可以看出，不等式

$$P(Z=1|H_{[0,b]}=\boldsymbol{h}_{[0,b]}) \geqslant \alpha$$

等价于
$$\prod_{j=1}^{n} \frac{\lambda_2(s_j)}{\lambda_1(s_j)} \leqslant \frac{\pi_1}{\pi_2} \frac{1-\alpha}{\alpha} \exp\left\{-\int_0^b (\lambda_1(u) - \lambda_2(u)) du\right\}$$

现在用集合 H_{pn} 表示。

记 E_1 定义为项目首次通过老化程序的事件，则

$$\begin{aligned} E[k(b,\alpha)|E_1] &= c_0 b + c_{sm} E[N(b)|E_1] \\ &= c_0 b + c_{sm} E[N(b)|E_1, Z=1] P(Z=1|E_1) \\ &\quad + c_{sm} E[N(b)|E_1, Z=2] P(Z=2|E_1) \end{aligned} \qquad (11.14)$$

其中

$$\begin{aligned} E[k(b,\alpha)|E_1^c] &= c_0 b + c_{sm} E[N(b)|E_1^c, Z=1] P(Z=1|E_1^c) \\ &\quad + c_{sm} E[N(b)|E_1^c, Z=2] P(Z=2|E_1^c) \\ &\quad + c_1 P(Z=1|E_1^c) + c_2 P(Z=1|E_1^c) + E[k(b,\alpha)] \end{aligned} \qquad (11.15)$$

然后，通过组合式（11.14）和式（11.15），以下述方式获得

$$\begin{aligned} E[k(b,\alpha)] &= c_0 b + c_{sm} E[N(b)|Z=1] P(Z=1|E_1) + c_{sm} E[N(b)|E_1, Z=2] P(Z=2|E_1) \\ &\quad + \left(\frac{1}{p(E_1)} - 1\right) \left[c_0 b + c_{sm} E[N(b)|E_1^c, Z=1] P(Z=1|E_1^c)\right] \\ &\quad + c_{sm} E[N(b)|E_1^c, Z=2] P(Z=2|E_1^c) + c_1 P(Z=1|E_1^c) + c_1 P(Z=2|E_1^c) \end{aligned}$$

$$(11.16)$$

根据式（11.13）可知 $(N(b), S_1, S_2, \cdots, S_{N(b)}) | (H'_{[0,b]} \in H_p, Z=i)$ 的联合条件分布，其中 $(N(b), S_1, S_2, \cdots, S_{N(b)})$ 对应的是部件的 $H'_{[0,b]}$ 由下式给出

$$\frac{\prod_{j=1}^{n} \lambda_i(s_j) \exp\left\{-\int_0^b \lambda_i(u) du\right\}}{p(H_p|i)}$$

对 $(n, s_1, s_2, \cdots, s_n) \in H_p, n \geqslant 1$，其中

$$p(H_p|i) = \exp\left\{-\int_0^b \lambda_i(u) du\right\} I\left(\frac{\pi_1}{\pi_2} \frac{1-\alpha}{\alpha} \exp\left(-\int_a^b (\lambda_1(u) - \lambda_2(u)) du\right) \geqslant 1\right)$$

$$\sum_{n=1}^{\infty} \left(n \int \cdots \int_{(s_1, s_2, \cdots, s_n) \in S_{pn}} \prod_{j=1}^{n} \lambda_i(s_j) \exp\left\{-\int_0^b \lambda_i(u) du\right\} ds_1 ds_2 \cdots ds_n\right)$$

其中 $i=1,2$。因此，当 $N(b) \geqslant 1$ 时，$N(b)|(H'_{[0,b]} \in H_p, Z=i)$ 的边缘分布为

$$p(N(b) = n | H'_{[0,b]} \in H_p, Z=i)$$

$$= \frac{1}{p(H_p|i)} \left(n \int \cdots \int_{(s_1, s_2, \cdots, s_n) \in S_{pn}} \prod_{j=1}^{n} \lambda_i(s_j) \exp\left\{-\int_0^b \lambda_i(u) du\right\} ds_1 ds_2 \cdots ds_n\right), n \geqslant 1$$

由此可知

$$m(1,i) = E[N(b)|\boldsymbol{E}_1, Z=i] = E[N(b)|H'_{[0,b]} \in \boldsymbol{H}_p, Z=i]$$

$$= \frac{1}{p(\boldsymbol{H}_p|i)} \times \sum_{n=1}^{\infty} \left(n \int \cdots \int_{(s_1,s_2,\cdots,s_n) \in S_{pn}} \prod_{j=1}^{n} \lambda_i(s_j) \exp\left\{ -\int_0^b \lambda_i(u) \,\mathrm{d}u \right\} \mathrm{d}s_1 \mathrm{d}s_2 \cdots \mathrm{d}s_n \right)$$

类似可得

$$m(2,i) = E[N(b)|\boldsymbol{E}_1^c, Z=i] = E[N(b)|H'_{[0,b]} \in \boldsymbol{H}_e, Z=i]$$

$$= \frac{1}{p(\boldsymbol{H}_e|i)} \times \sum_{n=1}^{\infty} \left(n \int \cdots \int_{(s_1,s_2,\cdots,s_n) \in S_{pn}^c} \prod_{j=1}^{n} \lambda_i(s_j) \exp\left\{ -\int_0^b \lambda_i(u) \,\mathrm{d}u \right\} \mathrm{d}s_1 \mathrm{d}s_2 \cdots \mathrm{d}s_n \right)$$

其中，当 $i=1$，2 时

$$p(\boldsymbol{H}_e|i) = \exp\left\{ -\int_0^b \lambda_i(u) \,\mathrm{d}u \right\} I\left(\frac{\pi_1}{\pi_2} \frac{1-\alpha}{\alpha} \exp\left(-\int_a^b (\lambda_1(u) - \lambda_2(u)) \,\mathrm{d}u \right) < 1 \right)$$

$$+ \sum_{n=1}^{\infty} \left(\int \cdots \int_{(s_1,s_2,\cdots,s_n) \in S_{pn}^c} \prod_{j=1}^{n} \lambda_i(s_j) \exp\left\{ -\int_0^b \lambda_i(u) \,\mathrm{d}u \right\} \mathrm{d}s_1 \mathrm{d}s_2 \cdots \mathrm{d}s_n \right)$$

另一方面

$$p(1) = P(\boldsymbol{E}_1) = \sum_{i=1}^{2} \pi_i p(\boldsymbol{H}_p|i)$$

因此，有

$$p(i|1) = P(Z=i|\boldsymbol{E}_1) = \frac{\pi_i p(\boldsymbol{H}_p|i)}{p(1)}$$

同理可证

$$p(2) = P(\boldsymbol{E}_1^c) = \sum_{i=1}^{2} \pi_i p(\boldsymbol{H}_e|i)$$

且，$i=1$，2 时，

$$p(i|2) = P(Z=i|\boldsymbol{E}_1^c) = \frac{\pi_i p(\boldsymbol{H}_e|i)}{p(2)}$$

我们现在得出现场作业期间的平均成本。注意：通过老练程序的产品满足 $H'_{[0,b]} \in \boldsymbol{H}_p$，任务时间间隔 $[b, b+\tau)$ 内最小维修总数的期望（对于通过老化程序的产品）由下式给出

$$E[N_b(\tau)] = E[N(b+\tau) - N(b) | H'_{[0,b]} \in \boldsymbol{H}_p]$$

$$= \sum_{i=1}^{2} E[N(b+\tau) - N(b) | H'_{[0,b]} \in \boldsymbol{H}_p, Z=i] P(Z=i | H'_{[0,b]} \in \boldsymbol{H}_p)$$

$$= \sum_{i=1}^{2} E[N(b+\tau) - N(b) | Z=i] \cdot P(Z=i | H'_{[0,b]} \in \boldsymbol{H}_p)$$

$$= \sum_{i=1}^{2} (\Lambda_i(b+\tau) - \Lambda_i(b)) \cdot P(Z=i | H'_{[0,b]} \in \boldsymbol{H}_p)$$

其中第三等式成立,因为 $\{N(t), t \geq 0\}$ 具有独立增量性质 ($Z = i, i = 1, 2$),证毕。

讨论该主题所依据的混合模型的初始假设比较笼统,无法明确得出在最佳老练模型的参数。因此,在下一节中,我们将重点讨论在应用中很重要的特定模型。

11.2.2 最佳老练参数

在上一节中,我们讨论了在一般条件 $\lambda_2(t) > \lambda_1(t), \forall t > 0$ 下基于信息的老练过程,其中 $\lambda_1(t)$ 和 $\lambda_2(t)$ 分别代表强子群和弱子群。在本节中,我们将重点介绍一个重要的特定模型:

$$\lambda_2(t) = \rho \lambda_1(t), t \geq 0 \tag{11.17}$$

其中,$\rho > 1$。

在前一节中定义的基于信息的老练程序和相应的成本函数式(11.12)可以极大地简化该模型。在下面的定理中,条件(1)指定了缩减的参数空间。条件(2)规定了式(11.17)中老练程序的淘汰规则。最后,条件(3)规定了式(11.17)中平均成本函数 $c(b, \alpha)$。

定理11.4 下式若成立:

(1) 在式(11.17)中,最佳老练参数空间的为参数 (b^*, α^*),由下式给出

$$P = \{(b, \alpha) | 0 \leq b \leq \infty; 0 \leq \alpha \leq \overline{\alpha(b)}; b \in [0, \infty)\} \tag{11.18}$$

其中

$$\overline{\alpha(b)} = \frac{\pi_1 \exp\{-\Lambda_1(b)\}}{\pi_1 \exp\{-\Lambda_1(b)\} + \pi_2 \exp\{-\rho \Lambda_1(b)\}}$$

并且 $\Lambda_1(t) = \int_0^t \lambda_1(u) \mathrm{d}u$。

(2) 老练程序的淘汰策略规定如下。
① 如果 $N(b) \in N_p = \{0, 1, \cdots, n(b, \alpha)\}$,则该产品投入现场运行;
② 否则,它被淘汰。

其中,$n(b, \alpha)$ 是不超过下式的最大整数:

$$\frac{1}{\ln \rho} \left(\ln \left(\frac{\pi_1}{\pi_2} \left(\frac{1}{\alpha} - 1 \right) \right) + (\rho - 1) \Lambda_1(b) \right)$$

(3) 由式(11.12)给出平均成本函数 $c(b, \alpha)$ 为

$$m(1, i) = \sum_{n=0}^{n(b,\alpha)} n \cdot \frac{\Lambda_i(b)^n \exp\{-\Lambda_i(b)\}/n!}{\sum_{m=0}^{n(b,\alpha)} \Lambda_i(b)^m \exp\{-\Lambda_i(b)\}/m!}$$

$$m(2, i) = \sum_{n=n(b,\alpha)+1}^{\infty} n \cdot \frac{\Lambda_i(b)^n \exp\{-\Lambda_i(b)\}/n!}{\sum_{m=n(b,\alpha)+1}^{\infty} \Lambda_i(b)^m \exp\{-\Lambda_i(b)\}/m!}$$

其中，$i = 1,2$，并且

$$p(1) = \sum_{i=1}^{2} \pi_i \left[\sum_{n=0}^{n(b,\alpha)} \Lambda_i(b)^n \exp\{-\Lambda_i(b)\}/n! \right]$$

$$p(2) = \sum_{i=1}^{2} \pi_i \left[\sum_{n=n(b,\alpha)+1}^{\infty} \Lambda_i(b)^n \exp\{-\Lambda_i(b)\}/n! \right]$$

$$p(i|1) = \left(\pi_i \cdot \left[\sum_{n=0}^{n(b,\alpha)} \Lambda_i(b)^n \exp\{-\Lambda_i(b)\}/n! \right] \right) \Big/ p(1)$$

$$p(i|2) = \left(\pi_i \cdot \left[\sum_{n=n(b,\alpha)+1}^{\infty} \Lambda_i(b)^n \exp\{-\Lambda_i(b)\}/n! \right] \right) \Big/ p(2)$$

证明：在模型式（11.17）中，有
$P(Z = 1 | H_{[0,b]} = \boldsymbol{h}_{[0,b]})$

$$= \frac{\pi_1 \prod_{j=1}^{n} \lambda_1(s_j) \exp\left\{ -\int_0^b \lambda_1(u) \mathrm{d}u \right\}}{\pi_1 \prod_{j=1}^{n} \lambda_1(s_j) \exp\left\{ -\int_0^b \lambda_1(u) \mathrm{d}u \right\} + \pi_2 \rho^n \prod_{j=1}^{n} \lambda_1(s_j) \exp\left\{ -\rho \int_0^b \lambda_1(u) \mathrm{d}u \right\}}$$

$$= \frac{\pi_1 \exp\{-\Lambda_1(b)\}}{\pi_1 \exp\{-\Lambda_1(b)\} + \pi_2 \rho^n \exp\{-\rho \Lambda_1(b)\}}$$

其在 n 上严格减少。因此，对于固定的 b，$P(Z = 1 | H_{[0,b]} = \boldsymbol{h}_{[0,b]})$ 不能大于

$$\frac{\pi_1 \exp\{-\Lambda_1(b)\}}{\pi_1 \exp\{-\Lambda_1(b)\} + \pi_2 \exp\{-\rho \Lambda_1(b)\}}$$

历史信息为 $\boldsymbol{h}_{[0,b]}$，且参数空间 P 由式（11.18）给出。

由此可知

$$P(Z = 1 | H_{[0,b]} = \boldsymbol{h}_{[0,b]}) \geqslant \alpha$$

等价于

$$n < \frac{1}{\ln \rho} \left(\ln\left(\frac{\pi_1}{\pi_2} \left(\frac{1}{\alpha} - 1 \right) \right) + (\rho - 1) \Lambda_1(b) \right) = \gamma(b, \alpha)$$

所以淘汰政策只取决于 $N(b)$（不取决于整个历史 $H_{[0,b]}$），因此，其可以完全由 $N(b)$ 来定义。

（1）如果 $N(b) \in \boldsymbol{N}_p = \{0, 1, \cdots, n(b, \alpha)\}$，则产品投入现场运行；

（2）否则，进行淘汰。

其中，$n(b, \alpha) = \lfloor \gamma(b, \alpha) \rfloor$，函数 $\lfloor x \rfloor$ 被定义为不超过 x 的最大整数。此外，在这种情况下：

$$m(1, i) = E[N(b) | E_1, Z = i] = E[N(b) | N(b) \in \boldsymbol{N}_p, Z = i]$$

其中，$N(b) | N(b) \in \boldsymbol{N}_p, Z = i$ 的条件分布由下式给出

$$\frac{\Lambda_i(b)^n \pi_1 \exp\{-\Lambda_i(b)\}/n!}{\sum_{m=0}^{n(b,\alpha)} \Lambda_i(b)^m \exp\{-\rho \Lambda_i(b)\}/m!}$$

其中，$n \in N_p, i = 1, 2$。同理，$m(2, i)$、$p(i)$、$p(i|1)$、$p(i|2)$ 等也可以用类似的方式简化。

如前所述，研究老练问题的目的是找到最佳的联合老练参数 (b^*, α^*) 满足

$$c(b^*, \alpha^*) = \min_{(b, \alpha) \in P} c(b, \alpha) \tag{11.19}$$

为了找到式（11.19）中的联合最优解，我们按照以下两阶段优化程序进行研究（类似的联合优化程序也可参见 Mi (1994)）。

第一阶段，固定老练时间 b，然后找到最优 $\alpha^*(b)$，且 $\alpha^*(b) \in [0, \overline{\alpha(b)}]$，并满足下式

$$c(b, \alpha^*(b)) = \min_{0 \leq \alpha \leq \overline{\alpha(b)}} c(b, \alpha)$$

第二阶段，我们搜索 b^*，满足

$$c(b^*, \alpha^*(b)) = \min_{b \geq 0} c(b, \alpha^*(b))$$

则联合最优解由 $(b^*, \alpha^*(b))$ 给出，因为上述程序可得

$$c(b^*, \alpha^*(b)) \leq c(b, \alpha^*(b)), b > 0$$
$$\leq c(b, \alpha), (b, \alpha) \in p$$

为了简化上述优化过程，我们现在定义一个统一（关于 α）的上限 b^*。也就是说，对于任何 $(b_1, \alpha_1) \in P$ 并且 $b_1 > v^*$，如果存在 $(b_2, \alpha_2) \in P$ 并且 $b_2 \leq v^*$，可得

$$c(b_1, \alpha_1) > c(b_2, \alpha_2)$$

那么，这意味着不是所有 $(b_1, \alpha_1) \in P$ 并且 $b_1 > v^*$ 的解均为最优解，因此，可以进一步将参数空间缩小到

$$P' = \{(b, \alpha) | 0 \leq b \leq v^*, 0 \leq \alpha \leq \overline{\alpha(b)}, b \in [0, \infty)\}$$

在这种情况下，v^*（b^* 的上界）的上限不依赖于 α，成为 b^* 的一致上限。这将极大地简化两阶段优化程序。当 $\lambda_1(t)$ 为特殊情形时，我们可以得到一个一致的上限。为了精确描述其条件，我们需要定义以下一直递增函数的概念（Mi, 2003）。

定义 11.1 如果存在 $x_0, 0 < x_0 < \infty$，故障率函数 $\lambda(x)$ 为递增函数，使得 $\lambda(x)$ 在 $x > x_0$ 严格递增。对于最终增加的故障率函数，第一阶、第二阶拐点 x^* 和 x^{**} 被定义为

$$t^* = \inf\{t \geq 0 | \lambda(x) \text{ 在 } x \geq t \text{ 时非减}\}$$

$$t^{**} = \inf\{t \geq 0 | \lambda(x) \text{ 在 } x \geq t \text{ 时严格递增}\}$$

注意：最终增加故障率函数的类别包括所有类型的故障率，这些故障率代表最终劣化或磨损的老化模式。显然，它也包括单调递增的故障率函数类。以下结果确定了最佳老练时间的一致上限。

定理 11.5 假设 $\lambda_1(t)$ 在第一阶、第二阶拐点 t^* 和 t^{**} 递增。定义 $u^*, u^* \geq t^*$，以及 w^* 和 $w^* \geq t^*$，则

$$u^* = \inf\left\{x \,\Big|\, \rho \int_{t^*}^{t^*+\tau} \lambda_1(s)\,\mathrm{d}s < \int_t^{t+\tau} \lambda_1(s)\,\mathrm{d}s\right\}, \forall t > x > t^* \quad (11.20)$$

和

$$w^* = \inf\left\{x \,\Big|\, \rho \int_0^{t^*} \lambda_1(s)\,\mathrm{d}s < \int_0^{t} \lambda_1(s)\,\mathrm{d}s\right\}, \forall t > x > t^*$$

如果 u^* 在式（11.20）中存在，则 $v^* = \max\{u^*, w^*\}$。

证明可见 Cha 和 Badía（2016）。

注释 11.2 注意以上结果中始终存在 w^*。此外，当 $\lim_{t\to\infty}\lambda_1(t) = \infty$ 时，总有式（11.20）中定义的 u^* 存在。

基于上述结果，优化过程可以简化如下。第一阶段，我们确定老练时间 $b \in [0, v^*]$，然后寻找最优解 $\alpha^*(b)$，$\alpha^*(b) \in [0, \overline{\alpha(b)}]$，满足

$$c(b, \alpha^*(b)) = \min_{0 \leq \alpha \leq \overline{\alpha(b)}} c(b, \alpha)$$

第二阶段，我们搜索 b^*，满足

$$c(b^*, \alpha^*(b)) = \min_{0 \leq b \leq v^*} c(b, \alpha^*(b))$$

则联合最优解由 $(b^*, \alpha^*(b))$ 给出，下面的例子说明了所得结果的应用。

例 11.1 假设 $\lambda_1(t)$ 由下式给出

$$\lambda_1(t) = \begin{cases} 1, 0 \leq t \leq 3.5 \\ (t-3.5)^2 + 1, t \geq 3.5 \end{cases}$$

参数设置分别为 $\rho = 5, \pi = 0.9, 1-\pi = 0.1$。$\lambda_1(t)$ 为最终会增加故障率函数，其一阶和二阶拐点分别为 $t^* = 0$ 和 $t^{**} = 3.5$。假设 $\tau^* = 7.0$，则很容易得到 $u^* = 3.1822$ 和 $w^* = 0$，因此其一致上界为 $v^* = 3.1822$。成本参数分别为 $c_0 = 0.1$，$c_{sm} = 0.5$，$c_1 = 12.0$，$c_2 = 5.0$ 和 $c_m = 3.0$。通过应用本节中定理 11.4 的性质（3）中给出的公式，可计算出平均成本函数 $c(b, \alpha)$。更进一步，应用上述混合泊松过程，确定最佳老化参数。最佳的老化参数为 $(b^*, \alpha^*) = (0.12, \alpha)$，$\alpha \in [0.75, 0.93]$ 范围内的任何值。在这种情况下，最小预期成本由 $c(b^*, \alpha^*) = 87.85707$ 给出。据观察，在老练过程后强群产品的比例增加到 0.9357，弱群产品的比例下降到 0.0643。此外，在老练前的任务时间内，最小维修的平均次数是 29.8083；在老练后，它已经减少到 28.6829。注意：当 $b = 0.12$ 时，$n(b, \alpha)$ 的参数 $\alpha \in [0.75, 0.93]$，在案例中，可有多个最优解。

11.3 保修应用

11.3.1 基于信息的保修政策

保修是制造商与购买者之间的一项重要合同，要求制造商负责维修或更换在预定时间内发生的所有故障。因此，适当的保修策略是制造商降低保修服务成本

的基础。Blischke 和 Murthy（1992）提出了基本保修的概念与理论模型。值得关注的是，Biedenweg（1981）、Nguyen 和 Murthy（1986）以及 Murthy 和 Nguyen（1988）的早期论文，提出了关于基于保修期分类技术的最优策略，在不同的间隔期内分别进行更换和修理。

降低保修服务成本的一种可能方法是将有效的预防性维护措施纳入保修政策。对于劣化和可修系统，预防性维修行为在计划的时间执行，以使系统一直处于"更年轻"的运行状态。从制造商的角度来看，虽然预防性维护措施增加了额外的成本，但由于预防性维护措施而改善系统可以降低保修期内的保修服务成本。

到目前为止，大多数关于产品质量保证模型的研究都是在这样的假设下进行的，即产品总体的可靠性特征是相同的，它们的寿命可以用相同的概率分布来描述（Nguyen 和 Murthy，1986；Murthy 和 Nguyen，1988；Jack 和 Murthy，2002；Huang 等，2015；Wang 等，2015）。然而，现实生活中的种群通常是异质的。因此，将异构性纳入保修模型框架是一个相当大的挑战。

如前所述，假设一个产品群体是两个随机排序的子群体的混合，用 T_w 表示弱子群体中一个产品的寿命，记 $F_1(t)$、$f_1(t)$、$\lambda_1(t)$ 分别表示其绝对连续的 CDF、PDF 和失效率函数。类似地，来自强群体的项目寿命、CDF、PDF 和失败率函数记为 T_s、$F_2(t)$、$f_2(t)$、$\lambda_2(t)$。如前所述，假设在这种情况下，相应的脆弱变量 Z 具有离散的概率分布：

$$\pi(z) = \begin{cases} \pi, z = 1 \\ 1 - \pi, z = 2 \end{cases}$$

式中：$z = i, i = 1,2$ 分别表示"弱"和"强"亚群。为了方便起见，在下面，令 $\pi_1 = \pi$ 和 $\pi_2 = 1 - \pi$。进一步假设子群体在失效率率排序的意义上是有序的（Shaked 和 Shanthikumar，2007），因此，弱和强子群在数学上被定义为

$$\lambda_1(t) > \lambda_2(t), t > 0$$

此外，对于劣化产品，可以合理地假设每个亚群对应的故障率严格增加。原则上，在保修期内预防性维护的成本效益是合理的。

从上述混合群体中随机选择一个新产品，并且假设被选产品从属的子群是未知的。我们还假设，在保修期为 W 且到期后不续保，产品在所有故障下都采取最小维修策略，并在固定时间 $T < W$ 进行预防性维护，买方在 $[0, W]$ 无成本费用。因此，我们在这里考虑免费维修/更换的保修政策。在这些假设下，我们将得出相应的预期保修服务成本。

记 c_m 为最小维修成本，c_{PM} 为 PM 成本。为了推动稍后讨论的基于信息的保修政策，并进一步比较，我们现在将简要讨论两种不考虑产品运行历史的传统保修政策。

选项 1 保修期 $[0, W]$ 内无预防性维护。

选项 2 在 $[0, W]$ 期间的时间 T 进行预防性维护。

让我们首先定义保修期 $[0,W]$ 内的预期保修服务成本，对于选项 1 和选项 2，分别有

$$C_0 = c_m E[N(W)] \tag{11.21}$$

和

$$C_1(T) = c_m E[N(T)] + c_{PM} + c_m E[N_{PM}(W-T)] \tag{11.22}$$

式中：$N(t)$ 是新产品在 $(0,t)$ 最小维修次数；$N_{PM}(W-T)$ 是执行预防性维护后在 $(T,W]$ 的最小维修次数。具体来说，在异构环境中，如果所选择的产品是来自弱子群，则根据最小维修过程（Finkelstein, 2008）可知，最小维修次数的条件期望为 $E[N(t)|Z=1] = \int_0^t \lambda_1(u)du$。如果它来自强亚群，则 $E[N(t)|Z=z] = \int_0^t \lambda_2(u)du$。因此，对于选项 1 和选项 2，应分别指定式（11.21）和式（11.22）中相应的保修成本，即

$$C_0 = c_m \left[\pi_1 \int_0^W \lambda_1(u)du + \pi_2 \int_0^W \lambda_2(u)du \right] \tag{11.23}$$

和

$$C_1(T) = \pi_1 c_m \left[\int_0^T \lambda_1(u)du + \int_0^{W-T} \lambda_1^{PM}(u)du \right] +$$
$$\pi_2 c_m \left[\int_0^T \lambda_2(u)du + \int_0^{W-T} \lambda_2^{PM}(u)du \right] + c_{PM} \tag{11.24}$$

式中：$\lambda_i^{PM}(t), i=1,2$ 是从预防性维修行为之后 t 时刻的故障率。我们应该强调的是：在这种情况下应用的最小维修是"在亚群水平上的最小修复"，其故障率为 $\lambda_i(t), i=1,2$（基于信息的最小修复，参见 4.6 节）。

然而，当从强子群体中选择的产品的可靠性特征足够大并且预防性维护成本高时，在保修期内不对该产品进行预防性维护将是有益提高成本的。因此，应该开发一种新的方法，以便为从混合群体中随机挑选出的产品获得最佳预防性维修策略。从这个角度来看，我们试图考虑和利用可修产品的运行历史，以建立一个更合适的保修期内的预防性维护策略。

设 $H_{[0,t]}$ 为 $(0,t)$ 中的运行历史记录 $\{N(s), 0 \leq s \leq t\}$；$h_{[0,t]}$ 是相应历史的实现，其中 $N(s)$ 是按时间 s 计算的失效次数。$H_{[0,t]}$ 完全可以用和 $N(t)$ 在 $(0,t)$ 中故障到达点序列 $0 < S_1 < S_2 < \cdots < S_{N(t)} \leq t$ 来定义。其中 S_i 是在 $(0,t)$ 中第 i 次故障时间，即 $H_{[0,t]} = (N(t), S_1, S_2, \cdots, S_{N(t)})$。我们现在准备定义基于信息的保修政策。

基于信息的保修政策：

从由两个子群体组成的混合群体中随机选择一个具有保修合同的新产品的。保修期内 $(0,W)$，则该产品在每次故障时都会得到最低限度的修复。观察 $(0,T]$ 期间的故障（历史记录），根据其似然性，在 T 时刻产品被分类为"强 $Z=$

2",如下所示。

对于固定的 $0 \leqslant \gamma \leqslant 1$,定义一组历史

$$H_\gamma = \{\boldsymbol{h}_{[0,T]} | P(Z=2|H_{[0,T]} = \boldsymbol{h}_{[0,T]}) \geqslant \gamma\} \tag{11.25}$$

因此,集合 H_γ 包含所有实现,所选产品属于强群的相应条件概率大于阈值 γ。

令 $H'_{[0,t]}$ 为产品在 $(0,T)$ 中运行和最小维修(故障)的历史记录,$h'_{[0,t]}$ 是相应的实现。然后,给定 $H'_{[0,t]} = h'_{[0,t]}$,保修范围内的预防性维护政策现在可以定义如下。

(1) 若 $h'_{[0,T]} \in H_\gamma$,产品进一步运行,间隔时间 $(T,W]$ 内出现任何故障则采取最小维修;

(2) 否则,在时间 T 进行预防性维修,则任何在时间间隔 $(T,W]$ 的故障亦可进行最小维修。

因此,所描述的保修下预防性维护策略意味着,如果从"强子群"中选择产品的可能性大于阈值水平 γ,则在 T 时刻不执行预防性维修,并且该物品在保修期 $(T,W]$ 的剩余时间内运行。如果该可能性小于 γ,则在时间 T 执行预防性维护操作,并且该物品在保修期 $(T,W]$ 的剩余时间内运行。因此,该政策的意图并不是针对来自强群的产品执行预防性维护。基于信息的保修政策的决策过程如图 11.2 所示。

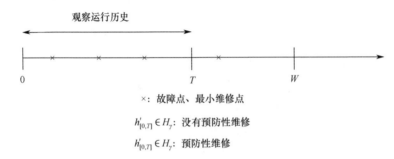

图 11.2 基于信息的担保策略的决策过程

注释 11.3

(1) 上述基于信息的保修政策可以等效地表示为以下形式:

对于固定的 $0 \leqslant \eta \leqslant 1$,其中 $\eta = 1 - \gamma$,定义历史信息集

$$U_\eta = \{\boldsymbol{h}_{[0,T]} | P(Z=1|H_{[0,T]} = \boldsymbol{h}_{[0,T]}) \geqslant \eta\}$$

则给定 $H'_{[0,T]} = h'_{[0,T]}$,以下保修范围内的预防性维修策略将被采用:

① 若 $h'_{[0,T]} \in U_\eta$,在 T 时刻进行预防性维修,且在 $(T,W]$ 间隔时间内出现任何故障,则采取最小维修;

② 否则,系统一直运行直至在后续时间间隔 $(T,W]$ 内出现故障,则进行最小维修。

(2) 当我们建议的保修政策中 $\gamma = 0$ 时对应于选项 1 的情况,在该情况下,

产品在保修期内经历的所有故障仅在没有预防性维护措施的情况下进行最小维修；当 $\gamma = 1$ 时为选项 2，所有产品保修期内在 T 时刻进行预防性维护。因此，式（11.21）和式（11.22）（或式（11.23）和式（11.24））可被视为基于信息的保修政策的特殊情况。

上面定义的基于信息的保修政策可完全由一组两个参数表征 (γ,T)。现在将推导相应的预期保修成本函数，用 $C(\gamma,T)$ 表示；考虑在基于信息的保修政策下，获得使保修成本函数最小化的最佳参数集。为了方便描述，我们需要在这里定义一些附加符号。注意：$\boldsymbol{H}_\gamma$ 向量（具有不同维度）中的元素具有格式 $(n,s_1,s_2,\cdots,s_n)$，则 $\boldsymbol{H}_\gamma$ 可以正式表示为 $\boldsymbol{H}_\gamma = \bigcup_{n=0}^{\infty} \boldsymbol{H}_n$，其中 $\boldsymbol{H}_n$ 是 $(n,s_1,s_2,\cdots,s_n)$ 元素的集合，满足 $(n,s_1,s_2,\cdots,s_n) \in \boldsymbol{H}_\gamma$（当向量中的第一个分量固定为 n' 时）。同样，定义 $\boldsymbol{H}_n^c$ 为元素 $(n,s_1,s_2,\cdots,s_n)$ 的集合，满足 $(n,s_1,s_2,\cdots,s_n) \in \boldsymbol{H}_\gamma$（当向量中的第一个分量固定为 n' 时）。另外，我们定义 $\boldsymbol{H}_\gamma^c = \bigcup_{n=0}^{\infty} \boldsymbol{H}_n^c$，是对应于年龄 T 时 PM 执行的所有历史的集合。此外，对于 $n \geq 1$，$\boldsymbol{H}_n^-$ 和 $\boldsymbol{H}_n^{c-}$ 分别由下式定义：

$$\boldsymbol{H}_n^- = \{(s_1,s_2,\cdots,s_n) \mid (n,s_1,s_2,\cdots,s_n) \in \boldsymbol{H}_n\} \quad (11.26)$$

和

$$\boldsymbol{H}_n^{c-} = \{(s_1,s_2,\cdots,s_n) \mid (n,s_1,s_2,\cdots,s_n) \in \boldsymbol{H}_n^c\} \quad (11.27)$$

由此可见，在式（11.26）和式（11.27）中集合 $\boldsymbol{H}_n^-$ 与 $\boldsymbol{H}_n^{c-}$ 包含了 $\boldsymbol{H}_n$ 和 $\boldsymbol{H}_n^c$ 元素，但缺少 $(n,s_1,s_2,\cdots,s_n)$ 中的第一个分量 n。

在下文中，我们对集合 $\boldsymbol{H}_n$ 的特征进行描述，并利用这些特征确保相应的预期保修成本最小化。虽然相关的公式看起来很烦琐，但是其概率意义比较明显，并且将在随后的具体和实际重要的情况中被显著简化。

首先，我们将描述集合 $\boldsymbol{H}_n$ 的特征。注意：子群体 i（给定 $Z = i$）的历史事件的联合分布 $h_{[0,T]} = (n,s_1,s_2,\cdots,s_n)$（实际上，这是在 $s_1 < s_2 < \cdots < s_n$ 时刻，在速率为 $\lambda_i(t)$ 的非齐次泊松过程中事件发生的相应可能性），根据命题 4.2，有

$$\prod_{j=1}^{n} \lambda_i(s_j) \exp\left\{-\int_0^T \lambda_i(u)\,\mathrm{d}u\right\}$$

其中，当 $n = 0, i = 1, 2$ 时，$\prod_{j=1}^{n}(\cdot) = 1$。然后，考虑到我们混合群的结构，事件的条件概率 $(Z = 2 \mid H_{[0,T]} = h_{[0,T]})$ 由下式给出

$$P(Z = 2 \mid H_{[0,T]} = h_{[0,T]})$$

$$= \frac{\pi_2 \prod_{j=1}^{n} \lambda_z(s_j) \exp\left\{-\int_0^T \lambda_z(u)\,\mathrm{d}u\right\}}{\pi_1 \prod_{j=1}^{n} \lambda_1(s_j) \exp\left\{-\int_0^T \lambda_1(u)\,\mathrm{d}u\right\} + \pi_2 \prod_{j=1}^{n} \lambda_2(s_j) \exp\left\{-\int_0^T \lambda_2(u)\,\mathrm{d}u\right\}}$$

因此，不等式

$$P(Z=2 \mid H_{[0,T]} = \boldsymbol{h}_{[0,T]}) \geqslant \gamma$$

可等效为

$$\prod_{j=1}^{n} \frac{\lambda_1(s_j)}{\lambda_2(s_j)} \exp\left\{ -\int_0^T (\lambda_1(u) - \lambda_2(u)) \mathrm{d}u \right\} \leqslant \frac{\pi_2}{\pi_1} \frac{1-\gamma}{\gamma}$$

此式体现了集合 $\boldsymbol{H}_n$，$n \geqslant 1$ 的特征。以类似的方式，对于 $n = 0$，考虑约定 $\prod_{j=1}^{n}(\cdot) = 1$，则有

$$\exp\left\{ -\int_0^T (\lambda_1(u) - \lambda_2(u)) \mathrm{d}u \right\} \leqslant \frac{\pi_2}{\pi_1} \frac{1-\gamma}{\gamma}$$

现在我们推导出预期保修成本函数。回顾式（11.25）中 $H_\gamma(\boldsymbol{H}_\gamma^c)$ 的定义，分别定义了相关的联合概率集，进一步推导

$$\alpha_1(\gamma,T) = P(Z=1, H'_{[0,T]} \in \boldsymbol{H}_\gamma^c), \alpha_2(\gamma,T) = P(Z=2, H'_{[0,T]} \in \boldsymbol{H}_\gamma^c)$$
（11.28）

$$\beta_1(\gamma,T) = P(Z=1, H'_{[0,T]} \in \boldsymbol{H}_\gamma), \beta_2(\gamma,T) = P(Z=2, H'_{[0,T]} \in \boldsymbol{H}_\gamma)$$
（11.29）

式中：$\alpha_1(\gamma,T)$、$\alpha_2(\gamma,T)$ 为该产品来自弱（强）子群体且预防性维护将在时间 T 执行的概率；$\beta_1(\gamma,T)$、$\beta_2(\gamma,T)$ 为该产品来自弱（强）群和预防性维护不会在 T 时刻执行预防性维修的概率。考虑以下条件概率：

$$P(H'_{[0,T]} = \boldsymbol{H}_\gamma^c \mid Z = i)$$

$$= \sum_{n=0}^{\infty} P(H'_{[0,T]} = \boldsymbol{H}_\gamma^c, N(T)' = n \mid Z = i)$$

$$= \exp\left\{-\int_0^T \lambda_i(u)\mathrm{d}u\right\} I\left(\exp\left\{-\int_0^T (\lambda_1(u)-\lambda_2(u))\mathrm{d}u\right\} > \frac{\pi_2}{\pi_1}\frac{1-\gamma}{\gamma}\right)$$

$$+ \sum_{n=1}^{\infty} \int \cdots \int_{(s_1,s_2,\cdots,s_n) \in \boldsymbol{H}_n^{c-}} \prod_{j=1}^{n} \lambda_i(s_j) \exp\left\{-\int_0^T \lambda_i(u)\mathrm{d}u\right\} \mathrm{d}s_1 \mathrm{d}s_2 \cdots \mathrm{d}s_n, i=1,2$$

式中：$N(T)'$ 对应于产品运行过程中 $H'_{[0,T]}$ 历史第一个分量；$I(\cdot)$ 为示性函数。当 C 满足条件，则 $I(C) = 1$；否则，$I(C) = 0$。注意：第一项对应于

$$P(H'_{[0,T]} \in \boldsymbol{H}_\gamma^c, N(T)') = 0 \mid Z = i)$$

这是在区间 $(0,t]$ 中未失效的联合条件概率，并且该事件属于 $\boldsymbol{H}_\gamma^c$。给定 $Z = i$。第二项对应于条件联合概率的总和，在区间 $(0,t]$ 中有 $n = 1,2,\cdots$ 次失效，这个事件属于 $\boldsymbol{H}_\gamma^c$，给定 $Z = i, i = 1,2$。

因此，在混合模型中当 $P(Z=i)n_i$ 时，由式（11.28）定义的参数 $\alpha_i(\gamma, T)$ 为

$$\alpha_i(\gamma,T) = \left(\pi_i \left[\exp\left\{-\int_0^T \lambda_i(u)\mathrm{d}u\right\} \cdot I\left(\exp\left\{-\int_0^T (\lambda_1(u)-\lambda_2(u))\mathrm{d}u\right\} > \frac{\pi_2}{\pi_1}\frac{1-\gamma}{\gamma}\right)\right.\right.$$

$$+ \sum_{n=1}^{\infty} \int \cdots \int_{(s_1,s_2,\cdots,s_n) \in \boldsymbol{H}_n^{c-}} \prod_{j=1}^{n} \lambda_i(s_j) \exp\left\{-\int_0^T \lambda_i(u) du\right\} ds_1 ds_2 \cdots ds_n \Big]\Big), i = 1, 2$$

同理可得

$$\beta_i(\gamma, T) = \left(\pi_i \cdot \left[\exp\left\{-\int_0^{T_1} \lambda_i(u) du\right\} \cdot I\left(\exp\left\{-\int_0^T (\lambda_2(u) - \lambda_1(u)) du\right\} \leq \frac{\pi_2}{\pi_1} \frac{1-\gamma}{\gamma}\right)\right.\right.$$

$$+ \sum_{n=1}^{\infty} \int \cdots \int_{(s_1,s_2,\cdots,s_n) \in \boldsymbol{H}_n} \prod_{j=1}^{n} \lambda_i(s_j) \exp\left\{-\int_0^T \lambda_i(u) du\right\} ds_1 ds_2 \cdots ds_n \Big]\Big), i = 1, 2$$

注意: T 时刻导致以下 4 种相互排斥的情况:

情况 1: $\{Z = 1, H'_{[0,T]} \in \boldsymbol{H}_\gamma^c\}$

情况 2: $\{Z = 2, H'_{[0,T]} \in \boldsymbol{H}_\gamma^c\}$

情况 3: $\{Z = 1, H'_{[0,T]} \in \boldsymbol{H}_\gamma\}$

情况 4: $\{Z = 2, H'_{[0,T]} \in \boldsymbol{H}_\gamma\}$

这显然对应于

$$\sum_{i=1}^{2} (\alpha_i(\gamma, T) + \beta_i(\gamma, T)) = 1$$

对应于上述每种情况的预期成本函数如下:

情况 1: $c_m[\Lambda_1(T) + \Lambda_1^{PM}(W-T)] + c_{PM}$

情况 2: $c_m[\Lambda_2(T) + \Lambda_2^{PM}(W-T)] + c_{PM}$

情况 3: $c_m \Lambda_1(W)$

情况 4: $c_m \Lambda_2(W)$

其中

$$\Lambda_i(t) = \int_0^t \lambda_i(u) du, i = 1, 2$$

$$\Lambda_i^{PM}(t) = \int_0^t \lambda_i^{PM}(u) du, i = 1, 2$$

因此,相应地,我们有以下预期保修成本函数:

$$C(\gamma, T) = \sum_{i=1}^{2} \alpha_i(\gamma, T) \{c_m[\Lambda_i(T) + \Lambda_i^{PM}(W-T)] + c_{PM}\} + \sum_{i=1}^{2} \beta_i(\gamma, T) \{c_m \Lambda_i(W)\}$$

因此,我们有以下结果。

定理 11.6 若下式成立:

(1) 集合 $\boldsymbol{H}_n$ 具有以下特征。

① 对于固定 $n \geq 1$,集合 $\boldsymbol{H}_n$ 由元素 $(n, s_1, s_2, \cdots, s_n)$ 组成且满足

$$\prod_{j=1}^{n} \frac{\lambda_1(s_j)}{\lambda_2(s_j)} \exp\left\{-\int_0^T (\lambda_1(u) - \lambda_2(u)) du\right\} \leq \frac{\pi_2}{\pi_1} \frac{1-\gamma}{\gamma}$$

② 当 $n = 0$ 时,相关元素 $(n, s_1, s_2, \cdots, s_n)$ 属于 $\boldsymbol{H}_0$,且满足

$$\exp\left\{-\int_0^T (\lambda_1(u) - \lambda_2(u)) du\right\} \leq \frac{\pi_2}{\pi_1} \frac{1-\gamma}{\gamma}$$

否则，H_0 为空集。

(2) $(0,W]$ 中的预期保修服务成本函数为

$$C(\gamma,T) = \sum_{i=1}^{2}\alpha_i(\gamma,T)\{c_m[\Lambda_i(T) + \Lambda_i^{PM}(W-T)] + c_{PM}\} + \sum_{i=1}^{2}\beta_i(\gamma,T)\{c_m\Lambda_i(W)\}$$

(11.30)

其中

$$\Lambda_i(t) = \int_0^t \lambda_i(u)du, i=1,2$$

$$\Lambda_i^{PM}(t) = \int_0^t \lambda_i^{PM}(u)du, i=1,2$$

因此，可得

$$\alpha_i(\gamma,T) = \left(\pi_i \cdot \left[\exp\left\{-\int_0^T \lambda_i(u)du\right\} \cdot I\left(\exp\left\{-\int_0^T (\lambda_1(u)-\lambda_2(u))du\right\} > \frac{\pi_2}{\pi_1}\frac{1-\gamma}{\gamma}\right)\right.\right.$$
$$\left.\left. + \sum_{n=1}^{\infty}\int\cdots\int_{(s_1,s_2,\cdots,s_n)\in H_n^{c-}}\prod_{j=1}^{n}\lambda_i(s_j)\exp\left\{-\int_0^T \lambda_i(u)du\right\}ds_1ds_2\cdots ds_n\right]\right), i=1,2$$

和

$$\beta_i(\gamma,T) = \left(\pi_i \cdot \left[\exp\left\{-\int_0^T \lambda_i(u)du\right\} \cdot I\left(\exp\left\{-\int_0^T (\lambda_2(u)-\lambda_1(u))du\right\} \leq \frac{\pi_2}{\pi_1}\frac{1-\gamma}{\gamma}\right)\right.\right.$$
$$\left.\left. + \sum_{n=1}^{\infty}\int\cdots\int_{(s_1,s_2,\cdots,s_n)\in H_n^{-}}\prod_{j=1}^{n}\lambda_i(s_j)\exp\left\{-\int_0^T \lambda_i(u)du\right\}ds_1ds_2\cdots ds_n\right]\right), i=1,2$$

到目前为止，我们讨论了一般条件下的可修系统基于信息的保修策略，$\lambda_1(t) > \lambda_2(t), t>0$ 定义强子群和弱子群。然而，定理 11.6 比较笼统。鉴于可能的应用，让我们考虑实际上一个非常重要的特定模型来描述这些亚群。如前所述，假设子群之间的失效率是成比例的：

$$\lambda_1(t) = \phi\lambda_2(t), t \geq 0 \quad (11.31)$$

式中：$\phi > 1$。在假设式 (11.31) 下，定理 11.6 可以简化为定理 11.7。当强（弱）产品的最小维修过程服从相同速率的 NHPP，所以定理 11.7 可以直接从定理 11.6 得出。

定理 11.7 假设 $\lambda_1(t) = \phi\lambda_2(t), t \geq 0$，其中 $\phi > 1$。

(1) 若集合 H_γ 可被表征为下面的非负整数集合

$$N = \left\{n: n \leq \frac{1}{\ln\phi}\left(\ln\left(\frac{\pi_2}{\pi_1}\frac{1-\gamma}{\gamma}\right) + (\phi-1)\int_0^T \lambda_2(u)du\right)\right\}$$

(2)

$$n(\gamma,T_1) = \left\lfloor \frac{1}{\ln\phi}\left(\ln\left(\frac{\pi_2}{\pi_1}\frac{1-\gamma}{\gamma}\right) + (\phi-1)\int_0^T \lambda_2(u)du\right)\right\rfloor$$

式中：$\lfloor \alpha \rfloor$ 为表示不超过 α 的最大整数。

预期保修成本函数 $c(\gamma,T)$ 由式（11.30）给出，其中若 $N = \phi$，则 $\alpha_i(\gamma,T) = \pi_i, i = 1,2$ 且 $\beta_i(\gamma,T) = 0, i = 1,2$，否则

$$\alpha_i(\gamma,T) = \pi_i\left(1 - \sum_{n=0}^{n(\gamma,T)} \frac{(\Lambda_i(T))^n}{n!}\exp\{\Lambda_i(T)\}\right), i = 1,2$$

且

$$\beta_i(\gamma,T) = \pi_i \sum_{n=0}^{n(\gamma,T)} \frac{(\Lambda_i(T))^n}{n!}\exp\{-\Lambda_i(T)\}, i = 1,2$$

在此，研究到基于信息的最佳维修政策 (γ^*, T^*) 的问题。在一般情况下，即

$$C(\gamma^*, T^*) = \min_{0 \leq \gamma \leq 1, 0 \leq T \leq W} C(\gamma, T)$$

如前所述，当 $\gamma = 0$ 和 $\gamma = 1$ 时，保修费用分别对应于式（11.21）和式（11.22）中的模型。因此，我们有

$$C(\gamma^*, T^*) = \min_{0 \leq \gamma \leq 1, 0 \leq T \leq W} C(\gamma, T) \leq C(1, T_1^*) = C(T_1^*) = \min_{T>0} C(T)$$
(11.32)

和

$$C(\gamma^*, T^*) = \min_{0 \leq \gamma \leq 1, 0 \leq T \leq W} C(\gamma, T) \leq C_0 \quad (11.33)$$

根据不等式（11.32）和式（11.33）可以得出结论，基于信息的保修策略优于普通保修策略。总体来说，这并不奇怪，因为其利用了关于失效和生存历史的信息。

优化可以通过两阶段程序进行。第一阶段，固定 $\gamma \in [0,1]$，找到最佳 $T^*(\gamma) \in [0, W)$ 满足

$$C(\gamma, T^*(\gamma)) = \min_{0 \leq T(\gamma) \leq W} C(\gamma, T(\gamma))$$

第二阶段，我们确定 γ^*，

$$C(\gamma^*, T^*(\gamma)) = \min_{\gamma \in [0,1]} C(\gamma, T^*(\gamma))$$

Lee 等（2016）给出了几个数字示例，说明了构建的保修政策模型的应用。

11.3.2 通用保修政策模型

在前一节中，我们（隐含地）假设"强"产品的可靠性特征足够高，而预防性维护成本相当高时，不采取预防性维修行为。然而，在实践中并不总是这样。因此，在本节中，我们考虑了通用保修政策（在式（11.31）中定义的比例危险模型下），该政策考虑了在保修期内对强物品进行预防性维护的可能性。因此，我们现在假设属于弱群的产品预防性维修在 $V_1 \in [0, W]$ 内执行，属于强群的产品预防性维修在 $V_2 \in [0, W]$ 内执行。首先，我们考虑 $V_1 \leq V_2$ 的情况（另一种情况也可以对称考虑）。

基于信息的通用保修政策（不完全维修）：
对于固定 $0 < \gamma < 1$，定义历史信息集合：

$$H_\gamma = \{h_{[0,V_1]} | P(Z = 2 | H_{[0,V_1]} = h_{[0,V_1]}) \geq \gamma\}$$

（1）若 $h[0,V_1] \notin H_\gamma$，在 V_1 时刻采取预防性维修，在 $[V_1, W]$ 的后续时间间隔内出现故障则采取最小维修策略。

（2）若 $h[0,V_1] \in H_\gamma$，产品一直运行至 V_2 时刻采取预防性维修，在 $[V_2, W]$ 的后续时间间隔内出现故障则采取最小维修策略。

注意： 当 $\gamma = 0$ 和 $\gamma = 1$ 时对应于式（11.24）中的特殊情况时，在本节中不考虑这些情况。假设在执行预防性维护行为后的故障率函数由下式给出

$$\lambda_{1i}^{PM}(t) = \lambda_i(\theta V_1 + t), 0 < \theta < 1, i = 1, 2$$
$$\lambda_{2i}^{PM}(t) = \lambda_i(\theta V_2 + t), 0 < \theta < 1, i = 1, 2$$

这种不完全 PM 模型是基于由 Kijima（1989）引入的虚拟年龄模型 1 的概念（Finkelstein，2008）而产生的。参数 $\theta < 1$ 定义了 PM 后虚拟年龄的减少。在这种情况下，预期保修成本为 (γ, V_1, V_2) 的函数，由下式给出

$$C(\gamma, V_1, V_2) = \sum_{i=1}^{2} \alpha_i(\gamma, V_1) \{c_m[\Lambda_i(V_1) + \Lambda_{1i}^{PM}(W - V_1)] + c_{PM}\} +$$
$$\sum_{i=1}^{2} \beta_i(\gamma, V_1) \{c_m[\Lambda_i(V_2) + \Lambda_{2i}^{PM}(W - V_2)] + c_{PM}\}$$

其中

$$\Lambda_{1i}^{PM}(t) = \int_0^t \lambda_i(\theta V_1 + u) du, i = 1, 2$$
$$\Lambda_{2i}^{PM}(t) = \int_0^t \lambda_i(\theta V_2 + u) du, i = 1, 2$$

我们现在研究获得使 $C(\gamma, V_1, V_2)$ 最小的最佳 (γ^*, V_1^*, V_2^*)。

定理 11.8 假设 $\lambda_i(t)$ 为递增函数且 $\lambda_i''(t) \geq 0, t \geq 0, i = 1, 2$。$U^*$ 为取得下式最小值的唯一解

$$c_m\left[\Lambda_1(T) + \int_0^{W-T} \lambda_1(\theta T + u) du\right]$$

则最优的 (γ^*, V_1^*, V_2^*) 由 (γ^*, U^*, U^*) 给出，$\gamma^* \in (0,1)$。

Lee 等（2016）给出了定理 11.8 的证明。当 $V_1 \geq V_2$ 时，可以权衡考虑，并且可以证明相同的结果。

基于信息的通用保修政策（完全预防性维护）：

在此考虑当 V_1 和 V_2 的预防性维修行为是完全维修时的通用保修政策。这种情况下的预期保修成本为

$$C(\gamma, V_1, V_2) = \sum_{i=1}^{2} \alpha_i(\gamma, V_1) \left\{c_m\left[\Lambda_i(V_1) + \sum_{j=1}^{2} \pi_i \Lambda_j(W - V_1)\right] + c_{PM}\right\}$$
$$+ \sum_{i=1}^{2} \beta_i(\gamma, V_1) \left\{c_m\left[\Lambda_i(V_2) + \sum_{j=1}^{2} \pi_j \Lambda_j(W - V_2)\right] + c_{PM}\right\}$$

即，使最小 $C(\gamma, V_1, V_2)$ 的最优值 (γ^*, V_1^*, V_2^*) 具有不同于不完全维修 PM

的属性。事实证明，取得最佳值 (γ^*, V_1^*, V_2^*) 时 $V_1^* \neq V_2^*$。

在实践中，大多数情况下，预防性维护在保修期内执行一次，因为保修期的长度与整个寿命相比相对较短（Chien，2008；Yeh 等，2007、2015）。然而，在某些情况下，预防性维护可以执行多次。Lee 等（2016）还考虑了扩展到多个 PM 的情况。

参考文献

Biedenweg FM (1981) Warranty analysis: consumer value vs manufacturers cost. Unpublished Ph.D. Thesis, Stanford University, Stanford, CA

Blischke W, Murthy DNP (1992) Product warranty management—I: a taxonomy for warranty policies. Eur J Oper Res 62:127–148

Ebeling C (1997) An Introduction to reliability and maintainability engineering. McGraw-Hill, New York

Cha JH (2016) Optimal replacement of heterogeneous items with minimal repairs. IEEE Trans Reliab 65:593–603

Cha JH, Badía FG (2016) An information-based burn-in procedure for minimally repaired items from mixed population. Appl Stoch Models Bus Ind 32:511–525

Chien YH (2008) A general age-replacement model with minimal repair under renewing free-replacement warranty. Eur J Oper Res 186:1046–1058

Finkelstein M (2008) Failure rate modeling for reliability and risk. Springer, London

Finkelstein M, Cha JH (2013) Stochastic modeling for reliability: shocks, burn-in and heterogeneous population. Springer, London

Huang YS, Gau WY, Ho JW (2015) Cost analysis of two-dimensional warranty for products with periodic preventive maintenance. Reliab Eng Syst Saf 134:51–58

Jack N, Murthy DNP (2002) A new preventive maintenance strategy for items sold under warranty. IMA J Manage Math 13:121–129

Jensen F, Petersen NE (1982) Burn-in. Wiley, New York

Kalbfleisch JD, Prentice RL (2002) The statistical analysis of failure time data, 2nd edn. Wiley, New Jersey

Kececioglu D, Sun F (2003) Burn-in testing. DEStech Publications Inc, Pennsylvania

Kijima M (1989) Some results for repairable systems with general repair. J Appl Probab 26:89–102

Kuo W, Kuo Y (1983) Facing the headaches of early failures: a state-of-the-art review of burn-in decisions. Proc IEEE 71:1257–1266

Lee H, Cha JH, Finkelstein M (2016) On information-based warranty policy for repairable products from heterogeneous population. Eur J Oper Res 253:204–215

Leemis LM (1995) Reliability: probabilistic models and statistical methods. Prentice-Hall, New Jersey

Mi J (1994) Burn-in and maintenance policies. Adv Appl Probab 26:207–221

Mi J (2003) Optimal burn-in time and eventually IFR. J Chin Inst Ind Eng 20:533–542

Murthy DNP, Nguyen DG (1988) An optimal repair cost limit policy for servicing warranty. Math Comput Model 11:595–599

Nguyen DG, Murthy DNP (1986) An optimal policy for servicing warranty. J Oper Res Soc 37:1081–1088

Shaked M, Shanthikumar J (2007) Stochastic orders. Springer, New York

Wang Y, Liu Z, Liu Y (2015) Optimal preventive maintenance strategy for repairable items under two-dimensional warranty. Reliab Eng Syst Saf 142:326–333

Yeh RH, Chen MY, Lin CY (2007) Optimal periodic replacement policy for repairable products under free-repair warranty. Eur J Oper Res 176:1678–1686

Yeh RH, Kurniati N, Chang WL (2015) Optimal single replacement policy for products with free-repair warranty under a finite planning horizon. Qual Technol Quant Manage 12:159–167

第 12 章 基于离散尺度的冲击

可靠性分析中最常用的标度是时间标度。对于在受冲击过程影响的随机环境中运行的系统，还可有另外一种方法。在本章中，冲击构成了可靠性分析的"自然"离散尺度，当系统受冲击过程的影响时，其生存概率和其他相关特征都可基于该尺度进行研究。事实证明，与传统的按时间尺度相比，在新的尺度中，许多关注的概率关系式变得比较简单。此外，不用考虑冲击计数过程的类型。我们首先讨论不基于时间可靠性建模的一般方法，然后考虑几个特定的情况，如延迟冲击过程和散粒噪声过程的建模。这一概念的另一个应用例子是用签名描述的有限数量部件组成的系统。在第 6 章，我们已经考虑了一些最优预防性维护问题，其中系统经历的冲击次数是相应预防性维护（预防性维护）行为的决策参数。具体来说，讨论了如下所述的二元 PM 模型问题：要么在预定时间 T 进行 PM，要么在第 m 次冲击发生时进行 PM，以先发生者为准。然而，在这种情况下，我们有两个尺度（时间顺序和冲击的次数），因此，为了数学上的易处理性，对冲击的非齐次泊松过程附加了假设。我们将在本章中继续遵循这些原则，并在实际应用中考虑一些最佳任务持续时间的问题，其中冲击次数也成为决策参数。

12.1 不考虑时间约束的建模

与本书中的所有内容一样，我们理解冲击为一个外部"点"事件，该事件有可能导致系统故障。需要注意的是，通常冲击也是用随机幅度来描述的。实际上，我们构建了受冲击影响的系统的失效概率模型，其为一个综合特征，考虑了每次冲击的大小。冲击影响系统运行的实例不胜枚举。在电力系统中，超过阈值的电压峰值可被视为冲击。这种类型的每一次冲击都可能导致系统故障，而当电压在正常范围内波动时，它们是"无害的"。黑客对计算机系统的攻击或战争中导弹的随机攻击也可以被认为是冲击，以及地震、雷击等。

在这一节中，我们将讨论几个可靠性模型，失效时间不依赖于通常的时间顺序，而取决于系统经历的冲击次数。

与传统的时间尺度相比，我们的"非时间"方法有两个主要优势。

(1) 各种概率模型之间相关关系将会变得很简单。

(2) 考虑什么样的冲击过程并不重要，只与冲击的次数相关。

第二个优点的描述非常重要，无须赘述。我们将用最简单的情况来说明第一个优点,即当每次冲击以概率 p "杀死"一个系统,以概率 q 存活,即极端冲击模型。在时间尺度上,这个最简单的冲击模型的生存概率由下式(见式(2.36))给出

$$P(t) = \exp\{-p\lambda t\} \tag{12.1}$$

在离散尺度上对应于最简单的幂函数为

$$P(k) = q^{k-1}, k = 1, 2, \cdots \tag{12.2}$$

而失效"时间"的离散分布由以下概率密度和累积分布函数给出

$$\begin{cases} f(k) = pq^{k-1}, k = 1, 2, \cdots \\ F(k) = \sum_{1}^{k} f(i) = 1 - P(k) = 1 - q^k, k = 1, 2, \cdots \end{cases} \tag{12.3}$$

虽然,正如已经强调的那样,式(12.2)和式(12.3)与冲击过程的类型无关,其实式(12.1)仅适用于 HPP。

另一个离散标度的重要例子是当一件设备循环运行时,观测值为失效前完成的循环数。在这种情况下,我们可以将一个使用周期"解释"为冲击,因此,冲击下的故障概率,例如,在模型式(12.2)~式(12.3)中,p 可以等效地"解释"为相应周期的故障概率。因而,此处研究的基于冲击模型的公式一般情况下可适用于该系统。此外,这种描述可以广泛应用于间歇性使用的技术系统(Shaked 等,1995),并且其在可靠性实践中非常重要。有关离散分布应用意义的讨论,请参见 Bracquemond 等(2001)。

在本节接下来的内容中,我们在第 5 章中讨论的连续时间尺度的基础上研究两种离散尺度模型。

12.1.1 延迟冲击

首先假设冲击可以发生在所有离散的时间点 $k = 1, 2, \cdots$,每一次冲击都可能以概率 1 立刻或者延期"杀死"系统,该冲击过程的延迟函数的概率密度为 $d(j), j \geq 0$,对应的分布函数为 $D(i) = \sum_{j=0}^{i} d(j)$,其不取决于到达的冲击次数。因此,一个系统也可能被之前的任何冲击"杀死"。

考虑在 k "时刻"的冲击。注意:为了方便起见,我们将 $k, k = 1, 2, \cdots$ 称为离散时间。令 $F_d(k)$ 为系统故障的"时间"的分布函数。对于所描述的情况,很容易看出

$$F_d(k) = 1 - \prod_{j=0}^{k-1} \overline{D}(j)$$

其中

$$\overline{D}(j) = 1 - D(j)$$

记 $\lambda_d(k)$ 为系统运行在 k "时刻"之前经历冲击后存活至 k "时刻"被"杀

死"的概率。根据第 2 章中离散故障率的定义（见式（2.9）），直接可得

$$\lambda_d(k) = \frac{\overline{F}_d(k-1) - \overline{F}_d(k)}{\overline{F}_d(k-1)} = 1 - \frac{\overline{F}_d(k)}{\overline{F}_d(k-1)} = 1 - \frac{\prod_{j=0}^{k-1}\overline{D}(j)}{\prod_{j=0}^{k-2}\overline{D}(j)} = 1 - \overline{D}(k-1)$$

$$= d(0) + d(1) + \cdots + d(k-1) = D(k-1) \tag{12.4}$$

当 $k \to \infty$，这个函数趋向于 1，其意味着系统失效概率为以前所有冲击的概率叠加。例如，当 $D(i)$ 为几何分布且成功概率为 θ 时，则 $\overline{D}(k-1) = \theta^{k-1}$ 时，式（12.4）简化为 $1 - \theta^{k-1}$，由此可得

$$\overline{F}_d(k) = \prod_1^k \theta^{i-1} = \theta^{0+1+\cdots+k-1} = \theta^{\frac{k(k-1)}{2}}, 0 < \theta < 1$$

这是一个单调增加的故障率分布。

12.1.2 离散散粒噪声

另一个可以被解释为广义延迟模型的重要例子是为时间序列构建的经典散粒噪声过程。它是通过相应的强度过程在普通时间标度中定义的（见 5.3 节），其为

$$\lambda t = \beta \sum_{j=1}^{N(t)} D_j h(t - T_j) \tag{12.5}$$

式中：$\{N(t), t \geq 0\}$ 是冲击计数过程；冲击到达时间随机变量序列为 $T_j, j = 1, 2, \cdots, D_j$；$h(t)$ 是递减函数；$\beta > 0$ 是比例系数。因此，$T_j \leq t$ 之前冲击效果由对应的损伤累积。

我们现在将看到式（12.5）在离散的情况下被相应地修改。因为连续时间内的故障率函数和离散故障率函数之间存在差异。式（12.5）具有相加性，从 2.1 节可知，串联系统中部件的离散故障率函数之和并不能定义该系统的故障率函数。出于方法论的原因，首先简化式（12.5）形式，当 $D_j = 1, j = 1, 2, \cdots, \beta = 1$ 时，有

$$\lambda_t = \sum_{j=1}^{N(t)} h(t - T_j) \tag{12.6}$$

式（12.6）仍然定义了强度过程，因为冲击的到达时间是随机的。基于离散尺度模型的散粒噪声过程的简化版本会是什么？由于离散尺度中的"到达时间"是确定性的，所以该模型也是确定性的，所以，定义了"固有"离散故障率函数，而不是随机强度，即

$$\lambda_d(k) = \sum_{j=1}^{k} h(t - j) \tag{12.7}$$

应该注意的是，此时应该对函数 $h(k)$ 设定非常具体的约束条件，以便式（12.7）成为某些离散分布 $\left(\lambda_d(k) < 1, k = 1, 2, \cdots; \sum_1^\infty \lambda_d(k) = \infty\right)$ 的故

障率。

此外，还有另一种更自然的方法来处理这个问题。我们可以使用式（12.7）的离散模型或者式（12.6）的一般形式（作为中间工具）来代替 $\lambda_d(k)$，也就是所谓的随机变量的交替故障率（Lai 和 Xie，2006）。

交替离散故障率函数，可排除使用"固有"离散故障率函数 $\lambda_d(k)$ 时出现的一些问题，（如恢复串联系统的可加性），其定义为

$$\lambda_{ad}(k) = -\ln \frac{\overline{F}(k)}{\overline{F}(k-1)}, k = 1, 2, \cdots \tag{12.8}$$

当

$$\begin{cases} \lambda_{ad}(k) = -\ln(1 - \lambda_d(k)) \\ \lambda_{ad}(k) = 1 - \exp\{\lambda_{ad}(k)\} \end{cases} \tag{12.9}$$

交替失效率可以被认为是 $\lambda_d(k)$ 的一个合适的变换。

与式（12.5）类似，现在假设描述"离散散粒噪声过程"的交替强度过程由（Cha 和 Finkelstein，2016）下式给出，即

$$\lambda_{ka} = \beta \sum_{j=1}^{k} D_j h(k-j), k = 1, 2, \cdots \tag{12.10}$$

事实上，式（12.10）为式（12.5）在离散下的替代品。当 $h(i) = 1, i = 0, 1, \cdots$ 为一个"纯"积累，而对于递减的 $h(j)$，类似于式（12.5），λ_{ka} 构建包含与之相应的衰减模型。现在使用这些最初的考虑，想回到普通的离散失效率，因为我们仍然认为，从概率上来说，它可能比替代失效率更为恰当。使用式（12.9）和式（12.10），可以将相应的离散过程强度定义为

$$\lambda_k = 1 - \exp\{-\lambda_{ka}\} = 1 - \exp\left\{-\beta \sum_{j=1}^{k} D_j h(k-j)\right\} \tag{12.11}$$

特别地，当 $\beta = 1$ 且 $D_j = 1, 2, \cdots$ 时，过程式（12.11）变成"固有"离散故障率：

$$\lambda_d(k) = 1 - \exp\left\{-\sum_{j=1}^{k} h(k-j)\right\}, k = 1, 2, \cdots \tag{12.12}$$

值得注意的是，式（12.11）中的 $\lambda_k, k = 1, 2, \cdots$ 为随机变量。因此，与其对应的条件分布生存函数（承受所有的冲击和后果）为

$$\overline{F}_d(k | D_j = d_j, j = 1, 2, \cdots, k) = \prod_{m=1}^{k}(1 - \lambda_m) = \exp\left\{-\beta \sum_{m=1}^{k} \sum_{j=1}^{m} d_j h(m-j)\right\}$$

对于式（12.12）的情形，有

$$\overline{F}_d(k) = \prod_{m=1}^{k}(1 - \lambda_m) = \exp\left\{-\sum_{m=1}^{k}\sum_{j=1}^{m} h(m-j)\right\} = \prod_{m=1}^{k} \exp\left\{-\sum_{j=1}^{m} h(m-j)\right\}$$

当 $D_j, j = 1, 2, \cdots$ 时，$\overline{F}_d(k)$ 的非条件概率可由下式获得，即

$$\overline{F}_d(k) = E\left[\exp\left\{-\beta \sum_{m=1}^{k}\sum_{j=1}^{m} D_j h(m-j)\right\}\right]$$

$$= E\left[\exp\left\{-\beta\sum_{m=1}^{k}h(m-j)D_1 - \beta\sum_{m=2}^{k}h(m-j)D_2 - \cdots - \beta\sum_{m=k-1}^{k}h(m-(k-1))D_{k-1} - \beta h(0)D_k\right\}\right]$$

$$= \prod_{j=1}^{k}M_D\left\{-\beta\sum_{m=1}^{k}h(m-j)\right\}$$

(12.13)

式中：$M_D(\cdot)$ 为随机变量 D_j 的矩母函数。因此，系统的离散失效率为

$$\lambda_d(k) = \frac{\overline{F}_d(k-1) - \overline{F}_d(k)}{\overline{F}_d(k-1)} = 1 - \frac{\prod_{j=1}^{k}M_D\left(-\beta\sum_{m=j}^{k}h(m-j)\right)}{\prod_{j=1}^{k-1}M_D\left(-\beta\sum_{m=j}^{k-1}h(m-j)\right)}$$

相反，当 $\beta = 1$ 和 $D_j = 1, j = 1, 2, \cdots$ 时，可得如式（12.12）中的模型，即

$$\lambda_d(k) = \frac{\overline{F}_d(k-1) - \overline{F}_d(k)}{\overline{F}_d(k-1)} = 1 - \frac{\prod_{m=1}^{k}\exp\left\{-\sum_{j=1}^{m}h(m-j)\right\}}{\prod_{m=1}^{k-1}\exp\left\{-\sum_{j=1}^{m}h(m-j)\right\}}$$

$$= 1 - \exp\left\{-\sum_{j=1}^{k}h(k-j)\right\}$$

如式（12.13）所述的系统生存函数结构简单，可以直接应用（Cha 和 Finkelstein，2016）。

例 12.1 假设式（12.10）按的散粒噪声过程中 D_j 服从均值为 $1/\eta$ 的指数分布。此外，假设函数 $h(j)$ 随 j 按指数减小，如 $h(j) = \exp\{-\kappa j\}, \kappa > 0$。在这种设置下，很容易看出 $M_D(t) = \eta/(\eta - t), t < \eta$，因此，根据

$$\overline{F}_d(k) = \prod_{j=1}^{k}\frac{\eta}{\eta + \beta\sum_{m=j}^{k}\exp\{-k(m-j)\}}, k = 1,2\cdots$$

和

$$\lambda_d(k) = 1 - \frac{\prod_{j=1}^{k}\frac{\eta}{\eta + \beta\left\{\sum_{j=1}^{m}\exp\{\kappa(m-j)\}\right\}}}{\prod_{j=1}^{k-1}\frac{\eta}{\eta + \beta\left\{\sum_{m=j}^{k-1}\exp\{\kappa(m-j)\}\right\}}}$$

$$= 1 - \eta\frac{\prod_{j=1}^{k-1}\left(\eta + \beta\left\{\sum_{m=j}^{k-1}\exp\{\kappa(m-j)\}\right\}\right)}{\prod_{j=1}^{k}\left(\eta + \beta\left\{\sum_{m=j}^{k}\exp\{\kappa(m-j)\}\right\}\right)}$$

$\overline{F}_d(k)$ 和 $\lambda_d(k)$ 分别如图 12.1 和图 12.2 所示，其参数分别为 $\beta=1, \eta=10$ 和 $\kappa=0.1$。

从图 12.2 可以看出，$\lambda_d(k)$ 是单调递增的。

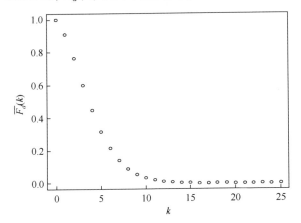

图 12.1　故障分布函数 $\overline{F}_d(k)$ 随 k 的变化

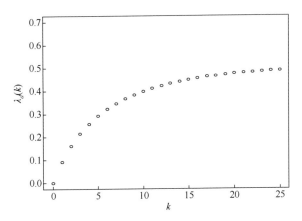

图 12.2　故障率函数 $\lambda_d(k)$ 随 k 的变化

12.2　冲击和签名

在前一节中，我们已经讨论了无限区间上的离散分布和相应的冲击模型。本节在有可靠性意义的有界区间上进行研究。本节的目的是说明在普通时间尺度下无法合理描述的相当复杂的问题如何在离散尺度下得到有效处理。

根据 Finkelstein 和 Gertsbakh（2015 a、b）的推理，首先考虑一个由 n 元、同分布、统计独立、不可修复部件组成的单调系统。众所周知，在这种情况下，系统的结构函数可以由离散分布的值 $(f_1, f_2, \cdots, f_n)$ 来定义，这称为签名，其中 f_i 是指在系统部件连续发生 i 个故障时系统发生故障的概率（Samaniego，2007）。利用这一特性，并利用 I. I. D. 特性，可定义系统寿命 T 的分布，记为 $F_s(t)$。用 $G(t)$ 表示各部件的分布，记 $G_i(t), i = 1, 2, \cdots, n$ 为对应于 $G(t)$ 的 i 阶统计量的 CDF。由于组件故障发生时间由分布 $G_i(t), i = 1, 2, \cdots, n$ 描述与到达时间一致，即

$$F_s(t) = P(T \leq t) = \sum_1^n f_i G_i(t) \tag{12.14}$$

但是，$(f_1, f_2, \cdots, f_n)$ 的意义则更为一般，这将在下面说明。实际上，$\boldsymbol{f} = (f_1, f_2, \cdots, f_n)$ 是与生存函数对应的分布函数的概率密度函数，即

$$F(x) = \sum_1^x f_i, x = 1, 2, \cdots, n \tag{12.15}$$

$$\overline{F}(x) = 1 - F(x) = \sum_{x+1}^n f_i, x = 1, 2, \cdots, n$$

与前一部分一致，现在考虑一个系统（网络）受到某种有序的（没有多次发生的）外部冲击过程 $\{N(t), t \geq 0\}$ 的影响。其中 $N(t)$ 是 $(0, t]$ 中的冲击次数，并且假设冲击是部件和系统故障的唯一原因，即在没有冲击时系统是绝对可靠的。假设每次冲击发生时以相同的概率"杀死"系统一个正在运行的部件。

记系统的签名为 $\boldsymbol{f}$，它是与时间无关的特性。显然，在新的标度中，失效的"时间"分布（冲击次数）仅由 CDF（式（12.15））给出，由于其简单性而引人注目。此时，将其与常规时间尺度定义的分布进行对比（Finkelstein 和 Gertsbakh，2015a）。组件的故障出现顺序不是由式（12.14）中的统计顺序决定，而是由冲击到达的计数过程的序列决定，其中冲击（以及因此的故障）按时间自动排序。

对应的生存函数可以通过在区间 $(0, t]$ 内系统发生 $n-1$ 次冲击而未失效的概率定义（根据定义，第 n 次冲击会杀死系统），即

$$\overline{F}_s(t) = P(T > t) = \sum_0^{n-1} P_i(t)(1 - F(i)) \tag{12.16}$$

式中：$P_i(t)$ 表示在区间 $(0, t]$ 内的 i 次冲击的概率，截断数据的和的上限由函数 $1 - F(i) = 0, i = n, n+1, \cdots$ 决定。

等式（12.6）的解释很简单。事实上，研究影响系统的冲击计数过程，并且式（12.16）给出了这种情况下生存的全概率。

当在常规时间尺度上考虑这个问题时，必须明确计数过程的类型。根据式（12.16）的计算可以很好地应用于 NHPP（特别是 HPP）。当计数过程是具有到达间隔时间的分布为 $R(t)$ 的更新过程时，系统 CDF 可以写成（Finkelstein 和 Gertsbakh，2015a）

$$F_s(t) = \Pr(T < t)$$
$$= \sum_1^\infty P(T \leq t | N(t) = k) P(N(t) = k)$$

$$= \sum_{1}^{\infty}(f_1 + f_2 + \cdots + f_k)P(N(t) = k) + P(N(t) > n)$$

$$= \sum_{1}^{n} f_i R^{(i)}(t)$$

式中：$R^{(i)}$ 是 i 阶与其自身 $R(t)$ 的 i 倍卷积，其自身的卷积为 $R^{(1)}(t) = R(t)$。具体地说，对于速率为 λ 的 HPP，分布 $R^{(i)}(t)$ 变成了 i 阶 Erlangian 分布，$R^{(1)}(t)1 - \exp\{-\lambda t\}$。

因此，我们看到，由于构建的非时间模型不依赖于冲击计数过程的类型，在其应用过程中极大地精简了推导过程（见式（12.25））。

重新考虑先前的假设，即每次冲击发生时以概率 p "杀死"一个组件，以概率 $1-p$ 对系统没有影响（Finkelstein 和 Gersbakh，2015b）。我们称第一种冲击为有效冲击。我们观察所有的冲击，却不知道它们是否有效。使用系统的签名，在第 k 次冲击之前（或之上）的故障分布为

$$F_p(k) = \sum_{j=1}^{\min(k,n)} f_j p^j \sum_{l=0}^{k-j} \binom{j-1+l}{l} q^l$$

事实上，对应于 f_j 第 j^{th} 次有效冲击的失效。也就是说，在 $0 \leq l \leq k-j$ 失效之前应该有 $j-1$ 次有效冲击和 l 无效冲击。

作为签名冲击建模概念的最后一个例子，考虑 n 个部件的单调多状态系统，它有 $M+1$ 个状态：$J = M, M-1, M-2, \cdots, 0$。在状态 M 下，所有组件都是可运行的（初始状态）。状态 0 对应于系统故障。如前所述，每一次冲击都会以相等的概率杀死系统的一个组件，系统会逐渐从初始状态进入故障状态。每次冲击不一定导致变化，因此，$n \geq M$。$n = M$ 的情况是指所有的冲击都会导致跃迁。我们还假设每次冲击只能导致转移到下一个状态（态跳跃不超过 1）。第 M 次转换使系统进入故障状态，而所有其他状态系统均可运行，单位"时间"的平均报酬序列如下：

$$R_M > R_{M-1} > \cdots > R_0 = 0$$

我们关注的是在第 k 次跃迁之前导出平均报酬的表达式，并将通过相应的签名获得它。这可以通过使用多元签名来完成（Gertsbakh 和 Spungin，2011）。此处我们采用一种更简单的方法，通过一组单变量签名的集合。设 $\mathbf{f}^k = (f_1^k, f_2^k, \cdots, f_n^k)$ 表示描述系统结构的"普通"单变量签名，当状态 $M-k$ 是最后一次状态转换，$k = 1, 2, \cdots, M$ 是转变到这种状态的次数。例如，当 $k = M$ 我们到达"完全"失效的状态时，$J = 0$。因此，每个 $\mathbf{f}^k, k = 1, 2, \cdots, M$ 是对应二进制的签名。显然，第 k 次跃迁的平均"时间"为

$$L_{ST}(k) = \sum_{i=1}^{n} i f_i^k$$

式中：f_i^k 为这种转变发生在第 $i(i = 1, 2, \cdots, n)$ 次冲击时的概率；跃迁 k 和 $k+1$ 之间的平均持续时间为 $L_{ST}(k+1) - L_{ST}(k)$，并且在第 k 次转变之前相应的预期

回报为

$$R(k) = \sum_{j=1}^{k} R_{M-(j-1)}(L_{ST}(j) - L_{ST}(j-1))$$

式中：$L_{ST}(0) = 0$ 和 $k = 1,2,\cdots,M$。因此，在这种情况下，我们只需要相应的单变量签名集和每个可运行状态下单位时间的平均回报值就可以获得 $R(k)$。

作为重要的应用程序，本节中考虑的模型可用于获取最佳的维护计划，从而将长期平均成本率降至最低。在这种情况下，系统会在出现故障时或在"最佳 k^* 冲击"之后（以先到者为准）替换为新系统（前两次设置）。在最后一个设置中，一个系统在"最佳" k^* 之后被一个新系统替换。这个转化和这个最佳转化数是通过 $L_{ST}(k)$ 和 $R(k)$ 获得的。Finkelstein 和 Gertsbakh（2015 a、b）详细讨论了类似的主题，而我们在这一部分只强调"非时间"建模的有用性和适用性。

12.3 受冲击影响的系统的最佳任务持续时间

在本节中，我们将考虑离散时间尺度用于获得任务的最佳持续时间的应用，这在许多情况下是一项重要的任务。由于任务期间系统故障通常会导致相当大的惩罚，因此，终止系统运行比试图完成其任务成本效益更佳。我们分析在泊松冲击过程建模的随机环境中运行并且可以在执行任务期间进行最小维修的系统的最佳任务持续时间。根据布朗－普罗斯坎模型，故障被分别归类为轻微故障或致命故障（第2章和第4章）。作为另一种选择，我们也考虑在任务期间系统不可修复的情况。在方法上，我们的主要根据 Finkelstein 和 Levitin（2017a、b）所述内容描述可修情况。

12.3.1 有主要和次要故障的系统最佳任务持续时间

出于一般性和实用性的原因，我们研究受"内部"和"外部"故障影响的系统。我们所说的外部故障是指由外部冲击引起的故障。首先，仅考虑系统的"内部"故障（不是由外部因素引起的），这些故障被假定为以下两种类型：小故障，采取最小维修策略可瞬时维修；大故障，在任务期间不可修复，其发生会终止系统的运行。

记 L 为内部故障（轻微或严重）到达时间的随机变量，$F(t) = P(L \leq t)$ 为其绝对连续累积分布函数，$\lambda(t)$ 为故障率。假设根据布朗－普罗斯坎模型（见第2和4章，以及 Brown 和 Proschan（1983）的原始论文），在 t 时刻发生的每次故障都是小故障的概率为 $q_{\text{int}}(t)$（瞬间最小修复），其为致命故障（终止系统运行）的概率是 $p_{\text{int}}(t) = 1 - q_{\text{int}}(t)$。众所周知，在这种情况下，发生重大故障的时间具有以下内部故障生存函数（见定理4.7）：

$$S_{\text{int}}(t) = \exp\left\{-\int_0^t p_{\text{int}}(u)\lambda(u)\,\mathrm{d}u\right\} \qquad (12.17)$$

相应的故障率为

$$\lambda_{\text{int}}(t) = p_{\text{int}}(t)\lambda(t) \tag{12.18}$$

从定理 4.6 还可以得出，在这种情况下，最小维修过程（在发生重大故障之前）服从 NHPP 定律，其速率为 $q_{\text{int}}(t)\lambda(t)$。

假设冲击是系统故障的唯一原因（没有内部故障），冲击按照速度 $v(t)$ 的 NHPP 过程发生，并且每个冲击类似于上述内部故障的情况，以概率 $p_{sh}(t)$ 导致不可修复的重大故障，而发生可修复的小故障中概率为 $q_{sh}(t)$。还假设任何冲击都是无害的概率为 $q_{sh}^0(t)$，因此不会造成任何后果。显然，$p_{sh}(t) + q_{sh}(t) + q_{sh}^0(t) = 1$。

在 $(0, t]$ 内所有冲击下仍然幸存且不发生重大故障的概率为

$$S_{sh}(t) = \exp\left\{-\int_0^t p_{sh}(u)v(u)\mathrm{d}u\right\} \tag{12.19}$$

由于 NHPP 的特性，这与式（12.17）类似。

结合式（12.17）和式（12.19），并假设两种故障独立，得出以下生存函数，该函数描述了相对于内部故障和外部冲击的主要故障时间

$$S_c(t) = S_{\text{int}}(t)S_{sh}(t) = \exp\left\{-\int_0^t (p_{\text{int}}(u)\lambda(u) + p_{sh}(u)v(u))\mathrm{d}u\right\} \tag{12.20}$$

因此，对应于主要故障时间的总体（综合）故障率为

$$\lambda_c(t) = p_{\text{int}}(t)\lambda(t) + p_{sh}(t)\lambda(t) \tag{12.21}$$

式（12.20）和式（12.21）描述了故障模型，其中主要故障发生在竞争风险框架中，其为内部故障和由 NHPP 外部冲击过程引起的故障结果。注意：这两个故障模型统计上的独立性假设都由相应的 Brown-Proschan 模型描述。

终止任务的决定将基于经济利益。Levitin 等（2017）和 Myers 等（2009）发现了关键系统的其他任务中止方法，其中生存概率起着关键作用。基于此，现重新定义相应的成本结构。

为了使我们的讨论更加明确和方便，下面以一些及时供应商品的生产系统作为研究对象。假设任务时间为 T，系统在完成任务的情况下获得利润为 $C(T)$（即在 $(0, T]$ 不失效或终止运行）。该利润与所提供产品的成本加上合同完成后的额外奖励 CR（减去运营成本）成正比，即总成本为 $C(T) = (c_p - c_0)T + C_R$，其中 c_p 和 c_0 分别是所供产品的单位时间成本和运营成本（$c_0 < c_p$）。如果系统失效，将会受到惩罚 c_f。为简单起见，不考虑故障前供应的产品相关的利润（其他选项，如当只有一小部分被丢弃时，也可以以类似的方式考虑）。

用 $c_m(t)$ 表示在时间 t 执行的最小维修成本。假设这是一个非递减函数，这表明随着退化，执行最小修复的成本更高。现在假设由冲击引起的组合模型中的小故障的修复为最小维修。这意味着，根据讨论，由两种故障引起的最小维修过程的 NHPP 的综合速率为

$$r_m(t) = q_{int}(t)\lambda(t) + q_{sh}(t)v(t) \tag{12.22}$$

众所周知（Boland，1982），最小维修的预期成本在 $(0,t]$ 内为

$$C_m(t) = \int_0^t c_m(u)r_m(u)\mathrm{d}u \tag{12.23}$$

因此，系统都应该产生利润（正的），对于任何 $t \in (0,T]$，不等式在整个周期内成立，即

$$(c_p - c_0)t - C_m(t) \geq 0, t \geq 0 \tag{12.24}$$

为了进一步分析，我们将考虑以下特定情况：

令 $c_m(t) = c_m$ 并且 $C_m(t) = c_m \int_0^t r_m(u)\mathrm{d}u = c_m R_m(t)$，其中，$R_m(t) = \int_0^t r_m(u)\mathrm{d}u$ 为 $(0,t]$ 在预期的最小维修次数。

有一个选项可以在 $\tau < T$ 结束任务（这是一个决策时间）。在任务提前终止的情况下，赋予一个固定的惩罚 $C_{ter}(C_{ter} < C_f)$，并且不考虑终止前提供的产品相关的利润 $c_p\tau$。如果任务中止时的利润超过任务继续时的预期利润（与系统故障相关的风险），则应在任何时候做出任务终止的决定。

注意：这种方法类似于一些赌博问题，比较观察到的确定性利润与未来预期的利润。在定义了成本结构之后，我们必须推导出相关的解析关系。

因此，一个系统的失效时间由组合模型式（12.21）描述，在 $t = 0$ 时刻开始一个任务，并且在任何 $\tau < T$ 时刻是否终止取决于相应费用的比较（终止或继续）。因此，根据所描述的成本结构，我们应该比较在任务提前终止的情况下的利润，即

$$(c_p - c_0)\tau - c_m R_\tau - C_{ter}$$

式中：R_τ 是在 τ 时刻之前已经执行的最小维修次数，以及整个任务时间的预期利润（考虑到系统可能在 $(\tau,T]$ 内经历小故障和大故障）。R_τ 可以被认为是观测值。然而，正如后面将要看到的，我们的优化结果并不依赖于 R_τ。

系统在时间 τ 之后的剩余任务时间内不会经历重大故障的概率为 $\dfrac{S_c(T)}{S_c(\tau)}$。任务完成后的预期利润为

$$(c_p - c_0)T + C_R - c_m\left(R_\tau + \int_\tau^T r_m(u)\mathrm{d}u\right)$$
$$= (c_p - c_0)T + C_R - c_m(R_\tau + R_m(T) - R_m(\tau)) \tag{12.25}$$

系统运行至 τ 之后在时间间隔 $[\tau + x, \tau + x + \mathrm{d}x]$ 内主要故障发生的概率为 $\dfrac{S'_c(\tau + x)}{S'_c(\tau)}\mathrm{d}x$。在 $[\tau + x, \tau + x + \mathrm{d}x]$ 中发生故障之前，系统运行成本为 $c_0(\tau + x)$，最小维修成本为 $c_m\left(\int_\tau^{\tau+x} r_m(u)\mathrm{d}u + R_\tau\right)$。在任何时候出现重大故障的情况下，都会受到 c_f 的处罚。因此，与主要故障相关的成本在时间 τ 时是可以预期的，即

$$\int_\tau^T \frac{S_c'(t)}{S_c(\tau)} \left(C_f + c_0 t + c_m \left(R_\tau + \int_\tau^t r_m(u)\,du\right)\right) dt$$

$$= C_f \left(\frac{S_c(T)}{S_c(\tau)} - 1\right) + c_0 \int_\tau^T t \frac{S_c'(t)}{S_c(\tau)} dt + c_m \left(\int_\tau^T \frac{S_c'(t)}{S_c(\tau)} (R_\tau + R_m(t) - R_m(\tau))\right) dt$$

(12.26)

注意： 由于 $S_c'(t)$ 为负值，预期成本也为负值。总体来说，在任务持续一段时间的情况下，预期利润为

$$B(\tau, R_\tau) = \frac{S_c(T)}{S_c(\tau)} ((c_p - c_0) T + C_R - c_m (R_\tau + R_m(T) - R_m(\tau))) + \left(\frac{S_c(T)}{S_c(\tau)} - 1\right) C_f$$

$$+ c_0 \left(\frac{1}{S_c(\tau)} \int_\tau^T t S_c'(t)\,dt\right) + c_m \left(\frac{1}{S_c(\tau)} \int_\tau^T (R_\tau + R_m(t) - R_m(\tau)) S_c'(t)\,dt\right)$$

$$= \frac{S_c(T)}{S_c(\tau)} ((c_p - c_0) T + C_R - c_m R_m(T)) + \left(\frac{S_c(T)}{S_c(\tau)} - 1\right) C_f$$

$$+ c_0 \left(\frac{1}{S_c(\tau)} \int_\tau^T t S_c'(t)\,dt\right) + c_m \left(\frac{1}{S_c(\tau)} \int_\tau^T R_m(t) S_c'(t)\,dt\right) + c_m R_m(\tau) - c_m R_\tau$$

(12.27)

因此，我们应该分析以下利润比较函数：

$$A(\tau) = B(\tau, R_\tau) - ((c_p - c_0) \tau - c_m R_\tau - C_{ter})$$

$$= \frac{S_c(T)}{S_c(\tau)} (C_R - c_m R_m(T)) + \left(\frac{S_c(T)}{S_c(\tau)} - 1\right) C_f + (c_p - c_0) \left(\frac{S_c(T)}{S_c(\tau)} T - \tau\right)$$

$$+ c_0 \left(\frac{1}{S_c(\tau)} \int_\tau^T t S_c'(t)\,dt\right) + c_m \left(\frac{1}{S_c(\tau)} \int_\tau^T R_m(t) S_c'(t)\,dt\right) + c_m R_m(\tau) + C_{ter}$$

(12.28)

注意： $A(\tau)$ 不依赖于 R_τ。

如果 $A(\tau) \geq 0$，则任务不应在 τ 处终止。因此，如果满足运行约束，我们必须获得导致 $A(\tau)$ 为负的 τ 的最小值，并在此时终止任务。

我们现在将对式（12.28）给出的函数进行定性分析，其结果将由后面的数值例子来证明。根据假设很容易看出，当 $\tau \to T$ 时 $A(\tau)$ 为正（显然，在任务实际完成时没有必要终止）。事实上，根据式（12.27）和式（12.28）可以得出

$$B(\tau, R_\tau)_{\tau \to T} \to (c_p - c_0) T + C_R - c_m R_\tau \quad (12.29)$$

和

$$A(\tau)_{\tau \to T} \to C_R + C_{ter} > 0 \quad (12.30)$$

另一方面，有理由假设没有必要终止刚刚开始的任务。这对参数施加了自然条件。因此，从式（12.27）和式（12.28）可知

$$A(0) = S_c(T) ((c_p - c_0) T - c_m R_m(T) + C_R) - (1 - S_c(T)) C_f$$

$$+ c_0 \left(\int_0^T t S_c'(t)\,dt\right) + c_m \int_0^T S_c'(t) R_m(t)\,dt + C_{ter} \geq 0$$

(12.31)

这实质上意味着，为了使任务的开始获利，与成本结构的其他方面相比，主要的失效惩罚 C_f 以及 c_0 和 c_m 的初值不应该占比太大。因此，式（12.28）中 $A(\tau)$ 的函数分析取决于所涉及的参数，式（12.27）中 $B(\tau,R_\tau)$ 关于的 τ 导数采用以下形式定义：

$$B'(\tau,R_\tau) = \frac{\lambda_c(\tau)}{S_c(\tau)} S_c(T)((c_p - c_0)T - c_m R_m(T) + C_R + C_f)$$

$$+ \frac{\lambda_c(\tau)[(c_0\tau + c_m R_m(\tau))S_c(\tau)] + \left(\int_\tau^T (c_0\tau + c_m R_m(\tau))S_c'(t)\mathrm{d}t\right)}{S_c(\tau)}$$

$$= \frac{\lambda_c(\tau)}{S_c(\tau)} S_c(T)((c_p - c_0)T + C_R - c_m R_m(T) + C_f))$$

$$+ \lambda_c(\tau)\left[c_0\tau + c_m R_m(\tau) + \int_\tau^T (c_0 t + c_m R_m(t) \frac{S_c'(t)}{S_c(\tau)}\mathrm{d}t\right]$$

(12.32)

和

$$A'(\tau) = B(\tau,R_\tau) - (c_p - c_0 - c_m r_m(\tau)) \quad (12.33)$$

函数 $A(\tau)$ 具有复杂的结构，难以取得解析解，采用数值方法比较可行。根据式（12.30）和式（12.31）可知，在原点 $\tau = 0$ 和 $\tau = T$ 处为正。因此，如果它在 $\tau' \in (0,T)$ 某个时刻第一次变成负值，那么应该结束任务。然而，在其他假设下可以进一步对其分析。考虑一个重要实例，故障率递增（非递减），满足 $\lambda_c(0) = 0$（如威布尔分布）。根据式（12.32）可知，在这种情况下，$B'(0) = 0$。类似于式（12.24），假设 $(c_p - c_0)\tau - c_m r_m(\tau) > 0, \tau \in [0,T]$，这反映了一个事实，即如果没有重大失效发生，则这项任务是有利可图的，即 $A'(0) < 0$。此外，根据式（12.32）和式（12.33）可以得出，$A'(\tau)$ 是一个递增函数，因为 $R_m(\tau)$ 是递增的，$S_c'(t)$ 为负，并且式（12.32）中的积分随着 τ 而递减。因此，可以有两种选择。

(1) $A(\tau)$ 在 $[0,T)$ 中为正；它可以是单调递减的，或者有一个最小值，这意味着任务不应在其完成之前终止。

(2) $A(\tau)$ 在 $[0,T)$ 中有 U 形；在 τ_1 和 τ_2 两次穿越横坐标（"0"），这是最有趣的情况。

因此，可以划分 3 个区间 $[0,\tau_1)$、$[\tau_1,\tau_2)$、$[\tau_2,T)$。根据我们的方法，任务不应该在第一个时间间隔内结束，应该在第二个时间间隔内结束，也不应该在最后一个时间间隔内结束。一个合理的问题出现在第二个区间。从形式上来说，任务应该在 τ_1 结束，这是最佳解决方案。然而，如果由于某种操作原因，技术上不可能在 τ_1 终止，这在实践中经常发生，则应在 $[\tau_1,\tau_2)$ 内的下一个可用时刻终止任务。如果不能实现这一点，就根本不应该终止任务，因为在间隔 $[\tau_2,T)$ 内终止是无益的。这种形状将在下一节详细说明。

还应指出，假设由于行政或法律原因，推迟执行终止任务的决定可能性不存在。这意味着，如果技术上在 $\tau < T$ 有可能终止一项任务，终止或继续的决定取决于对 τ 的评估。因此，在某种意义上，我们的结果可以被认为是次优的，但是反映了实际中非常重要的运行特性 $A(\tau), 0 \leq \tau \leq T$，在每个 τ 处权衡当前和未来的损失/收益。

例 12.2　为了采用数值方法证明我们的定性推理，考虑一个有线性递增的固有故障率 $\lambda(t) = \Lambda t$ 的"老化系统"，该系统在一个具有恒定冲击率 $v(t) = V$ 的环境中运行。常数概率 p_{int}、p_{sh}、q_{int} 和 q_{sh} 的恒定维修成本 c_m 由式（12.20）定义：

$$S_c(t) = \exp\{-0.5p_{\text{int}}\Lambda t^2 - V p_{\text{sh}} t\}$$
$$S_c'(t) = -(p_{\text{int}}\Lambda t + V p_{\text{sh}})\exp\{-0.5p_{\text{int}}\Lambda t^2 - V p_{\text{sh}} t\}$$

且

$$R_m(t) = 0.5 q_{\text{int}}\Lambda t^2 + V q_{\text{sh}} t$$

最后，这个特定情况下的利润比较函数式（12.28）可以写成

$$A(\tau) = \omega C_R + C_t - c_m(0.5 q_{\text{int}}\Lambda(\omega T^2 - \tau^2) + V q_{\text{sh}}(\omega T - \tau))$$
$$+ (\omega - 1)C_f + (c_p - c_0)(\omega T - \tau)$$
$$- \exp\{0.5 p_{\text{int}}\Lambda\tau^2 + V p_{\text{sh}}\tau\}\int_\tau^T \frac{t(0.5 c_m q_{\text{int}}\Lambda t + c_0 + c_m q_{\text{sh}} V)(p_{\text{int}}\Lambda t + V p_{\text{sh}})}{\exp\{0.5 p_{\text{int}}\Lambda\tau^2 + V p_{\text{sh}} t\}} \mathrm{d}t$$

其中

$$\omega = \exp\{0.5 p_{\text{int}}\Lambda(\tau^2 - T^2) + V p_{\text{sh}}(\tau - T)\}$$

图 12.3 显示了在故障率 Λ 和冲击率 V 的不同值下，$C_R = C_{\text{ter}} = 200$、$C_f = 200$、$c_p = 10$、$c_m = 20$、$p_{\text{int}} = p_{\text{sh}} = 0.1$、$q_{\text{sh}}^0(t) = 0.3$ 时函数 $A(\tau)$ 的变化。这个函数是 U 形的，和上一节定性分析规律一模一样。对于所有 τ，满足 $A(\tau) > 0$ 时，过早结束任务不会获益。如果它在 τ_1 和 τ_2 两点（$\tau_1 < \tau_2$）越过横坐标"0"，则任务终止的最有利时间是 τ_1。然而，如果由于某种原因在 τ_1 时刻终止任务是不可能的，那么，在 τ_2 时刻终止行任务仍然是有益的。如果在该时刻任务仍未中止且继续工作，则之后的终止不能获利，应允许系统终止任务。从图 12.3（b）可以看出，对于较大的内部故障率 Λ 值，即使启动一项任务也不会获益，这只是意味着其不满足条件式（12.31）。如果我们在图 12.3（a）中增加 V，显然可以观察到同样的效果。

注意：独立于概率参数的值，当 $\tau \to T$ 时，根据式（12.30）可知，$A(\tau)$ 收敛于 $C_R + C_{\text{ter}}$。实际上，当剩余的任务时间小得可以忽略不计时，系统在任务完成前失效的概率可以忽略不计，而在任务完成前终止的情况下，生产者就失去了任务完成奖励并需支付提前终止罚金。

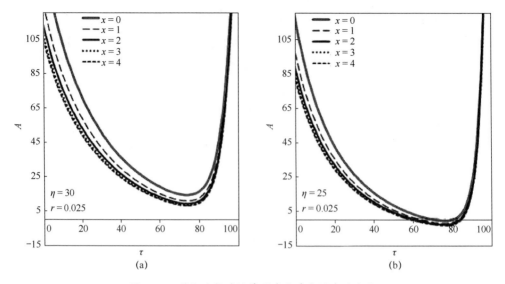

图 12.3 利润函数随故障强度和冲击强度的变化

12.3.2 不可修复系统的最优任务持续时间

与前面的小节相反，亦如其标题所示，我们现在考虑任务系统中不可修复的问题。我们首先讨论一些相关的事实，这些事实与下面将要用到的最简单的冲击模型有关。

如前所述，我们认为系统受到有序（没有多次发生）的冲击过程。为简单起见，假设冲击是其失效的唯一原因。在可靠性应用中，我们通常比较关注系统在 $(0,t]$ 的存活率。

最简单的模型是当一个运行系统受到具有恒定速率 r 的齐次泊松过程的冲击。系统以概率 q 经受住每次冲击，并以互补概率 $p = 1 - q$ 失效。在这种情况下，类似于前一节，我们有以下简单的关系，即在冲击下的生存概率为

$$S(t) = \exp\{-prt\} \tag{12.34}$$

对于具有与时间相关的 $r(t)$、$p(t)$ 与 $q(t)$ 的 NHPP，这个表达式变成

$$S(t) = \exp\left\{-\int_0^t p(u)r(u)\,\mathrm{d}u\right\} \tag{12.35}$$

以下离散生存函数（k 次冲击幸存的概率）描述了式（12.34）中的故障模型：

$$Q(k) = q^k, k = 1,2,\cdots \tag{12.36}$$

在这种特殊情况下，相应的概率密度和累积分布函数为（另见式（12.2）和式（12.3））

$$\begin{cases} f(k) = pq^{k-1}, k = 1,2,\cdots \\ \Phi(k) = \sum_1^k f_i = 1 - S(k) = 1 - q^k \end{cases} \tag{12.37}$$

接下来，推导条件分布 $Q(k+j)/Q(j)$，即一个系统在 j 次冲击后没有失效，在 $k+j$ 次冲击后继续不会失效的概率。

对应于式（12.36）中几何分布的故障率函数，对于任何 k 都等于 p，其类似于具有恒定故障率的连续指数分布函数。

当一个系统在由一般冲击过程建模的随机环境中运行时，它在相应离散尺度下的失效模型可以用离散分布 $\Phi(k)$ 来描述。显然，系统的生存函数在 $(0,t]$ 存在

$$S(t) = e^{-rt} \sum_{i!}^{\infty} \frac{(rt)^i}{i!} Q(i) \tag{12.38}$$

当其为式（12.36）的几何分布时退化为式（12.34）。

与前一节一样，是否截止任务取决于经济利益。假设任务时间为 T，系统在完成任务的情况下获得利润为 $C(T)$（即在 $(0,T]$ 不失效或终止运行）。该利润与所提供产品的成本加上合同完成后的额外奖励 CR（减去运营成本）成正比，即总成本为 $C(T) = (c_p - c_0)T + C_R$，其中 c_p 和 c_0 分别是所供产品的单位时间成本与运营成本（$c_0 < c_p$）。如果系统失效，将会受到惩罚 c_f。为简单起见，不考虑故障前供应的产品相关的利润（取决于合同和产品性质）。

如前所述，有一个选项是否在 $\tau < T$ 任务结束时终止任务（这是一个决策时间）。在任务提前终止的情况下，将执行固定的惩罚 C_t（$C_t < C_f$），可不考虑与终止前提供的产品相关的奖励 $c_p \tau$。如果任务终止时的利润超过了与系统故障相关的风险持续时的预期利润，则可在任何时间 τ 做出任务终止的决定。

虽然我们重点分析的是在随机环境中运行的系统任务终止策略，该环境由相应的冲击过程建模，但我们首先详细考虑没有外部影响的情况，即只有系统的"内部"故障，其特征参数为绝对连续的分布函数 $F(t)$，相应的故障率为 $\lambda(t)$。这将是进一步推广外部冲击的基础。此外，这里提出的定性分析对这些总结进行了简单的修改。

一个系统在 $t = 0$ 时刻开始一个任务，在 $\tau < T$ 时刻，应该决定是否终止它。为了简化和定性分析，首先假设 $c_0 = 0$。然后，根据所描述的成本结构，我们比较了任务提前终止任务与正常情况下的利润，即 $c_p \tau - C_t$。对于所描述的情况下，在整个任务时间内的预期利润为

$$\frac{\overline{F}(T)}{\overline{F}(\tau)}(c_p T + C_R) - \left(1 - \frac{\overline{F}(T)}{\overline{F}(\tau)}\right)C_f \tag{12.39}$$

式中：系统在 τ 时刻可用；$\overline{F}(T)/\overline{F}(\tau)$ 是其剩余任务时间内不会失效的概率。因此，如果对于某些 τ，函数

$$A(\tau) = \frac{\overline{F}(T)}{\overline{F}(\tau)}(c_p T + C_R) - \left(1 - \frac{\overline{F}(T)}{\overline{F}(\tau)}\right)C_f - (c_p \tau - C_t) \tag{12.40}$$

不为负，则任务不应在 τ 处终止。因此，与前一节类似，我们必须获得导致式

(12.40)为负的τ的最小值,并在该时刻终止任务。

式(12.39)和式(12.40)是在不考虑失效前奖励的特定情况下得到的。考虑到该丢弃是可选的/部分的,并且包括运行成本$c_0 \neq 0$,则式(12.40)概括为

$$A(\tau) = \frac{\overline{F}(T)}{\overline{F}(\tau)}((c_p - c_0)T + C_R) - \left(1 - \frac{\overline{F}(T)}{\overline{F}(\tau)}\right)C_f \\ + (c_p\vartheta - c_0)\left(\frac{1}{\overline{F}(\tau)}\int_\tau^T tF'(t)dt\right) - ((\xi c_p - c_0)\tau - C_t) \quad (12.41)$$

在推导式(12.41)时,使用了系统内部故障时间在$[\tau, \tau+x], x \in [0, T-\tau]$上的条件分布$1 - \overline{F}(\tau+x)/\overline{F}(\tau)$。

注意: 参数$0 \leq \vartheta \leq 1, 0 \leq \xi \leq 1$,分别表示故障和终止时所供产品的比例。具体来说,当$\vartheta = 0$和$\xi = 1$时,可得式(12.40)。

现在将对式(12.40)中的具体案例进行定性分析。模型式(12.41)也可以用类似的方法分析。很明显,当$\tau \to T$时,$A(\tau)$为正(显然,在任务实际完成时没有必要终止)。另一方面,可以合理假设没有必要$\tau \to 0$时终止刚刚开始的任务,即

$$A(0) = \overline{F}(T)(c_pT + C_R) - (1 - F(T))C_f + C_t \geq 0 \quad (12.42)$$

从本质上来说,这意味着,为了使任务的开始获益,与成本结构的其他项相比,故障惩罚成本C_f不应太大(显然,$C_t < C_f$)。因此,式(12.40)中的函数$A(\tau)$分析取决于所涉及的参数。$A(\tau)$的导数有如下形式:

$$A'(\tau) = \frac{\lambda(\tau)}{\overline{F}(\tau)}\overline{F}(T)(c_pT + C_R + C_f) - c_p \quad (12.43)$$

为了分析$A(\tau)$的形状,考虑一个实践中很重要的例子,其故障率递增(非递减)且$\lambda(0) = 0$(如威布尔分布)。那么,很明显,$\lambda(\tau)/\overline{F}(\tau)$在$[0, \infty]$中递增。根据式(12.43)也可以得出$A'(0) < 0$。因此,结合式(12.42)和条件$A(T) > 0$,可以得出,与前一节类似的两个选项:

(1)$A(\tau)$在$[0, T)$中为正;它可以是单调递减的,也可能具有一个最小值,这意味着任务不应在完成之前终止。

(2)$A(\tau)$在$[0, T)$中有U形;在τ_1和τ_2两次穿越"0",这是最有趣的情况。(注意:当$A(0) < 0$时,即使开始任务也不会获益)。

下面的分析显然与上一节中最小维修故障的情况相同。因此,可以区分3个区间$[0, \tau_1)$、$[\tau_1, \tau_2)$、$[\tau_2, T)$,而且,任务不应该在第一个时间间隔内结束,应该在第二个时间间隔内结束,也不应该在最后一个时间间隔内结束。从形式上来说,任务应该在τ_1结束,这是最佳解决方案。然而,由于某种原因,在技术上不可能在τ_1终止它,这在实践中经常发生,那么,任务应该在$[\tau_1, \tau_2)$中的下

一个可用时刻终止。如果不能实现这一点，则该任务根本不应终止，因为它在间隔 $[\tau_2,T]$ 内终止，是不会获益的。这种形状将在随后的例子中清楚地展示，用于更一般的情况，也包括由冲击引起的故障。

现在假设外部冲击是系统故障的唯一原因，因此不考虑内部故障。我们首先分析一般极端冲击模型：当系统以概率 $q_k(k=1,2,\cdots)$ 经受住第 k 次冲击时，并以概率 $1-q_k$ 被"毁灭"（独立于其他事件），那么，相应的生存函数为

$$Q(k) = \prod_{i=q}^{k} q_i \tag{12.44}$$

对于最简单的情况，当 $q_k=q, k=1,2,\cdots$ 时，退化为式（12.36）的模型。

因此，与之前的分析类似，我们必须在任务终止时，将时间 τ 获益与任务继续时的预期获益进行比较。为了清楚起见，我们将从用于推导式（12.40）的成本结构开始分析，然后将其推广到推导式（12.41）时使用的一般成本结构。因此，假设第 x 冲击发生的 τ 时刻，在任务继续的情况下，预期利润为

$$(c_pT + C_R)\sum_{i=0}^{\infty} P_i(T-\tau)\frac{Q(i+x)}{Q(x)} - C_f\left(1 - \sum_{i=0}^{\infty} P_i(T-\tau)\frac{Q(i+x)}{Q(x)}\right) \tag{12.45}$$

式（12.45）应与在 τ 时刻终止任务的相关利润进行比较，即 $c_p\tau - C_t$，则

$$P_i(t) = \frac{\exp\{-rt\}(rt)^i}{i!} \tag{12.46}$$

为在 HPP 冲击中第 i 冲击发生的概率，$Q(i+x)/Q(x)$ 在经受 x 冲击之后在第 i 冲击时仍然幸存的概率。类似于式（12.40），当 x 固定时，可以分析下面的利润比较函数：

$$\begin{aligned}A(\tau,x) = &C(T)\sum_{i=0}^{\infty} P_i(T-\tau)\frac{Q(i+x)}{Q(x)} - \\ &C_f\left(1 - \sum_{i=0}^{\infty} P_i(T-\tau)\frac{Q(i+x)}{Q(x)}\right) - (c_p\tau - C_t)\end{aligned} \tag{12.47}$$

注意：$A(\tau,x)$ 是两个变量的函数；x 也可以被认为是决策变量。下一个例子展示了这个函数化简为单变量函数的最简单的情况。

例 12.3 根据式（12.36），最简单的极端冲击模型为

$$\frac{Q(i+x)}{Q(x)} = q^i \tag{12.48}$$

因此，有

$$\sum_{i=0}^{\infty} P_i(T-\tau)\frac{Q(i+x)}{Q(x)} = \exp\{-pr(T-\tau)\} \tag{12.49}$$

式中：r 是估计或给定 HPP 的冲击比率。

因此，在这种特殊情况下，终止或继续运行的决定取决于通过比较 $c_p\tau - C_t$，即

$$C(T)\exp\{-pr(T-\tau)\} - C_f(1 - \exp\{-pr(T-\tau)\}) \quad (12.50)$$

这个决定取决于所涉及的参数。在这种情况下，函数 $A(\tau,x) = A(\tau)$，即

$$A(\tau) = C(T)\exp\{-pr\{(T-\tau)\}\} - C_f(1 - \exp\{-pr(T-\tau)\}) - (c_p\tau - C_t)$$
$$(12.51)$$

还需要注意的是，式（12.51）不依赖于 x。这是因为最简单的极端冲击模型的无记忆特性，即 $Q(i+x)/Q(x) = q^i$。但对于极端冲击的退化模型则不具有无记忆特性，其期望报酬是两个变量的函数。

我们现在可以很容易地将外部冲击和系统内部故障结合起来，假设相应的事件是独立的。因此，结合式（12.39）和式（12.47），在此类情况下完成任务的预期利润为

$$C(T)\left(\frac{\overline{F}(T)}{\overline{F}(\tau)}\sum_{i=0}^{\infty}P_i(T-\tau)\frac{Q(i+x)}{Q(x)}\right) - C_f\left(1 - \frac{\overline{F}(T)}{\overline{F}(\tau)}\sum_{i=0}^{\infty}P_i(T-\tau)\frac{Q(i+x)}{Q(x)}\right)$$
$$(12.52)$$

在实践中，系统对于每次冲击都以相同的概率存活的假设并不总是成立的，尤其是对于退化系统，当每次冲击都降低其对即将到来的冲击的抵抗力时。基于该观点，考虑一个实际上非常重要的特定情况，$q(0) = 1, q(k) = \Omega\omega(k), k > 0$，其中 $\omega(k)$ 是其自变量的递减函数：$\omega(0) = 1, \omega(k) = \omega^{k-1}$；其中 $0 < \omega < 1$ 是冲击弹性参数，Ω 是在不依赖于之前冲击次数的冲击下的固有生存概率（Cha 和 Finkelstein, 2011）。因此，系统在 $(0, t]$ 中每次冲击下的存活概率随着存着冲击数的增加而减少。在这种特殊情况下，有

$$Q(k) = \prod_{l=0}^{k}q(l) = \Omega^k\omega^{k(k-1)/2} \quad (12.53)$$

此时，有

$$\frac{Q(i+x)}{Q(x)} = \Omega^i\omega^{i(i+2x-1)/2}$$

最终，在这种情况下，有

$$A(\tau,x) = C(T)\sum_{i=0}^{\infty}P_i(T-\tau)\frac{Q(i+x)}{Q(x)} -$$

$$C_f\left(1 - \sum_{i=0}^{\infty}P_i(T-\tau)\frac{Q(i+x)}{Q(x)}\right) - (c_p\tau - C_t)$$

$$= C(T)\left(\sum_{i=0}^{\infty}\exp\{-r(T-t)r(T-\tau)\}^i\right)\frac{\Omega^i\omega^{i(i+2x-1)/2}}{i!}$$

$$- C_f\left(\left(1 - \sum_{i=0}^{\infty}\exp\{-r(T-t)r(T-\tau)\}^i\right)\frac{\Omega^i\omega^{i(i+2x-1)/2}}{i!} - (c_p\tau - C_t)\right)$$

$$(12.55)$$

如前所述，这两种故障模式是独立的，可以与内部故障相结合。因此，τ 时刻的预期回报取决于截止到 x 时刻发生的冲击次数，因为这些冲击会影响系统的

弹性。因此，经对函数 $A(\tau,x)$ 两个变量进行优化。

推导式（12.41）的最一般的成本结构。速率为 r 的 HPP 第 i 次冲击出现在时间间隔 $[t,t+\mathrm{d}t]$ 的概率为 $P_{i-1}(t)r\mathrm{d}t$。假设系统在时间 τ 之前经受住了 x 次冲击，系统在时间 τ 之后的第 i 次冲击中失效的概率为

$$\frac{Q(i+x-1)}{Q(x)}(1-q(i+x)) \tag{12.56}$$

因此，在仅由冲击引起失效的情况下，其所生产的商品报酬的预期成本，类似于仅内部失效的情况，为

$$\frac{(\vartheta c_p - c_0)}{Q(x)} r \int_\tau^T t\Big(\sum_{i=0}^\infty P_{i-1}(t-\tau)Q(i+x-1)(1-q(i+x))\Big)\mathrm{d}t$$
$$= \frac{(\vartheta c_p - c_0)}{Q(x)} r \int_\tau^T t\Big(\sum_{i=0}^\infty P_i(t-\tau)Q(i+1)(1-q(i+x+1))\Big)\mathrm{d}t \tag{12.57}$$

利润比较函数（不考虑内部故障）采用以下形式：

$$A(\tau,x) = C(T)\sum_{i=0}^\infty P_i(T-\tau)\frac{Q(i+x)}{Q(x)}$$
$$- C_f\Big(1 - \sum_{i=0}^\infty P_i(T-\tau)\frac{Q(i+x)}{Q(x)}\Big)$$
$$- \frac{(c_p\vartheta - c_0)}{Q(x)} r \int_\tau^T t\Big(\sum_{i=0}^\infty P_i(t-\tau)Q(i+x)(1-q(i+x+1))\Big)\mathrm{d}t$$
$$- (\xi c_p - c_0)\tau + C_t \tag{12.58}$$

现在结合外部冲击和内部故障，假设内部故障和致命冲击是互斥的，最终得到

$$A(\tau,x) = C(T)\frac{\overline{F}(T)}{\overline{F}(\tau)Q(x)}\sum_{i=0}^\infty (P_i(T-\tau)Q(i+x))$$
$$- C_f\Big(1 - \frac{\overline{F}(T)}{\overline{F}(\tau)Q(x)}\sum_{i=0}^\infty P_i(T-\tau)Q(i+x)\Big)$$
$$+ \frac{(c_p\vartheta - c_0)}{\overline{F}(\tau)Q(x)} \int_\tau^T t\Big(F'(t)\sum_{i=0}^\infty P_i(t-\tau)Q(i+x) + \overline{F}(t)r\sum_{i=0}^\infty P_i(t-\tau)Q(i+x)(1-q(i+x+1))\Big)\mathrm{d}t$$
$$- (\xi c_p - c_0)\tau + C_t$$
$$\tag{12.59}$$

当 $\vartheta = \xi = 1$ 时，可得

$$A(\tau,x) = (c_p T + C_R + C_f)\Big(\frac{\overline{F}(T)}{\overline{F}(\tau)Q(x)}\sum_{i=0}^\infty (P_i(T-\tau)Q(i+x))\Big)$$
$$+ C_t - C_f - (c_p - c_0)\tau$$

$$+\frac{(c_p\vartheta-c_0)}{\overline{F}(\tau)Q(x)}\int_\tau^T t\Big(F'(t)\sum_{i=0}^\infty P_i(t-\tau)Q(i+x)+\overline{F}(t)r\sum_{i=0}^\infty P_i(t-\tau)Q(i+x)(1-q(i+x+1))\Big)dt$$

(12.60)

例 12.4 考虑一个生产系统，内部故障时间分布为 $F(t)=1-\exp\{(t/h)^{1.9}\}$ 的威布尔分布。冲击下生存函数为 $q(k)=0.95\times0.5^{k-1}$。任务时间 $T=100$，相应的费用明细如表 12.1 所列。

表 12.1 生产系统的成本参数

c_p	c_0	C_R	C_f	C_t
10	2	10	65	20

进一步分析了当 $\vartheta=\xi=1$ 时利润比较函数 $A(\tau,x)$。除可变参数外，所有参数如表 12.1 所列。

图 12.4 显示了 $A(\tau,x)$ 随威布尔分布尺度参数 η 的不同值的变化。函数 $A(\tau,x)$ 为 U 形。对于所有 τ 和 x 满足 $A(\tau,x)>0$ 时，过早的任务终止都是无法获益的。如果 $A(\tau,x)$ 在 τ_1 和 τ_2（$\tau_1<\tau_2$）处有两个过"0"点，任务终止的最有利时间是 τ_1。然而，如果因某种原因在 τ_1 时刻终止任务不可能，则在 τ_2 时刻终止任务仍然是获益的。如果任务直到此时才终止，而系统仍在工作，则终止是无法获益的，应允许系统继续执行任务。

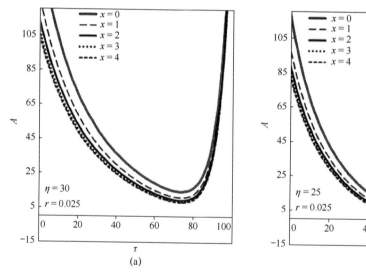

图 12.4 利润函数威布尔分布参数的变化

当 $\eta=30$ 时，函数 $A(\tau,x)$ 的行为表明过早的任务终止不会获益（冲击数在 $0\leq x\leq 4$ 中）。然而，当 $\eta=25$，在 $\tau=68$ 时终止任务是有益的，即使此时还没有发生冲击。如果因某种原因在 $\tau=68$ 时终止是不可能的，那么，在 $\tau<82$

时刻终止任务仍然是获益的。如果因某种原因任务在 $\tau = 82$ 以前没有被终止，它应该持续到完成。随着冲击次数的增加，由于系统的生存能力下降并且故障概率增加，因此提前结束任务的范围变大。

图 12.5 显示了 $A(\tau, x)$ 随不同的冲击率 r 值的变化，冲击率的增加对该函数的影响与系统可靠性的降低相似。随着冲击率的增加，任务终止的时间间隔变宽，并且在做出决策时发生的冲击次数 x 将具有更大的影响，（因为当进一步冲击的可能性增加时，系统的弹性下降就变得尤为重要）。

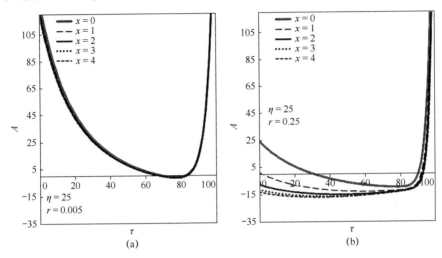

图 12.5 利润函数随故障强度冲击强度的变化

注意：当 $r = 0.25$ 时，开始任务总是有利的，因为在任务开始和 $x = 0$ 之前不会发生冲击。但是，在 τ_2 时刻之前无论任何数量的冲击发生时应终止任务，因为没有获益。这意味着，任务应该在第一次冲击到来时终止，τ_2 值取决于任务终止前承受的冲击次数。

参考文献

Boland PJ (1982) Periodic replacement when minimal repair costs vary with time. Naval Res Log 29:541–546

Bracquemond C, Gaudoin O, Roy D, Xie M (2001) On some notions of discrete aging. System and Bayesian reliability: essays in Honor of Professor Richard E. Barlow. World Scientific Publishing Company, Singapore

Brown M, Proschan F (1983) Imperfect repair. J Appl Probab 20:851–859

Cha JH, Finkelstein M (2011) On new classes of extreme shock models and some generalizations. J Appl Probab 48:258–270

Cha JH, Finkelstein M (2016) On some properties of shock processes in a 'natural' scale. Reliab Eng Syst Saf 145:104–110

Finkelstein M, Gertsbakh I (2015a) On 'time-free' preventive maintenance of systems with structures described by signatures. Appl Stoch Models Bus Ind 31:836–845

Finkelstein M, Gertsbakh I (2015b) On preventive maintenance of systems subject to shocks. J Risk Reliab 230:220–227

Finkelstein M, Levitin G (2017a) Optimal mission duration for partially repairable systems operating in a random environment. Methodol Comput Appl Probab. https://doi.org/10.1007/s11009-017-9571-6

Finkelstein M, Levitin G (2017b) Optimal mission duration for systems subject to shocks and internal failures. J Risk Reliab (In Print)

Gertsbakh I, Shpungin Y (2011) Network reliability and resilience. Springer, Berlin

Lai CD, Xie M (2006) Stochastic aging and dependence for reliability. Springer, New York

Levitin G, Xing L, Dai Y (2017) Mission abort policy in heterogeneous non-repairable 1-out-of-N warm standby systems. IEEE Trans Reliab (In print)

Myers A (2009) Probability of loss assessment of critical k-out-of-n:G systems having a mission abort policy. IEEE Trans Reliab 58:694–701

Samaniego FJ (2007) System signatures and their applications in engineering reliability. Springer, New York

Shaked M, Shanthikumar JG, Valdez-Tores JB (1995) Discrete hazard rate function. Comput Oper Res 22:391–402